ハードウェア・セレクション

撮像素子のドライブから信号処理/画像評価まで

CCD/CMOS イメージ・センサ 活用ハンドブック

トランジスタ技術編集部 編

CQ出版社

はじめに

　CCD，CMOSイメージ・センサは，ここ数年で高精細化や高画質化が一気に進みました．携帯電話やディジタル・スチル・カメラに搭載されたことから，価格も数百〜数千円と，こなれてきました．イメージ・センサとレンズを組み合わせたカメラ・モジュールは，今では電子部品店やインターネット上から，個人で入手できる部品の一つとなりました．

　技術的な難易度もずいぶん下がりました．一昔前ならアナログ回路に詳しい技術者の活躍の場だったのですが，イメージ・センサまたはその周辺ICからディジタル・ビデオ信号が出力されるようになったため，マイコン技術者，ディジタル回路設計者が扱えるようになったのです．

　このディジタル・ビデオ信号は，マイコンやFPGA，高速メモリを経由して，フラッシュ・メモリやハードディスクに書き込んだり，ネットワーク上のパソコンからモニタしたりできます．従ってユーザはカメラ画像を持ち歩いたり，遠く離れた場所から視聴したりできるようになりました．応用分野は，従来のカメラとしての用途に加え，娯楽，自動車，ロボット，セキュリティ，遠隔地監視，テレビ会議など，挙げればきりがありません．

　本書では，これらの製品の開発に携わる方のために，イメージ・センサ周りの要素技術を整理し，その利用方法についてまとめました．イメージ・センサを搭載した製品を開発する技術者に必須の一冊です．

2010年春　トランジスタ技術編集部

目　次

はじめに ──────────────────────────────── 3

**イントロダクション　イメージ・センサの性能を100％引き出す
設計テクニック＆ノウハウ集** ──────────── 17

第1部　イメージ・センサの働き ──────────── 21

第1章　CMOSイメージ・センサのあらまし ──────── 21
高速/部分読み出しが可能，高精細化に向く

- 1-1　歴史 ─────────────────────────── 21
- 1-2　CCDとの違いと利点 ───────────────────── 22
  - ●画素に増幅機能を持つ ───────────────────── 22
  - ●信号処理系を内蔵できる ──────────────────── 22
  - ●単電源で済む ─────────────────────── 23
- 1-3　動作概要 ───────────────────────── 23
  - ●動作を回路シンボルで表現できるほどシンプル ─────────── 23
  - ●画素回路は増幅後の信号を出力する ─────────────── 23
  - ●画素の選択に垂直/水平走査回路を用いる ──────────── 24
  - ●ノイズ抑圧に埋め込みフォトダイオードを使う ────────── 24
  - ●増幅素子のばらつきやスイッチ動作でも固定ノイズは生まれる ─── 25
- 1-4　特有の問題点「固定ノイズ」への対応 ─────────── 25
  - ●DDS方式 ───────────────────────── 25
  - ●ノイズ/シグナル逐次出力方式 ──────────────── 28
  - ●列回路にA-D変換機能を組み込むカラムADC方式 ────── 29
- 1-5　そのほかの特徴 ────────────────────── 29
  - ●動く被写体をひずみなく撮像するには向かない ────────── 29
  - ●混色を発生する場合がある ────────────────── 30

第2章　CCDイメージ・センサのあらまし ──────── 33
高画質，高感度，多分野で圧倒的な使用実績を誇る

- 2-1　センサ素子の動作 ───────────────────── 33
  - ●素子構成 ─────────────────────── 33
  - ●光電変換，電荷蓄積 ──────────────────── 33
  - ●電荷転送 ─────────────────────── 34
  - ●電荷検出 ─────────────────────── 36
- 2-2　電荷転送方式による動作の違い ─────────────── 36
  - ●フレーム・トランスファ(FT)方式 ─────────────── 37
  - ●インターライン・トランスファ(IT)方式 ────────────── 37
  - ●フレーム・インターライン・トランスファ(FIT)方式 ─────── 38
- 2-3　もっとも使われているIT方式の読み出し方と画素セルの構造 ── 39

    ●二つの読み出し方式 ……………………………………………… 39
    ●断面から見る画素構造 …………………………………………… 41
  2-4 カメラとして動作するために付加された機能 ——————————— 42
    ●電子シャッタ ………………………………………………………… 42
    ●手ぶれ補正 …………………………………………………………… 43
    ●ダイナミック・レンジを拡大する技術 ………………………… 44
    ●感度波長領域を拡大する技術 …………………………………… 45
  2-5 カラー化の方法 ——————————————————————————— 45
    ●プリズムによる色分解 …………………………………………… 46
    ●オンチップ・カラー・フィルタ(OCCF)による分解 ………… 46
    ●カラー・フィルタの種類や配列 ………………………………… 47
    ●補色コーディングの信号処理 …………………………………… 48
  2-6 画素を増やす技術 —————————————————————————— 49
    ●フォトダイオードの占める面積を大きくする ………………… 49
    ●複数フィールドで1画面分を読み出す ………………………… 50
    ●低くなってしまったフレーム・レートには高速ドラフト・モードで対応する …… 50
    ●実際のCCDにおける対応 ………………………………………… 51

第2章Appendix A CCDイメージ・センサの性能を表すキーワード ——— 52
    ●解像度 ………………………………………………………………… 52
    ●感度 …………………………………………………………………… 53
    ●飽和信号量 …………………………………………………………… 53
    ●ブルーミング ………………………………………………………… 54
    ●スミア ………………………………………………………………… 54
    ●ノイズ ………………………………………………………………… 55
    ●感度むら ……………………………………………………………… 56

第2章Appendix B CCDイメージ・センサの歴史 ————————————— 57
    ●初めはCCD遅延素子として使われた …………………………… 57
    ●初の商品化は1979年 ……………………………………………… 57
    ●1990年にはほとんどの民生用カメラで使われ出す …………… 57
    ●テレビ信号フォーマットに依存しないCCDが数多く登場した1990年代後半 …… 57
    ●メガ・ピクセルがあたりまえの2000年代 ……………………… 57

第2部 イメージ・センサの出力信号 ——————————————— 59
    イメージ・センサが出力するYUV422やRGB444を理解する
第3章 ディジタル・ビデオ信号のあらまし ————————————— 59
  3-1 ディジタル・ビデオの用語解説 ————————————————— 59
    ●色空間 ………………………………………………………………… 59
    ●*RGB* …………………………………………………………………… 59
    ●*YUV* …………………………………………………………………… 59
    ●アスペクト比 ………………………………………………………… 60
    ●解像度 ………………………………………………………………… 60
    ●CIF(Common Intermediate Format) …………………………… 60

- ●QCIF（Quarter CTF） ………………………………………………………… 60
- ●SIF（Source Input Format） ………………………………………………… 60
- ●VGA（Video Graphics Array） ……………………………………………… 60
- ●QVGA（Quarter VGA） ……………………………………………………… 61
- ●NTSC ………………………………………………………………………… 61
- ●PAL …………………………………………………………………………… 61
- ●インターレース ……………………………………………………………… 61
- ●プログレッシブ（ノンインターレース） …………………………………… 61
- ●フィールド・オーダ ………………………………………………………… 61
- ●ガンマ ………………………………………………………………………… 61
- ●CIE（Commission International d'Eclairage） …………………………… 61
- ●IEC（International Electrotechnical Commission） ……………………… 61
- ●ITU-R（International Telecommunication Union, Radio Communication Sector） …… 61
- ●ITU-T（International Telecommunication Union, Telecommunication Sector） ……… 62
- ●SMPTE（Society of Motion Picture and Television Engineers） ……… 62
- ●ARIB（Association of Radio Industries and Businesses） ……………… 62

3-2　輝度・色信号の並び順 ─────────────────────── 62
- ●*RGB444フォーマット* ……………………………………………………… 62
- ●*YUV422フォーマット* ……………………………………………………… 62
- ●*YUV420フォーマット* ……………………………………………………… 62
- ●RAWフォーマット …………………………………………………………… 63
- ●イメージ・センサの画素とディジタル・ビデオ信号の画素 …………… 64
- ●有効画素数と総画素数 ……………………………………………………… 65
- ●画素数とピクセル・クロック，フレーム・レートの関係 ………………… 65

3-3　規格の種類と概要 ────────────────────────── 65
- ●ITU-R　BT.601 ……………………………………………………………… 66
- ●ITU-R　BT.656 ……………………………………………………………… 67
- ●ITU-R　BT.709 ……………………………………………………………… 67

第3章Appendix　カメラやディスプレイに多く用いられているsRGBを理解する ─────────────────────────────────────── 69

3A-1　白色光と単色光 ────────────────────────── 69
- ●太陽光は白，あらゆる波長を含む ………………………………………… 69
- ●物体により反射する波長が異なる ………………………………………… 69

3A-2　目の構造 ───────────────────────────── 70
- ●光を感じる細胞 ……………………………………………………………… 70
- ●明所視と暗所視 ……………………………………………………………… 70
- ●色認識モデル ………………………………………………………………… 71

3A-3　RGBとXYZの等色関数 ──────────────────────── 72
- ●単色光と同じ色に見えるようにRGBを組み合わせる …………………… 72
- ●マイナス値を含むRGBをマイナス値を含まないXYZに変換する式 …… 73
- ●同色に見える例 ……………………………………………………………… 73

3A-4　XYZをxy平面に投影したxy色度図 ──────────────────── 73
- ●xy色度図の表現方法 ………………………………………………………… 73
- ●色度図の外側は人が認識可能な色の限界を示す ………………………… 74
- ●カラー・トライアングルは三原色で表現可能な色の限界を示す ……… 74

3A-5　sRGBとそのほかの色形式 ─────────────────── 75
　　●製品ごとに異なる色特性 ·· 75
　　●sRGBで規定されている内容 ·· 75
　　●そのほかの形式との色特性を比較 ····································· 75
3A-6　異なる色特性間におけるカラー・マッチング ───────── 76
　　●カラー・マッチングとは ·· 76
　　●カラー・マッチングの一般的な手順 ·································· 76
　　●AdobeRGBからsRGBへの変換手順 ·································· 76
　　●sRGBからAdobeRGBへの変換手順 ·································· 77
3A-7　scRGBとxvYCC ─────────────────────── 78
　　●より広い色域に対応するために ······································· 78
　　●範囲外の値を許容するscRGB ··· 78
　　●YUVに拡張したxvYCC ··· 78
3A-8　RGB-XYZ変換行列の求め方 ──────────────── 79
　　●あらゆる色特性に対応するために ···································· 79
　　●RGB-XYZ変換式の一般化 ·· 79
　　●白色でのRGB-XYZ変換式 ·· 79
　　●変換式を実際に求めるための手順 ···································· 80

　　　ディジタル・ビデオ信号の伝送に必要なデバイス間の取り決め
第4章 BT.601とBT.656の詳細 ─────────────────── 81
4-1　BT.601は有効画素数や量子化レベルを規定する ────────── 82
　　●カメラ・モジュールの出力に多いBT.601 ··························· 82
　　●アナログRGB，アナログYUV，ディジタルRGBからディジタルYCrCbを得る ···· 82
　　●アナログRGB→アナログYUV ··· 82
　　●アナログYUV→正規化されたアナログYUV ······················· 82
　　●正規化されたアナログYUV→ディジタルYCrCb ·················· 83
　　●ディジタルRGB→ディジタルYCrCb ································· 83
　　●BT.601の規格値 ··· 85
4-2　BT.656はコネクタ形状，ピン配置，電圧レベル，クロックなどを規定する ── 86
　　●ブランキング期間に埋め込まれるタイミング・コードの規定 ··· 86
　　●バス規格の規定 ··· 88
　　●規格の入手方法 ··· 88

　　　ディジタル・ビデオ信号を観測して理解を深めよう
第5章 オシロスコープで観るYUV，RGB，RAW，BT.656の波形 ── 89
　　●測定に利用したカメラ・モジュールの概要 ······················· 89
　　●カラー・バー出力を利用してフォーマットを調べる ············ 89
5-1　画像情報の圧縮に適したYUVフォーマット ──────────── 90
　　●YUVをRGBで表す ·· 91
　　●CMOSセンサからの信号はY，V，Y，U…の順に出力される ···· 92
5-2　モニタ表示に適したRGBフォーマット ─────────────── 93
　　●CMOSセンサからの信号はG，R，G，B…の順に出力される ··· 94
　　●1画素あたり16ビットのRGB565フォーマット ···················· 94
　　●さらにデータ長の短いRGB555/444もある ························ 96
5-3　センサ配列をそのまま出力するRAWフォーマット ─────── 96

5-4 伝送のためのBT.656 ──── 97
　●同期信号が画像データに埋め込まれている ……………… 97
　●ディスプレイに合った同期信号を作る必要がある ………… 97
　●画面サイズと走査速度もいろいろある …………………… 99
5-5 こんなときはこのフォーマット ──── 100
　●VGAモニタに適するRGB ……………………………… 100
　●小型液晶ディスプレイに適するRGB565 ………………… 100
　●圧縮して保存するならYUV ……………………………… 101
　●画像をシリアル出力するのに適するRGB ………………… 102
　●センサ出力を引き延ばすならLVDS ……………………… 102

第3部　イメージ・センサの駆動技術と信号処理 ──── 103

電荷に変換された画像情報を取り出して信号処理ICに送る
第6章 CCDの制御技術と駆動回路設計 ──── 103
6-1 1チップになった駆動回路 ──── 103
　●各機能が別々のICに入っていた1980年代 ……………… 104
　●機能が集約され始めた1990年代 ………………………… 104
　●現在はセンサと駆動ICの2チップ構成 …………………… 104
6-2 駆動に必要な信号とその電圧 ──── 104
　●駆動回路設計時に検討すべきこと ………………………… 104
　●駆動のための信号と駆動電圧 …………………………… 105
6-3 駆動のタイミング ──── 107
　●電荷転送方式にはFT/IT/FITの三つがある …………… 107
　●垂直/水平CCDの駆動タイミング ………………………… 109
　●タイミング・ジェネレータの内部ブロック図 ……………… 110
6-4 センサ素子と駆動ICの接続 ──── 111
　●高速パルスの位相は数nsレベルでの調整が必要 ………… 111
　●CCD出力のエミッタ・フォロワに使うトランジスタは周波数特性が十分にあるものを … 115
　●パターン設計の肝 ………………………………………… 116
6-5 知っておきたい豆知識 ──── 116
　●どこのメーカも駆動の基礎は同じ ………………………… 116
　●駆動パルスの幅や位相はユーザ側で設定する …………… 117
　●φHに直列に抵抗を入れノイズを外に出さない …………… 117
　●駆動に必要な電流 ………………………………………… 117
　●画素が増えると放熱や駆動タイミング設計が難しくなる … 117

駆動回路から得た生信号をカメラ出力として利用できる信号に補正・変換する
第7章 CCDイメージ・センサ出力の信号処理 ──── 119
7-1 カメラ・システム全体の構成 ──── 119
7-2 アナログ・フロントエンドの信号処理 ──── 120
　■黒レベルの再生(OBクランプ) …………………………… 120
　■雑音除去回路の動作 ……………………………………… 120
　●アンプ雑音とリセット雑音を除去するCDS回路 ………… 120
　●イメージ・センサが出力するノイズの種類 ………………… 121

　　　　■オート・ゲイン・コントロール回路の動作 ……………………………………… 122
　　　　　●後段ADCのダイナミック・レンジに信号振幅を合わせたり，暗い被写体のゲインを稼ぐ …… 122
　　　　■A-Dコンバータ回路の動作 ……………………………………………………… 122
　　　　　●なぜ分解能の高いADCを使うのか ………………………………………… 123
　　　　　●サンプリング周波数が上がればアナログ帯域の量子化雑音は小さくなる ………… 124
　7-3　DSPにおける信号処理 ──────────────────────── 125
　　　　■色分離…補色/原色信号からRGBを取り出す ………………………………… 125
　　　　　●補色フィルタと原色フィルタの特徴 ………………………………………… 125
　　　　　●DSPによる補色フィルタの色分離処理 ……………………………………… 126
　　　　　●DSPによる原色フィルタの色分離処理 ……………………………………… 127
　　　　■従来テレビの非線形特性を補正するガンマ補正 ……………………………… 129
　　　　　●テレビや液晶ディスプレイの持つ表示特性の逆数をかける ………………… 129
　　　　■輪郭強調処理 …………………………………………………………………… 129
　　　　　●輝度信号に高域成分を足し合わせ解像度を高く見せる ……………………… 129
　　　　　●ノイズの増幅を避けるくふう …………………………………………………… 130
　　　　■色合いを調整する色差マトリックス処理 ……………………………………… 130
　　　　　●センサの分光特性や信号処理で崩れた色相バランスを調整する …………… 130
　7-4　カメラの基本機能を実現するための信号処理 ─────────────── 130
　　　　■露光制御 ………………………………………………………………………… 131
　　　　　●ビデオ信号が白飛びせず最適な大きさになるように制御する ……………… 131
　　　　　●制御の手順 ……………………………………………………………………… 131
　　　　■ホワイト・バランス制御 ………………………………………………………… 134
　　　　　●RGBの割合を均一にする ……………………………………………………… 134
　　　　　●制御の手順 ……………………………………………………………………… 134
　　　　　●フォーカス制御 ………………………………………………………………… 135
　　　　■蛍光灯フリッカ制御 ……………………………………………………………… 135
　　　　　コラム　赤外カット・フィルタの種類と光学LPFの役目 ……………………… 132

解像感やコントラスト，色合いや彩度などをセンサと同一チップ内で改善！

第8章　CMOSイメージ・センサ出力の信号処理 ─────── 137

　8-1　知っておきたいセンサの開発トレンド ────────────────── 138
　　　　　●ディジタル出力が主流に ……………………………………………………… 138
　　　　　●列並列ADCで高速にディジタル化 …………………………………………… 138
　　　　　●イメージ・センサと信号処理が1チップに …………………………………… 139
　8-2　センサの特性を補うための信号処理 ─────────────────── 139
　　　　　●欠陥補正などの前処理 ………………………………………………………… 139
　　　　　●ホワイト・バランス処理 ……………………………………………………… 140
　　　　　●補間処理 ……………………………………………………………………… 140
　　　　　●色補正処理 …………………………………………………………………… 141
　　　　　●輪郭補正処理 ………………………………………………………………… 141
　　　　　●ガンマ処理 …………………………………………………………………… 142
　8-3　カメラの性能を向上させる信号処理 ─────────────────── 142
　　　　　●明るさ，ダイナミック・レンジを改善する信号処理 ………………………… 142
　　　　　●解像度を改善する信号処理 …………………………………………………… 143
　　　　　●ノイズを低減するカメラ信号処理 …………………………………………… 145
　　　　　●色再現を改善する技術 ………………………………………………………… 146

第9章 きれいな写真を撮影するための画像処理
顔検出や動き検出などで撮影技術を自動的に向上させる --- 149
- 9-1 デジカメに欠かせない画像処理 ── 149
  - ●カメラの画質を決める重要な五つの要素 ── 149
  - ●焦点，絞り，白バランスの適正値の決め方 ── 150
  - ●カメラが状況を判断できれば失敗が減る ── 150
- 9-2 顔検出 ── 151
  - ●適正な明るさに肌色を調整 ── 151
  - ●顔の検出アルゴリズム ── 151
  - ●具体的な処理回路作成のヒント ── 153
  - ●顔検出の発展型…笑顔や目のつぶりを検出 ── 153
- 9-3 動き検出 ── 154
  - ●全体の動きを表すGMVと部分の動きを表すLMV ── 154
  - ●ビデオ・カメラの手ぶれ補正に利用できる ── 155
  - ●シャッタ・スピードの自動設定に利用できる ── 155
  - ●物体の自動追尾に利用できる ── 155
  - ●動きの検出アルゴリズム ── 155
  - ●具体的な処理回路作成のヒント ── 156
- 9-4 複数の画像を使ってきれいな1枚を作る ── 157
  - ●ノイズを低減できる ── 157
  - ●ダイナミック・レンジを拡大できる ── 158
  - ●課題は手ぶれや被写体の動きへの対応 ── 159
  - ●具体的な処理回路作成のヒント ── 159
  - ●パノラマ写真などへの応用例 ── 160

第4部 画質を左右するレンズの基礎とセンサの取り付け位置
── 161

第10章 イメージ・センサの取り付け方法
レンズとの距離や位置の関係から光学フィルタの役割まで ── 161
- 10-1 イメージ・センサと取り付けメカとの距離 ── 161
  - ●Cマウント・レンズ ── 162
  - ●CSマウント・レンズ ── 162
  - ●イメージ・センサをどこに置くのか ── 162
  - ●実際にはO-LPFとイメージ・センサの保護ガラスの厚み分を考慮する必要がある ── 162
- 10-2 イメージ・センサと取り付けメカとの位置関係 ── 163
  - ●実設計例 ── 163
  - ●設計，組み立て時の注意 ── 164
- 10-3 レンズの種類 ── 164
  - ●単焦点レンズ ── 164
  - ●ズーム・レンズ ── 165
  - ●オート・アイリス・レンズ ── 165
- 10-4 光学フィルタの種類 ── 166
  - ●NDフィルタ ── 166
  - ●色温度変換フィルタ ── 166

- ●偏光フィルタ ———————————————————————— 166
- 10-5 メカ設計に必要な基礎用語 ———————————————— 166
  - ●Fナンバ ————————————————————————— 166
  - ●像面照度 ————————————————————————— 166
  - ●歪曲(テレビ・ディストーション) ————————————————— 167

ノイズや感度，画作りに大きく影響する
第11章　レンズの基礎と選び方 ——————————————— 169
- 11-1 なぜレンズが必要なのか ———————————————— 169
  - ●被写体からの光を捨ててしまうピンホール ————————————— 169
  - ●レンズなら光線はむだなく取り込まれる —————————————— 170
- 11-2 レンズの基礎知識 ——————————————————— 170
  - ●焦点 ——————————————————————————— 170
  - ●フォーカス ————————————————————————— 170
  - ●F値 ——————————————————————————— 172
  - ●絞り ——————————————————————————— 172
  - ●シャッタ速度 ———————————————————————— 173
  - ●開口絞り ————————————————————————— 173
  - ●イメージ・センサの大きさと得られる照度，画素数の関係 ——————— 173
- 11-3 レンズの選び方 ——————————————————— 173
  - ●撮影距離 ————————————————————————— 173
  - ●焦点深度 ————————————————————————— 174
  - ●焦点距離 ————————————————————————— 175
  - ●画角 ——————————————————————————— 175
- 11-4 レンズの種類と特徴 —————————————————— 176
  - ●標準レンズ(単焦点) —————————————————————— 176
  - ●望遠レンズ(単焦点) —————————————————————— 176
  - ●広角レンズ(単焦点) —————————————————————— 176
  - ●マクロレンズ(単焦点) ————————————————————— 177
  - ●魚眼レンズ(単焦点) —————————————————————— 177
  - ●きれいに撮影するために ———————————————————— 177
- 11-5 イメージ・センサとレンズとの距離 ————————————— 178
  - ●1眼レフ・カメラ ——————————————————————— 178
  - ●監視カメラなど ——————————————————————— 178
  - ●誤差要因 ————————————————————————— 179
- 11-6 進化するレンズ ——————————————————— 179
  - ●手ぶれ補正 ————————————————————————— 179
  - ●フォーカス ————————————————————————— 179
  - ●測光 ——————————————————————————— 180
  - ●ほこり防止 ————————————————————————— 180

第5部　画質の改善と評価技術 —————————————— 181
露出，ホワイト・バランス，色合い，シャッタ速度などの制御方法
第12章　きれいな画を取り出すためのカメラ設定 ——————— 181

- 12-1　カメラ・モジュールおよび評価環境の概要 ─── 181
  - ●カメラ・モジュール「KBCR-M03VG」 ─── 181
  - ●カメラ・モジュールの信号をモニタするハードウェア「SVI-03」 ─── 181
  - ●KBCR-M03VGとSVI-03の接続 ─── 185
- 12-2　カメラ・モジュールのレジスタの初期設定 ─── 185
  - ●アクセス方法 ─── 185
  - ●レジスタ・マップ ─── 189
  - ●接続のための基本設定 ─── 189
  - ●起動時のデフォルト・パラメータ ─── 190
- 12-3　画質設定の基本 ─── 190
  - ●AE(露出) ─── 190
  - ●AWB(ホワイト・バランス) ─── 191
  - ●PICTURE(色相,飽和度) ─── 191
  - ●シャープネス(解像感) ─── 191
- 12-4　評価に利用する被写体あれこれ ─── 191
  - ●マクベス(Macbeth)・チャート ─── 191
  - ●KODAKカラー・セパレーション・チャート ─── 191
  - ●そのほかのチャート ─── 192
  - ●一般被写体 ─── 192
  - ●光源 ─── 192
- 12-5　シーン別設定事例 ─── 193
  - ●屋内(蛍光灯) ─── 193
  - ●屋内(逆光) ─── 193
  - ●屋外(花) ─── 194
  - ●屋外(夜景) ─── 195

第13章　数値を利用した画像の客観評価法 ─── 197
短時間で客観的に評価でき,検査装置に向く

- 13-1　評価の準備 ─── 197
- 13-2　フォーカス/解像度の測定と評価 ─── 198
  - ●測定手順 ─── 198
  - ●フォーカスの評価方法 ─── 199
  - ●解像度の評価方法 ─── 199
  - ●オート・フォーカス機能 ─── 200
- 13-3　色再現性の測定と評価 ─── 200
  - ●測定方法 ─── 200
  - ●評価方法 ─── 201
- 13-4　階調性の測定と評価 ─── 202
  - ●測定方法 ─── 202
  - ●評価方法 ─── 202
- 13-5　ノイズの測定と評価 ─── 203
  - ●測定方法 ─── 203
  - ●評価方法 ─── 203
- 13-6　ディストーションの測定と評価 ─── 204
  - ●測定方法 ─── 205
  - ●評価方法 ─── 205

13-7　シェーディングの測定と評価 ——————————— 205
- ●測定方法 ………………………………………………… 205
- ●評価方法 ………………………………………………… 206

13-8　オート・ホワイト・バランスの測定と評価 ——————— 207
- ●測定方法 ………………………………………………… 207
- ●評価方法 ………………………………………………… 207

13-9　光軸ずれ検査 ——————————————————— 207
- ●測定方法 ………………………………………………… 208
- ●評価方法 ………………………………………………… 208

13-10　しみの検出 ——————————————————— 208
- ●測定方法 ………………………………………………… 208
- ●評価方法 ………………………………………………… 208

アナログ・カメラ時代からの手法で技術者の机上確認に向く
第14章　モニタやオシロスコープを利用した画像の客観評価法 ——— 211
14-1　標準撮像状態 ——————————————————— 211
- ●照明条件 ………………………………………………… 211
- ●カメラの設定条件 ……………………………………… 212

14-2　感度 —————————————————————— 212
- ●標準感度 ………………………………………………… 212
- ●最高感度 ………………………………………………… 212

14-3　解像度 ————————————————————— 213
- ●限界解像度 ……………………………………………… 213
- ●測定手順 ………………………………………………… 214
- ●レスポンスによる測定 ………………………………… 214

14-4　SN比 —————————————————————— 215
- ■一般の測定方法 ………………………………………… 215
- ■標準方式以外のSN比測定方法 ………………………… 215
- ●測定例 …………………………………………………… 216
- ●ディジタル信号出力のSN比測定 ……………………… 216

14-5　シェーディング —————————————————— 216
- ●測定方法 ………………………………………………… 216

14-6　スミア ————————————————————— 217
14-7　ガンマ特性 ——————————————————— 217
14-8　色再現性 ———————————————————— 218

高精度なオート・フォーカスや露光にはメカとの連携が不可欠
第15章　カメラの自動調整のしくみと画像評価方法 ——————— 219
15-1　オート・フォーカスのしくみと画像評価 ———————— 219
- ■AFの基礎知識 …………………………………………… 219
- ●高倍率ズーム機能を実現するレンズ群 ……………… 219
- ●AF動作の鍵…ズーム・レンズとフォーカス・レンズの位置制御 …… 220
- ●合焦点の探し方 ………………………………………… 221
- ●合焦対象の選び方 ……………………………………… 223
- ■ビデオ・カメラのAFの画像評価 ……………………… 223
- ●合焦はフォーカス・チャートで確かめる …………… 223

- ●無限遠での合焦はコリメータで確かめる ……………………………………… 224
- ●低照度でのAF性能はグレー・スケールで確かめる ………………………… 224
- ●合焦の安定度はパンニングとズームを組み合わせて確かめる …………… 225
- ●AFが誤動作しやすい画像の例 ………………………………………………… 225
- ■ディジタル・スチル・カメラのAFのしくみ ………………………………… 225
- ●パン・フォーカスでピント調整をなくす …………………………………… 225
- ●外部測距方式で高速焦点合わせ ……………………………………………… 226
- ●ズーム付きはAFが必須 ………………………………………………………… 226

15-2 オート・ホワイト・バランスのしくみと画像評価 ─────────── 227
- ●光源の色を加色混合の原理から推定する …………………………………… 227
- ●単色部分の多いときは黒体放射の色を参考にする ………………………… 228
- ●ディジタル・スチル・カメラのAWBはビデオ・カメラと同じ原理 ……… 228

15-3 オート・アイリスのしくみと画像評価 ───────────────── 228
- ●イメージ・センサの出力レベルに応じて絞りを制御する ………………… 228
- ●ディジタル・スチル・カメラのAEとその評価 ……………………………… 229

15-4 そのほかの自動調整機構 ───────────────────── 229
- ●おわりに…進化するカメラの自動調整機構 ………………………………… 230

第6部 ドライブ・レコーダに見るイメージ・センサの 周辺回路の設計方法 ─────── 231

第16章 カメラ開発を始める前に 動画像をメモリーカードに記録する技術要素を整理する ─── 231

16-1 拡大するメモリーカードの応用分野 ────────────────── 231
- ●メモリーカードあってこそのデジカメ ……………………………………… 231
- ●ハイビジョン記録も可能 ……………………………………………………… 231
- ●多くの応用分野がある ………………………………………………………… 232

16-2 動画像をメモリーカードに記録するための技術要素 ──────────── 232
- ●技術要素1：イメージ・センサの制御 ………………………………………… 232
- ●技術要素2：ビデオ信号のフォーマットの理解 ……………………………… 233
- ●技術要素3：バッファ用メモリの選択 ………………………………………… 234
- ●技術要素4：バッファ用メモリの制御 ………………………………………… 234
- ●技術要素5：メモリーカードの選択 …………………………………………… 234
- ●技術要素6：メモリーカードのデータ・フォーマット ……………………… 235
- ●技術要素7：メモリーカードの制御 …………………………………………… 235
- ●技術要素8：FPGAの選択 ……………………………………………………… 235
- ●技術要素9：FPGA開発ボードの製作 ………………………………………… 235
- ●技術要素10：FPGAのコーディング …………………………………………… 235
- ●技術要素11：システム制御マイコンの選択 ………………………………… 236

第17章 性能，開発工数，予算，入手性を考慮し仕様を決める 動画像記録システムのハードウェア構成 ──── 237

17-1 性能を見積もる ─────────────────────────── 238
- ●画像技術の展望 ………………………………………………………………… 239
- ●最初に考えた動画像記録システム …………………………………………… 239

　　　　●SDカードに高速アクセスできない ……………………………………………………… 240
　　　　●最も簡単なシステムを追求しても課題は多い ………………………………………… 240
　　17-2　回路およびプログラム ──────────────────────── 240
　　　　●FPGA基板とマイコン基板を製作する ………………………………………………… 240
　　　　●FPGAとPICマイコンのプログラム …………………………………………………… 241

　　　　　　　カメラ性能を大きく左右するキー・パーツ
第18章　カメラ・モジュールと記録媒体の選び方 ─────── **247**
　　18-1　画素数や画質，価格で選ぶカメラ・モジュール ─────────── 247
　　　　■CMOSカメラ・モジュール「KBCR-M03VG」 ……………………………………… 247
　　　　●CMOSなので電源電圧および消費電力が少ない ……………………………………… 248
　　　　●接続には20ピンのフラット・ケーブルが必要 ……………………………………… 248
　　　　●シリアル・バスでカメラの設定値を変更する ………………………………………… 249
　　　　■CCDカメラ・モジュール「MTV-54K0D」 …………………………………………… 251
　　　　●アナログ・ビデオの出力があり設計，調整時に便利 ………………………………… 251
　　　　●出力はITU 656フォーマットを利用 …………………………………………………… 253
　　18-2　画像の記録媒体の選択 ──────────────────────── 254
　　　　■記録メディアによるアクセス速度の違い ……………………………………………… 255
　　　　●ハード・ディスク ………………………………………………………………………… 255
　　　　●光ディスク ………………………………………………………………………………… 255
　　　　●半導体メモリ ……………………………………………………………………………… 256
　　　　■半導体メモリといってもバッファ用メモリと記録用メモリがある ………………… 256
　　　　●バッファでシステム全体の動作タイミングを整える ………………………………… 256
　　　　●間引き作業のためのバッファ・メモリ ………………………………………………… 257
　　　　●ランダム・アクセスならSRAM，連続画像ならDRAM ……………………………… 257
　　　　■なぜ半導体メモリが動画像の記録メディアとして注目されるのか ………………… 257
　　　　●NAND型フラッシュ・メモリが大容量化 ……………………………………………… 258
　　　　●圧縮技術の発達によりハイビジョン記録が可能になった …………………………… 258
　　18-3　キー・パーツを相互に接続する ────────────────── 258

　　　　　　　画像サイズ，表示レート，デバイス間インターフェースなど
第19章　画像処理システム仕様策定のポイント ─────────── **261**
　　19-1　画像の大きさと表示レート ─────────────────── 261
　　　　●VGAの画像を間引いて1/4にする ……………………………………………………… 261
　　　　●SRAMにはYUVフォーマットで記録する ……………………………………………… 262
　　　　●1枚の画像に38Kバイトが必要になる ………………………………………………… 262
　　　　●フレーム・レート(毎秒の表示枚数)を15枚に設定する …………………………… 262
　　　　●圧縮またはメモリ容量の増大で記録時間を伸ばす …………………………………… 262
　　19-2　マイコンとFPGAのインターフェース ───────────── 263
　　　　●転送データはR，G，Bとする ………………………………………………………… 263
　　　　●データ・バス幅は8ビット ……………………………………………………………… 263
　　　　●データ・クロックはマイコンとFPGAのどちらが出すか …………………………… 263
　　　　●制御信号と通信手順 ……………………………………………………………………… 264
　　　　●二つのLEDで現在の状態を表示する …………………………………………………… 264
　　19-3　何がシステムの性能を落とすのか ────────────────── 265
　　　　●メモリーカードへの書き込み時間 ……………………………………………………… 265

- ●データ・バス幅の制約 ……………………………………………………………… 265
- ●OSは動画像が苦手 …………………………………………………………………… 266
- ●バッファ・メモリからメモリーカードへの転送にCPUが介在したとき ……… 267
- ●配線に使える基板面積の制約 ……………………………………………………… 267
- ●DSPは分岐や割り算が苦手 ………………………………………………………… 267

第20章　FPGAによる画像処理回路の設計 — 269
YUV→RGB変換，データの間引き，SRAMインターフェースなど

20-1　システム制御のためのステート・マシンを組み込む — 269
- ●状態はステート・マシンで整理 …………………………………………………… 270
- ●実際のステート・マシン …………………………………………………………… 270

20-2　カメラ・モジュールからビデオ・データを取得する — 271
- ●フィールド1の有効画像を取り出す ……………………………………………… 271
- ●シフトレジスタにデータを入れて判別する ……………………………………… 272

20-3　カメラ・モジュールからのデータを間引きSRAMへ書き込む — 273
- ●SRAMに画像データを書き込む …………………………………………………… 273
- ●画素データを間引く ………………………………………………………………… 275

20-4　画像データをSRAMに書き込むタイミングを生成する — 277
- ●画像メモリの書き込みサイクル …………………………………………………… 277

20-5　SRAMからの読み出しタイミングの生成 — 281
- ●読み出しタイミング回路の動作 …………………………………………………… 281
- ●読み出しタイミング回路の構成 …………………………………………………… 282

20-6　YUV422信号をYUV444信号に変換する — 284
- ●YUV422→YUV444変換(yuv_422_444.vhd)の仕組み ……………………… 284

20-7　YUV→RGB変換とRGBパラレル→シリアル変換 — 285
- ●YUV→RGBの変換式 ……………………………………………………………… 285
- ●YUV→RGB変換回路(yuv2rgb.vhd)の構成 …………………………………… 286
- ●RGBパラレル→シリアル変換 …………………………………………………… 288

20-8　FPGAに搭載した回路全体の構成とシミュレーション — 288
- ●トップレベルの回路構成(top_level.vhd) ………………………………………… 288

20-9　トラブル画像の事例と原因 — 289
- ●ピクセルずれ ………………………………………………………………………… 289
- ●カウンタ誤動作 ……………………………………………………………………… 290
- ●SRAM書き込み/読み出しタイミング不良 ……………………………………… 290
- ●SRAMに画像が記録されていない ………………………………………………… 290
- ●水平同期外れ ………………………………………………………………………… 290
- ●垂直同期外れと色飛び ……………………………………………………………… 291
- ●色相ずれ ……………………………………………………………………………… 291

参考・引用文献 ——————————————————————————— 292

記事の出典 ——————————————————————————————— 296

索引 ——————————————————————————————————— 298

著者略歴 ——————————————————————————————— 302

本書の構成

　本書では，これからカメラを設計・評価する技術者のために，イメージ・センサを搭載するハードウェアの設計ノウハウについて解説します．本書の流れを大まかに示すと，

- **第1部**　イメージ・センサ素子の働き
- **第2部**　イメージ・センサ出力信号の種類と相互変換
- **第3部**　イメージ・センサの駆動技術と信号処理
- **第4部**　画質を左右するレンズの基礎とセンサの取り付け位置
- **第5部**　画質の改善と画像評価技術
- **第6部**　ドライブ・レコーダに見るカメラの設計事例

の6部で構成しています．六つの技術の関係を図1に示します．

　第1部は，イメージ・センサ素子の構造や大まかな動作について解説します．第2部以降の説明を理解するために，ぜひとも知っておきたい基礎知識です．

　第2部では，信号処理ICまたは信号処理ブロックが出力するビデオ・データの並び順と，その伝送規格について整理します．画像圧縮エンコーダ，高速メモリ，CPUなど，後段にどんなLSIを接続するにしても，必ず理解しておかなければならない知識です．

　第3部では，イメージ・センサが出力する生データの信号処理について解説します．CMOSイメージ・センサでは，同一チップの内部にこの信号処理ブロックを搭載している場合もあります．ここでは生のデータを，人の目の特性に合わせて処理し直すことで，なじみのあるカメラ画像に変換します．

　第4部では，レンズの基礎知識を紹介します．ふだん，イメージ・センサが取得した画像をいかにきれいに写すかを検討している皆さんも，イメージ・センサに入る画像・光に目を向ける機会は少ないと思います．さらに，レンズで決まるイメージ・センサの取り付け位置，距離の関係についても説明します．

　第5部では，製作または入手したカメラ，イメージ・センサの画像評価方法について解説します．どのような撮影対象を，どのような尺度で，どのような方法を用いて評価するのかを説明します．

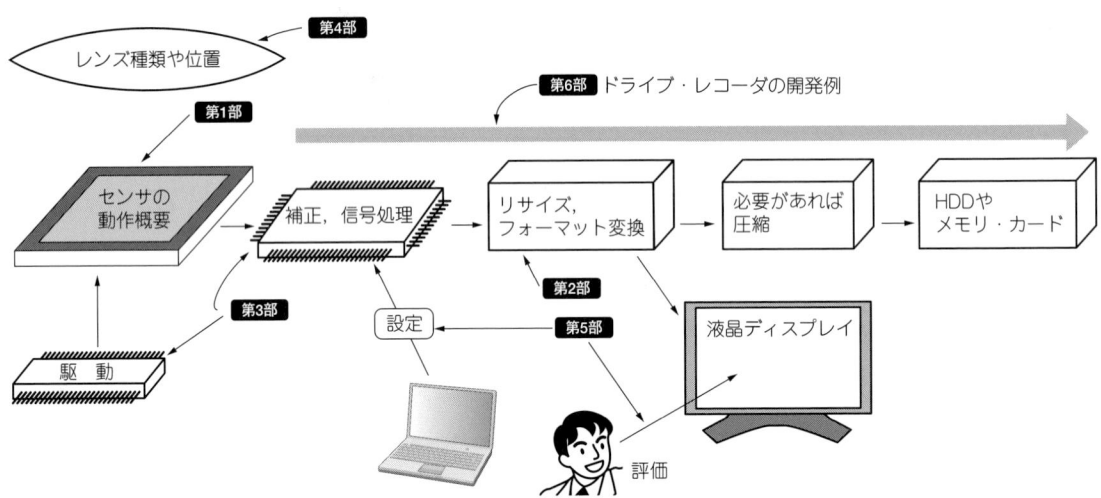

〈図1〉カメラを作るために必要な技術要素

CMOSカメラ・モジュールから取得する画像を，夜景，屋外，屋内などの撮影状況に合わせて，レジスタ値を変えることで最適に調整する方法についても説明します．

第6部 では，自動車に搭載するドライブ・レコーダの設計事例を紹介します．システム制御役のFPGAは，イメージ・センサから常時画像を取得し，リサイズしたり，信号の形式を変換したりしたあと，SDカードに画像を書き込み続けます．

カメラ開発の進め方と本書の対応

◆ カメラ・モジュールを入手

イメージ・センサを搭載したカメラ・モジュールを，開発用に数個からでも購入できるようになりました．しかし，カメラ・モジュールを使いこなすのは，決して簡単ではありません．おおよそ次のような検討が必要です．

- システムに必要なハードウェアを見積もる（→第17章）
- カメラ・モジュールの選択（→第18章）
- きれいな画を取り出すための設定（→第12章）
- カメラ・モジュールから受け取ったディジタル・データを，後段のLSIが必要とする信号フォーマットに変換する（→第3章，第4章，第5章）
- カメラとしての画像評価（→第13章，第14章）

◆ CMOSイメージ・センサを入手

CMOSイメージ・センサは，必要な画像処理を同一チップ内部で行っているため，取り出した画像をそのまま利用できます．JPEGエンコーダなどを搭載している場合もあります．従って，求められる知識は主に次のとおりです．

- CMOSイメージ・センサの動作概要（→第1章）
- レンズの種類と選び方，取り付け位置（→第10章，第11章）
- きれいな画を取り出すためのセンサ設定（→第12章）
- CMOSイメージ・センサ出力の信号処理（→第8章）
- カメラ・モジュールから受け取ったディジタル・データを，後段のLSIが必要とする信号フォーマットに変換する（→第3章，第4章，第5章）
- カメラとしての画像評価（→第13章，第14章，第15章）
- 皆がきれいな写真を撮影できるための画像処理（→第9章）

◆ CCDイメージ・センサを入手

　一昔前のCCDイメージ・センサを動かすには，アナログ回路に関する知識が必要でした．また，出力信号もアナログであることが多く，いわゆるフロントエンドの設計にもノウハウが必要でした．近年は周辺回路の1チップ化が進み，アナログ回路の熟練者がいなくても扱えるようになりました．求められる知識は主に次のとおりです．

- CCDイメージ・センサの動作概要（→第2章）
- レンズの種類と選び方，取り付け位置（→第10章，第11章）
- CCDの制御技術と駆動回路設計（→第6章）
- CCDイメージ・センサ出力の信号処理（→第7章）
- きれいな画を取り出すためのセンサ設定（→第12章）
- カメラ・モジュールから受け取ったディジタル・データを，後段のLSIが必要とする信号フォーマットに変換する（→第3章，第4章，第5章）
- カメラとしての画像評価（→第13章，第14章，第15章）
- 皆がきれいな写真を撮影できるための画像処理（→第9章）

● 監視カメラやムービ・カメラを開発したい

　実はイメージ・センサを搭載するハードウェアの構成は，監視カメラ，ドライブ・レコーダ，家庭用ムービ・カメラ，いずれをとっても大差ありません．基本的には図1に示すような信号の流れで記録媒体に蓄積されたり，ディスプレイに映し出されたりしています．求められる知識は主に次のとおりです．

- 動画像をメモリ・カードに記録する技術要素を整理する（→第16章）
- 動画像記録システムのハードウェア構成（→第17章）
- カメラ・モジュールと記録媒体の選び方（→第18章）
- 画像処理システム仕様策定のポイント（→第19章）
- FPGAによる画像処理回路の設計（→第20章）

　このように本書は，イメージ・センサを搭載した製品を作る人のために，必要となるノウハウを網羅しました．

第1部　イメージ・センサの働き

◆ 第1章

高速/部分読み出しが可能，高精細化に向く

CMOSイメージ・センサのあらまし

米本 和也
Kazuya Yonemoto

　近年，携帯電話から高級一眼レフのディジタル・スチル・カメラにまで盛んに使われだしたCMOSイメージ・センサは，多くのビデオ・カメラやディジタル・スチル・カメラに使われているCCDイメージ・センサとは動作原理が異なっています．
　この章では，CMOSイメージ・センサの動作原理をCCDと比較しながら解説し，またカメラ以外の応用分野で期待されている側面についても触れてみます．

1-1　歴史

　実は，CMOSイメージ・センサが現れた時期をはっきり特定できません．カメラ用ではなく特別な目的でCMOSプロセスを使ったセンサが以前から研究されたこともあるからです．
　映像を再現することに目的を絞って考えると，まず1990年の"ASIC Image Sensor"というタイトルの発表と考えられます．これは現在主流の画素に増幅機能を持たせたAPS（Active Pixel Sensor）ではありませんでした．
　ASIC Image Sensorの画素は信号電荷をそのまま出力するPPS（Passive Pixel Sensor）で，CCDイメージ・センサと戦って姿を消したMOSイメージ・センサと構造が同じでした．また，タイトルからして"CMOS Image Sensor"と明白にうたった1993年の発表もPPSに属するものでした．
　画素がAPSで，なおかつタイトルが"CMOS Image Sensor"として発表されたのは1994年になってからですが，内容から両者を満たし"Active Pixel Sensors：Are CCD's Dinosaurs？"と銘打った1993年の発表[5]が本当の意味で最初だと考えられます．
　これらを時系列に直して表1-1にまとめてみました．これを皮切りに，CMOSイメージ・センサを実用化するため，数多くの企業が開発競争に名乗りを上げました．

〈表1-1〉CMOSイメージ・センサの誕生まで

年	発表タイトル	APS	PPS	プロセス
1969	Photosensitivity and Scanning of Silicon Image Detector Arrays (S. G. Chamberlain)	○		PMOS
1990	ASIC Image Sensor (University of Edinburgh)		○	CMOS
1993	CMOS Image Sensor (VLSI Vision Ltd., University of Edinburgh)		○	CMOS
1993	Active Pixel Sensors：Are CCD's Dinosaurs？ (California Institute of Technology)	○		CMOS
1994	CMOS Active Pixel Image Sensor (California Institute of Technology)	○		CMOS

▶ ( ) 内は発表者または団体

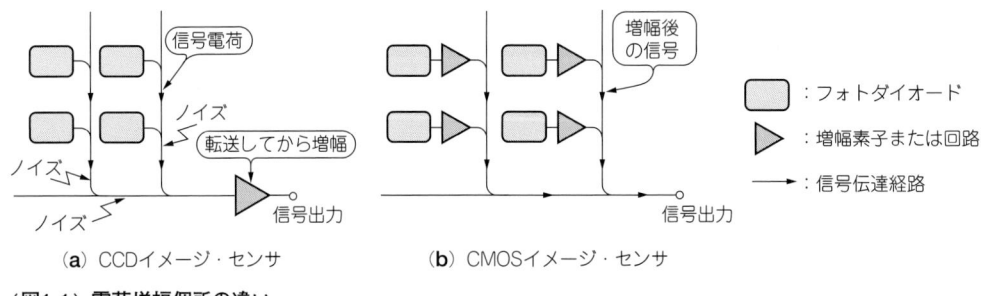

(a) CCDイメージ・センサ　　(b) CMOSイメージ・センサ

〈図1-1〉電荷増幅個所の違い

1-2　CCDとの違いと利点

● 画素に増幅機能を持つ

　CMOSイメージ・センサのほとんどは，図1-1(b)に示すように，画素に増幅機能を持ったAPSの仲間です．

　APSの目的は，個々の画素で信号をいったん増幅することにより，画素から信号を取り出す過程でノイズの影響を受けにくくすることです．例えば，CCDイメージ・センサの場合は，スミア(smear)というノイズの影響を受けやすいのですが，CMOSイメージ・センサはこの影響がほとんどありません．

● 信号処理系を内蔵できる

　さて，CMOSイメージ・センサの特徴はなんといっても，CMOS LSIを製造するプロセスをそのまま使えることです．そのために，イメージ・センサの機能だけでなく，信号処理やI/Oなどの機能を同じチップ上に形成できます．

　表1-2の例に示すように，CCDがその機能を実現するためにはCMOS LSIと違った独特の製造プロセスを使う必要があります．そのため信号処理を組むのに適当なCMOS回路を同一のチップに載せることが困難です．

　CMOSイメージ・センサは1チップでカメラの機能を完結させる"Camera on a Chip"を実現したり，

〈表1-2〉製造プロセスの違い

項　目	CCDイメージ・センサ	CMOSイメージ・センサ
製造プロセス	フォト・ダイオードやCCD特有の構造を実現	CMOS LSIの標準プロセスが土台
基板，ウェル	N型基板，Pウェル	P型基板，Nウェル
素子分離	LOCOSまたは不純物イオン注入	LOCOS
ゲート絶縁膜	厚い（50～100nm）	薄い（約10nmまたはそれ以下）
ゲート電極	2～3 ポリシリコン（オーバーラップ構造）	1～2 ポリシリコン（シリサイド系）
層間膜	遮光性，分光特性重視の構造，材料	平たん性重視
遮光膜	アルミ	アルミ
配線	1層（遮光膜と共通）	3層

〈表1-3〉電源数と電圧の比較（値は一例）

項　目	CCDイメージ・センサ 1/4型33万画素	CMOSイメージ・センサ 1/3型33万画素
電源数	3	1
電圧	15/3.3/−5.5 V	3.3 V
消費電力	135*mW	31 mW

＊：ドライバICの無効電力を含まない

CCDイメージ・センサでは実現できなかったような高度な処理機能を持つことができます．

● 単電源で済む

　動作原理に関しては，この後に詳しく説明するとして，プロセスと動作原理の違いからくる電源電圧に関する比較を**表1-3**に示します．

　多くのCCDイメージ・センサに共通する構造のIT-CCD（Interline Transfer CCD）では，垂直CCDと水平CCDを駆動するために正負合わせて3電源が必要になりますが，CMOSイメージ・センサはほかのCMOS LSIと同様に低電圧の単一電源で済みます．

　消費電力に関してもCMOSイメージ・センサの方が有利といえます．この点からも，CMOSイメージ・センサのほうが，ほかのCMOSアナログ/ディジタルICとの相性が良いといえます．

1-3　動作概要

● 動作を回路シンボルで表現できるほどシンプル

　CMOSイメージ・センサがどのような動作原理に基づいているか，**図1-2**を使って説明します．

　CCDイメージ・センサが単位画素を断面構造で表現して初めてその動作を理解できるのに対して，CMOSイメージ・センサは回路シンボルによって表現できることから違っています．

● 画素回路は増幅後の信号を出力する

　光を信号電荷に変換するフォトダイオードに大きな相違はありませんが，電荷の増幅に違いがあります．CCDイメージ・センサは，電荷転送という動作によって信号電荷を出力部まで運んでから信号を増幅して出力します．

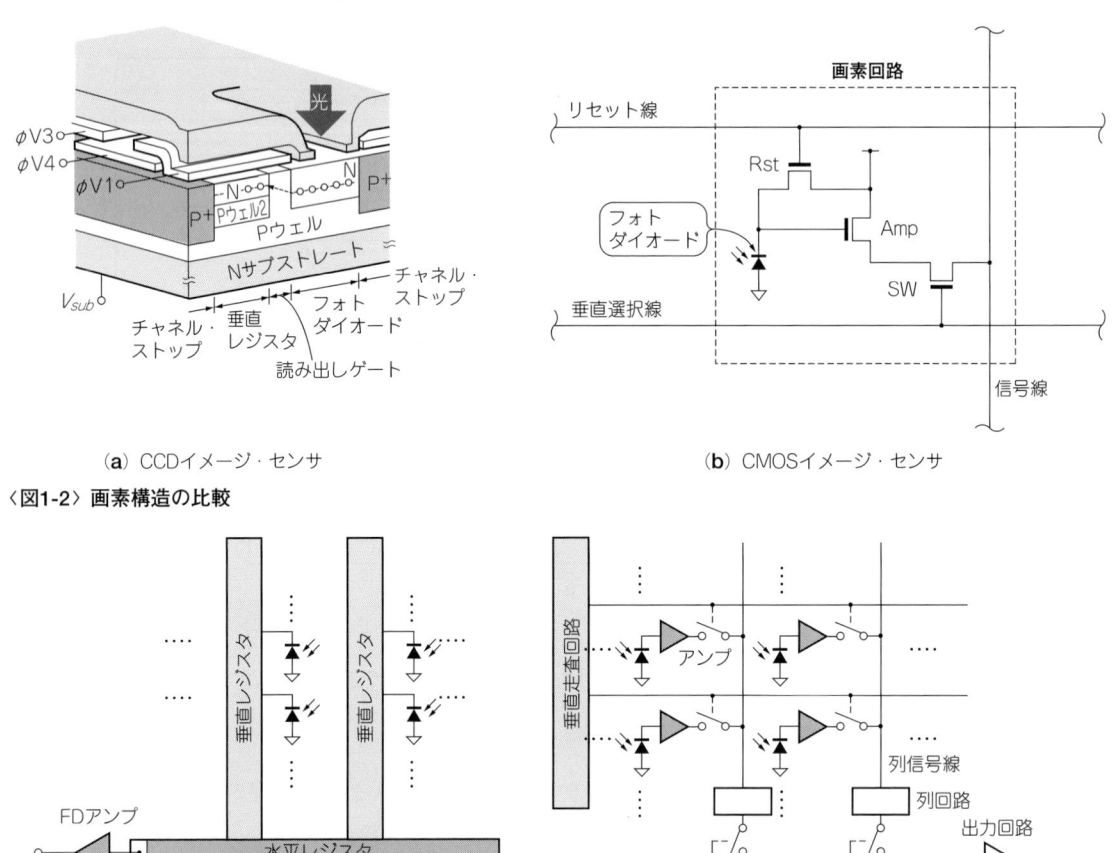

〈図1-2〉画素構造の比較
(a) CCDイメージ・センサ
(b) CMOSイメージ・センサ

〈図1-3〉素子構成の比較
(a) CCDイメージ・センサ
(b) CMOSイメージ・センサ

　CMOSイメージ・センサは，フォトダイオードで発生した信号電荷による電圧変化をMOSトランジスタ（Amp）で増幅した後，XYアドレス方式によるスイッチ（SW）動作で選択し，出力します．

● 画素の選択に垂直／水平走査回路を用いる
　図1-3(b)のように，CMOSイメージ・センサは画素の選択のために垂直／水平走査回路が必要です．
　さらに各画素から列信号線に出力された信号をいったん列回路でサンプリングするなどして，信号の並びを並列直列変換する必要があります．この列回路では，この後に説明するノイズ除去も同時に行われます．

● ノイズ抑圧に埋め込みフォトダイオードを使う
　図1-2(b)に示したCMOSイメージ・センサの基本的な画素構造の場合，フォトダイオードに簡単なPN接合を使っているため，暗電流によるFPN（Fixed Pattern Noise）が大きく，実用化するには困難が

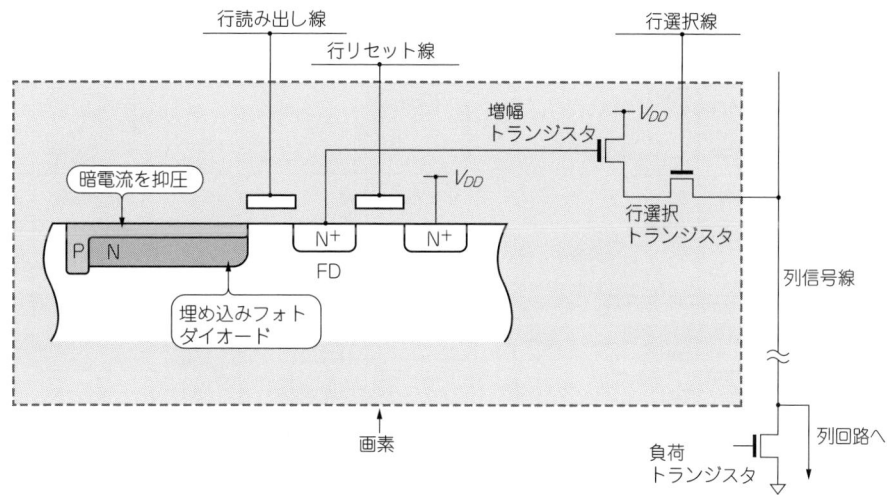

〈図1-4〉埋め込みフォトダイオードを使用した画素

ありました．

そこで，CCDイメージ・センサと同様の構造を持った埋め込みフォトダイオードが使われています．**図1-4**はその典型的な構造であり，フォトダイオードで光電変換した信号電荷がFD（Floating Diffusion）により信号電圧に変換され，トランジスタで増幅された後，列信号線を通して列回路に送られます．

この埋め込みフォトダイオードの表面に形成されたP層は，暗電流の発生を効果的に抑圧し，FPNを大きく改善します．

● 増幅素子のばらつきやスイッチ動作でも固定ノイズは生まれる

CMOSイメージ・センサには，さらに特有のFPNがあります．個別の増幅素子のばらつきによるものと，XYアドレス方式を実行する際のスイッチング・ノイズによるものです．このFPNは，いくつかの有力な方法によって解決が図られています．以下では，そのFPN抑圧方式を解説します．

1-4　特有の問題点「固定ノイズ」への対応

● DDS方式

DDS（Double Data Sampling）方式は，列回路で画素の増幅素子が発生するFPNを抑圧するとともに，列回路自体のばらつきによる固定パターン・ノイズも抑えた代表的な方式です．

CMOSイメージ・センサの画素は，フォトダイオードのリセット前後の信号を減算すれば，**図1-2**のMOSトランジスタ（Amp）のしきい値ばらつきによるFPNを容易に取り去ることができます．しかし，**図1-3（b）**の列回路でそれを実行したとしても，列回路も同様なばらつきによるFPNを発生するので，FPNの抑圧が不完全です．

そのため，**図1-5**，**図1-6**で示す方式を使い，列回路も含めてFPNを抑圧します．C_S，C_Rはそれぞれ

26　第1章　CMOSイメージ・センサのあらまし

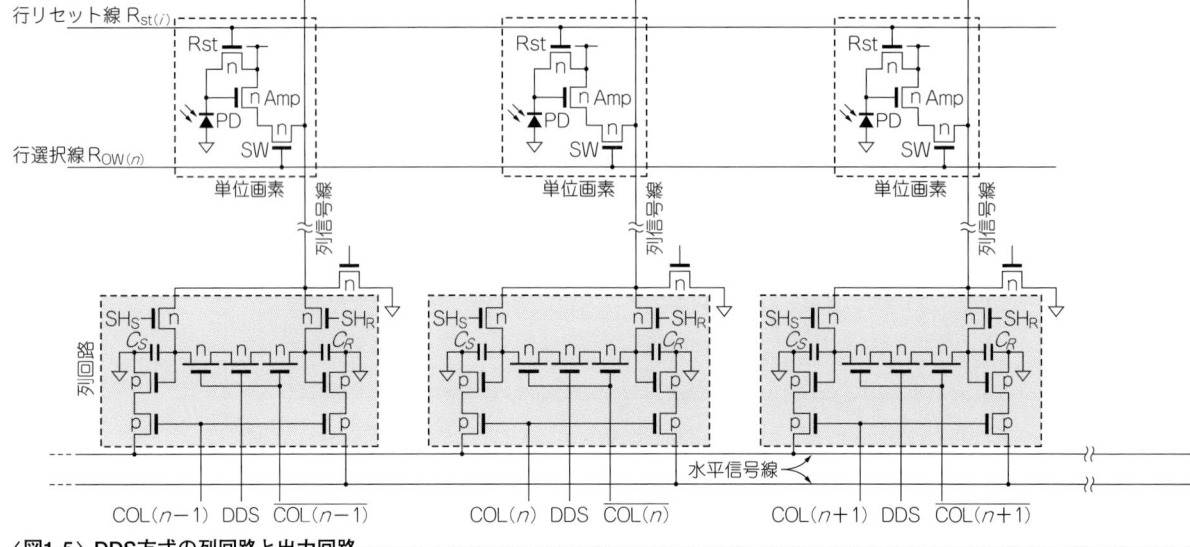

〈図1-5〉DDS方式の列回路と出力回路

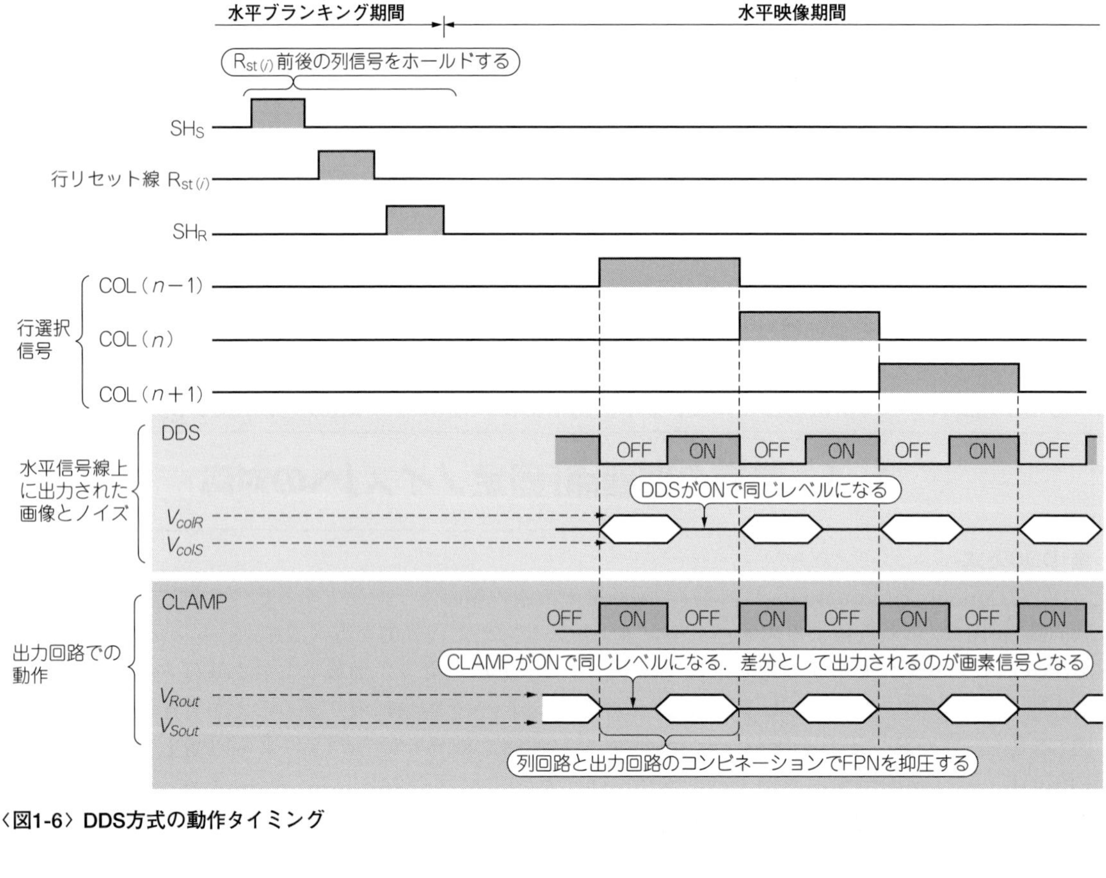

〈図1-6〉DDS方式の動作タイミング

1-4 特有の問題点「固定ノイズ」への対応

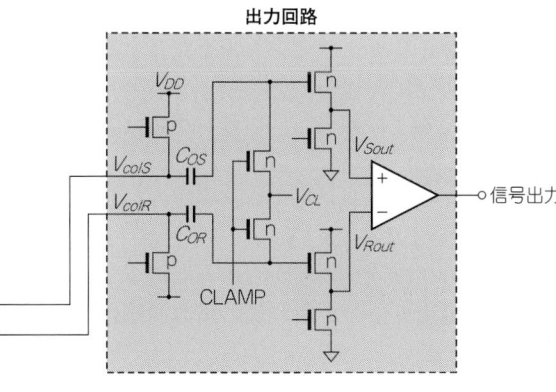

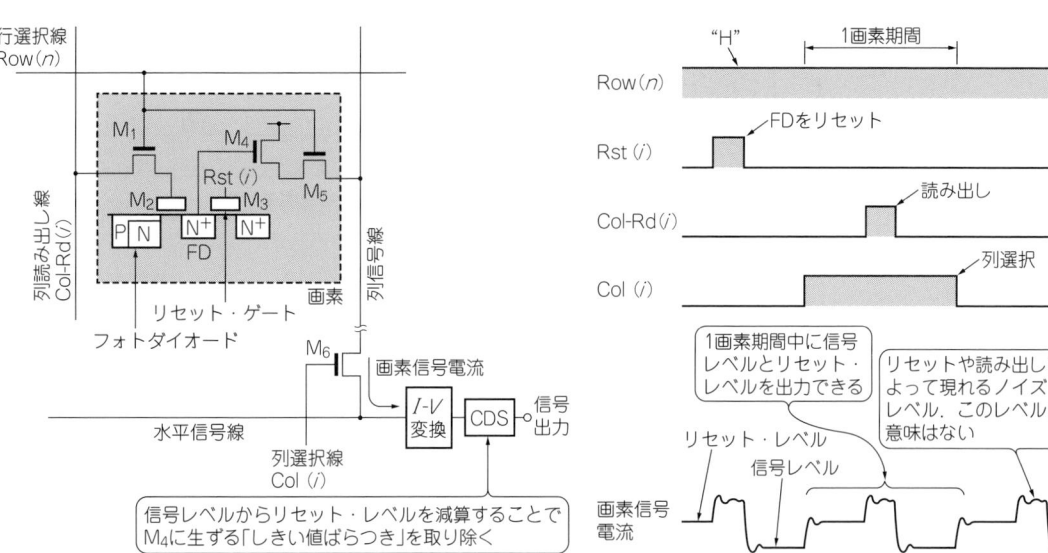

〈図1-7〉ノイズ/シグナル逐次出力方式の回路と動作

フォトダイオードのリセット前後の信号をサンプリングするキャパシタで，増幅素子のばらつきを減算して抑圧することを可能にします．

C_SとC_Rにサンプリングされた信号を列回路のばらつきを含めて出力回路でクランプした後，C_SとC_RをDDSパルスによってショートすることで，列回路のばらつき成分だけを出力します．すると，出力回路からは画素と列回路のばらつきの両方を抑圧した信号が出てきます．

28　第1章　CMOSイメージ・センサのあらまし

● ノイズ/シグナル逐次出力方式

　ノイズ/シグナル逐次出力方式は，図1-3(b)の列回路で発生するFPNを嫌って，画素の増幅素子が発生するFPNを，列回路を通さず出力回路の一部であるCDS回路(Correlated Double Sampling circuit)だけで抑圧する，簡素化された方式です．

　図1-7に示すように，画素回路に工夫を凝らすことによって，1画素期間中にリセット・レベルと信号レベルを続けて出力できます．出力部のCDS回路は信号レベルからリセット・レベルを減算することでFPNを抑圧します．

　画素信号電流のリセット・レベルは画素内のFDがリセットされた電圧に相当し，信号レベルはフォトダイオードから信号電荷が読み出された後のFDの電圧に相当します．

　信号を出力する画素だけが読み出しゲートM_2を動作させるため，行選択線Row(n)と列読み出し線Col-Rd(i)の論理積をとるXYアドレス・トランジスタM_1が使われています．

　また，リセット前後の速い変化の信号(リセット・レベルと信号レベル)を画素から出力回路まで列信号線と水平信号線を通して伝達するために，画素からの信号は電流モードが使われ，出力回路には

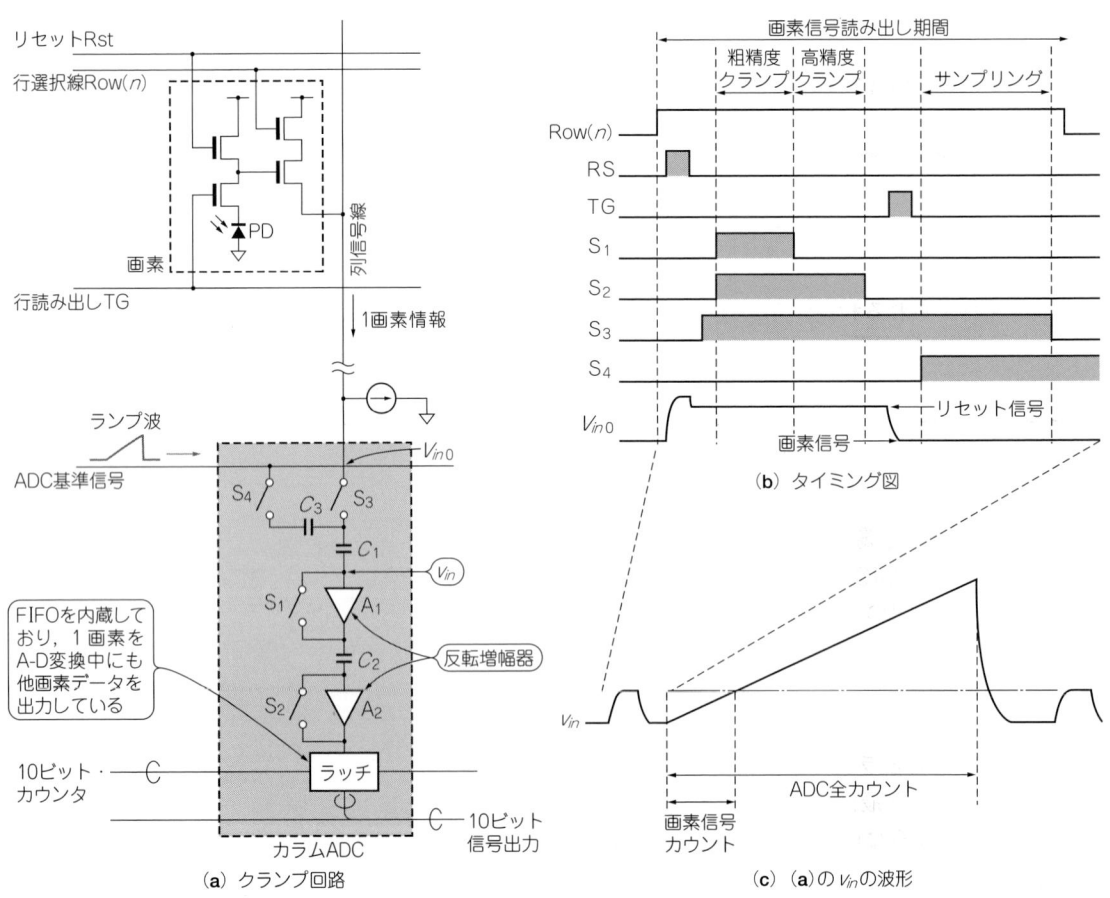

〈図1-8〉カラムADC方式

電流-電圧変換（I-V変換）回路が組み込まれています．この方式は，画素の素子数が増える欠点があるものの，原理的にFPNを完全に抑圧できる特徴があり，優れた方式です．

● 列回路にA-D変換機能を組み込むカラムADC方式

　CMOSイメージ・センサならではといえるものに**図1-8**のカラムADC方式があります．これはほかの方式と同様に，画素から列信号線にフォトダイオードのリセット前後の信号が現れますが，これを列回路の中でFPNの抑圧をしつつA-D変換まで行ってしまいます．特徴的なのは，画素のリセット信号を基準電圧にクランプするのに，アクティブなダブル・クランプ方式が使われている点です．

　図1-8(a)の反転増幅器A_1とA_2のクランプ・スイッチS_1とS_2を同時に閉じ，S_1を先に開くと，v_{in}がA_1のしきい値電圧V_{th}からS_1のスイッチングばらつきが加算された電圧に粗精度クランプされます．しかし，S_2は閉じたままなので，その電圧がA_2入力のしきい値電圧V_{th}になります．

　その後S_2を開くと，A_2にもスイッチングばらつきを含んでクランプされますが，S_2のスイッチングばらつき成分はA_2の利得で割った分がv_{in}側のばらつきに還元され，v_{in}から見るとクランプ精度が向上します．

　高精度クランプが完了したら，画素のTGにより読み出し動作を行うと，列信号線に画素信号が出てくるので，v_{in}が画素信号分変化します．サンプリング期間中にADC基準信号をS_4から入れ，S_3を開いた後にADC基準信号にランプ波を与えるとv_{in}がしきい値電圧に到達したときにA_2の出力が反転するので，そこまでの10ビット・カウンタ値が画素信号のA-D変換値になります．

　この結果，列ごとのばらつきを実用上十分に抑えつつ，ダブル・クランプ回路をコンパレータとして動作させ，ランプ波（ADC基準信号）を使ったA-D変換を実現しています．

　このように列回路にA-D変換機能を組み込むと，列回路によるイメージ・センサ自体の面積増加を招く可能性がありますが，直接ディジタル信号を出力することで後の信号処理前のA-D変換を不要にし，消費電力を抑えられる利点があると考えられます．

1-5　そのほかの特徴

● 動く被写体をひずみなく撮像するには向かない

　耳慣れない言葉ですが，撮像領域の画素がみな同じ期間に光電変換し，信号電荷を蓄積することを「蓄積の同時性」と定義します．古くは，撮像管とCCDイメージ・センサの違いとして議論されたことがありましたが，CMOSイメージ・センサでもこの性質が問題になります．

　CCDイメージ・センサの場合，フォトダイオードから垂直CCDへの読み出し動作がすべての画素で同期しているので蓄積の同時性を維持しています．しかし，多くのCMOSイメージ・センサは各画素の蓄積期間が信号の出力されるタイミングに同期するため，それが維持されません．そのようすを**図1-9**に示します．

　グローバル露光とライン露光による画像の違いを**図1-10**に示します．CMOSイメージ・センサは，走査線の最初の行と最後の行で蓄積期間が1フレーム近くずれてしまいます．これにより**図1-10**(b)のイラストに示すように回転する羽を静止画として記録すると，形がひずんでしまいます．

　CCDイメージ・センサのような方式を「グローバル露光」，CMOSイメージ・センサのような方式を「ライン露光」または「ローリング・シャッタ」とも呼んでいます．**図1-10**(b)は比較的特別な状況であ

30 第1章 CMOSイメージ・センサのあらまし

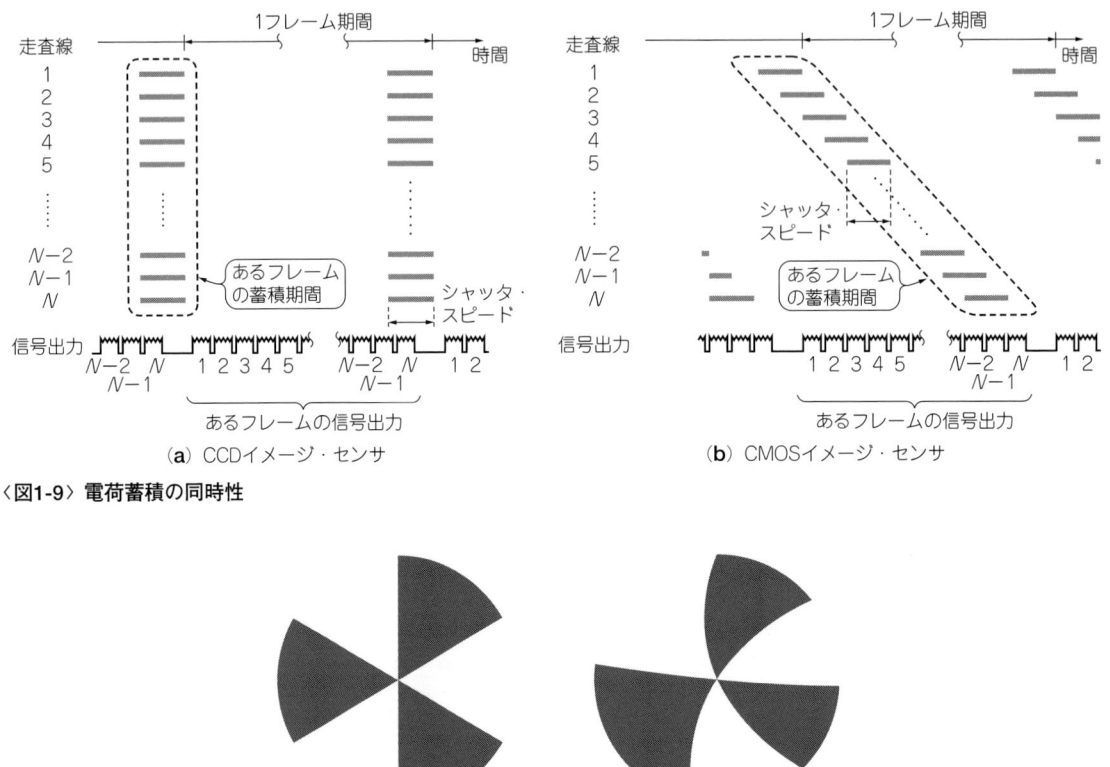

〈図1-9〉電荷蓄積の同時性

(a) グローバル露光
(CCDイメージ・センサ)

(b) ライン露光
(CMOSイメージ・センサ)

〈図1-10〉グローバル露光とライン露光による画像の違い

るため，日常の使用にはさほど影響ありませんが，動く被写体をひずみなく撮像する目的には向かないようです．

● 混色を発生する場合がある

　CCDイメージ・センサが，隣の画素どうしの混色（クロストーク）に大変強い構造をもっているため，CMOSイメージ・センサが使われ始めるまで，混色はあまり心配されませんでした．しかし，多くのCMOSイメージ・センサがCMOS LSIの標準的な製造プロセスとシリコン基板を使っているため，混色を発生する場合があります．

　混色の原因は**図1-11**に示すように，主に光が隣の画素に漏れ込むことと，基板の深いところで発生した信号電荷が拡散により隣の画素に入ってしまうことです．

　この混色は解像度の劣化よりむしろ，単板カラーの場合，強い光の当たっている画素近辺で色再現性劣化や，光学的黒の近くに強い光が当たると，光学的黒信号が部分的にずれるといった質の悪い画

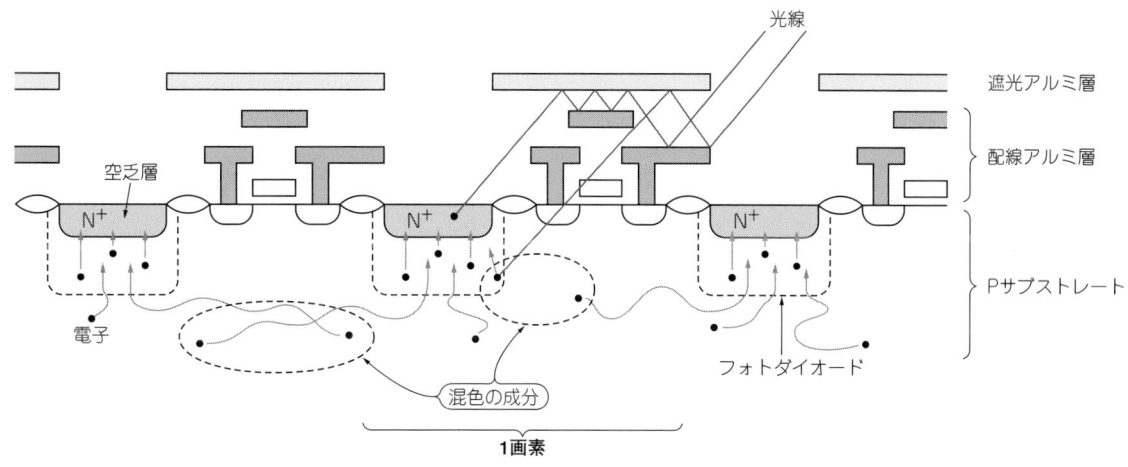

〈図1-11〉混色の原因

〈表1-4〉イメージ・センサの特性比較

項　目	CCDイメージ・センサ	CMOSイメージ・センサ
感度	◎ 量子効率，変換効率が良いため高い	○ 量子効率，増幅率は構造による
SN比	◎ FDアンプなので良い	△ トランジスタの性能による
暗電流	◎ 専用プロセスなので低い	○ CMOS LSIプロセス構造による
スミア	○ 原理的に発生	◎ 無視できる
ダイナミック・レンジ	○ 良好	○ 画素サイズしだい
混色	◎ 極めて少ない	○ 構造によっては発生

像劣化を引き起こします．

　従って応用によっては，CCDイメージ・センサではあまり意識する必要がなかった混色に注意する必要があるといえます．

＊　　　＊　　　＊

　CCDイメージ・センサとCMOSイメージ・センサの基本的な特性の違いは，各方面で議論が盛んなところです．そこで，調査と経験をもとに主観的に特性を比較してみたのが**表1-4**です．

第2章

高画質，高感度，多分野で圧倒的な使用実績を誇る
CCDイメージ・センサのあらまし

塩野 浩一
Koichi Shiono

本章では，CCDイメージ・センサ（以下CCD）の，
- 動作原理
- FT，IT，FIT方式による動作の違い
- IT方式の読み出し方と画素セルの構造
- カメラとして動作するために付加された機能
- カラーとモノクロの違い
- 画素数による構造の違い

について解説します．

2-1 センサ素子の動作

● **素子構成**

　CCDは，CPUやDRAMと同じようにシリコン・ウェハ上に形成されます．CCDはシリコン（Si）半導体素子ですが，Charge Coupled Deviceという名のとおり，電荷をそのまま転送する構造をしているため，一般のロジックICなどとは異なります．図2-1に電荷を運ぶ転送ゲートと画素の配置イメージを示します．

● **光電変換，電荷蓄積**

　光を電気信号に変換する部分です．一般的に，半導体に光が当たるとそのフォトンのエネルギ$h\nu$により電子・正孔対が発生します．シリコンの場合は約1.1eVのバンドギャップE_gが存在し，$h\nu \geq E_g$の入射光に対して価電子帯から伝導帯へ電子が励起され，電子・正孔対が発生します．
　このように発生した電子や正孔を外部に取り出すことができれば，電気信号として使用できます．図2-2に光（フォトン）を電荷に変換する光電変換部を示します．
　光電変換は図2-2（a）のMOSキャパシタか，図2-2（b）のPN接合ダイオードが使われます．最初に読み出しゲートにパルスを加えて，MOSキャパシタまたはPN接合ダイオード内の電荷を排出し，空乏層を形成します．光が入射するとシリコン中で電子・正孔対が発生し，空乏層内に信号電荷として蓄積

されます.

現在ではMOSキャパシタはほとんど使われておらず，PN接合ダイオード（フォトダイオード）が使用されています.

● **電荷転送**

▶ 垂直レジスタ

蓄積された電子はフォトダイオード部に隣接した垂直レジスタに転送されます．垂直レジスタは主に4相駆動で，**図2-3**に転送のしくみを示します．

構造はシリコン上にゲート電極を複数配列したものです．垂直レジスタは電荷をバケツ・リレーのように転送するデバイスです．垂直転送ゲート電極に順次パルスを加えていくと電荷が順番に転送さ

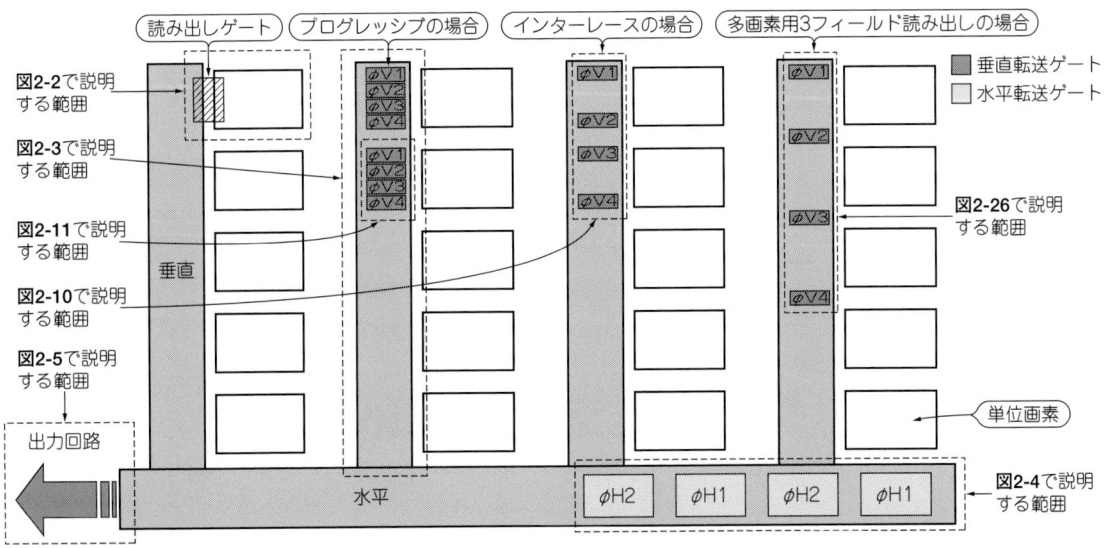

〈図2-1〉画素と転送ゲートとの関係

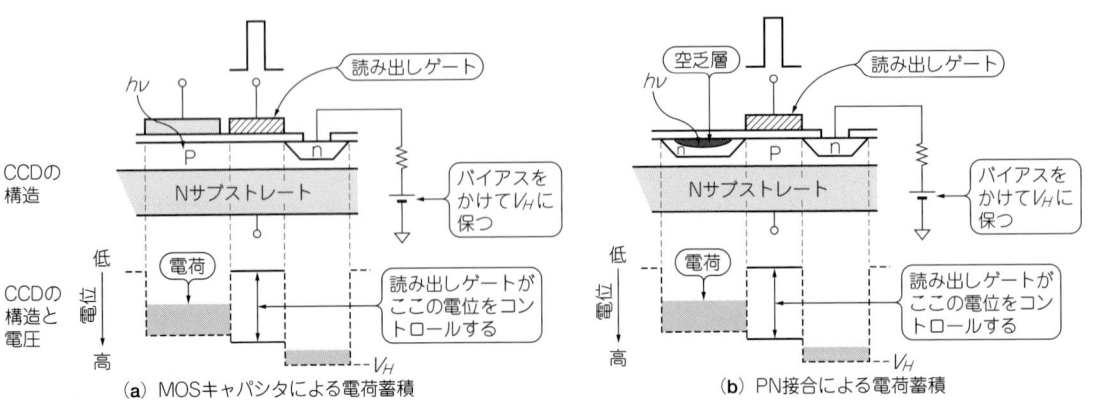

〈図2-2〉光電変換部の動作概要

れます.
▶垂直ゲートが読み出しゲートを兼ねる

説明を分かりやすくするために**図2-1**,**図2-2**,**図2-3**では「読み出しゲート」と「垂直転送ゲート」を区別していましたが,実際には垂直転送ゲートが読み出しゲートも兼ねています.つまり,CCD駆動制御ICは垂直転送ゲートのタイミングをうまく制御して,フォトダイオードから電荷を転送する(読み出す)のです.

▶水平レジスタ

垂直レジスタで端まで転送された電荷は,次に水平レジスタへ転送されます.水平レジスタも原理は垂直レジスタと同じですが,電極構成が少し異なります.水平レジスタの構成を**図2-4**に示します.水平レジスタは主に2相駆動です.**表2-1**に2相と4相の特徴を示します.

このように2次元構成の画像データは垂直/水平レジスタを使うことで点順次構成に変換され,1画素ごと順番に出力されます.

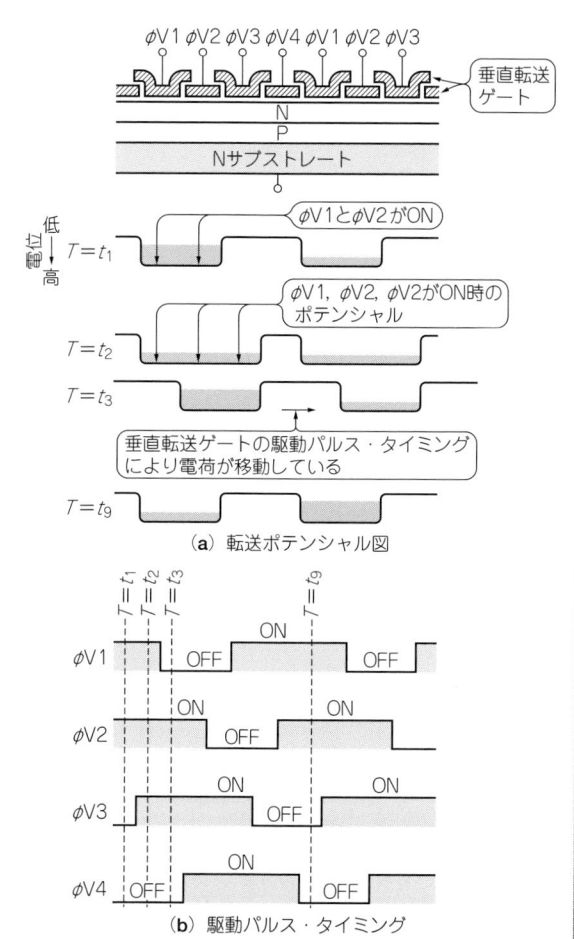

〈図2-3〉垂直レジスタの動作概要

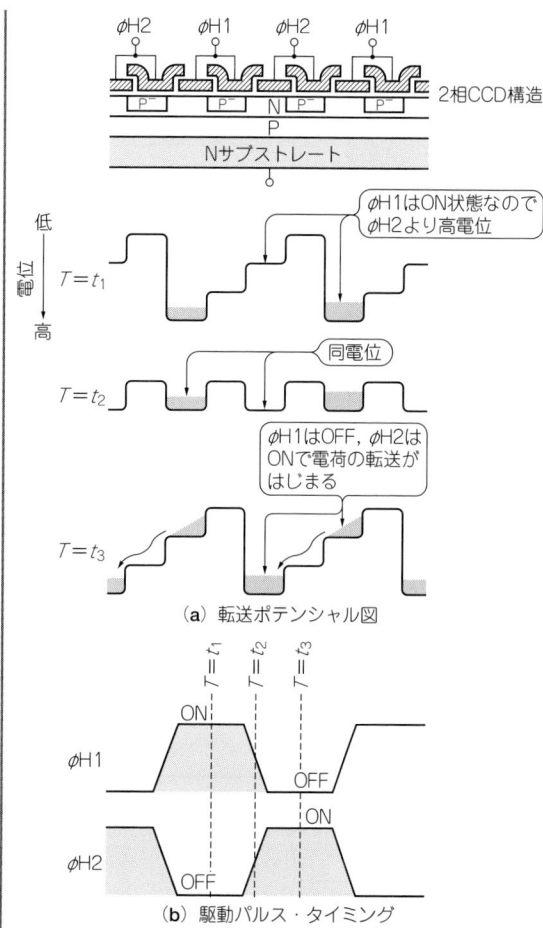

〈図2-4〉水平レジスタの動作概要

● 電荷検出

　水平レジスタによって運ばれてきた信号電荷はフローティング・ディフュージョン（FD：Floating Diffusion）と呼ばれる一種のキャパシタにより電荷-電圧変換（図2-5）が行われます．電圧変換後にソース・フォロアで電流増幅が行われ，出力されます．図2-6に等価回路を示します．

　出力電圧の変化 ΔV_{out} [V] は，信号電荷量を Q_{sig} [C]，フローティング・ディフュージョンの容量を C_{FD} [F]，ソース・フォロア回路の電圧ゲインを G_{SF} [倍] とすると，次式で表せます．

$$\Delta V_{out} = \frac{Q_{sig}}{C_{FD}} G_{SF} \quad \cdots\cdots\cdots(2\text{-}1)$$

2-2 電荷転送方式による動作の違い

　CCDは電荷転送方式の違いにより多種多様な方式が存在します．ここでは代表的な次の3種類について解説します．

〈表2-1〉2相/4相レジスタの特徴

	4相レジスタ	2相レジスタ
特徴	● 単位面積当たりの取り扱い電荷量が多い ● 正逆方向の転送が可能 ● 垂直レジスタに適している	● 駆動パルス・タイミングが簡単 ● 高速転送に適している ● 水平レジスタに適している

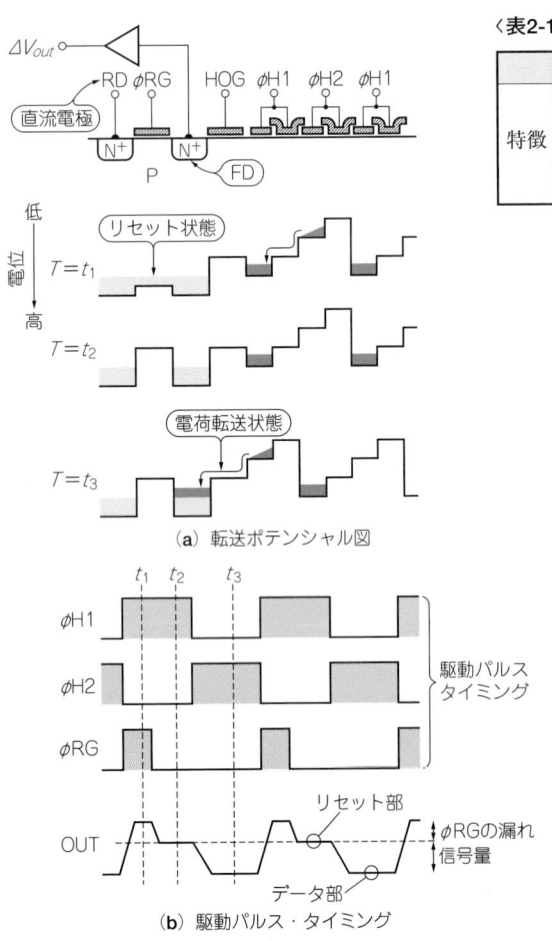

〈図2-5〉電荷検出部の動作概要

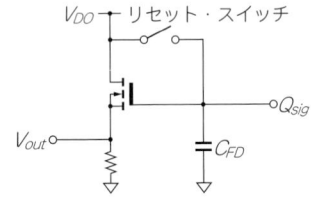

〈図2-6〉FDの等価回路

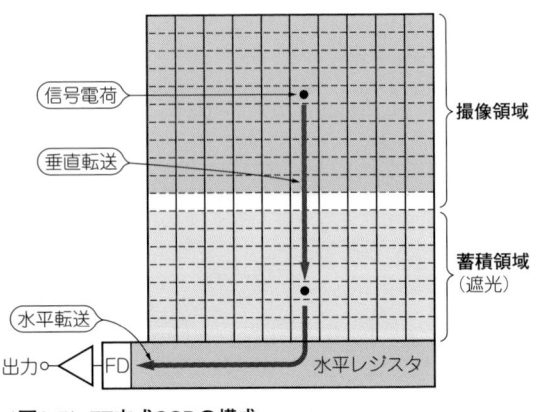

〈図2-7〉FT方式CCDの構成

● フレーム・トランスファ(FT)方式

図2-7にFT方式CCDの構成を示します．CCD開発初期に使われていた方式で，現在ではほとんど使われていません．

▶構造

垂直転送レジスタが光電変換部を兼ねており，遮光された電荷を蓄積する蓄積領域，水平転送レジスタ部，出力部で構成されています．

▶動作

一定時間（フレーム周波数と電子シャッタ設定値に依存する）垂直転送レジスタで光電変換し，電荷を蓄積します．電荷は垂直ブランキング期間中に撮像領域から蓄積領域へ高速転送されます．

蓄積領域の電荷は1水平期間に1画素ずつ水平レジスタ方向に転送されます．

水平レジスタは水平走査と同期して出力部へ1画素ずつ電荷を転送し，この電荷は出力部で電圧へ変換されます．

▶特徴

- 構造が簡単
- 垂直レジスタが光電変換部を兼ねているので画素内における光電変換領域を大きく取れる
- 蓄積領域が必要なため，チップ・サイズが大きくなる
- 垂直転送中もレジスタ部で光電変換が行われているのでメカ・シャッタがないとスミア（後述）が発生する

などが挙げられます．

● インターライン・トランスファ(IT)方式

図2-8にIT方式CCDの構成を示します．家庭用ビデオ・カメラ，ディジタル・スチル・カメラなど民生用機器で現在もっともよく使われている方式です．

▶構造

光電変換部，垂直転送レジスタ部，水平転送レジスタ部，出力部で構成されています．単位画素はフォトダイオードと垂直レジスタで構成されています．

▶動作

ある一定時間フォトダイオードで電荷蓄積を行った後，垂直ブランキング期間中に垂直レジスタへ転送します．

垂直レジスタの電荷は1水平期間に1画素ずつ水平レジスタ方向に転送されます．

水平レジスタは水平走査と同期して出力部へ1画素ずつ電荷を転送していき，この電荷は出力部で電圧に変換されます．

▶特徴

- FT方式に比べて蓄積領域が不要なため，チップ・サイズを小さくできる
- 垂直レジスタを遮光できるのでスミアの発生を抑えられる

などが挙げられます．

● フレーム・インターライン・トランスファ(FIT)方式

図2-9にFIT方式CCDの構成を示します．

▶構造

IT方式と同様にフォトダイオードと垂直レジスタで構成した画素部と，FT方式と同様に垂直レジスタと水平レジスタ間に蓄積領域を設けています．

▶動作

垂直ブランキング期間にフォト・ダイオード→垂直レジスタ→蓄積領域まで一気に転送を行い，後はIT方式と同様に水平ブランキング期間に順次転送を行っていきます．

▶特徴

このような方法を取る理由としてはスミアの抑圧が挙げられます．FIT方式，IT方式の垂直レジスタ部は遮光されていますが，構造上遮光は完全ではありません．IT方式のように垂直転送を時間をかけて行うと，そのぶん垂直レジスタへの光の漏れ込みが多くなりスミアが多く発生します．

FIT方式では，垂直レジスタの信号は垂直ブランキング期間に一気に完全遮光された蓄積領域に転送されてしまいますから，レジスタへの光の漏れ込みを少なくすることができます．従ってFIT方式はス

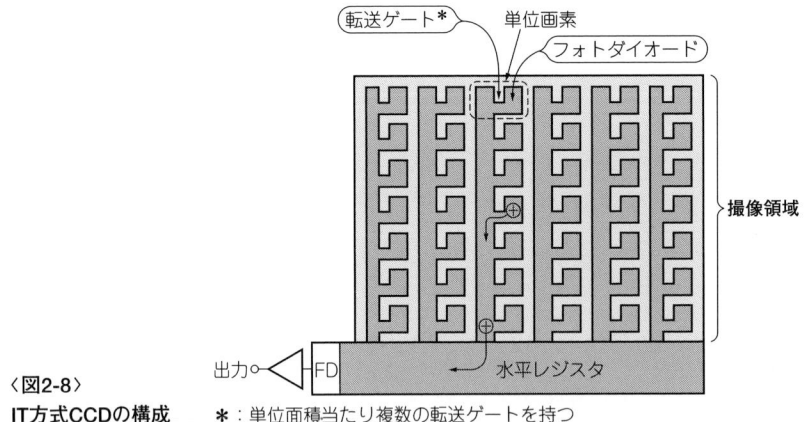

〈図2-8〉
IT方式CCDの構成　＊：単位面積当たり複数の転送ゲートを持つ

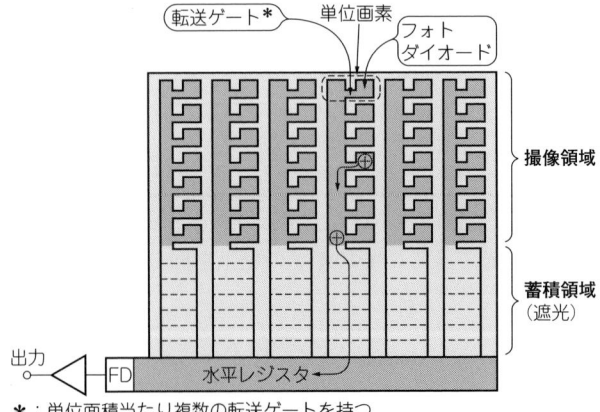

〈図2-9〉
FIT方式CCDの構成　＊：単位面積当たり複数の転送ゲートを持つ

<表2-2> 各転送方式の特徴

転送方式	スミア	素子面積	価格	主な用途
FT	大	大	低	高解像度の画像入力機器
IT	中	小	低	民生用カメラ内蔵型携帯VCR，業務用カメラ
FIT	小	大	高	放送局用スタジオ・カメラ

ミア特性が優れており，スミア特性への要求が厳しい放送，業務用カメラなどに使用されています．各転送方式の特徴をまとめて**表2-2**に示します．

2-3　もっとも使われているIT方式の読み出し方と画素セルの構造

● 二つの読み出し方式

　現在民生用として最も使われているIT方式CCDは，読み出し方式の違いによってIS-IT方式，PS-IT方式があります．

▶IS-IT方式（インターレース・スキャン）

　CCDイメージ・センサの開発当初，用途として想定していたのはテレビ・カメラでした．従ってNTSCやPALなどのテレビ・フォーマットに親和性のある画素数や読み出し方式が採用され，現在に至っています．

　もっとも特徴的なのはインターレース・スキャンです．NTSC方式ならば525本の走査線を1本おきに跳び越して走査します．1/60秒に奇数行，次の1/60秒で偶数行を走査し，合計して1/30秒で全画面を走査します．これと同様の走査方法を実現するためにCCDでは「フィールド読み出し」，「フレーム読み出し」という2種類の読み出し方法があります．**図2-10**に各方式の概要を示します．

　フィールド読み出し方式では，すべての画素を1/60秒で読み出すために垂直に隣接する二つの画素の信号を垂直レジスタで加算して転送します．CCDは電荷転送ですから，二つの画素信号電荷を一つの垂直レジスタに転送してやれば加算されます．垂直レジスタは2画素に1セル配置されています．

　特徴的なのは，奇数（even）フィールドと偶数（odd）フィールドでは加算する画素が異なることです．

(a) フィールド読み出し　　(b) フレーム読み出し

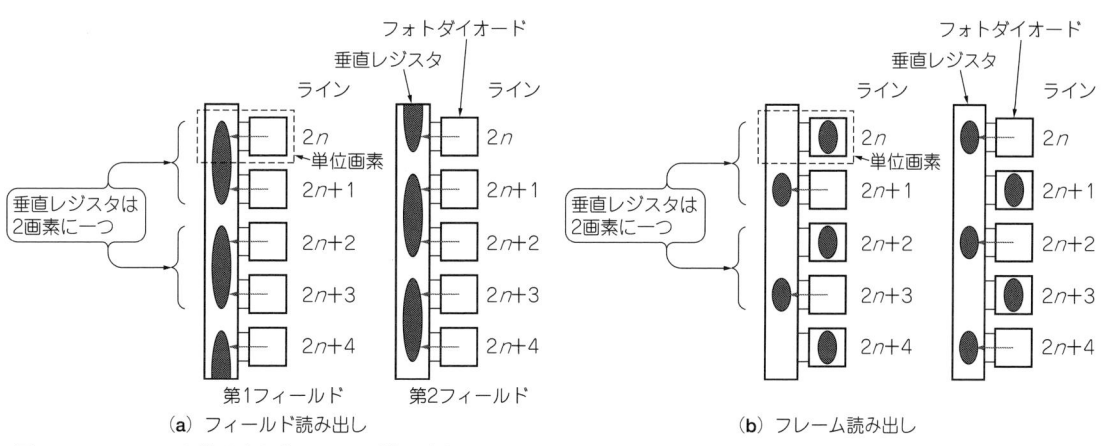

〈図2-10〉フィールド読み出しとフレーム読み出し

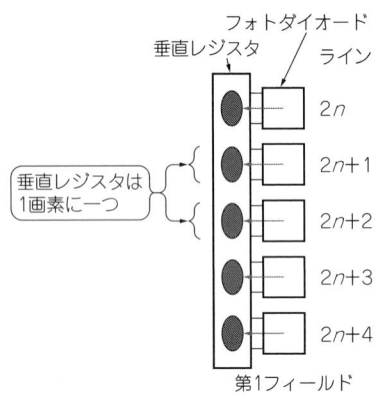

〈図2-11〉PS-IT方式CCDの読み出し

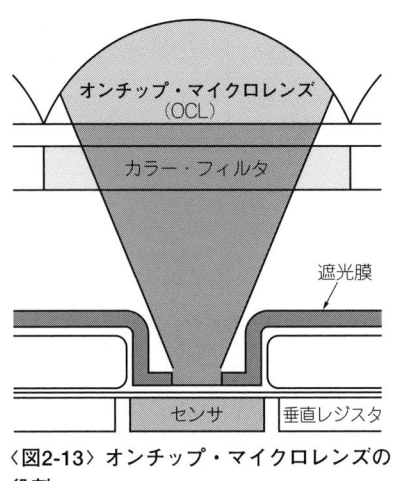

〈図2-13〉オンチップ・マイクロレンズの役割

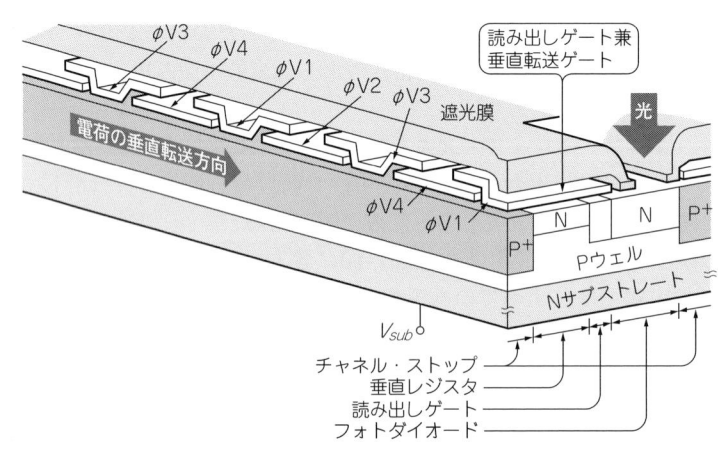

〈図2-12〉IT-CCDの画素部の断面構造

1フィールドで全画素を読み出すために，動解像度は優れていますが，垂直加算を行うので垂直解像度は下がります．

　フレーム読み出し方式は垂直レジスタでの加算は行わず，奇数，偶数の合計2フィールドで各画素を読み出します．そのため垂直解像度は高いですが，蓄積時間が長くなるため動解像度は劣ります．

　テレビ・カメラなどの動画用途ではフィールド読み出し，ディジタル・スチル・カメラなどの静止画用途ではメカ・シャッタと組み合わせてフレーム読み出しが使われます．

▶ PS-IT方式

　プログレッシブ・スキャン，全画素読み出し方式などと呼ばれています．図2-11にPS-IT方式CCDの図を示します．IS-IT方式との大きな違いは，1フィールドで全部の画素を独立に読み出す必要があるために，1画素に対して垂直レジスタが1セル配置されていることです．従って，動解像度を維持しながら垂直解像度を高くすることができます．

　また，順次走査なのでディジタル・スチル・カメラや画像入力機器，FAへの応用に向いており，画

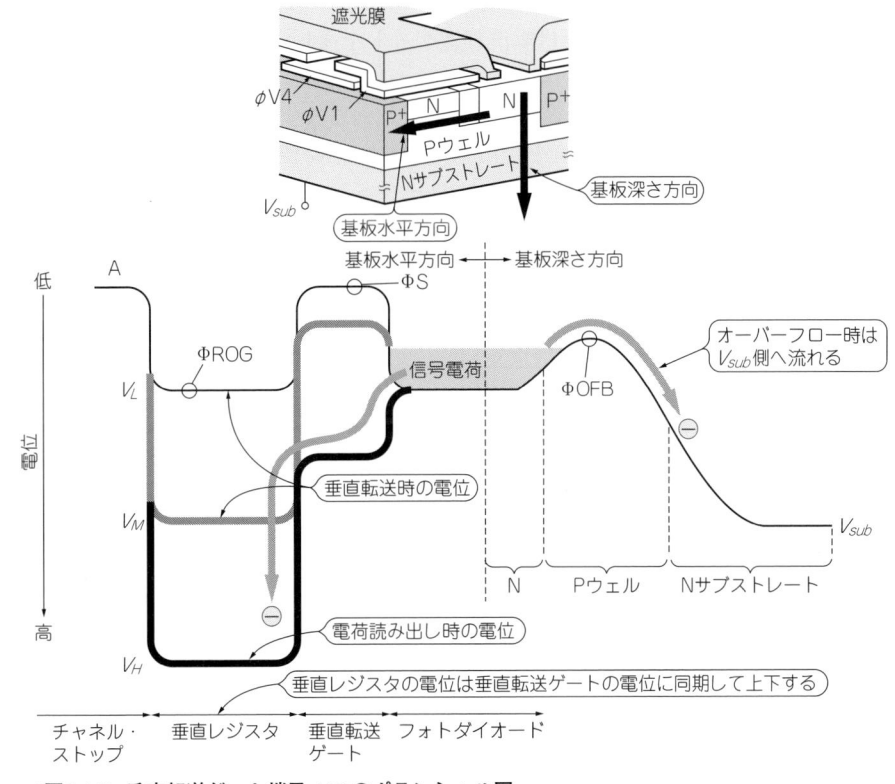

〈図2-14〉垂直転送ゲート端子 φV1のポテンシャル図

素フォーマットもテレビ・フォーマットに依存しないものが主流になっています．

同一画素サイズで比較すると，IS-IT方式より垂直レジスタ領域が必要なため，フォトダイオード領域の面積が少なく，センサの特性（感度，飽和信号量）維持が難しくなっています．

● **断面から見る画素構造**

現在民生用途でもっとも使われているIT-CCD方式を例にとってCCDの画素の断面構造を解説します．

▶ フォトダイオード

IT-CCDの画素部分の断面図を**図2-12**に示します．現在使われているほとんどのCCDは，埋め込みフォトダイオード（pinned photodiode）と呼ばれる構造をしています．これは後述の暗電流ノイズを低減するため，シリコン表面にP型半導体層も形成したPNPN接合になっています．

▶ オンチップ・マイクロレンズ（OCL）

IT-CCDは，画素セルがフォトダイオードと垂直レジスタから構成されています．光電変換に寄与するのはフォトダイオード部分だけであり，垂直レジスタ部分に入射した光は光電変換されません．この部分の光を画素ごとに形成したマイクロレンズによってフォトダイオード部分に集光してやれば，感度の向上が実現できます．**図2-13**にオンチップ・マイクロレンズの構造を示します．

▶電荷転送

　フォトダイオード部で蓄積された電荷は垂直転送ゲートを通して垂直レジスタに転送されます．**図2-14**にポテンシャル図を示します．フォトダイオードからの転送はΦROGをΦSより深くし，さらに垂直転送ゲートφV1のポテンシャルをV_Mに設定することで転送します．

　また，蓄積しきれなかった過剰な電荷を排出する機能が必要で，通常オーバーフロー・ドレインと呼ばれる電荷排出機能を用意します．オーバーフロー・ドレインは，過剰な電荷をシリコン基板側へ排出する構造を持っています．

　垂直レジスタから水平レジスタへの電荷の転送は，垂直ゲート端子φV1～φV4の電位をV_MとV_Hの間で操作し実現します．

　大文字のΦは電位を表します．ΦOFBはオーバーフローを規定している電位になります．

2-4　カメラとして動作するために付加された機能

　CCDは電荷蓄積転送といった基本的な機能のほかに，カメラとして動作するために必要な機能や構造が内蔵されています．ここではCCDイメージ・センサに付加されている代表的な機能を紹介します．

● 電子シャッタ

▶電荷を吐き捨て，蓄積時間を変化させる

　CCDは露光量調整のために電子シャッタを持ちます．**図2-15**に電子シャッタの動作タイミングを示します．電子シャッタを使用しない場合，露光量（電荷蓄積時間）は1フィールド期間になります．露光量を減らすには蓄積時間を短くするしかありませんが，フィールド周波数は一定なので変更できません．

　フィールドの途中で蓄積された電荷を吐き捨て，再度蓄積を開始する動作を行うことにより蓄積時間を調節します．

▶電荷を捨てるための構造

　図2-16に電子シャッタ機能をもつ構造の断面を示します．信号電荷はN領域に蓄積しますが，吐き捨

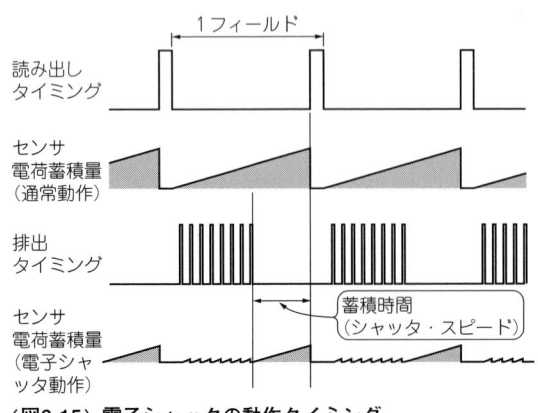

〈図2-15〉電子シャッタの動作タイミング 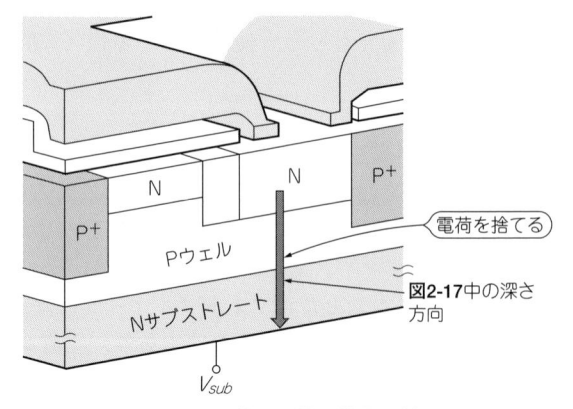　　〈図2-16〉電子シャッタ機能を持つ構造の断面

ての際はNサブストレート（基板）方向に電荷を移動し，V_{sub}端子から吐き捨てます．

図2-17に画素のポテンシャル図を示します．通常はⒶの状態のようにPウェル部のポテンシャルが浅く，信号電荷はN領域に蓄積されています．電荷を吐き捨てるときはV_{sub}端子に振幅20～30V程度のパルスを入力します．するとNサブストレートのポテンシャルがΔV_{sub}ぶんだけ深くなりⒷの状態になります．

Pウェル領域のポテンシャルも深くなり，信号電荷はNサブストレートの方向へ移動し，V_{sub}から外部に吐き捨てられます．完全に電荷を吐き捨てた後，V_{sub}端子へのパルスを止めるとポテンシャルはⒶの状態に戻り，再び電荷はN領域に蓄積されます．

▶動解像度の向上や蛍光灯のフリッカを除去

電子シャッタは露光量調整以外にも，動解像度の向上や地域の電源周波数に応じて，1/100秒か1/120秒に設定して蛍光灯のフリッカをキャンセルするなど，CCDに必須の機能を実現します．

● 手ぶれ補正
▶光学的な方法と電子的な方法がある

家庭用ビデオ・カメラは，手に持って撮影するのが一般的です．撮影中にカメラを不用意に動かしてしまい，被写体がぶれて撮影されてしまったという経験をした方も多いでしょう．このような手ぶれを補正する方法として光学的な方法と電子的な方法があります．

▶光学的補正はアクティブ・プリズムで入射角を変化

光学的な補正の概念を図2-18に示します．レンズの前にアクティブ・プリズムという光学部品を配

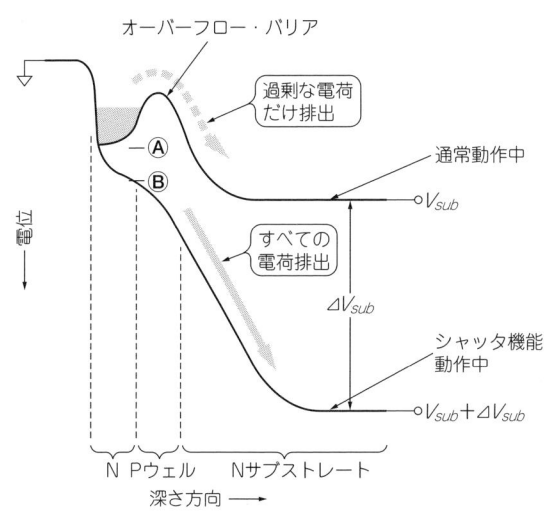

〈図2-17〉画素のポテンシャル図

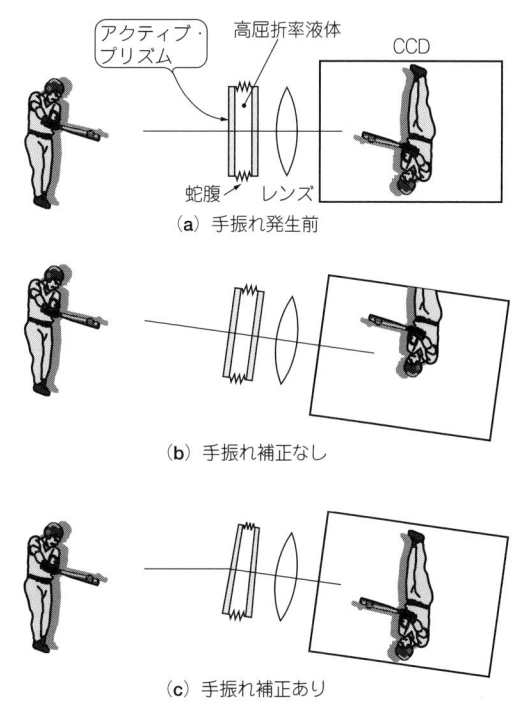

〈図2-18〉光学的な手ぶれ補正の概念

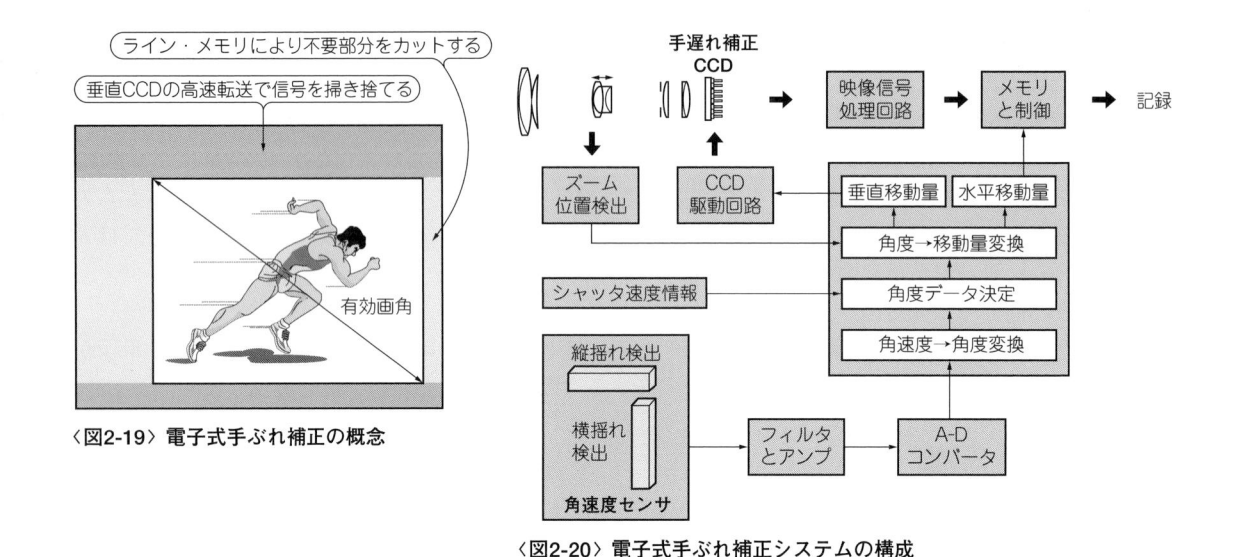

〈図2-19〉電子式手ぶれ補正の概念

〈図2-20〉電子式手ぶれ補正システムの構成

置し，カメラの光軸がずれてもアクティブ・プリズムにより入射角を変化させ，手ぶれを補正します．

この方法は，CCD側に特別な機能を搭載しなくても実現できるというメリットがありますが，レンズ・ブロックが大きくなる，コストが増加するという欠点があり，ハイエンド機の一部で使われているにすぎません．

▶電子式手ぶれ補正の原理

電子式手ぶれ補正の概念を**図2-19**，システム構成を**図2-20**に示します．電子式の特徴は信号処理で使用する画素数よりも多い画素を持ったCCDを使用し，光軸の変化に伴い画像の切り出し位置を変えることで，手ぶれ補正を行います．垂直方向の不要な画素は垂直レジスタの高速転送で掃き捨て，水平方向は一度ライン・メモリに取り込んだ後に必要部分だけを取り出して使います．

電子式手ぶれ補正は，光学系にアクティブ・プリズムを使用しないため小型化が容易であるというメリットがあります．反面，CCDに実際に使用する画素以上の画素を補正用として用意しなくてはならないため，同一光学サイズでは画素サイズが小さくなり，特性を維持するのが難しいというデメリットがあります．

● ダイナミック・レンジを拡大する技術

CCDのダイナミック・レンジは，画素のフォトダイオードの飽和信号量で決まります．ある一定以上の光が入射して光電変換が行われてもフォトダイオード内で蓄積できません．そこで，蓄積時間の異なる二つの画像を合成することによって，疑似的にダイナミック・レンジを拡大します．

原理図を**図2-21**，撮像例を**写真2-1**に示します．

図2-21(a)と**写真2-1**(a)に示す1/60秒の露光画像は高輝度部分の信号が白飛びを起こして撮像できていません．

図2-21(b)と**写真2-1**(b)に示す1/2000秒の露光画像は低輝度部分が黒くつぶれています．

図2-21(c)と**写真2-1**(c)のように，上記(a)(b)の画像を合成することで低輝度から高輝度まで撮像できます．

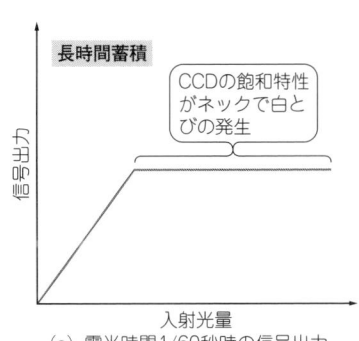

〈図2-21〉高ダイナミック・レンジ撮像
(a) 露光時間1/60秒時の信号出力
(b) 露光時間1/2000秒時の信号出力
(c) (a)と(b)を足し合わせた信号出力

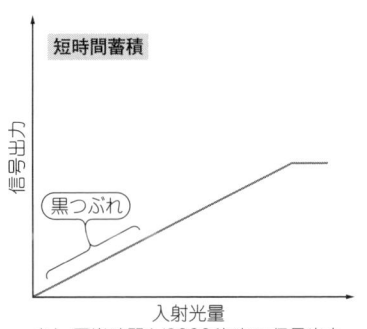

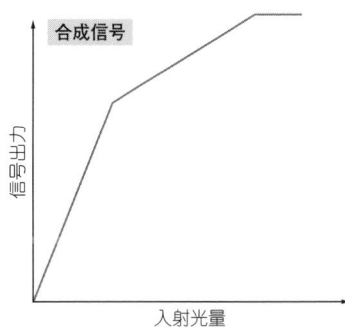

〈写真2-1〉高ダイナミック・レンジ撮像例
(a) 露光時間1/60秒の画像
(b) 露光時間1/2000秒の画像
(c) (a)と(b)を足し合わせた画像

この方法は従来型CCDに対し＋30dBのダイナミック・レンジの拡張が可能になります．

● 感度波長領域を拡大する技術

　通常のCCDは可視光～近赤外領域までの感度を持っていますが，波長領域を拡大したものもあります．波長の長い近赤外光領域の光は，半導体シリコンの深部で光電変換するため，従来型CCDの構造では，光電変換した電荷を効率良くセンサに集めることができませんでした．

　そこでフォトダイオードの空乏層領域をシリコン深部まで長くしたCCDが開発されています．近赤外光領域の電荷を映像情報として使用することが可能となり，大幅に感度が向上します．図2-22に近赤外線CCDと従来型CCDの分光感度特性の比較を示します．

　波長945nmの場合，近赤外線CCDは従来型CCDに対して約2倍の高感度（同一光学系，画素数で比較）を実現しています．

2-5　カラー化の方法

　CCDに使用されているフォトダイオードは，可視光領域で光電変換を行う特性を持っており，そのままでは白黒の画像しか得られません．入射される光をスペクトル別に分解し，別々に取り出すことによりカラー情報をセンサから取得できます．

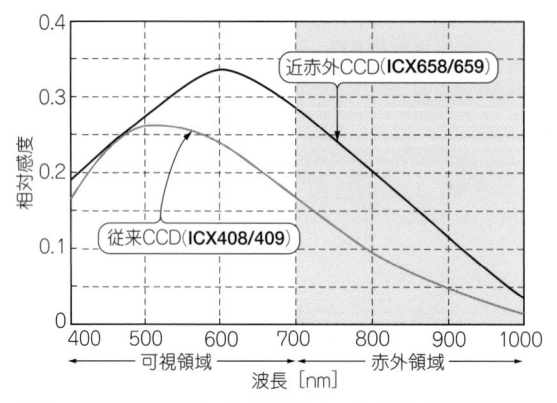

〈図2-22〉近赤外線CCDと従来型CCDの分光感度特性の比較

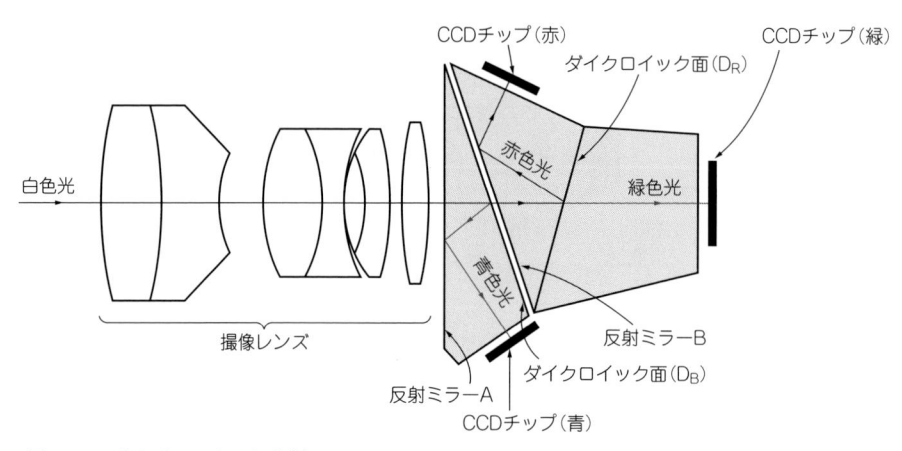

〈図2-23〉プリズムによる色分解

● プリズムによる色分解

　図2-23にプリズムによる色分解のようすを示します．主に民生用高級機や業務用機器で使用されており，プリズムで光をRGBの3色に分解します．そのRGBを各々白黒CCDで撮像し，カラー情報を得ます．

　各色ごとにCCDの画素数分のデータが得られますが，光学ブロックが大きくなってしまうことと，CCDを3個使用しコストが上昇する，というデメリットがあります．

● オンチップ・カラー・フィルタ(OCCF)による分解

　各画素の上に異なる種類の色フィルタを形成し，一つのセンサでカラー画像を取得します．1画素につき一つの色情報しか取得できないので，カラー画像を生成するには各色について画素補間が必要です．

　カラーCCDイメージ・センサの画素断面を図2-24に示します．オンチップ・カラー・フィルタは

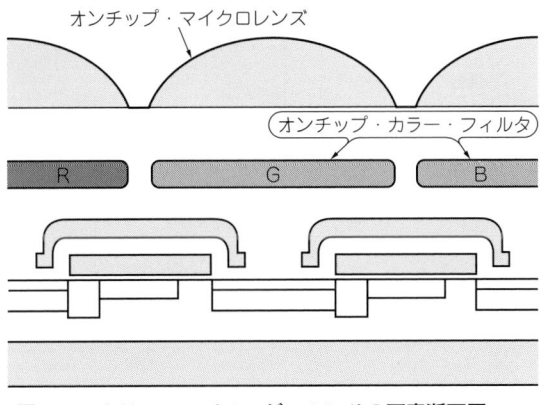

〈図2-24〉カラーCCDイメージ・センサの画素断面図

〈表2-3〉カラー・フィルタの種類と配列

色	カラー・フィルタ配列	特徴	主な用途
原色コーディング	原色ベイヤー配列（G B / R G）	色再現性が良いが感度が低い	ディジタル・スチル・カメラ
補色コーディング	補色市松色差線順次配列（Mg G / Cy Ye / G Mg / Cy Ye）、補色市松配列（Mg G / Cy Ye）（一部のデジカメで使われている）	感度は高いが色再現性に乏しい	カメラ付き携帯電話，監視カメラ

CCDのフォト・レジスト工程でシリコン上のアルミ配線とオンチップ・マイクロレンズ（OCL）の間に形成されます．

● カラー・フィルタの種類や配列

　OCCFの種類には原色と補色の2種類があります．フィルタの配列は過去に何種類か提案されましたが，現在主に使用されているのは原色ではベイヤ配列，補色では市松配列です．**表2-3**にカラー・フィルタの種類と配列を示します．

▶原色コーディング

　原色フィルタは光の3原色であるRGB信号を各々のフィルタの画素から取り出します．配列はベイヤ配列が一般的です．ベイヤ配列の特徴は2×2の4画素を基本ユニットとし，高解像度が必要な輝度信号の主信号であるGを2画素配置し，残りの部分にRとBを1画素ずつ配置します．

　原色フィルタの特徴は，RGBをそのまま取り出しているために色再現性に優れている反面，補色フ

〈表2-4〉ユニット・セル・サイズ［μm²］と画素数の関係

対角長 画素数	1/6型 3mm	1/4型 4.5mm	1/3.2型 5.6mm	1/2.7型 6.6mm	1/1.8型 8.9mm	2/3型 11mm
1.3M	1.88	2.81	3.50	4.13	5.56	6.88
2M	1.47	2.21	2.75	3.24	4.36	5.39
3M	1.17	1.76	2.19	2.58	3.48	4.30
4M	1.06	1.58	1.97	2.32	3.13	3.87
5M	0.93	1.39	1.73	2.04	2.75	3.40
6M	0.85	1.27	1.58	1.86	2.51	3.10
8M	0.74	1.10	1.37	1.62	2.18	2.70
10M	0.65	0.98	1.22	1.43	1.93	2.39
12M	0.60	0.89	1.11	1.31	1.77	2.18
16M	0.52	0.78	0.97	1.15	1.55	1.91

〈図2-25〉補色市松色差線順次方式の読み出し方法

▶光学エリアを4：3と仮定し，画素数で割り戻した数字

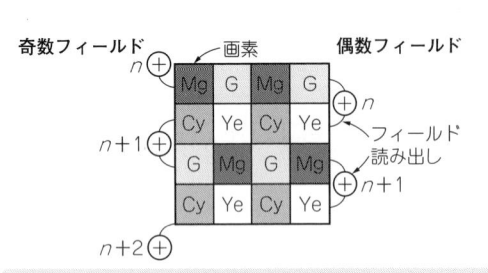

奇数フィールドの $n+1$ ライン信号出力；$Cy+G, Ye+Mg, Cy+G, Ye+Mg\cdots$
偶数フィールドの $n+1$ ライン信号出力；$G+Cy, Mg+Ye, G+Cy, Mg+Ye\cdots$

ィルタに比べて感度が劣ることです．ディジタル・スチル・カメラなどによく使われています．

▶補色コーディング

RGBの補色イエロ Ye，マゼンタ Mg，シアン Cy と G で構成されています．実際に使用するフィルタは Ye，Mg，Cy の三つで，G は Ye と Cy を重ねて作ります．配列は原色と同じく 2×2 の4画素を基本ユニットとしています．これを補色市松方式と言います．

この 2×2 方式では，PS-IT CCDの場合はプログレッシブ・スキャン，IS-IT CCDの場合はフレーム読み出しで，各画素データは独立して読み出せます．

IS-IT CCDのフィールド読み出しの場合は垂直方向の2画素成分が加算されますから，テレビ・カメラ用途のデバイスは 2×4 の8画素を基本ユニットとしています．これを補色市松色差線順次方式といい，詳細を以下に説明します．

● 補色コーディングの信号処理

図2-25に補色市松色差線順次方式の読み出し方法を示します．信号出力の水平の隣り合う画素を加算すると輝度信号，減算すると色差信号が得られるので比較的信号処理が簡単に行えるというメリットがあります．輝度信号と色差信号の復調に使う式を次に表します．

▶輝度信号の復調

$$Y_n = (Mg+Cy) + (G+Ye) = 2r+3g+2b \quad \cdots\cdots(2\text{-}2)$$
$$Y_{n+1} = (Cy+G) + (Ye+Mg) = 2r+3g+2b \quad \cdots\cdots(2\text{-}3)$$

▶色差信号の復調

$$C_n = (Mg+Cy) - (G+Ye) = 2b-g = C_b \quad \cdots\cdots(2\text{-}4)$$
$$C_{n+1} = (Ye+Mg) - (Cy+G) = 2r-g = C_r \quad \cdots\cdots(2\text{-}5)$$

上式から輝度信号はラインごと，色差信号は1ラインおきに $R-Y$，$B-Y$ が交互に得られることから「色差線順次方式」と呼ばれています．このようにして輝度信号と色差信号が得られました．

次にこれらの Y，C_r，C_b 信号から次式を使って，R，G，B 信号を分離します．

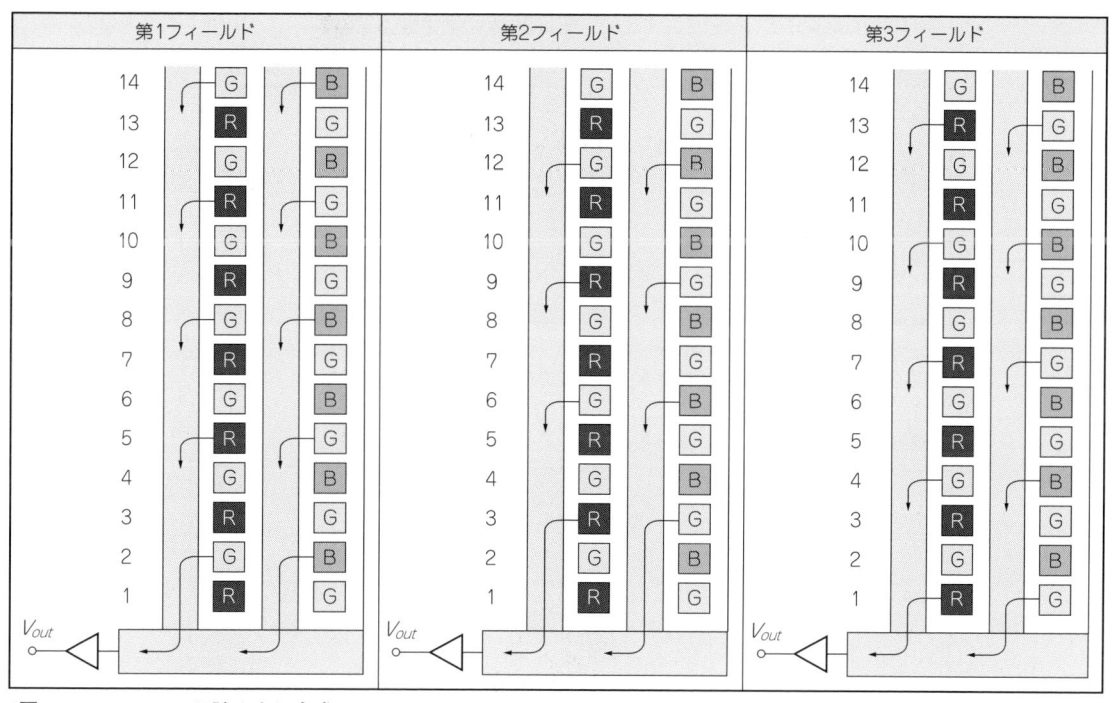

〈図2-26〉3フィールド読み出し方式

$$
\left.\begin{array}{l}
G \fallingdotseq 0.2\,(Y - C_r - C_b) \\
R \fallingdotseq 0.4\,C_r + 0.1\,(Y - C_b) \\
B \fallingdotseq 0.4\,C_b + 0.1\,(Y - C_r)
\end{array}\right\} \quad \cdots\cdots\cdots\cdots\cdots\cdots\cdots\cdots\cdots\cdots\cdots\cdots\cdots\cdots\cdots\cdots\cdots\cdots\cdots\cdots\cdots\cdots (2\text{-}6)
$$

2-6　画素を増やす技術

　最近はディジタル・スチル・カメラの普及に伴い500万画素以上の多画素CCDが登場しています．多画素CCDと従来のCCDとの違いを説明します．

● フォトダイオードの占める面積を大きくする

　多画素CCDの主な用途はディジタル・スチル・カメラです．近年用いられている画素数は500万画素～1300万画素，光学サイズは1/2.7型～1/1.7型が主流になっています．

　表2-4に光学サイズと画素数に対するユニット・セル・サイズ（理論値）を示します．同一光学サイズで画素数を増やそうとすると，ユニット・セル・サイズを小さくする必要があります．しかし，そのまま画素を縮小したのでは，感度，飽和信号量といったCCDの特性悪化が起こります．そこで多画素にしても特性が維持するために画素構造を改善しています．多画素CCDは，画素の特性を維持するために極力，フォトダイオードの面積を大きく取っています．そのため垂直レジスタの面積が少なくなり，取り扱い電荷量Q_vの減少につながります．

〈図2-27〉2または3フィールド読み出し方式の素子構造

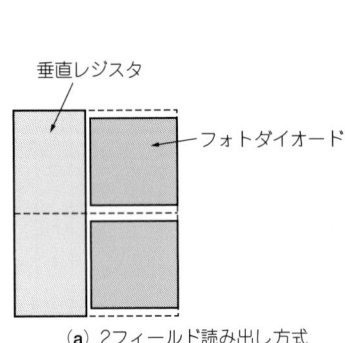

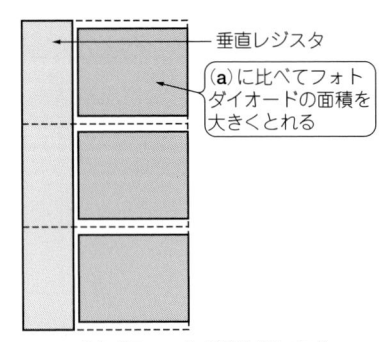

(a) 2フィールド読み出し方式
(b) 3フィールド読み出し方式

垂直レジスタ
フォトダイオード
(a)に比べてフォトダイオードの面積を大きくとれる

〈表2-5〉ICX252AQ読み出しモード一覧

モード名		フレーム・レート[フレーム/秒]	出力有効ライン数[本]
フレーム読み出しモード	NTSCモード	4.28	1550
	PALモード	4.16	1550
高速ドラフト・モード	NTSCモード	30	258
	PALモード	25	258
AF1モード	NTSCモード	60	105
	PALモード	50	131
AF2モード	NTSCモード	120	35
	PALモード	100	44

● 複数フィールドで1画面分を読み出す

　この問題を解決するために複数フィールドで1画面の画素信号を読み出す方法があります．図2-26に3フィールド読み出し方式の概要を示します．

　この方式では画素信号を3回に分けて転送しています．これにより垂直レジスタの面積を少なくすることができます．2フィールド読み出し方式の素子構造を図2-27(a)に，3フィールド読み出し方式の素子構造を図2-27(b)に示します．

　垂直レジスタの面積が少なくなったぶん，フォトダイオード部の面積を大きくでき，その結果，画素セル・サイズが小さくなっても特性の維持が可能となっています．画素セル面積が従来比62％で，感度220mV，飽和信号量420mVを維持しています．最近のディジタル・スチル・カメラでは，8メガ・ピクセル以上のCCDが利用されることが多くなっていますが，これらのデバイスでは5～8フィールド読み出しを行っています．

● 低くなってしまったフレーム・レートには高速ドラフト・モードで対応する

　上述したようにディジタル・スチル・カメラ用の多画素CCDは，静止画を記録するという特性上，フレーム・レートはテレビ用CCDに比べて低くなっています．実際には1秒当たり15～1.7フレーム程度で，画素数によっても異なります．

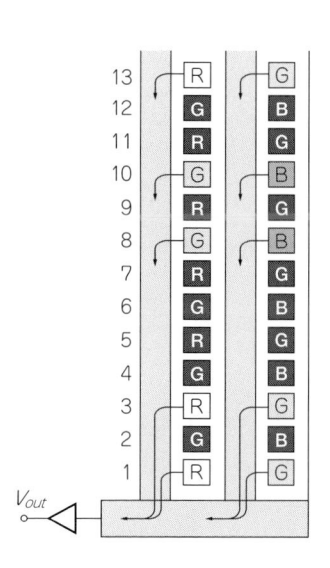

〈図2-28〉
高速ドラフト・モードでの読み出し動作

撮影時には低フレーム・レートでも問題ありませんが，多くのディジタル・スチル・カメラではシャッタを押すまでの間，LCDにCCDで撮像している画像をリアルタイムで表示しています．このモニタリング・モード時にはリアルタイム表示を行うために15～30フレーム/秒の高フレーム・レートが要求されます．

また，最近では動画の撮影機能がディジタル・スチル・カメラの性能指標として大きくクローズアップされてきました．そのためVGA（30フレーム/s）の動画撮影に対応するCCDが多く出てきています．またモニタリング中にはAF動作を行います．AF性能を上げるためには高フレーム・レートが必須となり，専用の読み出しモードを持っているCCDが数多くあります．

● 実際のCCDにおける対応

これらの要求に対して実際のCCDはどのような機能で対応しているかをソニーのICX252AQ（1/1.8型，有効324万画素）を例に取って解説します．

表2-5にICX252AQで可能な読み出しモード一覧を示します．通常記録時はフレーム読み出しモードを使用します．フレーム・レートは約4フレーム/秒です．

次に高速ドラフト・モードでの読み出し動作を図2-28に示します．垂直12画素中4画素だけを読み出し，水平レジスタで垂直2画素を加算して出力することにより垂直のデータ数が1/6になり，30フレーム/秒で出力できます．このままでは縦方向に1/6圧縮された画像になっているので，水平方向の画素もカメラ信号処理で1/6に圧縮します．

高速ドラフト・モードの画面上下を高速に排出し，画面の一部を切り出し，さらにフレーム・レートを速くしたものがAF1，AF2モードです．NTSCモードではAF1モードは60フレーム/秒，AF2モードは120フレーム/秒の高フレーム・レートを実現できます．この機能はオート・フォーカス用です．

第2章Appendix A
CCDイメージ・センサの性能を表すキーワード

塩野 浩一
Koichi Shiono

CCDイメージ・センサの性能を示す指標として，代表的な用語を解説します．

● 解像度

被写体を撮像したときにどのくらい細かい部分まで見えるかを表したものです．実際には解像度チャートと呼ばれる測定用チャートを撮像し，目視で判定します．**写真2A-1**に解像度チャートを示します．解像度は当然，CCDの画素数に依存します．

昨今のディジタル・スチル・カメラにおける画素数競争によってレンズの解像度も重要になっています．

同一光学サイズで解像度を高くするには1画素のサイズを小さくして総画素数を増やす必要があります．**図2A-1**に画素サイズのトレンドを示します．年々光学系の縮小画素数の増加の要求により画素が小型化しています．しかし，セル・サイズが1μmに近くなると，光の波長と同じオーダになるため（赤で700nm＝0.7μm），感度の劣化が懸念されており，セル・サイズの微細化はあるレベルで止まると見られています．

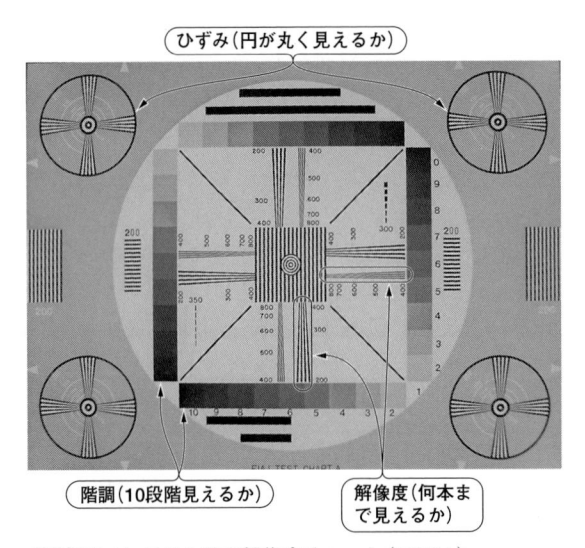

〈写真2A-1〉テスト用の解像度チャート（JEITA）

● 感度

ある光量に対する出力レベルを示したものです．一般的には，単位蓄積時間当たりの撮像面の照度に対する出力電圧で定義します［V/lx・sec］．CCDメーカによっては独自の指標を使っています．例えば，ソニーでは輝度706cd/m^2，色温度3200Kの光源を赤外線カット・フィルタ付き標準レンズ（F5.6）で撮像したときの輝度信号量と出力電圧の特性で定義しています．

● 飽和信号量

小光量から大光量までの幅広い光量に対して，どのくらいの信号電荷を取り扱えるか示したものです．図2A-2に入射光量と出力電圧の関係を示します．センサは，ある光量まではリニアな特性を示しますが，ある一定光量以上はニー(knee)特性になります．リニアな出力が得られる最大の電荷量Q_s時の出力を飽和信号量と呼びます．

CCDメーカによっては，ニー特性の途中までの出力を飽和信号量と定義しています．

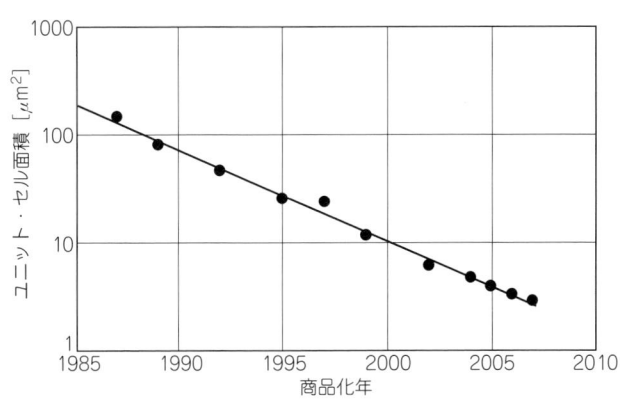

〈図2A-1〉画素サイズのトレンド

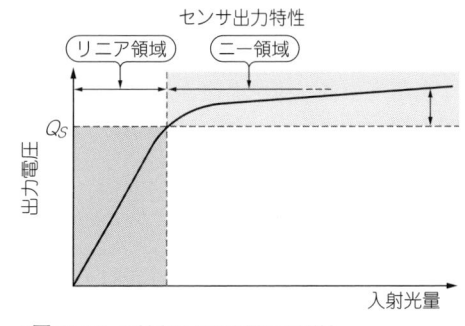

〈図2A-2〉入射光量と出力電圧の関係

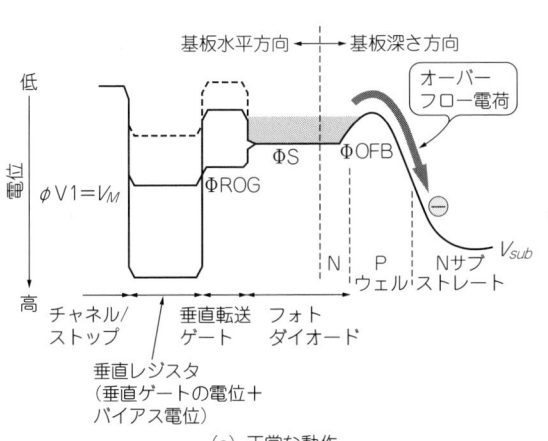

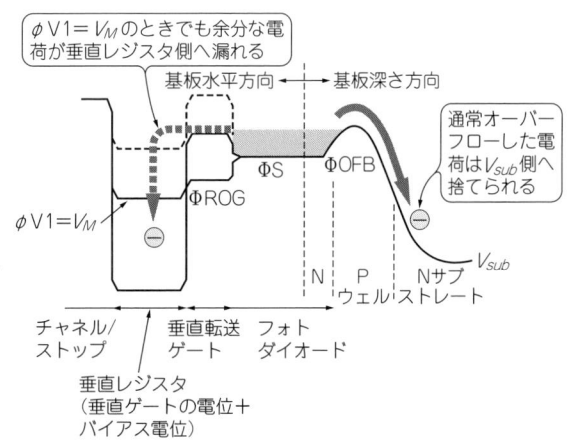

(a) 正常な動作

(b) ポテンシャル設計が悪いとブルーミングが発生

〈図2A-3〉ブルーミング動作

▶その定義の仕方は？
　リニア特性領域中に出力電圧Aを定義し，n倍の光量時（ニー特性の領域）の出力電圧Bを飽和信号量としています．$B \neq An$となります．
　垂直レジスタの最大取扱電荷量Q_vと水平レジスタの最大取り扱い電荷量Q_h，出力回路のダイナミック・レンジD_{out}の三つは，飽和信号量よりも大きな値でなければいけません．

● ブルーミング
　センサへ大光量が入射すると，通常では余分な電荷はオーバーフロー・ドレイン（シリコン基板）へ排出されます．ポテンシャル設計が悪いと，この余分な電荷が垂直レジスタ側へ漏れ込んでしまう現象が発生します．この現象をブルーミング（brooming）と呼びます．
　図2A-3(b) にブルーミング動作を示します．発生原因としては，ΦROGがΦOFBより深くなることが挙げられます．ブルーミングを抑制するためには高輝度時でもΦROG＞ΦOFBとなるようにポテンシャルを設計します．

● スミア
　高輝度の被写体を撮像すると被写体の上下に縦筋状の輝線が発生します．これをスミア（smear）と呼びます．**写真2A-2**にスミアの例，**図2A-4**にスミア発生の原理を示します．
　発生原因は主に三つあります．
❶シリコン基板深部で光電変換された電荷が垂直レジスタに飛び込み，垂直転送されて縦筋に見えるものです．
❷遮光アルミとシリコン基板表面の隙間から光が入り込み，垂直レジスタで光電変換され転送されて筋に見えるもので，一番大きな発生要因です．
❸垂直レジスタの遮光アルミを透過して垂直レジスタで光電変換されて発生するもので，製造工程上のトラブルによって発生する場合が多いようです．

〈写真2A-2〉スミアの発生例

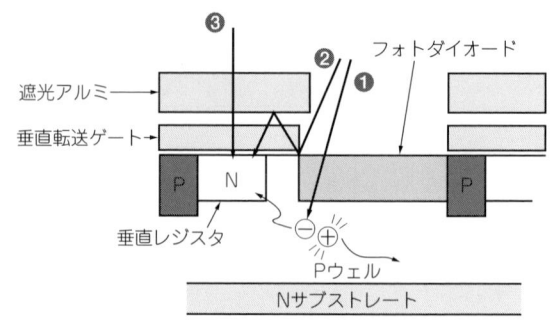

〈図2A-4〉スミア発生の原理

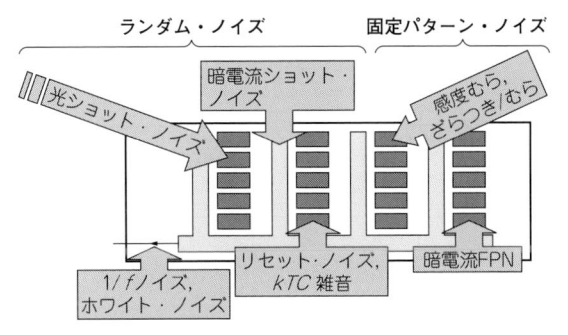

〈図2A-5〉CCDで発生する主なノイズ

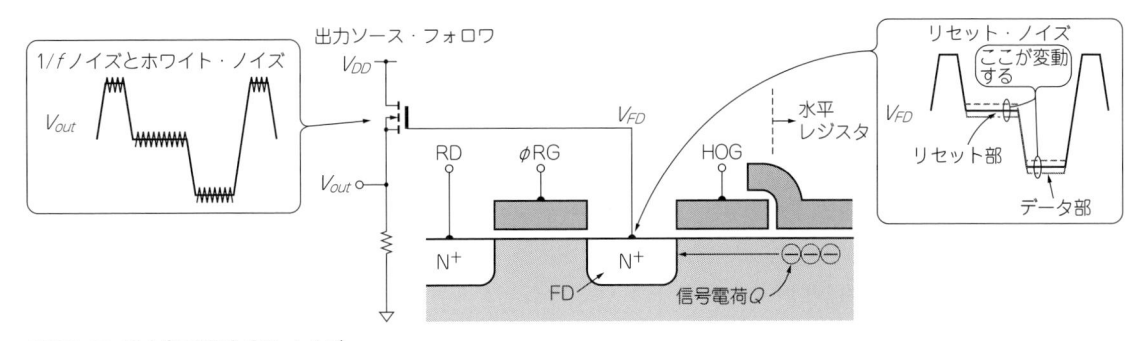

〈図2A-6〉出力部で発生するノイズ

● ノイズ

さまざまなノイズがあります．図2A-5にCCDで発生する主なノイズを示します．大きく分けるとランダム・ノイズと固定パターン・ノイズ（FPN：Fixed Pattern Noise）に分類されます．

▶光ショット・ノイズ

フォトダイオードに入射するフォトンの揺らぎで発生する雑音で，ノイズ量は入射光量数の平方根となります．このノイズはフォトンが少ない低照度で目立って見えます．

▶暗電流ショット・ノイズ

光以外の原因で発生する信号は，光が入射しない状態でも出力されることから暗電流と呼びます．出力が光に依存しないのでノイズとして扱われます．暗電流の揺らぎはランダム・ノイズとなって現れ，その量は暗電流量の平方根で表されます．

▶$1/f$ノイズとホワイト・ノイズ

主に出力部のMOSトランジスタで発生するランダム・ノイズです．図2A-6に出力部で発生するノイズを示します．

$1/f$ノイズは周波数に反比例したノイズ成分を持っており，MOSトランジスタのゲート絶縁膜厚を薄くすることで低減することが可能です．

ホワイト・ノイズもMOSトランジスタから発生しますが，MOSトランジスタの相互コンダクタンスg_mに依存します．

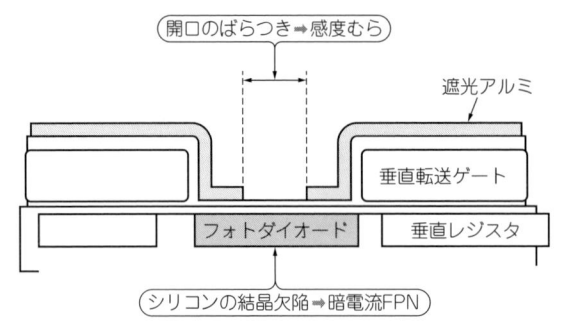

〈図2A-7〉画素部の固定パターン・ノイズ

▶ リセット・ノイズ

図2A-6に示します．FDは1画素転送するごとにリセットされます．リセット時は容量のスイッチング動作になるために，kTC雑音と呼ばれるランダム・ノイズが発生します．

ノイズ量はリセット時に決まるため，その後の信号電荷転送時にも同量のノイズが重畳されます．したがってリセット部とデータ部をサンプリングして差分を取れば原理的には完全に除去できます．

▶ 暗電流FPN

暗電流はデバイス構造に起因する場合が多く，フォトダイオードの暗電流は前述の埋め込みフォト・ダイオード構造により十分に抑圧されています．しかし，図2A-7のようにシリコンの結晶欠陥や重金属イオンによる汚染などによって局所的に発生することがあります．これらが暗電流FPNとなって現れます．

また，垂直/水平レジスタでも発生する可能性があり，縦筋や横筋状のノイズとなって観察されます．ノイズ成分は光量に依存しないので，暗時に目立って見えます．

● 感度むら

明るい所で見られるむら状のノイズで，主な原因は，各画素ごとの感度ばらつきです．感度がばらつく要因は図2A-7の画素開口の大きさのばらつきです．画素開口のばらつきは，主にプロセスに起因します．

第2章Appendix B
CCDイメージ・センサの歴史

塩野 浩一
Koichi Shiono

● 初めはCCD遅延素子として使われた

　CCDは，1970年にアメリカのベル研究所のBoyleとSmithによって発明されました．開発初期には，撮像用途のほかに，電荷転送機能を利用したアナログ・メモリや遅延素子，各種信号処理回路としての開発も行われましたが，結局，民生用途で使用されたのはCCD遅延素子でした．

　CCD遅延素子は，ガラス・ディレイ・ラインの牙城を崩し，テレビ信号のY/C分離やVTRのドロップアウト補償用メモリ，カメラ信号処理用同時化ライン・メモリなど，さまざまな用途で使用されました．しかし，ディジタル技術の進歩によって現在では，ディジタル・メモリにほとんど置き換わっています．

● 初の商品化は1979年

　イメージ・センサとしては1970年代は開発の時期であり，初の商品化は1979年でした．

　1980年代は，ビデオ・カメラの商品化，一般家庭への普及に伴いCCDの性能向上も急速に進みました．この時期に現在の一般的なCCDの基本技術，構造（埋め込みフォト・ダイオート，縦型オーバーフロー・ドレイン，IS-IT方式など）が確立されました．

● 1990年にはほとんどの民生用カメラで使われ出す

　続く1990年代は，HDテレビ・カメラへのCCDの導入で業務用や民生用を問わず，ほとんどのカメラでCCDが使われるようになり，撮像管を使ったカメラは超高感度カメラなど一部の特殊な分野だけになりました．

● テレビ信号フォーマットに依存しないCCDが数多く登場した1990年代後半

　1990年代後半はディジタル・スチル・カメラの本格的な普及に伴い，多画素，正方画素，プログレッシブ・スキャン方式といった従来のテレビ信号フォーマットに依存しないCCDが数多く登場しました．また近赤外CCDなど可視光領域以外を撮像するデバイスも実用化されています．

● メガ・ピクセルがあたりまえの2000年代

　2000年代に入り，家庭用ビデオ・カメラでも静止画を撮影して記録する機能が一般的になり，100万画素以上のCCDが使われるようになりました．またディジタル・スチル・カメラでも動画像撮影モードをもつ機種が数多く登場し，家庭用ビデオ・カメラとディジタル・スチル・カメラの境界が曖昧になりつつあります．

　これに伴い，CCDも動画と静止画両方で使えるデバイスが開発されています．また近年ディジタ

〈表2B-1〉CCDイメージ・センサ開発の歴史

西暦[年]	開発内容
1970	ベル研のBoyleとSmithがCCDを発明
1972	ブルーミング抑制CCD開発（BTL）
1973	3CCD（106×128画素）カラー・カメラ試作される（BTL）
1974	CDS回路の開発
1975	国産初3CCD（228×242画素）カラー・カメラ試作（NHK，日本電気）
1976	ベイヤー配列カラー・フィルタ考案（Kodak）
1978	11万画素CCDカメラ開発（ソニー）
1979	白黒CCDカメラ初の商品化（松下電器産業）
1980	カラーCCDカメラ初の商品化，航空機に搭載（ソニー）
1981	埋め込みフォト・ダイオードCCD開発（日本電気）
1982	FIT方式CCDの開発（ソニー）
1984	2/3型25万画素の低スミアCCD商品化（ソニー）
1985	CCD 8mm家庭用ビデオ・カメラ実用化（ソニー）
1987	低スミア可変速電子シャッタを搭載した2/3型38万画素IT-CCD（ソニー）
1989	オンチップ・マイクロレンズ搭載1/2型38万画素IT-CCD（ソニー） パスポート・サイズの家庭用ビデオ・カメラ CCD-TR55発表（ソニー）
1990	HDテレビ用1型200万画素CCD開発（ソニー）
1992	HDテレビ用2/3型200万画素CCD開発（ソニー） HDテレビ・ハンディ・カメラHDC-700発表（ソニー） 家庭用ビデオ・カメラは1/3型38万画素が主流に
1993	0.5μmプロセス導入，1/4型CCDが実用化 プログレッシブ・スキャン方式CCD登場
1996	2/3型150万正方画素プログレッシブ・スキャンCCD開発（ソニー）
1997	1/6型25万画素CCD開発（ソニー）
1998	近赤外CCD商品化（ソニー）1/468万画素の開発（インナ・レンズの開発，ダブル遮光の開発）
2000	DSLR用 APS-CサイズCCDの開発
2005	5M CCDの開発（単層電極の導入）
2007	E-シネマ向け2k×1k 単板CCDの開発
2009	元ベル研のBoyleとSmithがノーベル物理学賞を受賞

ル・スチル・カメラの普及により一眼レフもディジタル化されました．イメージ・センサとして35mmフィルム・サイズやAPSサイズのCCDが実用化されています．**表2B-1**にCCDの歴史を簡単にまとめます．

第2部　イメージ・センサの出力信号

◆ 第3章

イメージ・センサが出力する*YUV*422や*RGB*444を理解する
ディジタル・ビデオ信号のあらまし

茂木 和洋
Kazuhiro Mogi

本章ではCMOSイメージ・センサから出力されるディジタル・ビデオ信号について説明しましょう．ここでは，
- 基本的な用語
- ビデオ信号のフォーマット
- ディジタル・ビデオ信号に関係した規格

の順番に解説します．

3-1　ディジタル・ビデオの用語解説

本書では，イメージ・センサ側で扱う画像の最小単位を「画素」，ディスプレイ上に表示する際の画像の最小単位を「ピクセル（pixel）」と呼びます．

● 色空間
　人間が認識できる色を2～4次元空間にマッピングしたもので，軸の選び方でRGB，YUV，YIQ，CMYK，XYなどの種類があります．

● *RGB*
　色空間の一つで，光の3原色に対応するR（赤）軸，G（緑）軸，B（青）軸の三つの軸を持ちます．ディスプレイ機器との親和性が高く，処理が容易という特徴があります．

● *YUV*
　色空間の一つで，輝度（Y）軸一つと色差（UV）軸二つの合計三つの軸を持ちます．
　人間の目が輝度の変化には敏感なのに対して，色の変化には鈍感なために，見た目の影響を抑えながら，色差の情報量を減らしてデータを圧縮できるという特徴があります．
　UVは$C_b C_r$や$P_b P_r$，$(B-Y)(R-Y)$などと表現されることがありますが，赤および青から輝度を減算して，係数でスケールを調整したものという点は変わりません．

一般にUは青から輝度を差し引いたC_bを，Vは赤から輝度を差し引いたC_rを表します．しかし，資料によってはこれが入れ替わっていることもあるので注意してください．

● **アスペクト比**

縦と横のサイズの比率を表します．画面全体についての「ディスプレイ・アスペクト比」と，画素についての「ピクセル・アスペクト比」があります．

▶ ディスプレイ・アスペクト比

映像を表示する画面全体での縦横比のことです．通常は4：3が使われますが，16：9や2.21：1などが使われることもあります．

▶ ピクセル・アスペクト比

ピクセルの縦横比です．パソコンでは1：1が一般的ですが，ディジタル・ビデオ信号では9：10や16：15などが使われることもあります．

● **解像度**

異なる間隔の領域を表示して，どの間隔までならば独立した領域として認識できるかで決定されるアナログ的な解像度と，どれだけの数のピクセルを表示できるかで決定されるディジタル的な解像度の二つの意味があります．

本章で単に「解像度」と書いている場合，ピクセル数を意味するディジタル的な解像度のことを意味しています．

● **CIF**（Common Intermediate Format）

352×288ピクセルの$YUV420$フォーマット画像を指します．ディスプレイ・アスペクト比は4：3でピクセル・アスペクト比は16：15です．

ITU-T H.261で規定されているもともとのCIFは，$YUV420$フォーマットです．ただし，352×288ピクセルという解像度の意味で使われることもある用語なので，$YUV422$の352×288ピクセルの動画をCIFと呼んでも間違いではありません．

● **QCIF**（Quarter CIF）

CIFの解像度を縦・横それぞれ1/2に縮小して，画素数を1/4に減らした176×144ピクセルの画像です．

● **SIF**（Source Input Format）

2形式あります．NTSC用は352×240ピクセルで30フレーム/秒，PAL用は352×288ピクセルで25フレーム/秒です．

● **VGA**（Video Graphics Array）

パソコンとモニタを接続する際のアナログ信号の規格なのですが，一般には640×480ピクセルのサイズを示す単語として使われています．

ディスプレイ・アスペクト比は4：3でピクセル・アスペクト比は1：1です．

- **QVGA**（Quarter VGA）
 VGAの解像度を，縦と横それぞれ1/2に縮小して画素数を1/4に減らした320×240ピクセルの画像です．

- **NTSC**
 日本やアメリカなどのテレビ信号形式です．本来はカラー・テレビの色を符号化する方法の一つなのですが，60Hz（30フレーム/秒）のテレビ方式を指す名詞として使われることが多いです．
 本章でも60Hzテレビ方式の意味で使用します．

- **PAL**
 イギリスやドイツなどのテレビ信号形式です．本来はNTSC同様にカラー・テレビの色を符号化する方法の一つなのですが，50Hz（25フレーム/秒）のテレビ方式を指す名詞として使われることが多いです．
 本章でも50Hzテレビ方式の意味で使用します．

- **インターレース**
 フレームを奇数ライン（トップ・フィールド）と偶数ライン（ボトム・フィールド）に分けて，交互に出力する形式です．テレビの映像表示方式です．

- **プログレッシブ**（ノンインターレース）
 フレームをフィールドに分割せず，そのまま出力する形式です．パソコン用モニタでの映像表示方式です．

- **フィールド・オーダ**
 インターレース画像をフレーム画像として記録する際，どちらのフィールドが時間的に先かという順序を示すものです．トップ・ファーストとボトム・ファーストがあります．

- **ガンマ**
 光と電気信号を相互変換する際に使用される係数の一つです．ディジタル・ビデオ信号ではNTSC信号に合わせてカメラ側のガンマとして0.45が，モニタ側のガンマとして2.2が使われます．

- **CIE**（Commission International d' Eclairage）
 国際照明委員会のことです．照明と色に関する標準の勧告を行っています．

- **IEC**（International Electrotechnical Commission）
 国際電気標準会議の略です．ビデオ機器に関する規格を扱うことがあります．

- **ITU-R**（International Telecommunication Union，Radio Communication Sector）
 国際電気通信連合の無線通信部門のことです．テレビ信号関連の標準の勧告を扱うことがあります．

- **ITU-T**（International Telecommunication Union, Telecommunication Sector）
  国際電気通信連合の電信電話部門のことです．圧縮映像に関する標準の勧告を扱うことがあります．

- **SMPTE**（Society of Motion Picture and Television Engineers）
  テレビや映画関係の標準を扱う米国の団体です．

- **ARIB**（Association of Radio Industries and Businesses）
  社団法人電波産業会のことです．日本国内でのテレビ・ラジオ放送用のフォーマットに関しての標準を扱う団体です．

3-2 輝度・色信号の並び順

- *RGB*444フォーマット

  色空間に*RGB*を選択して*R*, *G*, *B*各信号のサンプル数を一致させたものが*RGB*444ビデオ・フォーマットです．

  ピクセルとデータの対応は**図3-1**のようになります．444とは四つのピクセルに*RGB*の各信号が四つずつ存在しているところから付けられたものです．

- *YUV*422フォーマット

  色空間に*YUV*を選択して，*U*と*V*の色差信号を*Y*の輝度信号の半分に間引きしたものが*YUV*422ビデオ・フォーマットです．

  ピクセルとデータの対応は**図3-2**のようになります．422とは四つのピクセルに対して*Y*は4個，*U*と*V*は2個存在するところから付けられたものです．

- *YUV*420フォーマット

  色空間に*YUV*を選択して*U*と*V*の色差信号を*Y*の輝度信号に対して水平方向で半分に，垂直方向も半分に，合計1/4に間引きしたフォーマットです．

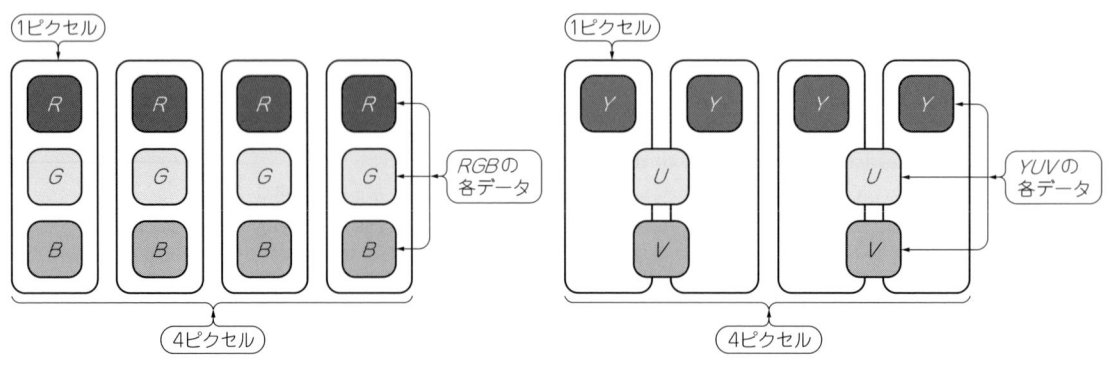

〈図3-1〉*RGB*444のピクセルとデータの対応

〈図3-2〉*YUV*422のピクセルとデータの対応

ピクセルとデータの対応は**図3-3**のようになります．420とは，最初の行で四つのピクセルに対してYが4個，Uが2個，Vが0個，送られ，次の行でYが4個，Uが0個，Vが2個，送られるところから付けられたものです．

● RAWフォーマット

CCD/CMOSイメージ・センサの1画素に対応するデータが，独立したままのものがRAWフォーマットです．

*RGB*の原色系フィルタを使ったセンサでは，**図3-4**のように素子配列の上にフィルタ配列が構成されています．*Mg-G-Cy-Ye*の補色系フィルタを使ったセンサでは，**図3-5**のように素子配列の上にフィルタ配列が構成されていて，各素子はフィルタを透過した光を電気信号に変換します．

このフィルタ配列のままのデータを扱うのがRAWフォーマットです．

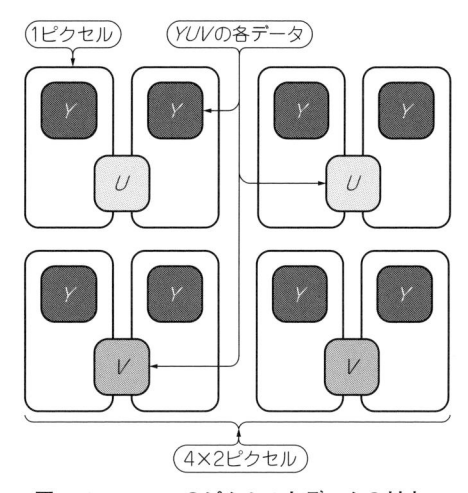

〈図3-3〉*YUV*420のピクセルとデータの対応

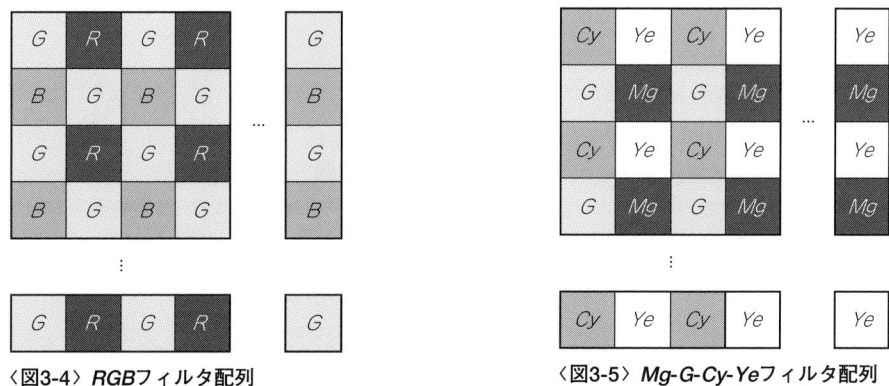

〈図3-4〉*RGB*フィルタ配列

〈図3-5〉*Mg-G-Cy-Ye*フィルタ配列

● イメージ・センサの画素とディジタル・ビデオ信号の画素

　CCD/CMOSイメージ・センサではRAWフォーマットの項で説明したように，フィルタを透過した一つの色を一つの画素（**図3-6**）として扱っています．

　ディスプレイ機器では**図3-7**のように*RGB* 3画素をセットにして一つのピクセルとして扱います．

　一般的なディジタル・ビデオ信号の規格では，ディスプレイ機器と同様に*RGB* 3画素をセットにして1ピクセルとして扱います．

　*RGB*444フォーマットは，ディスプレイ機器と同じように画素を扱います．また，*YUV*422フォーマットでも，*RGB*444フォーマットに変換した場合に，1ピクセルに相当するデータのセットを1ピクセルとして扱います．

　RAWフォーマットから*RGB*444フォーマットに変換する場合，**図3-8**のように欠けている色を周囲の色から補間するか，**図3-9**のようにセンサ上での4画素をディジタル・ビデオ信号での1ピクセルとして扱うなどの方法が取られます．

　補間する方法では，CCD/CMOSイメージ・センサのスペックとしての画素数とディジタル・ビデオ信号での画素数は等しくなります．

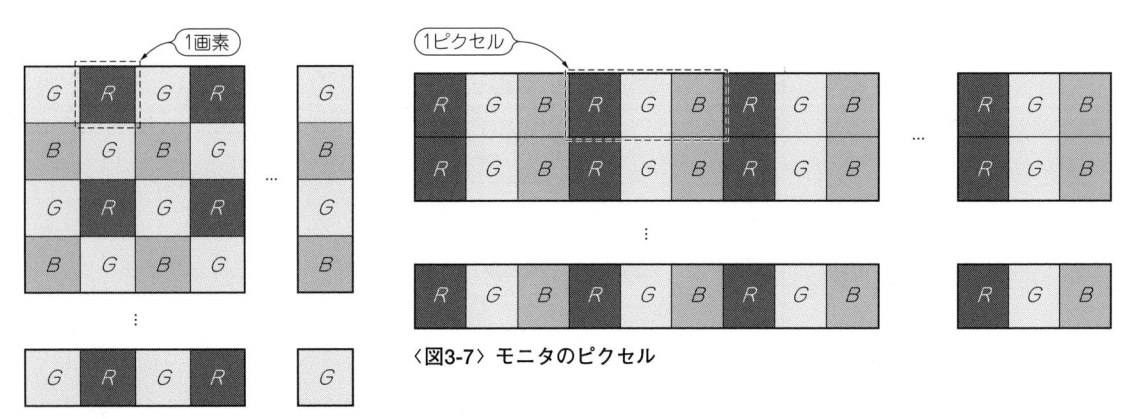

〈図3-6〉CMOS/CCDイメージ・センサの画素

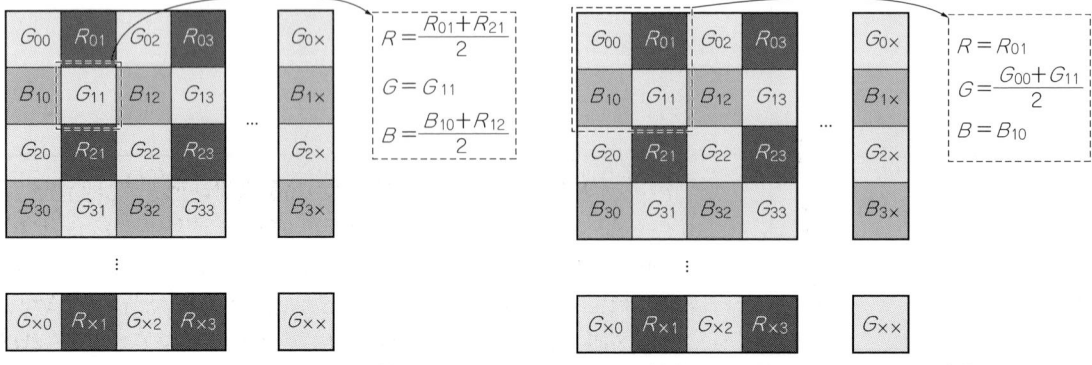

〈図3-7〉モニタのピクセル

$$R = \frac{R_{01} + R_{21}}{2}$$
$$G = G_{11}$$
$$B = \frac{B_{10} + B_{12}}{2}$$

〈図3-8〉補間によるRAWフォーマットの変換

$$R = R_{01}$$
$$G = \frac{G_{00} + G_{11}}{2}$$
$$B = B_{10}$$

〈図3-9〉縮小によるRAWフォーマットの変換

4画素を1ピクセルにする方法では，ディジタル・ビデオ信号での総ピクセル数はCCD/CMOSイメージ・センサの画素数の1/4になります．

● 有効画素数と総画素数

CCD/CMOSイメージ・センサは，図3-10のように周辺部にオプティカル・ブラックと呼ばれる無効画素（光の当たらない画素）を持ちます．

無効画素は暗電流ノイズの除去目的や，アナログ・ビデオ信号に変換した際の同期信号を挿入するために存在しています．

センサの総画素数は，実際に映像を撮ることができる有効画素と無効画素の数を加えたものです．多くの場合，これを単に画素数と呼んでいます．

● 画素数とピクセル・クロック，フレーム・レートの関係

ピクセル・データを読み出す際に使われるクロック信号をピクセル・クロックと言います．ピクセル・クロック f_{PCLK} [Hz]は，フレーム・レート F_{PS} [フレーム/秒]と総画素数 E_l [ピクセル]，ピクセル・ビット数 B_i [ビット]，バス幅 W [ビット]から次式で求められます．

$$f_{PCLK} = \frac{F_{PS} E_l B_i}{W} \quad \text{(3-1)}$$

3-3 規格の種類と概要

ディジタル・ビデオ信号に関連する規格は次の7種類に大別できます．
- 色の規格
- アナログ・ビデオ信号の規格
- ディジタル信号フォーマットの規格
- ディジタル信号インターフェースの規格
- ディジタル圧縮フォーマットの規格
- ディジタル記録フォーマットの規格
- ディジタル放送フォーマットの規格

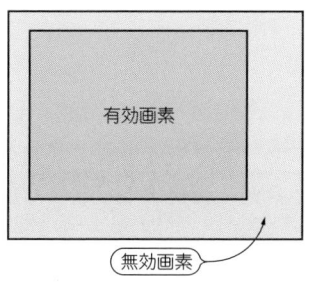

〈図3-10〉イメージ・センサの有効画素と無効画素

〈表3-1〉ITU-R　BT.601の詳細

項　目	仕　様
カラー・フォーマット	$YUV422$, $YUV444$, $RGB444$
サンプリング周波数	13.5MHzまたは18MHz[1]
ディスプレイ・アスペクト比	4：3または16：9
Yの計算式	$0.299R + 0.587G + 0.114B$
Uの計算式	$(B-Y) \times 0.564$[2]
Vの計算式	$(R-Y) \times 0.713$[3]
量子化後の値の有効範囲	RGBとYは16〜235, UVは16〜240[4]
NTSCの解像度	総解像度856×525または有効解像度720×486[5]
PALの解像度	総解像度864×625または有効解像度720×576[5]

(1) サンプリング周波数18MHzはディスプレイ・アスペクト比16：9のときだけ使用できる
(2) 係数0.564はUの範囲を-0.5〜0.5に制限するために$0.5/(1-0.114)$から算出した
(3) 係数0.713はVの範囲を-0.5〜0.5に制限するために$0.5/(1-0.299)$から算出した
(4) この範囲を越えるデータがあってもよい（ただし0と255は除く）
(5) 縦の有効解像度はITU-R BT.656で規定されている

　ここでは最も基本的なディジタル信号フォーマットの規格について扱います．ほかの規格は必要に応じて各自調べてみてください．

● ITU-R　BT.601
　標準テレビ信号用のディジタル・ビデオ信号の規格がITU-R　BT.601です．
　この規格では次の内容が規定されています．
- カラー・フォーマット
- サンプリング周波数
- ディスプレイ・アスペクト比
- Yの計算式
- Uの計算式
- Vの計算式
- 有効範囲
- NTSCの解像度
- PALの解像度

　規格の詳細は**表3-1**のとおりです．
▶ 概要
　BT.601は1982年にスタジオ用ディジタル・テレビ・フォーマットとして制定された古い規格です．
　テレビ用の素材をディジタル・フォーマットで扱う場合，共通のデータ形式を決めて標準にしておけばシステムを共通化できるし，海外と素材を交換するときにも便利だという事情から策定されたものです．
　BT.601はテレビのために作られた規格なのですが，JPEG/MPEGなどの静止画/動画フォーマットがBT.601形式のYUVデータを採用したことから，現在はYUV形式の標準のような形になっています．
　実際にはBT.601の$YUV422$形式ではなく，さらに色差を垂直方向に間引きした$YUV420$フォーマット

が使われることが多いのですが，*RGB*との色空間変換式は，BT.601のものがそのまま使用されています．

▶有効範囲とマージン

BT.601では*RGB*と*Y*の有効範囲を16～235に，*UV*の有効範囲を16～240に制限しています．

8ビット・ディジタル・データで表現可能な範囲は0～255なのでBT.601はマージンを確保したデータ形式になっています．

規格から見た場合，好ましいことではないのですが，ビデオ信号はマージン部分にはみ出すことがあります．特に，235を越える*Y*はオーバーホワイトと呼ばれてテレビの世界では普通に有効なデータとして扱われています．

BT.601形式の*YUV*データを出力できるCCD/CMOSイメージ・センサでも，有効範囲をオーバーしたデータを出力することがあります．

このため，パソコン上でBT.601の*YUV*データを扱う場合でも，*YUV*のスケールの伸張を伴う*RGB*変換式ではなく，BT.601形式の*RGB*データへの変換式を使用した方がよい場合があります．

▶解像度とアスペクト比

BT.601の水平有効解像度はNTSCとPALともに720と規定されています．NTSCとPALは走査線の本数が違うため，水平有効解像度を共通にしてしまうとピクセル・アスペクト比が1：1にはならなくなります．具体的なピクセル・アスペクト比はNTSCで9：10，PALで16：15になります．

この水平有効解像度が規格に採用された理由は単純です．PALとNTSCのピクセル・アスペクト比1：1でのサンプリング周波数の間で，一般的な水晶で得られる13.5MHzを選んだ結果選択されました．

720×480や704×480，352×240などの有効解像度はBT.601のサンプリング周波数に合わせたものであるため，ピクセル・アスペクト比1：1のディスプレイに表示する際には拡大や縮小を行わないとアスペクト比が狂うことになります．

● ITU-R　BT.656

ITU-R　BT.601で規定されているディジタル・ビデオ信号をやり取りする際のバス・インターフェースの規格がITU-R　BT.656です．

この規格では次の内容が規定されています．

- 有効ライン情報
- タイミング・コード
- パラレル・バス規格
- シリアル・バス規格

パラレル/シリアル・バスの規格としてBT.656が使われることは少ないので，本章では解説しません．EIA-422やSDIが一般に使用されます．

BT.656は1986年にBT.601のディジタル・ビデオ信号用のバス・インターフェースとして策定された規格です．バスの物理的な仕様まで含んだ規格なのですが，実際にはバスの規格として使われることは少なく，BT.601形式のビデオ信号に埋め込まれるタイミング・コードだけが使われています．

● ITU-R　BT.709

ハイビジョン・テレビ信号用のディジタル・ビデオ信号の規格がITU-R　BT.709です．

〈表3-2〉ITU-R　BT.709の代表的なパラメータ

項　目	NTSC系	共通フォーマット	PAL系
有効解像度	1920×1080ピクセル		
サンプリング周波数	74.25MHz	指定なし	72.00MHz
ディスプレイ・アスペクト比	16：9		
ピクセル・アスペクト比	1：1		
カメラ・ガンマ	0.45		
カラー・フォーマット	$YUV422$または$RGB444$		
Yの計算式	$0.2126R + 0.7152G + 0.0722B$		
Uの計算式	$(B-Y) \times 0.5389$		BT.601と同一
Vの計算式	$(R-Y) \times 0.6350$		
量子化後の値の有効範囲	RGBとYは16〜235,　UVは16〜240		

この規格では次のパラメータが規定されています．
- 光電気変換特性
- スキャン・フォーマット
- アナログ信号フォーマット
- ディジタル信号フォーマット
- 有効解像度
- 色空間変換式

以上のパラメータが次の3フォーマットごとに，異なる値で規定されています．
- NTSC系フォーマット
- PAL系フォーマット
- 共通フォーマット

▶概要

代表的なパラメータを**表3-2**に示します．

BT.709は1990年に策定されたハイビジョン・テレビ用の信号全般に関する規格です．BT.601が基本的にディジタル・ビデオ信号のフォーマットだけを対象にした規格だったのに対して，BT.709では光-電気変換特性やアナログ信号のフォーマットまでを含んだ，より範囲の広いものとなっています．

BT.709も$YUV422$を基本フォーマットに採用しているのですが，NTSC系と共通のフォーマットではBT.601と異なる色空間変換係数を使用したYUVデータを採用しています．

第3章Appendix
カメラやディスプレイに多く用いられているsRGBを理解する

茂木 和洋
Kazuhiro Mogi

3A-1　白色光と単色光

● 太陽光は白，あらゆる波長を含む

　白色光の代表が太陽光です．図3A-1は地表で測定した太陽光の放射強度を，波長360nmから800nm近辺の可視光領域の範囲でグラフ化し，その下に単一の波長だけを取り出して見た際にどのような色に見えるかを記載した図です．

　図3A-1のグラフは，米国材料試験協会（ASTM）がG173「基準太陽分光放射強度（Reference Solar Spectrum Irradiences）」[2]としてまとめたデータから作成しました．

　実際の光を見る場合は図3A-1の下側に示したような明確な色の境界がある訳ではないのですが，おおむねその周辺の波長の光はそうした色に見えるという意味でこのような図にしています．

　太陽光のように広い範囲の波長をバランスよく含んで人間の目に白として見える光を白色光と呼び，特定の波長しか含まない光を単色光と呼びます．

● 物体により反射する波長が異なる

　人が物を見た際に色が付いて見えるのは，物体の表面で光の反射率が波長によって異なり，白色光とは異なる分布の光となるためです．例えば赤い物体は620nmから800nmの長波長領域での反射率が高く，380nmから620nmまでの短・中波長領域は吸収してしまって反射率が低いといった特性があります．

　青く見える物体は400nmから480nmまでの短波長領域での反射率が高く，480nmから800nmまでの中・長波長領域で反射率が低いといった特性があります．元の白色光とは違う分布の光として反射するために，物体に色が付いて見える訳です．

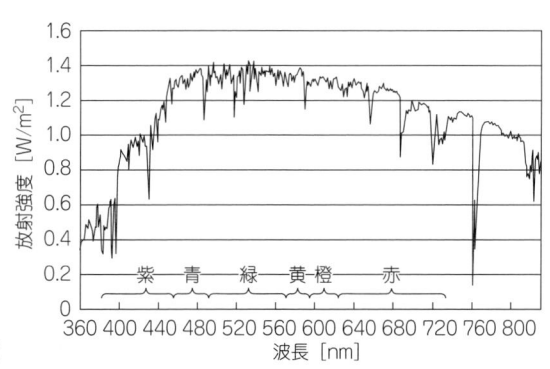

〈図3A-1〉
地表で測定した太陽光の放射強度

3A-2　目の構造

● 光を感じる細胞

図3A-2は右の眼球を上側から見た場合の構造です．この図の網膜の中の視細胞で光を感じることによって人は物を見ています．

図3A-3は網膜の大まかな構造を示したものです．この図にあるように網膜は表面層と呼ばれる複数の細胞で構成される層と，視細胞と呼ばれる光を感知する細胞で構成されています．眼球に入った光は網膜の表面層を透過して，その奥にある視細胞で神経電流に変換されることで検出されます．

視細胞には明るい場所で働く錐体(cone cell)と呼ばれるものと，暗い場所で働く桿体(rod cell)と呼ばれるものがあります．この二つは細胞の形が円錐状であるか，円柱状であるかの外見の違いから名付けられています．

錐体には波長400nmから520nmの短波長領域の青の光に反応するS錐体と，波長450nmから600nmの中波長領域の緑から黄の光に反応するM錐体，波長480nmから660nmの長波長領域の緑から赤の光に反応するL錐体の3種類があります．この3種類の錐体が出力する信号の違いによって人は色を見分けています．

錐体と桿体は網膜の全領域で均等に存在する訳ではなく，錐体は中心窩と呼ばれる視軸にそった直径1.5mmほどの領域を中心に集中して存在して，桿体はそれ以外の領域に広く存在しています．S・M・L各錐体の分布は1：6：13前後の分布となる例が多いですが，個人差も大きく1：11：4という例や1：1：16という例も報告されています[3]．

● 明所視と暗所視

明るい環境では錐体だけが活動して桿体は休んでいる明所視と呼ばれる状態になっていて，暗い場所では錐体が休んで桿体が活動している暗所視と呼ばれる状態になっていると考えられています．錐

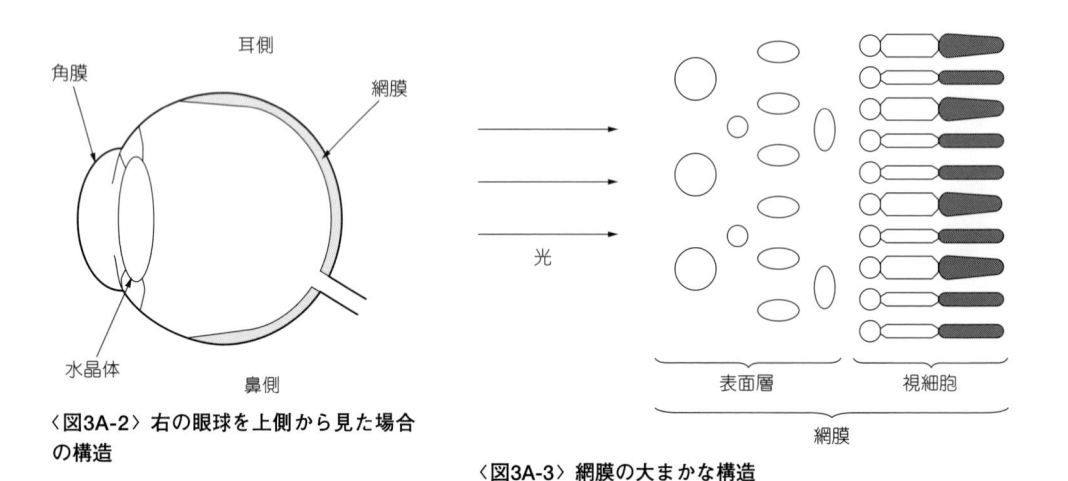

〈図3A-2〉右の眼球を上側から見た場合の構造

〈図3A-3〉網膜の大まかな構造

体が働いている明所視では色を見分けることができますが，桿体だけが働いている暗所視では色を見分けることができません．

桿体は中心窩には存在せず網膜のそれ以外の場所に広く存在しているため，暗所視では視野の中央付近では視力が弱まり，視線を対象からずらした方が見やすくなることが知られています．

● 色認識モデル

L錐体はM錐体よりも反応のピークが長波長側にありますが，反応する光の波長域は重複しています．L錐体の出力する信号がM錐体の出力する信号よりも遥かに大きい場合に人はその光を赤として認識し，L錐体の出力がM錐体の出力よりも僅かに大きい場合は黄色として認識するというように，L錐体とM錐体の信号の差によって緑から赤にかけての色を人は認識するため，緑から黄色そして橙から赤へは非常に狭い波長域で色の変化を認識します．同様にM錐体の出力がL錐体の出力と比較して大きい場合にその光は緑として認識され，S錐体の出力がLM錐体の出力よりも大きい場合にその光は青と認識されます．

人は錐体の出力するRGB三原色の比率で直接色を認識しているのではなく，輝度と色差で色を認識しているものと考えられています．これは黄色味がかかった赤や緑といった色は存在するのに，赤色味がかかった緑といった色は存在せず赤と緑が反対色として見えることや，網膜の表面層からS電位と呼ばれる色差信号に相当する神経電位が観測されているといった実験結果から裏付けられています．

現在考えられている視覚モデルは，**図3A-4**のようにRGBの三原色にそれぞれ対応するLMS錐体の出力信号が網膜表面層の各細胞で処理されることによって明るさと色差（黄-青と緑-赤）が作られて，それが脳に送られることによって最終的に色と明るさを認識するというものです．

人の視覚では明るさの変化の空間解像度と比較して，色の変化の空間解像度は低いことが知られています．この特性は画像圧縮の際に色差の情報を間引いて輝度の情報よりも減らすことで，見た目の影響を抑えつつ情報量を減らすために利用されています．

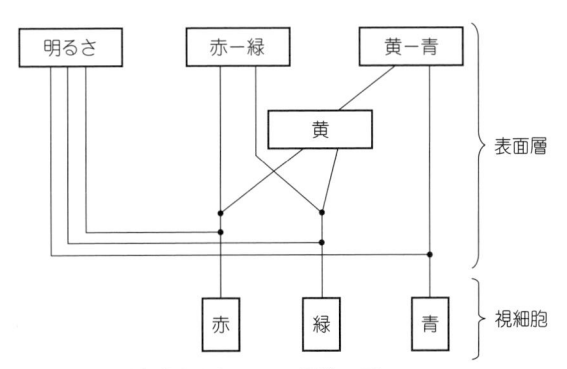

〈図3A-4〉現在考えられている視覚モデル
RGBそれぞれに対応するLMS錐体の信号から，表面層の各細胞で明るさと色差（黄-青と緑-赤）が作られて，それによって色と明るさを認識している

3A-3　RGBとXYZの等色関数

● 単色光と同じ色に見えるようにRGBを組み合わせる

　人の視覚モデルの研究として，図3A-5のように各波長での単色光を特定のRGBの単色光の組み合わせで再現するという実験が1928年から1931年にかけて行われました．これは赤として700nmの単色光を用い，緑には546.1nmの単色光を，青には435.8nmの単色光を用いて400nmから700nmまでの範囲の単色光と同じ色に見えるRGBの光の組み合わせを探して記録するという実験でした．

　この実験の結果を単色光と等しい色に見えるRGBの光の組み合わせを波長の関数としてまとめたものがRGB等色関数で，これをグラフ化したものが図3A-6です．

　RGB等色関数では440nmから546nmにかけてRがマイナスとなっています．これは混色実験の際にRGBの三原色の組み合わせだけでは緑から青にかけての単色光の鮮やかな色を再現することができな

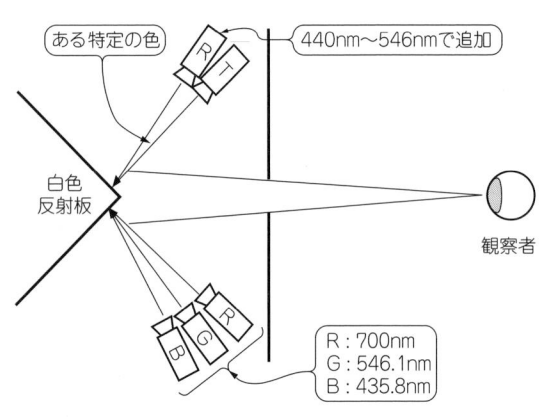

〈図3A-5〉特定の色を，RGBの単色光の組み合わせで再現する実験の構成
1928年から1931年にかけて行われた

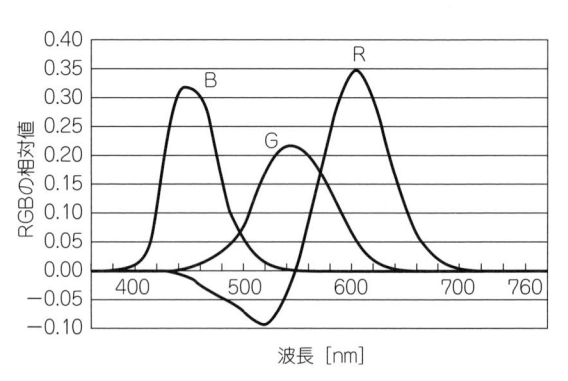

〈図3A-6〉CIE1931_RGB等色関数

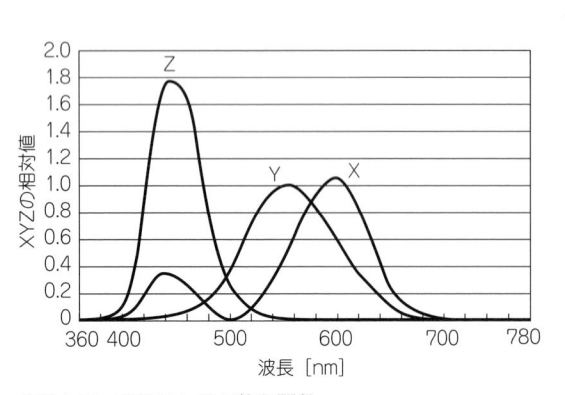

〈図3A-7〉CIE1931_XYZ等色関数

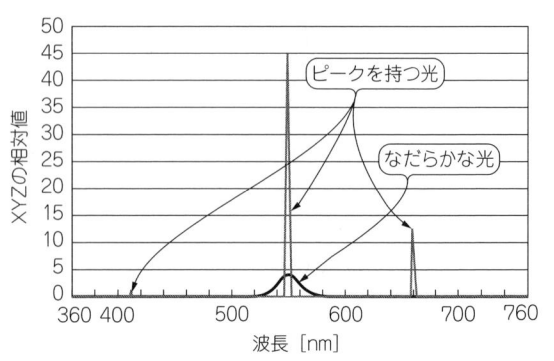

〈図3A-8〉なだらかな光とピークをもつ光が同色に見えるスペクトル例

かったため評価光の側にRの単色光を加えて同じ色になるまで調整したことを示しています.

● マイナス値を含むRGBをマイナス値を含まないXYZへ変換する式

RGB等色関数はRにマイナス値を含みます．このままでは扱いづらいので式(3A-1)で変換してマイナスの数字を含まないようにしたものがXYZ等色関数です.

$$\begin{bmatrix} X \\ Y \\ Z \end{bmatrix} = \begin{bmatrix} 2.7689 & 1.7517 & 1.1302 \\ 1.0000 & 4.5907 & 0.0601 \\ 0.0000 & 0.0565 & 5.5943 \end{bmatrix} \begin{bmatrix} R \\ G \\ B \end{bmatrix} \quad \cdots\cdots(3A\text{-}1)$$

またこのXYZ等色関数からRGB等色関数を得るには式(3A-1)の逆行列である式(3A-2)を使います.

$$\begin{bmatrix} R \\ G \\ B \end{bmatrix} = \begin{bmatrix} 0.41844 & -0.15866 & -0.08283 \\ -0.09117 & 0.25242 & 0.01570 \\ 0.00092 & -0.00255 & 0.17858 \end{bmatrix} \begin{bmatrix} X \\ Y \\ Z \end{bmatrix} \quad \cdots\cdots(3A\text{-}2)$$

図3A-7はXYZ等色関数をグラフ化したものです．これらの等色関数の全データは国際照明学会(CIE)によってCIE S 014-1「標準測色観測者(Standard Colorimetric Observerse)」[4]の中で規格化されていて，ディジタル形式で詳細なデータを入手することができます．このXYZ等色関数で表わされるXYZ色空間は規格化をおこなった機関の名称と規格が発行された年を組み合わせてCIE 1931 XYZと呼ばれています．

これらの行列式はYが明るさと等しくなり，等色関数にマイナスの値が出現しないという条件を満たすために決められたもので，XやZが何らかの特別な意味を持っているわけではありません．なお，ここで使われているRGBはパソコン上でのいわゆる「RGB」ではなく，あくまでも混色実験で利用した単色光のRGBだということに注意してください.

● 同色に見える例

図3A-8には550nmを中心にしたなだらかな分布の光と，410nm，550nm，660nmを中心に鋭いピークを持つ光の二つの場合を図にしています．この二つの光の各波長での強度に対して，XYZ等色関数をかけて全可視光領域で足し合わせたXYZの結果はどちらも似た値となり，人の視覚ではほぼ同じ色として認識されます．等色関数はこのように光の波長ごとの強度をXYZという三つの代表値に集約することで人間の認識する色を特定するために使われます.

等色関数によって集約された代表値を三刺激値と呼び，三刺激値が等しい場合は分光強度分布が異なる光であっても人の視覚には同じ色として認識されます.

3A-4　XYZをxy平面に投影したxy色度図

● xy色度図の表現方法

三刺激値XYZは式(3A-3)によって変形されて，各刺激値の比として小文字のxyzで表現されることがあります.

$$\begin{bmatrix} x \\ y \\ z \end{bmatrix} = \frac{1}{X+Y+Z} \begin{bmatrix} X \\ Y \\ Z \end{bmatrix} \quad \cdots\cdots(3A\text{-}3)$$

このとき$x+y+z=1$が自動的に成立するので，x，y，zのうちから一つを省略して取り除くことができます．こうしてzを取り除き，xyの二つだけで色を表現したものがxy色度図です．xy色度図は三刺激値XYZから明るさYを取り除いてxy平面に投影したもので，二次元で色特性を説明できるために表示機器の色特性を示す際によく利用されます．

● 色度図の外側は人が認識可能な色の限界を示す

図3A-9はXYZ等色関数をxy色度図上に表現したものです．馬蹄状の領域の曲線部分はスペクトル軌跡と呼ばれ，各波長の単色光に相当し，人間が認識可能なもっとも鮮やかな色の限界域を示します．

馬蹄状の領域の下側の短波長部分から長波長部分へと引かれている直線部分は純紫軌跡と呼ばれている部分です．ここは紫と赤の波長の混合色として視認できる部分で，こちらもスペクトル軌跡と同様に人が認識可能な色の限界を示します．このスペクトル軌跡と純紫軌跡で囲まれた馬蹄状の領域は人が認識可能な色の全領域という意味でガマット（gamut）と呼ばれます．

● カラー・トライアングルは三原色で表現可能な色の限界を示す

図3A-9にはCIE 1931のRGB混色実験で使われたRGB単色光のカラー・トライアングルと，その単色光のBとGで混色をした場合の結果も記載しています．CIE 1931での単色光RGBのXYZ値は表3A-1に示した値なので，混色比に従って三刺激値XYZを求め，式3A-3でxおよびyを求めると図3A-9の座標になります．

このように加法混色の結果は原色を結んだ直線上の1点になります．GとBの2色だけでなくRGBの3色で混色をする場合も考え方は同様で，例えばRGB全てを1.0で混色する場合その結果はGとBを1：1で混色した結果のxy座標とRの座標を結んだ直線上の1点になります．

加法混色のこうした性質からRGBの各原色を結んだカラー・トライアングルの外の色はその三原色では表現することができません．xy色度図のスペクトル軌跡で440nmから540nmにかけての大きく膨らんだ領域はRGB混色実験で評価光の側にRを加えた部分に相当します．

〈表3A-1〉CIE 1931における単色光RGBのXYZ値

項目	x	y	z
R 700nm	0.1136	0.0410	0.0000
G 546nm	0.3741	0.9841	0.0123
B 435nm	0.3285	0.0168	1.6230

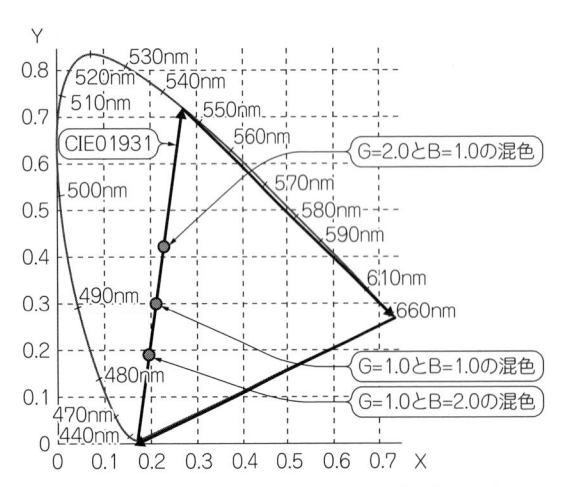

〈図3A-9〉sRGBで$R=1.0$と$G=1.0$を混ぜて黄色を作り出す場合の例

3A-5　sRGBとそのほかの色形式

● 製品ごとに異なる色特性

　コンピュータの世界では1990年代半ばまで統一された色特性がなくディスプレイのメーカやモデルの違いによってRGBのカラー・トライアングルや色温度，ガンマなどが異なり完全に同じ環境をそろえない限り同じ色を再現することができませんでした．

　この問題を解消するためパソコンでの基準となるRGB三原色のxy色座標や白色点の色温度，ガンマ特性を定めた規格がsRGBです．sRGBは国際電気標準会議（IEC）によってIEC 61966-2-1[5]として文書化されています．

● sRGBで規定されている内容

　sRGBでは色特性が**表3A-2**のように規定されています．この色特性と同じ特性のRGB値を表示あるいは撮影できるデバイスはsRGB準拠デバイスとなり，sRGB準拠デバイス間では面倒なカラー・マッチングなしで同じ色を再現することができます．sRGBの色特性はディジタル・テレビの規格であるITU-R BT.709と同じ値を採用しているのでディジタル・テレビとも親和性が高くなっています．

● そのほかの形式との色特性を比較

　sRGBと同様にRGBの色特性を定義しているものとしてAdobeRGB[6]やアナログ・テレビ放送の規格であるNTSCがあります．**図3A-10**はこれらの形式とsRGBをxy色度図上で比較したものです．sRGBはほかの形式と比較すると色域が狭く表現できない色も多いです．これはsRGBの規格を策定する際に互換性や経済性に配慮して，当時一般的だったCRTディスプレイで困難なく表現できる色をRGBの色度点として決定したためです．

〈表3A-2〉sRGBで規定された色特性

項目	x	y	z
R	0.6400	0.3300	0.0300
G	0.3000	0.6000	0.1000
B	0.1500	0.0600	0.7900
基準白色	0.3127	0.3290	0.3583
色温度	6500K/D65		
ガンマ	2.2		

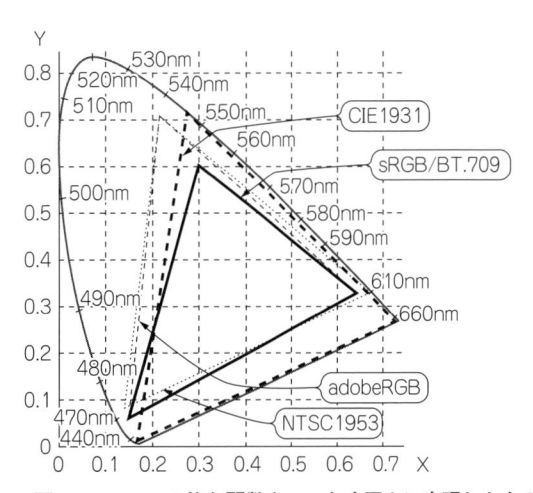

〈図3A-10〉XYZの等色関数を，xy色度図上に表現したもの

3A-6　異なる色特性間におけるカラー・マッチング

● **カラー・マッチングとは**

　sRGBとAdobeRGBとでは，RGBのカラー・トライアングルが異なります．AdobeRGBでは緑においてより広い色域を再現できるようになっています．このためにAdobeRGBを前提に作成されたデータをそのままsRGBのディスプレイで出力した場合，次の二つの問題が起こります．
　① sRGBでは再現できない緑がほかの色で表示されてしまう．
　② sRGBでも再現できる緑がより白に近いにじんだ色で表示されてしまう．
この二つの問題を，
　① sRGBでは再現できない色は再現できる範囲内で最も近い色で表示する．
　② sRGBでも再現できる色に関してはそのままの色で表示する．
ことで解決するのがカラー・マッチングです．

● **カラー・マッチングの一般的な手順**

　カラー・マッチングを行う場合はデバイスや色特性に依存しないCIE 1931 XYZ色空間にRGB値を変換して，その後にXYZ値から出力先の色特性に向けたRGB値に再変換するという手順を踏みます．より詳細に手順を説明すると次の形になります．
　① RGB値を0.0～1.0の間に正規化してガンマ逆補正を行い，線形RGB値に変換する．
　② 線形RGB値を色特性に応じた変換式で白色のYが1.0になるように正規化したXYZ値に変換する．
　③ XYZ値を変換先の色特性に応じた変換式で線形RGB値に変換する．
　④ 線形RGB値にガンマ補正をかけて，RGBのディジタル表現に戻す．

● **AdobeRGBからsRGBへの変換手順**

　具体的にAdobeRGBからsRGBへ色変換を行う場合を考えます．AdobeRGBとsRGBは共にXYZ値との変換手続きが規格で厳密に定義されているので，その通りに計算を行います．8ビットRGBの正規化は式(3A-4)，ガンマ逆補正は式(3A-5)，XYZ値への変換は式(3A-6)になります．

$$_{normalized}RGB = RGB_{8bit}/255.0 \quad \cdots\cdots (3A\text{-}4)$$

$$_{linear}RGB = {_{normalized}RGB}^{2.19921875} \quad \cdots\cdots (3A\text{-}5)$$

$$\begin{bmatrix} X \\ Y \\ Z \end{bmatrix} = \begin{bmatrix} 0.57667 & 0.18556 & 0.18823 \\ 0.29734 & 0.62736 & 0.07529 \\ 0.02703 & 0.07069 & 0.99134 \end{bmatrix} \begin{bmatrix} {_{linear}R} \\ {_{linear}G} \\ {_{linear}B} \end{bmatrix} \quad \cdots\cdots (3A\text{-}6)$$

こうして求めたXYZ値からsRGBでのRGB値に変換する式は，XYZから線形RGBへの変換が式(3A-7)，線形RGBのガンマ補正が式(3A-8)と式(3A-9)，RGB値の8ビット整数化が式(3A-10)です．

$$\begin{bmatrix} {_{linear}R} \\ {_{linear}G} \\ {_{linear}B} \end{bmatrix} = \begin{bmatrix} 3.2406 & -1.5372 & -0.4986 \\ -0.9689 & 1.8758 & 0.0415 \\ 0.0557 & -0.2040 & 1.0570 \end{bmatrix} \begin{bmatrix} X \\ Y \\ Z \end{bmatrix} \quad \cdots\cdots (3A\text{-}7)$$

$_{linear}RGB \leq 0.0031308$ならば，

$$_{normalized}RGB = 12.92 \times {_{linear}RGB} \quad \cdots\cdots (3A\text{-}8)$$

$_{linear}RGB > 0.0031308$ ならば，

$$_{normalized}RGB = 1.055 \times {_{linear}RGB}^{(1.0/2.4)} - 0.055 \quad \cdots\cdots\cdots\cdots\cdots\cdots\cdots\cdots\cdots\cdots\cdots\cdots\cdots\cdots\cdots\cdots\cdots\cdots\cdots\cdots (3A\text{-}9)$$

$$RGB_{8bit} = \text{round}(255.0 \times {_{normalized}RGB}) \quad \cdots\cdots\cdots\cdots\cdots\cdots\cdots\cdots\cdots\cdots\cdots\cdots\cdots\cdots\cdots\cdots\cdots\cdots (3A\text{-}10)$$

式（3A-10）のround()は小数点以下を四捨五入して整数化する処理です．AdobeRGBの方がsRGBよりも色域が広いため式（3A-7）で線形RGBを求める際に結果としてRGBが0から1.0の範囲を外れることがあります．その場合0から1.0の範囲内にクリッピングを行ってからガンマ補正の処理に進みます．こうすることでsRGBの色特性で表現できる範囲でもっとも近い色を選択できます．

● sRGBからAdobeRGBへの変換手順

sRGBからAdobeRGBへの色変換を行う場合も手順が逆になるだけで同様に計算を行えます．sRGBからXYZ値に変換する場合，8ビットRGBの正規化はAdobeRGBの場合と同じ式3A-4，ガンマ逆補正は式（3A-11）と式（3A-12），XYZ値への変換は式（3A-13）になります．

$_{normalized}RGB \leq 0.04045$ ならば，

$$_{linear}RGB = {_{normalized}RGB} / 12.92 \quad \cdots\cdots\cdots\cdots\cdots\cdots\cdots\cdots\cdots\cdots\cdots\cdots\cdots\cdots\cdots\cdots\cdots\cdots\cdots\cdots (3A\text{-}11)$$

$_{normalized}RGB > 0.04045$ ならば，

$$_{linear}RGB = \left[({_{normalized}RGB} + 0.055) \times 1.055 \right]^{2.4} \quad \cdots\cdots\cdots\cdots\cdots\cdots\cdots\cdots\cdots\cdots\cdots (3A\text{-}12)$$

$$\begin{bmatrix} X \\ Y \\ Z \end{bmatrix} = \begin{bmatrix} 0.4124 & 0.3576 & 0.1805 \\ 0.2126 & 0.7152 & 0.0722 \\ 0.0193 & 0.1192 & 0.9505 \end{bmatrix} \begin{bmatrix} _{linear}R \\ _{linear}G \\ _{linear}B \end{bmatrix} \quad \cdots\cdots\cdots\cdots\cdots\cdots\cdots\cdots\cdots\cdots (3A\text{-}13)$$

XYZ値からAdobeRGBでのRGB値に変換する式は，XYZから線形RGBへの変換が式（3A-14），線形RGBのガンマ補正が式（3A-15），RGB値の8ビット整数化はsRGBの場合と同じ式（3A-10）です．

$$\begin{bmatrix} _{linear}R \\ _{linear}G \\ _{linear}B \end{bmatrix} = \begin{bmatrix} 1.96253 & -0.61068 & -0.34137 \\ -0.97876 & 1.91615 & 0.03342 \\ 0.02869 & -0.14067 & 1.34926 \end{bmatrix} \begin{bmatrix} X \\ Y \\ Z \end{bmatrix} \quad \cdots\cdots\cdots\cdots\cdots\cdots\cdots (3A\text{-}14)$$

実際にこれらの式を使ってsRGBの$(R, G, B) = (0, 255, 0)$の緑をAdobeRGBに変換すると$(R, G, B) = (144, 255, 60)$になり，sRGBの緑はAdobeRGBで表現すると赤と青を含んだ黄白色に近い濁った緑として表現されることが分かります．

3A-7　scRGBとxvYCC

● より広い色域に対応するために

　sRGBは策定当時の標準的なディスプレイ技術で問題なく表現できるxy色度点をRGBの三原色として採用したため，人間が認識可能な全色域からすると小さなカラー・トライアングルになってしまいました．その後のディスプレイ技術の進歩によって広い色域を表現できるようになってもsRGBに従う限りsRGBの外にある色を利用することはできません．sRGBに従わず表示できるRGB値をそのまま表示することでsRGBの外の色を利用することができますが，それではsRGB策定以前の無秩序な状態に後戻りしてしまいます．

　AdobeRGBのように広い色域を定義して，画像データ自体は広い色域で保存しておき，表示段階で機器の実現可能な色域に従ってカラーマッチングを行うことで無秩序を回避することはできますが，この方法には旧来のsRGB準拠機器でも複雑なカラー・マッチングの処理を行わなければ正しい色が表示できなくなるという欠点と，AdobeRGBの色域を超えるさらに広い色域を持った表示機器ができた場合にsRGBの時と同じ問題が発生してしまうという欠点があります．

● 範囲外の値を許容するscRGB

　scRGBはsRGB準拠の旧来のデバイスでも複雑な処理を行うことなく正しい色が表示でき，より広い色域の色も捨てることなく伝えることのできる方法を目指して策定された規格です．こちらの規格もsRGB同様にIECでIEC 61966-2-2[7]として文書化されています．

　sRGBではCIE 1931 XYZ値から線形RGB値に変換する式3A-7の結果として，RGBの値が0～1.0を外れた場合は0～1.0の範囲にクリッピングしていました．一方scRGBではRGBの値として0～1.0から外れた値も許容します．負のRGB値や1.0を超えるRGB値を許容すると，RGB混色実験の場合のように三原色で決まるカラー・トライアングルの外の色も指定することが可能になります．

　scRGBのデータはsRGB準拠のデバイスに対してはRGB値を0～1.0の範囲内にクリッピングするだけでカラー・マッチング処理を省略できます．sRGBを超える色域を持ったデバイスに対しては0～1.0の範囲を超えるRGBを捨てずにカラー・マッチングの処理を行うことで表現可能な範囲で正しい色を表現することができます．

● YUVに拡張したxvYCC

　scRGBの考え方をテレビや圧縮で一般に使われているYUV形式に拡張したのがxvYCCです．こちらの規格もIEC 61966-2-4[8]として文書化されています．

　scRGBでsRGBと互換性を保ちつつより広い色域を伝えられるようになったのですが，パソコンで一般に利用されていた8ビット整数RGBでは，線形RGBにおける0～1.0が0～255に対応し，負のRGB値や1.0を超えるRGB値を入れる余地がありません．このためにscRGBではRGBデータの保存形式を各色16ビットに拡張し，0～4096を-0.5～0.0に，4096～12288を0.0～1.0に，12288～65535を1.0以上に割り当てました．このためにsRGBとscRGBは直接の互換性がなくなってしまい，あまり広く使われてはいません．

　一方，ディジタル・テレビの色形式の規格であるITU-R BT.709[9]では，線形RGBでの0～1.0は8ビッ

ト整数RGBで16～235に対応しているため，負のRGB値を0～15に，1.0を超えるRGB値は234～255に入れることができます．このためxvYCCはscRGBよりも実用的で，高画質薄型テレビやビデオ・カメラなどでxvYCCに対応する機器も実際に販売されています．

3A-8　RGB-XYZ変換行列の求め方

● あらゆる色特性に対応するために

　sRGBと異なる色域のデバイスを使う場合，正しい色を得るためにはカラー・マッチングが必要になります．そうした場合にデバイスの色特性や，RGBからCIE 1931 XYZ値への変換式が全て提供されていれば何も困難はありませんが，通常は色特性として**表3A-3**のようにCIE 1931 xy色度図上の色座標データが提示されるだけでRGBとXYZの変換式は直接提供されません．

　こうした色特性のデータから直接カラーマッチングを行うことはできませんが，色特性データからRGB-XYZ変換式を求めることはできます．デバイスの利用者はそうして求めた変換式を使って間接的にカラーマッチングを行います．ここでは色特性データからRGB-XYZ変換式を求める手続きを説明します．

● RGB-XYZ変換式の一般化

　RGB値からXYZ値への変換式は式(3A-16)の形に一般化することができます．

$$\begin{bmatrix} X \\ Y \\ Z \end{bmatrix} = \begin{bmatrix} 変換行列M \end{bmatrix} \begin{bmatrix} {}_{linear}R \\ {}_{linear}G \\ {}_{linear}B \end{bmatrix} \quad \cdots\cdots\cdots (3A\text{-}16)$$

つまり色特性データから式(3A-16)での「変換行列M」を導き出すことがカラー・マッチングを行うために必要なわけです．この「変換行列M」に着目して色特性データとして与えられているRGBのxy色座標を利用できるように変形すると(式3A-17)になります．

$$\begin{bmatrix} X \\ Y \\ Z \end{bmatrix} = \begin{bmatrix} xR & xG & xB \\ yR & yG & yB \\ zR & zG & zB \end{bmatrix} \begin{bmatrix} R_{weight} & 0 & 0 \\ 0 & G_{weight} & 0 \\ 0 & 0 & B_{weight} \end{bmatrix} \begin{bmatrix} {}_{linear}R \\ {}_{linear}G \\ {}_{linear}B \end{bmatrix} \quad \cdots\cdots (3A\text{-}17)$$

式3A-17では「変換行列M」をRGBのxy色座標値そのものである左側の色座標行列と，XYZの比である小文字のxyzから実際の値である大文字のXYZに変換するための右側の重み行列に分離しています．左側部分は色特性データからほぼ無加工で埋めることができるので，「変換行列M」を求めるということは実際には右側の重み部分を求めることに相当します．

〈表3A-3〉CIE 1931 xy色度図上の色座標データとして表れたある装置の色特性

項目	x	y
R	n.nnnn (xR)	n.nnnn (yR)
G	n.nnnn (xG)	n.nnnn (yG)
B	n.nnnn (xB)	n.nnnn (yB)
White	n.nnnn (xW)	n.nnnn (yW)

● 白色でのRGB-XYZ変換式

色特性データから「変換行列M」を求めるには白色（最大輝度の無彩色）の特徴を使います．カラー・マッチングに使うXYZ値と線形RGB値には白色について次の二つの決まりがあります．

① 白色ではXYZ値のY（明るさ）を1.0に正規化する．
② 白色では線形RGB値の全てを1.0に正規化する．

この決まりを利用して式(3A-17)に白色の場合の値を入れると式(3A-18)になります．

$$\begin{bmatrix} X_{white} \\ 1.0 \\ Z_{white} \end{bmatrix} = \begin{bmatrix} xR & xG & xB \\ yR & yG & yB \\ zR & zG & zB \end{bmatrix} \begin{bmatrix} R_{weight} & 0 & 0 \\ 0 & G_{weight} & 0 \\ 0 & 0 & B_{weight} \end{bmatrix} \begin{bmatrix} 1.0 \\ 1.0 \\ 1.0 \end{bmatrix} \quad \cdots (3A\text{-}18)$$

式(3A-18)を変形して簡略化すると式(3A-19)になります．

$$\begin{bmatrix} X_{white} \\ 1.0 \\ Z_{white} \end{bmatrix} = \begin{bmatrix} xR & xG & xB \\ yR & yG & yB \\ zR & zG & zB \end{bmatrix} \begin{bmatrix} R_{weight} \\ G_{weight} \\ B_{weight} \end{bmatrix} \quad \cdots (3A\text{-}19)$$

ここで求めたいのはRGBの重みですから色座標行列の逆行列を使って式(3A-20)のように変形します．

$$\begin{bmatrix} R_{weight} \\ G_{weight} \\ B_{weight} \end{bmatrix} = \begin{bmatrix} xR & xG & xB \\ yR & yG & yB \\ zR & zG & zB \end{bmatrix}^{-1} \begin{bmatrix} X_{white} \\ 1.0 \\ Z_{white} \end{bmatrix} \quad \cdots (3A\text{-}20)$$

式(3A-20)に実際の値をあてはめて計算するとRGBの重みベクトルが求まるので，求めた値を式(3A-17)にあてはめれば「変換行列M」が求まり，RGB値からXYZ値への変換式を得ます．

● 変換式を実際に求めるための手順

こうした背景を踏まえて実際に色特性データから「変換行列M」を求める手順を整理すると次の形になります．

① RGBの色座標値xyから$x+y+z=1.0$の関係を利用してzを求め色座標行列に値を設定する．
② 同様に白色の色座標値xyからzを求める．
③ 白色のxyz値から$Y=1.0$になるようにX値とZ値を求めて白色XYZベクトルに値を設定する．
④ 色座標行列の逆行列に白色XYZベクトルをかけて重みベクトルを求める．
⑤ 色座標行列に重み行列をかけて「変換行列M」を求める．

この「変換行列M」を式(3A-16)に入れたものがRGB値からXYZ値への変換式です．XYZ値からRGB値への変換式は「変換行列M」の逆行列で式(3A-16)を置き換えて，さらにXYZとRGBを入れ替えたものですから逆変換の式も簡単に求めることができます．こうして求めたRGBとXYZの相互変換式を使うことで，どのような色特性の間でもカラー・マッチングが可能になります．

第4章

ディジタル・ビデオ信号の伝送に必要なデバイス間の取り決め
BT.601とBT.656の詳細

岩澤 高広
Takahiro Iwasawa

　CCDイメージ・センサ用のカメラ信号処理ICやCMOSイメージ・センサの後段に接続されるJPEG/MPEG/NTSC/PALエンコーダ（**図4-1**）の標準的な入力フォーマットは，ITU-R BT.601で規定されるディジタル*YCrCb*信号です．

　ここでは，もっとも基本的なディジタル信号の出力フォーマットであるITU-R BT.601とBT.656について，ITUの規格書をもとに解説していきます．

　ITUとは，Internationl Telecommunication Union（国際電気通信連合）の略で，通信方式の標準化団体として三つの部会から成り立っています．

- -R…Radio Communication（無線通信部門）
- -T…Telecom Standardization（通信標準化部門）
- -D…Telecom Development（通信開発部門）

BT.601，BT.656も-Rの無線通信部門に属している規格です．

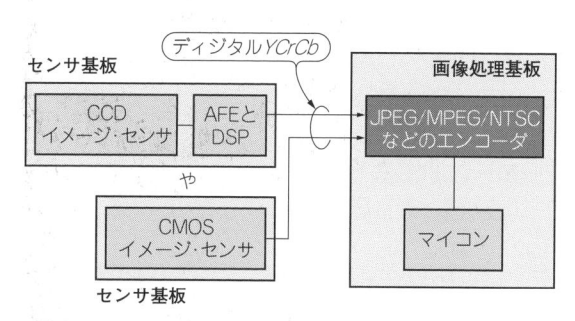

〈図4-1〉JPEG/MPEG/NTSCエンコーダとイメージ・センサの接続例

4-1 BT.601は有効画素数や量子化レベルを規定する

● カメラ・モジュールの出力に多いBT.601

　BT.601は標準テレビ信号のスタジオ機器向けに制定された規格です．スタジオで使われる機器の整合性を高め，NTSC/PAL の両方式に対応します．これにより，テレビ放送で使われるコンテンツの共用化を実現できました．また，BT.601の信号レベルの規定は，JPEG/MPEGといった画像圧縮/伸張方式の規格にも採用され，標準化に貢献しています．

　現在，携帯電話用に開発されているCCD/CMOSカメラ・モジュールについても，YUV形式で出力される場合は，BT.601方式に準拠している場合が多いです．しかし，出力される信号の周波数，ブランキング期間，有効ライン数，インターレース方式かプログレッシブ・スキャン方式の出力になるかは，センサの駆動方式に依存する場合が多く，BT.601に準拠していない場合が多いようです．特に携帯電話用カメラなどの信号周波数は，センサのフレーム・レートに依存する場合が多く，規格に準拠した周波数やブランキング期間のタイミングで使うことはあまりありません．

　現在のBT.601は，BT.601-5として規定されており，アスペクト比が4：3と16：9の両方をサポートした規格になっています．サンプリング周波数も13.5MHzと18MHzの二つの規定を含みます．

● アナログRGB，アナログYUV，ディジタルRGBからディジタル$YCrCb$を得る

　BT.601の信号変換の式は，アナログRGB信号（Er, Eg, Eb），アナログYUV信号（$Ey, Er-Ey, Eb-Ey$），ディジタル$YCrCb$信号（Y, Cr, Cb）で記載されています．それぞれはマトリックス変換が可能で，信号レベルの規定を行っています．

　アナログ信号Er, Eg, Ebは，信号振幅を1.0～0として正規化して扱います．ディジタル信号Y, Cr, Cbは8ビットで量子化して扱います．規格の中には一部，10ビットの記載がありますが，8ビットを整数部，残り2ビットを小数部として扱っています．

● アナログRGB→アナログYUV

　まず，アナログ信号Er, Eg, Ebを，アナログ信号$Ey, Er-Ey, Eb-Ey$へ変換します．ここで輝度信号をEy，色差信号を$Er-Ey, Eb-Ey$とします．

$$Ey = 0.299Er + 0.587Eg + 0.114Eb$$
$$(Er-Ey) = Er - 0.299Er - 0.587Eg - 0.114Eb$$
$$= 0.701Er - 0.587Eg - 0.114Eb$$
$$(Eb-Ey) = Eb - 0.299Er - 0.587Eg - 0.114Eb$$
$$= -0.299Er - 0.587Eg + 0.886Eb$$

　表4-1にそれぞれの色におけるマトリックス係数をまとめています．

● アナログYUV→正規化されたアナログYUV

　アナログ信号Er, Eg, Ebが，正規化された1.0～0の信号であるとすると，輝度信号Eyは1.0～0の値を取るのに対し，$Er-Ey, Eb-Ey$はそれぞれ，+0.701～-0.701，+0.886～-0.886の値を取ることになります．

〈表4-1〉BT.601のマトリックス係数

	Er	Eg	Eb	Ey	$Er-Ey$	$Eb-Ey$
白	1.0	1.0	1.0	1.0	0	0
黒	0	0	0	0	0	0
赤	1.0	0	0	0.299	−0.701	−0.299
緑	0	1.0	0	0.587	−0.587	−0.587
青	0	0	1.0	0.114	−0.114	0.886
黄色	1.0	1.0	0	0.886	0.114	−0.886
シアン	0	1.0	1.0	0.701	−0.701	0.299
マゼンタ	1.0	0	1.0	0.413	0.587	0.587

このままではディジタル信号に変換する際に不都合が生じるため，+0.5～-0.5に収まるように係数を乗じ正規化します．その正規化するための変換係数は，

　　$Kr=0.5/0.701=0.713$
　　$Kb=0.5/0.886=0.564$

となります．
　この正規化された色差信号は，Ecr, Ecbとして別の記号で示されます．

　　$Ecr=Kr(Er-Ey)$
　　　　$=0.500Er-0.419Eg-0.081Eb$
　　$Ecb=Kb(Eb-Ey)$
　　　　$=-0.169Er-0.331Eg+0.500Eb$

● 正規化されたアナログYUV→ディジタルYCrCb

　ここで，アナログ信号をディジタル信号へ変換します．ディジタル信号は8ビット（0～255）で量子化され，信号レベルが規定されています．
　4：2：2システムでは，1～254レベルを映像信号として使うことができますが，同期データを含めると0～255レベルが使用できます．
　輝度信号Eyは16～235が映像信号として使われます．色差信号EcrとEcbは16～240が映像信号として使われます．ただし，色差信号Ecr, Ecbの無彩色時の信号は128とされ，オフセット・バイナリ形式で表現されています．その変換式は，

　　$Y=219Ey+16$
　　$Cr=224\{0.713(Er-Ey)\}+128$
　　$Cb=224\{0.564(Eb-Ey)\}+128$

となり，単純化すると，

　　$Cr=160(Er-Ey)+128$
　　$Cb=126(Eb-Ey)+128$

となります．

● ディジタルRGB→ディジタルYCrCb

　BT.601では，ディジタル信号としてのRGB信号が規定されており，その信号は次のような式で表されます．

$R = 219Er + 16$
$G = 219Eg + 16$
$B = 219Eb + 16$

また，ディジタル信号どうしでの変換式は，

$Y = (77/256) R + (150/256) G + (29/256) B$
$Cr = (131/256) R - (110/256) G - (21/256) B + 128$
$Cb = -(44/256) R - (87/256) G + (131/256) B + 128$

となります．

〈表4-2〉サンプリング周波数13.5MHz時のITU-R BT.601の詳細（$YUV = 422$）

パラメータ		525ライン，60フィールド/s（NTSC）	625ライン，50フィールド/s（PAL）
信号Y，Cr，Cb		Ey，$(Er-Ey)$，$(Eb-Ey)$ から得られる	
サンプリング総画素数	Y	858	864
	Cr, Cb	429	432
サンプリング構成		色差信号は輝度信号の奇数サンプル（1番目，3番目，5番目など）と同じ位置でサンプリング	
サンプリング周波数	Y	13.5MHz	
	Cr, Cb	6.75MHz	
符号化方式		8ビット（0～255）量子化．オプションで10ビットも可能	
サンプリング有効画素数	Y	720	
	Cr, Cb	360	
アナログ⇔ディジタル水平同期信号相関		$16T$（$1T$はY信号サンプリング1周期）	$12T$
ビデオ信号レベルと量子化レベルの関係	信号範囲	0～255	
	輝度信号Y	220レベル（16～235），16は黒，235は白	
	色差信号Cr/Cb	225レベル（16～240），128は中心レベルでそこから±112レベル	
符号の割り当て		・0，255は，同期信号に使用	
		・1～254を映像信号として使える	

〈表4-3〉サンプリング周波数18MHz時のITU-R BT.601の詳細（$YUV = 422$）

パラメータ		525ライン，60フィールド/s（NTSC）	625ライン，50フィールド/s（PAL）
信号Y，Cr，Cb		Ey，$(Er-Ey)$，$(Eb-Ey)$ から得られる	
サンプリング総画素数	Y	1144	1152
	Cr, Cb	572	576
サンプリング構成		色差信号は輝度信号の奇数サンプル（1番目，3番目，5番目など）と同じ位置でサンプリング	
サンプリング周波数	Y	18MHz	
	Cr, Cb	9MHz	
符号化方式		8ビット（0～255）量子化．オプションで10ビットも可能	
サンプリング有効画素数	Y	960	
	Cr, Cb	480	
ビデオ信号レベルと量子化レベルの関係	信号範囲	0～255	
	輝度信号Y	220レベル（16～235），16は黒，235は白	
	色差信号Cr/Cb	225レベル（16～240），128は中心レベルでそこから±112レベル	
符号の割り当て		・0，255は，同期信号に使用	
		・1～254を映像信号として使える	

BT.601では，ディジタル信号の範囲が輝度信号で16～235，色差信号で16～240と規定されていますが，CCD/CMOSカメラを使用した場合，この信号レンジよりも大きい信号が出力されることがあります．信号が飽和しない領域で表示されるようにカメラ，テレビとも入出力ダイナミック・レンジを確保しています．

● BT.601の規格値

表4-2，表4-3にサンプリング周波数が13.5MHz時と18MHz時の規格の詳細を示します．ライン数が525本はNTSC方式，625本はPAL（SECAM）方式に対応しています．サンプリング周波数はテレビ方式にかかわらず，一定の周波数で規定されています．

色差信号は輝度信号に比べ1/2のサンプリングになっており，色の重心についても規定されています．この重心の位置をとり間違えると偽色の原因になるので，信号処理を行うときには注意が必要です．

図4-2に輝度信号と色差信号のタイム・チャートを示します．

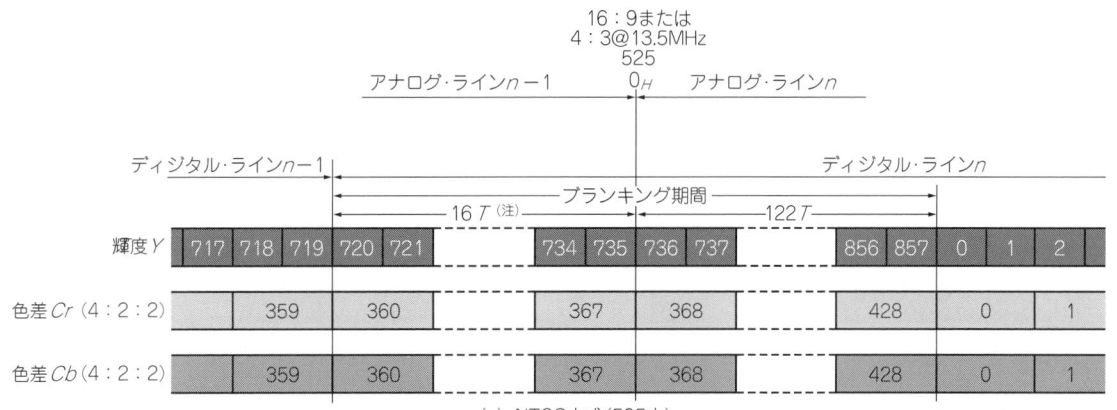

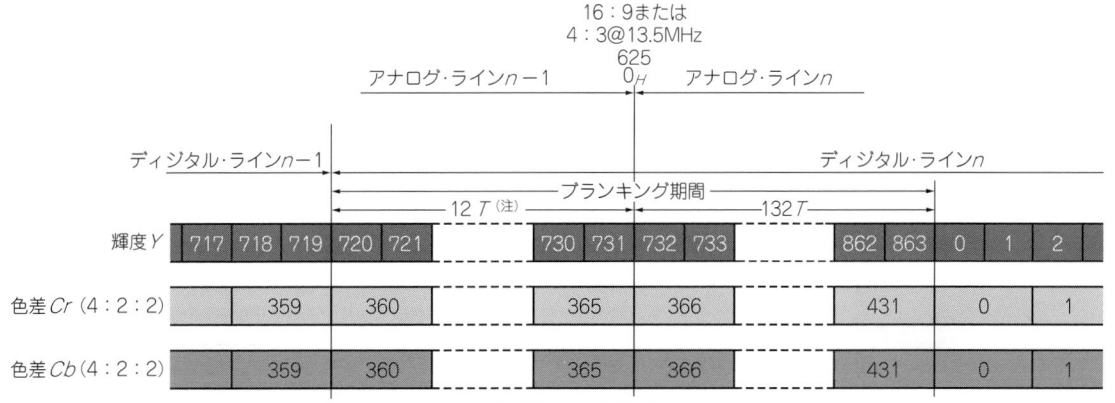

注▶ T は輝度サンプリング周期，ここでは13.5MHzの逆数

〈図4-2〉 輝度信号と色差信号のタイム・チャート

4-2 BT.656はコネクタ形状，ピン配置，電圧レベル，クロックなどを規定する

BT.601はビデオ信号そのものの規格しかありません．

BT.656は，図4-1の接続の際に必要なコネクタの形状やコネクタのピン配置，電気信号の電圧レベル，タイミングなどの規定を行っています．タイミングの規定では，ディジタル信号の中に0x00と0xffをマーカとして配置し，そのマーカ内にコードを埋め込むことで同期信号の生成などを行っています．

● ブランキング期間に埋め込まれるタイミング・コードの規定

BT.656準拠と記載されている出力では，信号のブランキング内にBT.656で規定されているSAVやEAVなどのコードが出力されるようになっています．これは比較的多くの機器で使われているので，以下に解説します．

タイミング・コードは信号のブランキング期間に埋め込まれ，0xff，0x00，0x00，0xXYで始まる4バイトのコードで規定されます．映像信号は，あらかじめ0xffと0x00が出力されないようにクリップ処理が施されています．

▶タイミング・コードの挿入位置

図4-3にタイミング・コードの挿入位置を示します．タイミング・コードは，ビデオ終了位置EAVと

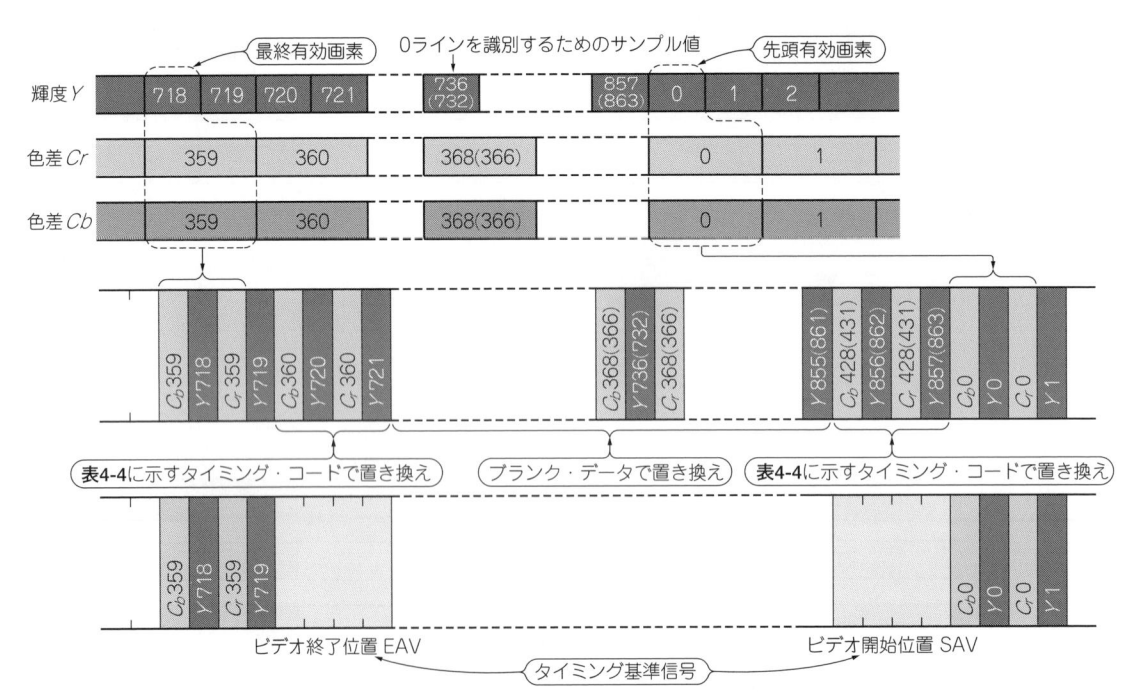

注▶かっこ内のサンプル識別番号は625システム用であり，525システムとは異なる

〈図4-3〉BT.656のタイミング・コードの挿入位置

4-2 BT.656はコネクタ形状，ピン配置，電圧レベル，クロックなどを規定する

ビデオ開始位置SAVからなり，それぞれ4バイトで構成されます．各タイミング・コードは，4バイトの連続されるコードからなり，0xff，0x00，0x00，0xXYとなり，このXYの位置にタイミング・コードが埋め込まれます．

▶実際のタイミング・コード

表4-4にタイミング・コードを示します．ビットP_0，P_1，P_2，P_3，は，ビットF，V，Hの状態によって，表4-5に示されるような状態になります．表4-5のように定めておくことで，受信側では1ビット・エラーを修正でき，2ビット・エラーを検出できます．

表4-6にF，Vビットについて示します．Vビットは1フィールド中の有効ラインと無効ラインを識別します．Fビットはフィールドが奇数フィールドか偶数フィールドかを識別します．

▶ブランキング期間のデータはあまり規定どおりになっていないことも

タイミング・コードや補助データに使われないブランキング期間には，Cb，Y，Cr，Y信号は，それぞれ連続する0x80，0x10，0x80，0x10などで配置されます．ただし，実際には使用されないデータであるため，あまり規定通りになっていない場合もあるので，設計時には気をつけてください．

〈表4-4〉BT.656のタイミング・コード
タイミング・コードは図4-3に示す信号のブランキング期間に埋め込まれ，0xFF，0x00，0x00，0xXYで始まる4バイトのコードで規定される

ビット番号	第1ワード 0xFF	第2ワード 0x00	第3ワード 0x00	第4ワード 0xXY
9(MSB)	1	0	0	1
8	1	0	0	F
7	1	0	0	V
6	1	0	0	H
5	1	0	0	P_3
4	1	0	0	P_2
3	1	0	0	P_1
2	1	0	0	P_0
1注2	1	0	0	0
0	1	0	0	0

第4ワードの実際の値は表4-5のようになる。Vは表4-6で詳しく説明。

注1：表示している値は10ビット・インターフェースの値を対象にしている．8ビットで使用する場合は，ビット9〜ビット2を使用して，MSBがビット9になる．
注2：既存の8ビット・インターフェースとの互換性のために，ビット1とビット2は確立(定義)されない．

〈表4-5〉プロテクション・ビット（P_0〜P_3の組み合わせ）

F	V	H	P_3	P_2	P_1	P_0
0	0	0	0	0	0	0
0	0	1	1	1	0	1
0	1	0	1	0	1	1
0	1	1	0	1	1	0
1	0	0	0	1	1	1
1	0	1	1	0	1	0
1	1	0	1	1	0	0
1	1	1	0	0	0	1

〈表4-6〉フィールドとVブランキング期間の識別方法

フィールド名	Vの状態	PAL	NTSC
フィールド1	開始（$V=1$）	ライン624	ライン1
	終了（$V=0$）	ライン23	ライン20
フィールド2	開始（$V=1$）	ライン311	ライン264
	終了（$V=0$）	ライン336	ライン283

(a)1フィールド中の有効ラインと無効ラインを識別するVビット…$V=1$で無効ラインを示す

フィールド名	Fの状態	PAL	NTSC
フィールド1	$F=0$	ライン1	ライン4
フィールド2	$F=1$	ライン313	ライン266

(b)フィールドが奇数フィールドか偶数フィールドかを識別するFビット…$F=0$で奇数フィールドを示す

● バス規格の規定

　BT.656では，このほかバス規定が行われています．この中では，コネクタのピン配置，クロックのジッタ規定，アイパターンの開口規定などがありますが，実際のアプリケーションではあまり使用されておらず，前述のビデオ開始位置SAVとビデオ終了位置EAVのコードだけが使用されている場合が多いです．

　一例として，クロックの規定を示します．BT.656では動作クロックが27MHzとして規定されています．そのクロックは，

- 幅：18.5n±3ns
- ジッタ：1領域上の平均ピリオド(周期)から3ns以内

とされています．

● 規格の入手方法

　ITU勧告は，ITUのウェブ・ページから，メール・アドレスを登録することにより，年間3件までは無料で入手できます．MS-WordかPDFの書式で，英語，フランス語，スペイン語で用意されています．

▶ITU勧告を入手できるホーム・ページ

　http://www.itu.int/publications/bookshop/how-to-buy.html

　　2007年9月12日からITU-T勧告に限り，無料ダウンロードが恒久的に可能になりました．

　http://www.itu.int/newsroom/press_releases/2007/21.html

◆第5章

ディジタル・ビデオ信号を観測して理解を深めよう
オシロスコープで観る YUV，RGB，RAW，BT.656の波形

漆谷 正義
Masayoshi Urushidani

　CMOSイメージ・センサ（以降，CMOSセンサ）は，信号処理回路をワンチップに集積できることが大きな特徴です．これにより小型化，低価格化，低消費電力化が可能になります．そのため，CMOSセンサは，カメラ付き携帯電話やウェブ・カメラなどに搭載され，広く普及するようになりました．

　実際にCMOSセンサをロボットなどに搭載しようとすると，大きな壁にぶつかります．それはCMOSセンサの信号出力がディジタル・データであること，複数の映像フォーマットがあること，走査周波数や同期周波数，同期信号の作り方の違いにより，そのままではモニタに接続できないことなどです．

　そこでCMOSセンサの出力フォーマットの種類とその特徴を調べ，液晶ディスプレイやSDメモリー・カードなどと接続するときに，どのフォーマットが適しているかを，実験をまじえながら考えていきましょう．

● 測定に利用したカメラ・モジュールの概要
　写真5-1は今回の実験に使ったカメラ・モジュールKBCR-M04VG（シキノハイテック）の外観です．図5-1にこのカメラの内部ブロック構成を示します．総画素数640×480（VGA）の1/4インチCMOSセンサを搭載しています．低照度でもS/Nの良い画像が得られ，各種の自動調整機能を搭載し，画面サイズの種類が多いことなどが特徴です．

　フレーム・レートは最大60フレーム/sなので，フレーム・メモリを使わなくても，簡単な処理でVGAモニタに接続できます．出力データ幅は8ビットですが，RAWモード時には10ビットに拡張されます．

● カラー・バー出力を利用してフォーマットを調べる
　使用したカメラ・モジュールに搭載されているCMOSセンサには，カラー・バー出力のオプションが用意されています（写真5-2）．これを利用して各フォーマットの波形を観測してみましょう．

　CMOSセンサのカラー・バー出力をモニタに映すと，写真5-2のように左から白，黄，シアン，緑，マゼンタ，赤，青，黒の8本の帯が現れます．

　カラー・バーは，ビビッド・カラーを組み合わせたもので，以下に述べるように波形を見ただけで色が推定できます．また，右方向に行くにつれて輝度が階段状に低下することも特徴で，カラー・ビ

デオ信号の測定には欠かせないものです．なお，ビビッド・カラー（vivid color）とは，赤100%，青100%，緑100%の色，またはそれら二つの混合によって作られた色，および白と黒のことです．

5-1　画像情報の圧縮に適したYUVフォーマット

　CMOSセンサの出力フォーマットには，YUV，RGB422，RGB565，RGB555，RGB444，RAW RGBなどがあります．これらのフォーマットはどのようなものでしょうか．また，波形はどのような形でしょうか．

　CMOSセンサの出力は，デフォルトではYUVフォーマットとなっているものがほとんどです．パソコンの世界がRGBフォーマットであるのに対し，テレビジョンの世界においては伝統的にYUVフォーマットを採用しています．これは現在の地上デジタル放送も変わりありません．

　YUV信号は，輝度信号Yと色差信号UおよびVから構成されます．UはR－Y，VはB－Yのように，お

〈写真5-1〉
実験に使ったカメラ・モジュール
「KBCR-M04VG」

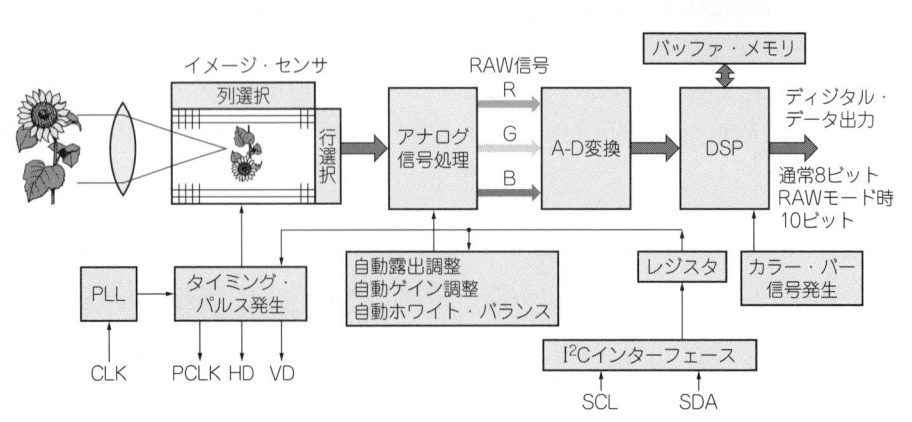

〈図5-1〉使用したカメラモジュールの内部構成
この機能すべてがワンチップに集積されている

のおの赤と青の信号から輝度信号を減算したものです．色差信号は色信号C（R，G，B）から輝度信号Yを分離して，白黒テレビ（Yだけ）とカラー・テレビ（Y＋C）との両立性を持たせるために考え出されたものです．

　YUVフォーマットは上記の意味に加えて，人間の目の性質を利用した巧妙な信号でもあります．つまり人間の目に敏感なY信号はきめ細かく伝送します．これに対して人間の目には比較的鈍感なC信号を荒く伝送することで，帯域幅を狭く（伝送ビット・レートを減らす）できます．電波や有線伝送路，SDメモリーカードなどの蓄積メディアは，伝送帯域が狭いほど有利であり，圧縮前の信号としてYUVフォーマットが採用される理由はここにあります．

　図5-2は，**写真5-2**で示したカラー・バー信号を，CMOSセンサからYUVフォーマットで出力させて，これを画像処理ボードでD-A変換した波形です．

● YUVをRGBで表す

　人間の目は白い光を100％としたとき，赤は30％，緑は59％，青は11％の明るさで感じます．白の明るさを1としてこれを式で表すと，

$$Y = 0.3R + 0.59G + 0.11B \quad \cdots\cdots (5\text{-}1)$$

となります．従ってU，Vは次のようになります．

$$U = R - Y = 0.7R - 0.59G - 0.11B \quad \cdots\cdots (5\text{-}2)$$

$$V = B - Y = -0.3R - 0.59G + 0.89B \quad \cdots\cdots (5\text{-}3)$$

　白の部分では，$R = G = B = 1$ですから，式（5-2）から，

$$U = 0.7 - 0.59 - 0.11 = 0$$

となります．

　また，黒の部分では$R = G = B = 0$ですから，同じく式（5-2）から$U = 0$となります．Vについても同じで，式（5-3）から$V = 0$となります．実際に**図5-2**を見ると，白と黒の部分は$U = V = 0$となっていることが分かります．なお水平基準信号HDが"L"である期間，つまりブランキング期間の信号レベルを基準

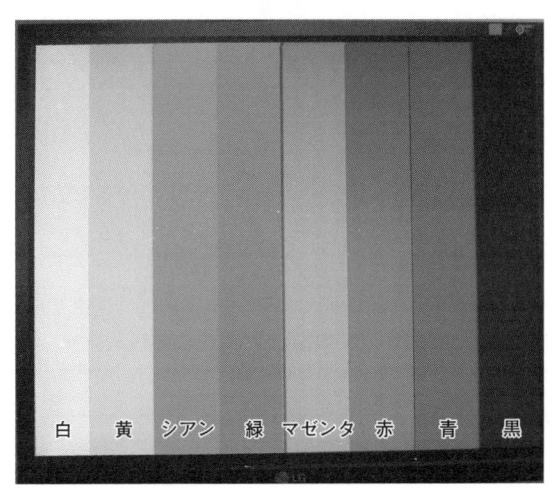

〈写真5-2〉カメラ・モジュールのカラー・バー出力
左から白，黄，シアン，緑，マゼンタ，赤，青，黒となっている

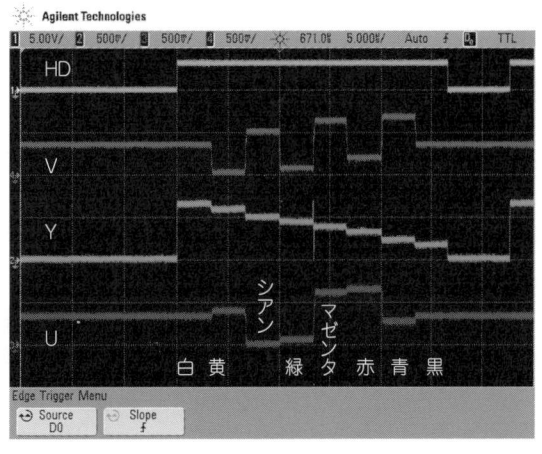

〈図5-2〉CMOSセンサのカラー・バー出力を画像処理ボードでD-A変換したときの波形（出力フォーマットはYUV）

第5章 オシロスコープで観るYUV, RGB, RAW, BT.656の波形

の0Vとしています．これに対して色の付いた部分，例えば赤では，$R=1$，$G=0$，$B=0$ですから，式(5-2)，式(5-3)から$U=0.7$，$V=-0.3$となります．図5-2において赤の部分の電圧はこのようになっています．

純色について計算したものを図5-3に示します．光の三原色の性質から，黄色は$R+G$，シアンは$G+B$，マゼンタは$R+B$で実現できるので，混合色も同じように計算できます．これを並べると図5-2の波形となります．

YUVフォーマットはYCrCbフォーマットで表すこともあります．この場合の関係式は，

$$Cr = 0.713 \times (R-Y) \quad \text{(5-4)}$$
$$Cb = 0.564 \times (B-Y) \quad \text{(5-5)}$$

となります．

● **CMOSセンサからの信号はY，V，Y，U…の順に出力される**

実際のYUV信号はどのように出力されるのでしょうか．CMOSセンサからの画像データは図5-4のよ

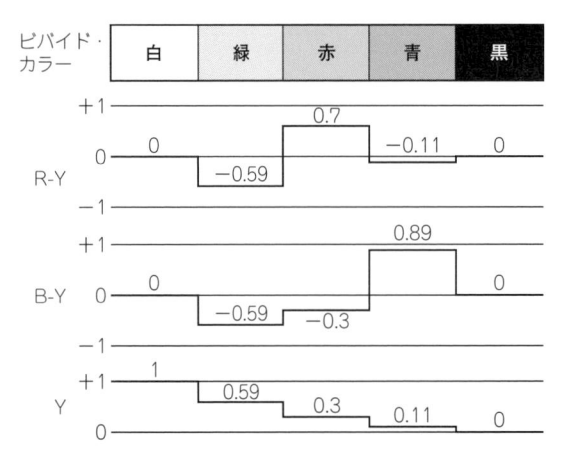

〈図5-3〉純色に対応するYUVの信号レベル

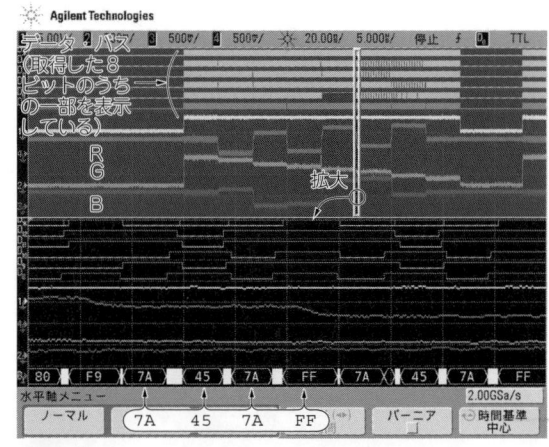

〈図5-5〉カラー・バー信号がマゼンタから赤に変化したときの波形
画素のバス・データは7A, 45, 7A, FFと読み取れる

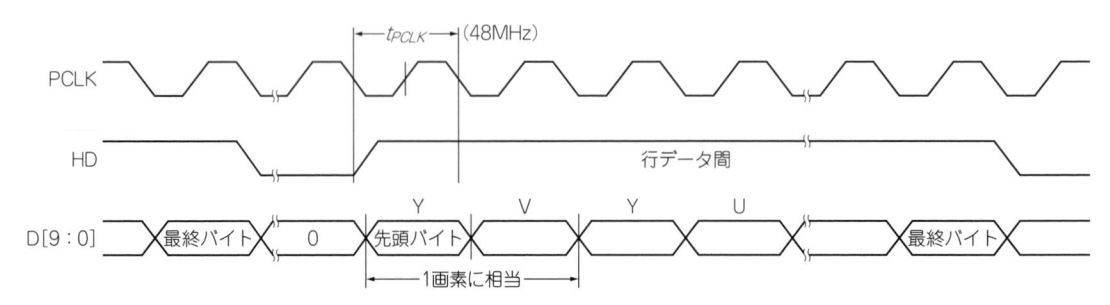

〈図5-4〉 YUVデータの出力タイミング
Y，V，Y，U…の順に出力される．PCLKの立ち上がりごとにデータが出力される

うに，画素クロックPCLKの立ち上がりで1ワードが出力されます．

図5-5はカラー・バーにおいて，マゼンタから赤に変化したところを下段に拡大しています．マゼンタから赤に変化した直後のデータは，7A，45，7A，FF…で始まっています．**図5-3**と比較すると，7AがY，45（負）が$B-Y$，FF（正の最大値）が$R-Y$と考えられます．従ってYUV信号は，Y，V，Y，U…と出力されていることになります．4ワードで2画素分のデータを表現し，Y信号は画素ごとに1ワード，色信号U，Vは2画素に1ワードを割り当てています．このことからYUV422（4：2：2）フォーマットとも呼ばれています．

なお，**図5-5**から得られた赤色の値と，**図5-3**に示された赤色の値にはずれがあります．これはガンマ補正などの影響です．CRTを使ったモニタの輝度は，入力信号の2.2乗に比例するので，カメラ側でこれを逆補正します．これをガンマ補正といいます．

5-2 モニタ表示に適したRGBフォーマット

YUVフォーマットは画像情報の圧縮には適していますが，
- 液晶モニタに画像を表示する
- 非圧縮で静止画像をSDメモリーカードに記録する
- VGAモニタに画像を表示する
- LVDSインターフェースによって画像を伝送する

などの場合は，RGBフォーマットの方が便利です．

図5-6は，**写真5-2**で示したカラー・バー信号を，CMOSセンサからRGBフォーマットで出力させ，これをD-A変換した波形です．**図5-6**のRGBの電圧レベルと，各色帯の関係をまとめると**表5-1**のようになります．カラー・バーで表現するのは光の三原色とその混合色であり，**図5-7**の加色混合を表してい

〈表5-1〉RGB信号とカラー・バー出力の関係

色信号	白	黄	シアン	緑	マゼンタ	赤	青	黒
R	1	1	0	0	1	1	0	0
G	1	1	1	1	0	0	0	0
B	1	0	1	0	1	0	1	0

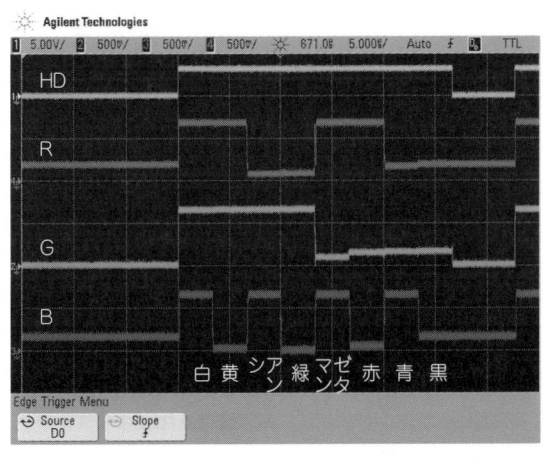

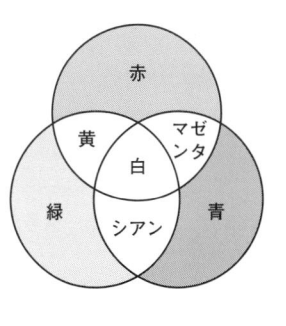

〈図5-6〉CMOSセンサのカラー・バー出力をD-A変換した波形（出力フォーマットはRGB）

〈図5-7〉色の混ざり具合を表すチャート

ます．

● **CMOSセンサからの信号はG，R，G，B…の順に出力される**

　実際のRGB信号はどのように出力されるのでしょうか．マゼンタから赤に変化したときの信号波形を観測します．**図5-8**が測定結果です．バス・データは，マゼンタのAAから36，FF，36，13…の繰り返しで変化しています．これはG，R，G，B…の繰り返しに対応しています．

　CMOSセンサに搭載するDSPの色調設定回路によって，R，G，Bにオフセット値が設定されているため，GとBが0ではありません．しかし色順ははっきり分かります．

　さて，Gが2回も繰り返されるのはなぜでしょうか．これは人間の目が，赤や青はぼんやりと見えても，緑の輪郭ははっきり区別できることに対応したものです．この点でG信号は輝度信号Yと似ています．緑の画素の解像度を赤や青の2倍にして，解像度を3/2倍にしているわけです．このフォーマットはGRB422と呼ばれます．

　以上のように，色順がどのようになっているかをはっきりさせておくと，カウンタによって各色を取り出す際に，間違った色が出力される心配がありません．**写真5-3**はカウンタを使って，RGBフォーマットを並列化してRGB444信号とし，ディスプレイに表示させた結果です．

● **1画素あたり16ビットのRGB565フォーマット**

　これまで説明したように，YUVフォーマットとRGBフォーマットは，Y，U，VまたはR，G，Bの三つのデータがそろって初めて完全な1画素を再現できます．つまり，1画素につき3バイト（24ビット，通称フル・カラーまたはトゥルー・カラー）が必要です．さらに，これにYまたはGを加えて4バイト一巡の信号としています．

　これではデータ量が大きくなりすぎる，というときのために用意されているのがRGB565フォーマットです．RGB565フォーマットは，1画素に16ビットを割り当てる方式です．16ビットRGBまたは，ハイ・カラーと呼ばれています．$2^{16}=65536$色を表示できます．RGB565フォーマットの出力波形を見て

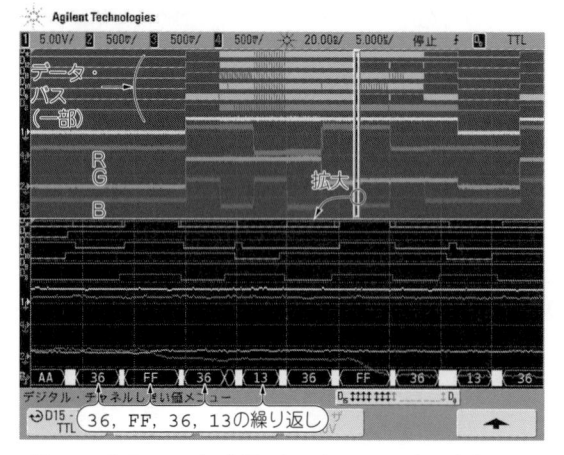

〈図5-8〉カラー・バー信号がマゼンタから赤に変化したときの波形
バス・データは36，FF，36，13の繰り返しである

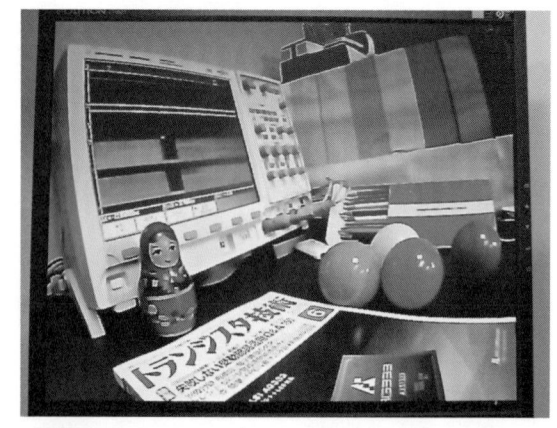

〈写真5-3〉カメラ・モジュールの画像をRGB444フォーマットでディスプレイに表示
同期は後述のBT.656フォーマットに設定した

みましょう．図5-9を見るとカラー・バーの赤に相当する部分のデータは，F9，A2…の繰り返しであることが分かります．D-A変換したアナログ波形は，色順がGRB422のままなので，おかしな波形となっています．

RGB565フォーマットのデータはどのような意味を持っているのでしょうか．図5-10はデータを2進数で表現したものです．RGB565フォーマットは，2バイトの中にR，G，Bのデータを詰め込んだものです．人間の目に敏感なGに6ビットを割り当て，残り5ビットずつにRとBを割り当てています．従って色の階調（色深度）が荒くなっています．この場合，モニタで自然画を見ると，ソラリゼーション（淡い色に段差が付く現象）が目立つことがあります．

さて，データの中身が分かったので，D-A変換の色順を図5-10のように設定してみます．図5-11がD-

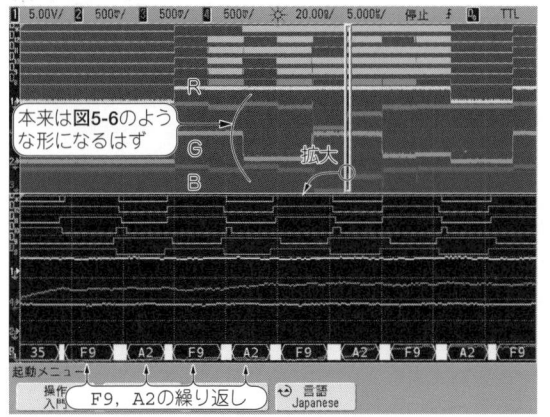

〈図5-9〉図5-8の設定のままRGB565フォーマットの出力データを観測
バス・データはF9，A2の繰り返しとなっている．D-A変換後の波形はおかしな形になっている

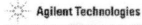

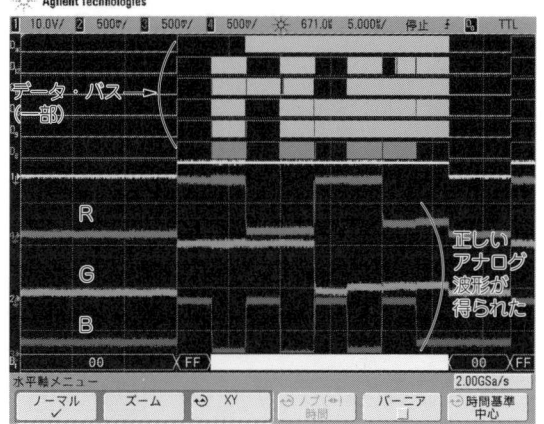

〈図5-11〉図5-9の状態からD-A変換のフォーマットを修正し波形を観測
正しいカラー・バー信号の波形となった

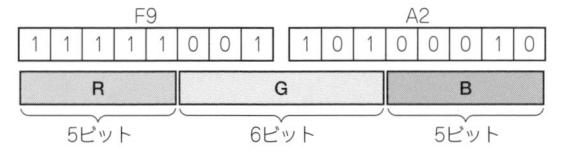

〈図5-10〉RGB565フォーマットのビット構成
2バイトの中にR，G，Bを割り当てた

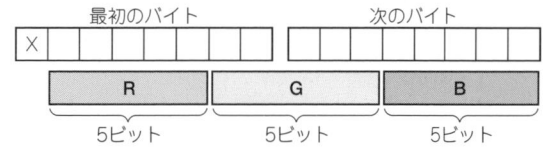

〈図5-12〉RGB555フォーマットのビット構成

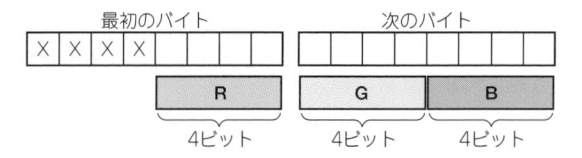

〈図5-13〉RGB444フォーマットのビット構成

A変換結果です．モニタからは**写真5-2**と同じ図柄が出てきます．

● さらにデータ長の短いRGB555/444もある

RGB565フォーマットでは，Gに6ビットを割り振っていますが，全部5ビットで良い場合もあります．例えば小型液晶ディスプレイ向けのフォーマットでは，RGBのデータ幅が各5ビットのものがあります．この場合はRGB555フォーマット（**図5-12**），あるいはさらに1ビット削減したRGB444フォーマット（**図5-13**）が用意されています．

5-3　センサ配列をそのまま出力するRAWフォーマット

CMOSセンサのフォトダイオードの色フィルタ配列は，**図5-14**のようになっています．Gが市松模様に，そしてこれを埋めるようにRとBが並んでいます．これはベイヤー配列と呼ばれるものです．Gはすべてのラインに配置されていますが，RとBは1ラインおきになっています．

写真5-4は，ベイヤー配列のセンサから得られたRAW信号をD-A変換したものです．G信号はラインごとに出力していますが，RとB信号は1ラインおきに出力されています．これは**図5-14**のベイヤー配列

〈図5-14〉
イメージ・センサの色フィルタなどで利用されるベイヤー配列

〈写真5-4〉カメラ・モジュールの画像をRAWフォーマットでディスプレイに表示
垂直方向の画素（RまたはB）を補間していないのでラインが抜けたような画になる

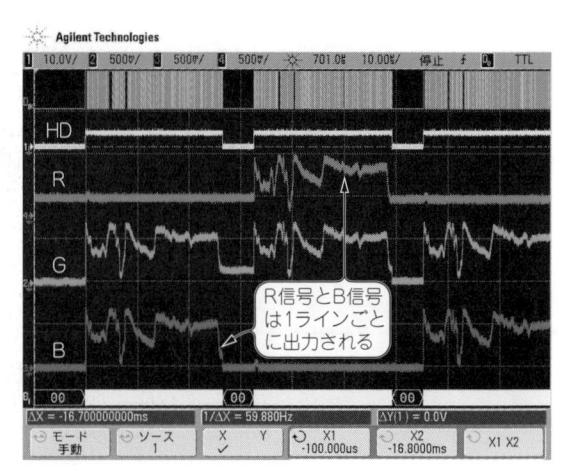

〈図5-15〉RAWフォーマットの出力波形
ベイヤー配列そのままなのでR信号とB信号は1ライン（1H）ごとに出力される

に従ったものです．

　これを直接，液晶ディスプレイに表示すると，**写真5-4**，**図5-15**のように，RまたはBのラインが1本おきに抜けたような画面になります．そこでライン・メモリを使って画素の補間を行うことになります．しかし，この機能は既にCMOSセンサ内のDSPに搭載されています．

　汎用のCMOSセンサは，YUVやRGB信号を出力する機能が標準で備わっているので，あえてRAWフォーマットを使用することはめったにありません．なお，今回使用したカメラ・モジュールは，RAWフォーマット時に10ビットの階調となり，これ以外のモードでは8ビットですから，画質にこだわる場合，使う値打ちはあります．

5-4　伝送のためのBT.656

　VGAは，画素数およびライン数が640×480と，アナログ放送のNTSC規格や地上デジタル放送の480pにほぼ対応します．BT.656は，標準テレビジョン信号をディジタル伝送するときのバスの規格です．ITU656規格ともいいます．

● 同期信号が画像データに埋め込まれている

　BT.656フォーマットの特徴は，水平（ライン），垂直（フレーム）の始まりを示す同期信号が，画像データの中に埋め込まれていることです．これをタイミング・コードと呼んでいます．タイミング・コードを使えば，水平および垂直同期信号がなくても，正しいタイミングで有効画素を取り出せます．

● ディスプレイに合った同期信号を作る必要がある

　テレビやパソコンのディスプレイには，走査周波数（リフレッシュ・レート）や同期信号のフォーマットに厳しい制限があります．従って，このフォーマットに合うように映像信号と同期信号を合わせ込んでやらなければなりません．なお，メモリに記録したり，シリアル通信でパソコンに伝送したり

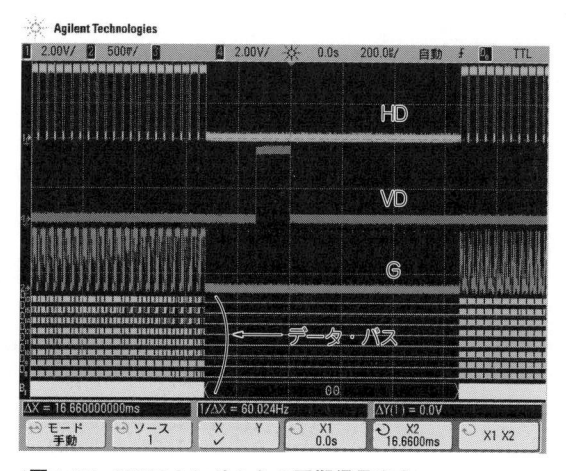

〈図5-16〉CMOSセンサからの同期信号出力
上からHD，VD，緑信号，画素データ

する場合はこのような厳しい制限はありませんし，同期信号を出力する必要もありません．

図5-16はCMOSセンサからの同期信号出力波形です．外部クロックとして24MHzを入力したときの水平同期周波数は，VGAモードで30.6kHzです．これは標準の31.469kHzよりもやや低く，モニタによっては画面が出ないことがあります．この場合は外部クロック周波数を25.18MHzに変えてやります．

さて，このHD，VD波形からVGAモニタ用の同期信号を作ってみましょう．**図5-17**はVGA信号の規格をこのCMOSセンサの画素数に合わせて修正したものです．この値から，クロックを24MHzとしたときの時間は**表5-2**のように計算できます．**図5-18**は，この結果にもとづいて，カメラのHD信号から

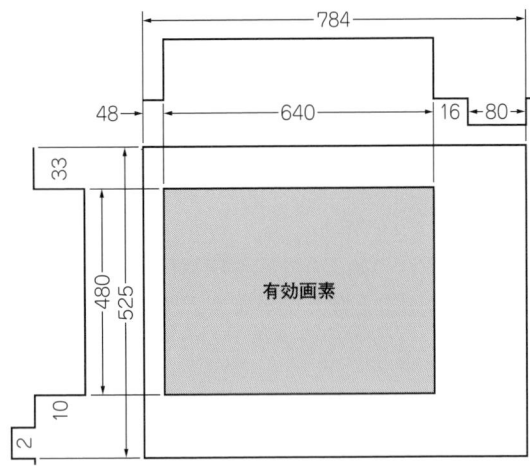

〈図5-17〉カメラ・モジュールに搭載するCMOSセンサのタイミングに合わせたVGA画面の画素構成

〈表5-2〉VGA信号のタイミング
今回使用したイメージ・センサの仕様に合わせて修正したもの

走査領域	水平		垂直	
	画素数	時間[μs]	ライン数	時間[ms]
有効画素	640	26.7	480	15.7
フロント・ポーチ	4	0.2	20	0.7
同期	64	2.7	4	0.1
バック・ポーチ	76	3.2	6	0.2
総画素(全体)	784	32.7	510	16.7

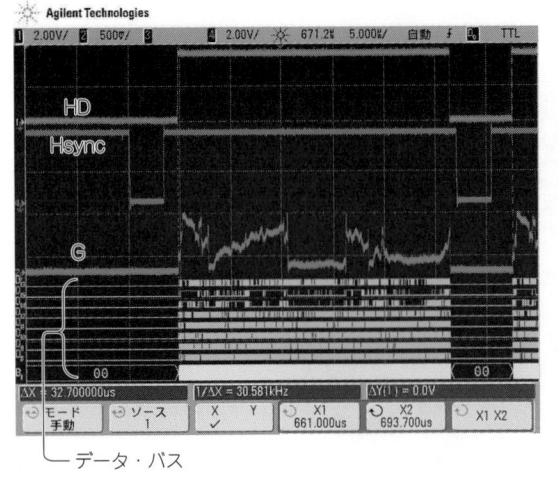

〈図5-18〉筆者がFPGAにて作成した水平同期信号
上からカメラHD，FPGAにて作成したHsync，G信号，画素データ

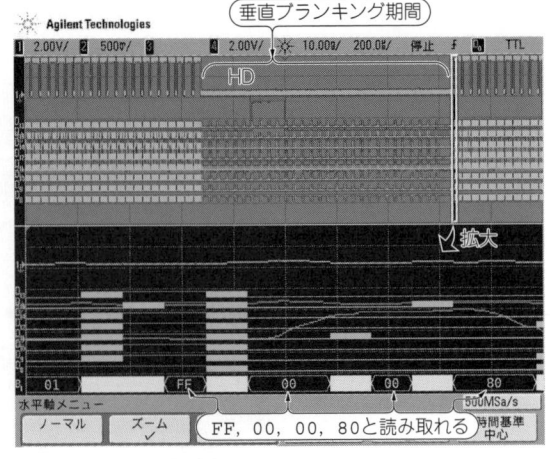

〈図5-19〉有効画素の始まりを示すタイミング・コード
FF，00，00，80と読み取れる

水平同期信号Hsyncを作成した結果です．これでモニタの画面中央に画像を表示できるようになります．

なお，画像を切り出すためのHD信号が不必要な場合は，CMOSセンサのレジスタ設定により，HD（HREF）ピンから図5-18と同じHsyncを出力できます．

CMOSセンサの出力をBT.656フォーマットに設定してみましょう．図5-19は垂直ブランキング期間ですが，ディジタル・データ01が出力されています．また，有効画素の開始部分のデータが，FF，00，00，80となっています．このCMOSセンサの出力するタイミング・コードを表5-3に示します．

● 画面サイズと走査速度もいろいろある

CMOSセンサの画面サイズは，図5-20のようにいくつかの種類があります．CIFは図5-21のように，タイミングとしてはVGAですが，いくつかのラインを抜き出すことで希望の大きさを得ています．これに対してQVGAフォーマットは表5-4のように，走査速度が高速になっています．図5-22はQVGAフォーマットの出力データ波形です．

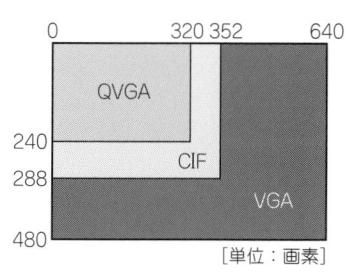

〈図5-20〉CMOSセンサの出力画面サイズは可変

〈図5-21〉CIFとVGAの垂直同期タイミングは同じ，ただしライン数を間引いている

〈表5-3〉BT.656規格のタイミング・コード
SAVはStart of Active Video，EAVはEnd of Active Videoの略

画像内容	タイミング・コード	
	SAV	EAV
ブランキング	0xFF0000AB	0xFF0000B6
有効画素	0xFF000080	0xFF00009D

〈表5-4〉QVGA信号のタイミング

走査領域	水平		垂直	
	画素数	時間[μs]	ライン数	時間[ms]
有効画素	320	13.3	240	5.8
フロント・ポーチ	9	0.4	10	0.2
同期	64	2.7	4	0.1
バック・ポーチ	183	7.6	24	0.6
総画素（全体）	576	24.0	278	6.7

〈図5-22〉QVGAモード時の出力波形（水平期間）
ブランキング期間，走査周波数などはVGAと異なる

5-5 こんなときはこのフォーマット

● VGAモニタに適するRGB

　図5-23はVGAモニタ駆動回路です．内部は3チャネルの8ビットD-Aコンバータです．CN_1はモニタに接続するVGA端子です．R，G，Bのアナログ信号と，水平および垂直同期信号（Hsync，Vsync）が接続されています．VGAモニタに接続するのであれば，CMOSセンサからの出力はRGBフォーマットが適しています．

● 小型液晶ディスプレイに適するRGB565

　図5-24は，5.7インチ透過型カラーTFT小型液晶ディスプレイ（京セラ）の周辺回路です．パソコンのVGAモニタのようなアナログRGB信号は必要なく，ディジタル・データをそのまま使えます．小型液

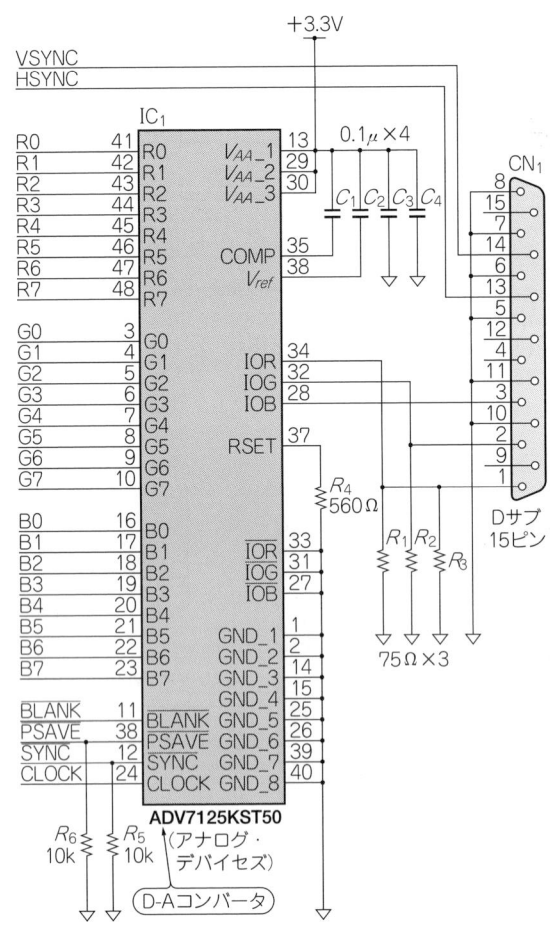

〈図5-23〉VGAモニタへの出力回路（D-A変換回路）
8ビットのD-Aコンバータが3チャネル入っている

晶ディスプレイは，**図5-24**のようにRGBがおのおの6ビット程度であり，RGB565フォーマットでも十分駆動できます．このときG信号は6ビット幅ですが，RとBはLSBを '0' に固定しておきます．

● 圧縮して保存するならYUV

JPEGやMPEGで圧縮する場合はYUVフォーマットを使います．**図5-25**はデジカメで静止画や動画をSDメモリーカードに保存する場合のIC構成です．動画を扱うので，専用のJPEG2000プロセッサ「ADV212」（アナログ・デバイセズ）を使っています．

CMOSセンサからの出力としては，8ビットまたは10ビットのYUVフォーマットを使用します．BT.656の場合，基準クロックは27MHzが適当です．なお，RAWデータで保存する場合はRGBの方が適しています．

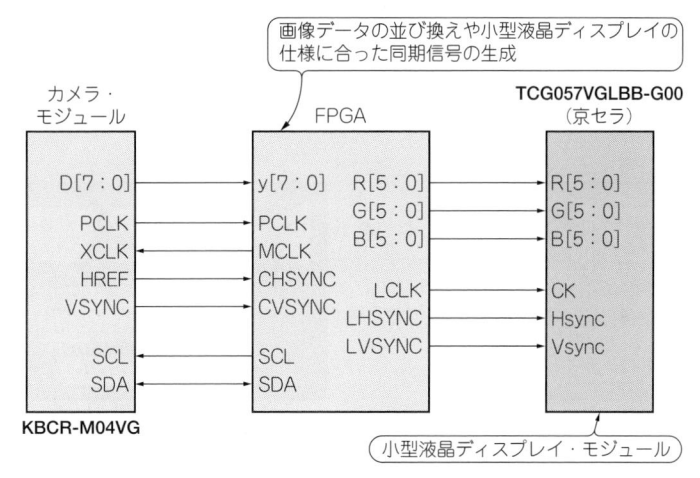

〈図5-24〉5.7インチ小型液晶ディスプレイの周辺回路
RGB565フォーマットが適している

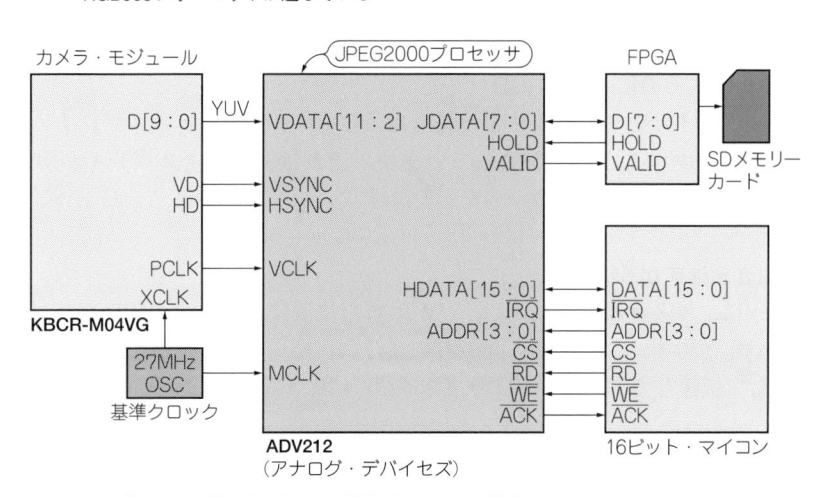

〈図5-25〉静止画や動画を圧縮して保存するための構成
画像の保存にはYUVフォーマットが適している

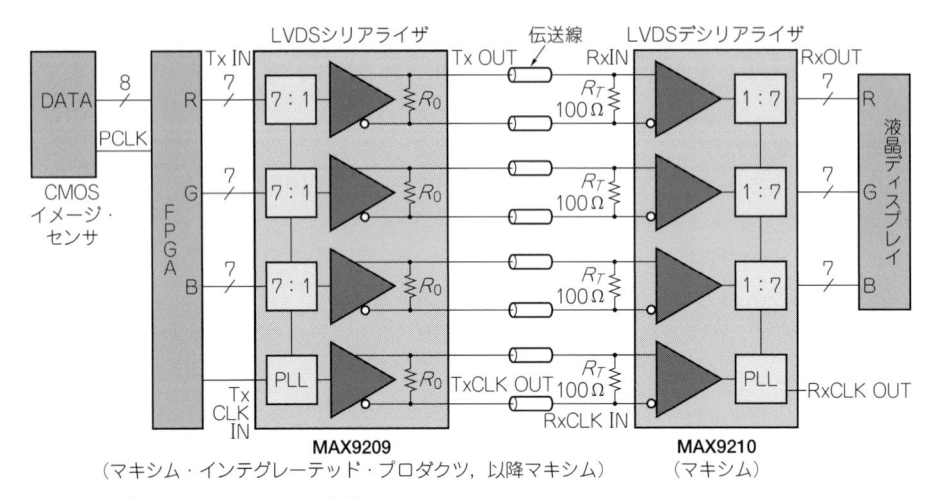

〈図5-26〉液晶ディスプレイとの接続にはLVDS伝送を用いる

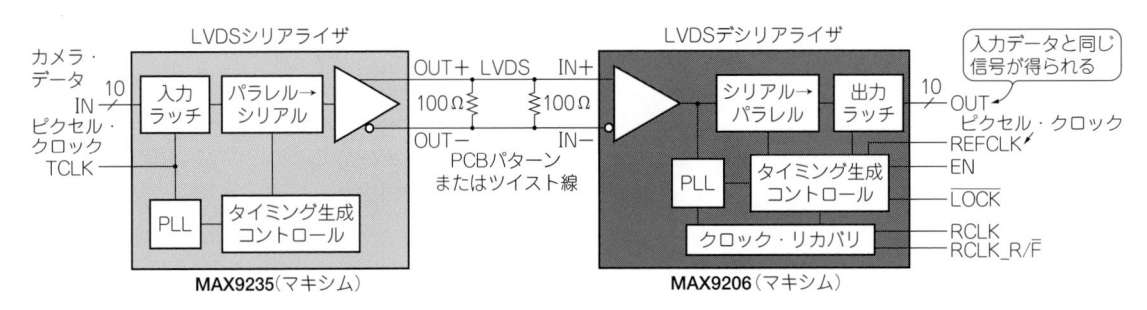

〈図5-27〉カメラ出力を数十cmから数m引き回すための回路

● 画像をシリアル出力するのに適するRGB
　パソコン用ディスプレイにシリアル接続する場合は，DVIやHDMI，ディスプレイ・ポートが使われます．このときのフォーマットはRGBが適しています．それは液晶ディスプレイがRGB信号を使って表示するからです．図5-26に伝送方法の一例を示します．

● センサ出力を引き延ばすならLVDS
　監視カメラのように，カメラとデータ・サーバが離れた位置にある場合，CMOSセンサの出力をそのまま伝送する方が効率的です．この場合は図5-27のように，そのままLVDS（Low Voltage Differential Signaling）に変換して伝送します．デシリアライザの出力は，CMOSセンサの出力と同じに取り扱うことができます．

第3部　イメージ・センサの駆動技術と信号処理

◆ 第6章

電荷に変換された画像情報を取り出して信号処理ICに送る

CCDの制御技術と駆動回路設計

德本 順士
Junji Tokumoto

本章ではCCDイメージ・センサの周辺回路について，駆動タイミングを中心に説明します．

6-1　1チップになった駆動回路

図6-1に現在の代表的なCCDカメラ構成例を示します．

TG：タイミング・ジェネレータ
CDS：相関二重サンプリング
SSG：水平/垂直同期信号発生器
AFE：アナログ・フロントエンド

(a) 1980年代

水平ドライバ内蔵，ディジタル化，AFEのCMOS化

アナログ・フロントエンド…CMOSにより1チップ化

グレイ・コード・カウンタの使用によりSSGの1チップ化が可能となる

(b) 1990年代

プロセスの微細化，多機能化（1パッケージ化）

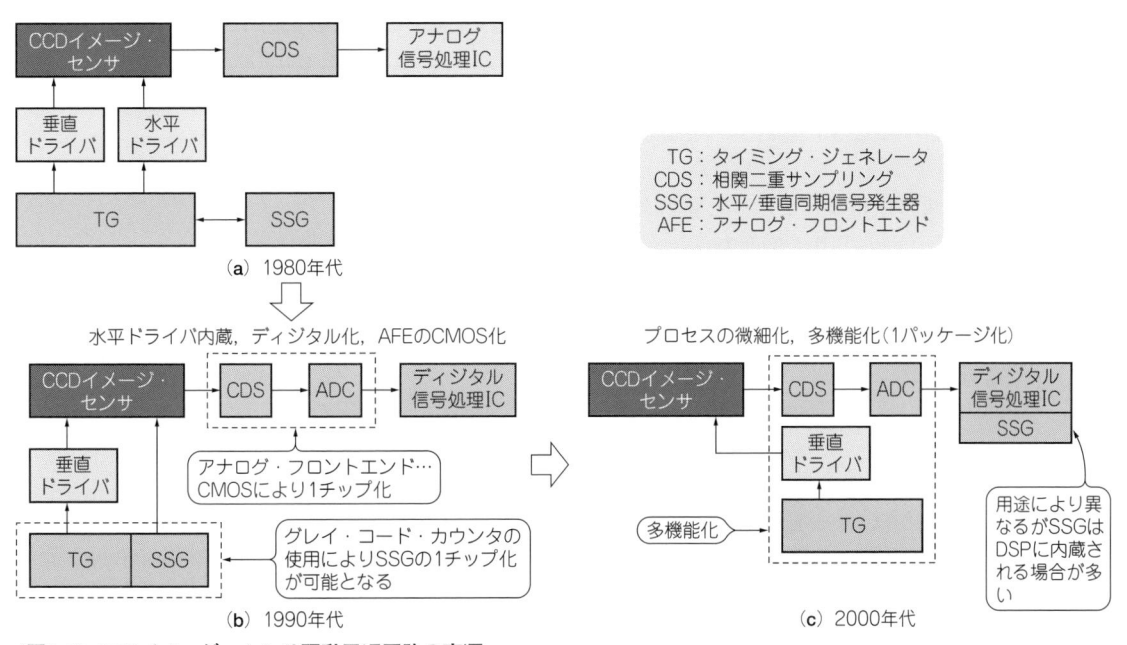

多機能化

用途により異なるがSSGはDSPに内蔵される場合が多い

(c) 2000年代

〈図6-1〉CCDイメージ・センサ駆動周辺回路の変遷

第6章 CCDの制御技術と駆動回路設計

● 各機能が別々のICに入っていた1980年代

　CCDイメージ・センサが発売された1980年代は，CCD駆動周辺回路を構成するために，CCDイメージ・センサ(以降，CCD)，タイミング・ジェネレータ(以降，TG)，水平/垂直同期信号発生器(以降，SSG)，水平ドライバ，垂直ドライバ(以降，Vドライバ)，および相関二重サンプリング(以降，CDS)，ゲイン・コントロール・アンプ(以降，GCA)など，複数のICが必要でした．

● 機能が集約され始めた1990年代

　1990年代に入り，信号処理のディジタル化，アナログ・フロントエンド部(以降，AFE)のCMOS回路化，機器の低電圧化によって，CDS，GCA，A-Dコンバータ(以降，ADC)を1チップにした製品や，水平ドライバのTGへの内蔵，グレイ・コード・カウンタの使用によるTG，SSGの1チップ化などが進みました．

● 現在はセンサと駆動ICの2チップ構成

　2000年代に入り，さらにプロセスの微細化が進み，CCD，TG，Vドライバ，AFEの4チップ構成でCCD周辺回路が構成できるようになりました．さらに近年はTG，Vドライバ，AFEまでを含んだ商品も数多くみられ，CCDと駆動LSIの2チップ構成でCCD駆動周辺回路が構成できるようになっています．写真6-1に示すのは，パナソニック製CCD(MN39620)と，TG，AFE，Vドライバを1チップにした製品(NN12063A)です．

6-2　駆動に必要な信号とその電圧

● 駆動回路設計時に検討すべきこと

駆動回路を設計するときに検討すべきな項目は，
- 駆動電圧
- 高速パルスの位相などといった駆動タイミング
- 水平/垂直CCDのドライブ能力
- 駆動周波数

など，さまざまです．ここで高速パルスとは，ϕH，ϕR，DS1，DS2，ADCLKなどを指します．

(a) 1/2.5型536万画素のCCDイメージ・センサ MN39620

(b) 多機能化によって1チップに集約されたTG，AFE，VドライバNN12063A

〈写真6-1〉CCDイメージ・センサと駆動LSIの外観

6-2 駆動に必要な信号とその電圧

● 駆動のための信号と駆動電圧

▶実際の駆動波形

　図6-2に示すのは，水平CCDを駆動するための水平CCD駆動信号（以降，ϕH）および1画素ごとにフローティング・ディフュージョン・アンプ（以降，FDアンプ）をリセットするためのリセット・パルス信号（以降ϕR）です．

　図6-3は垂直CCDを駆動し，電荷読み出しを行うための垂直駆動信号（以下ϕV）です．

▶水平CCDの駆動電圧

　水平CCDを駆動するためには，+3.3Vの振幅のパルスが必要であり，一般的にはTGから直接CCDに接続され駆動が行われます．また，ϕR信号についてもTGから直接CCDに接続され，CCD内部である一定のバイアス信号が加えられます．

▶垂直CCDの駆動電圧

　一方，垂直CCDの駆動には負電圧（-6V～-8V），読み出しには高電圧（+12V～+15V）が必要です．

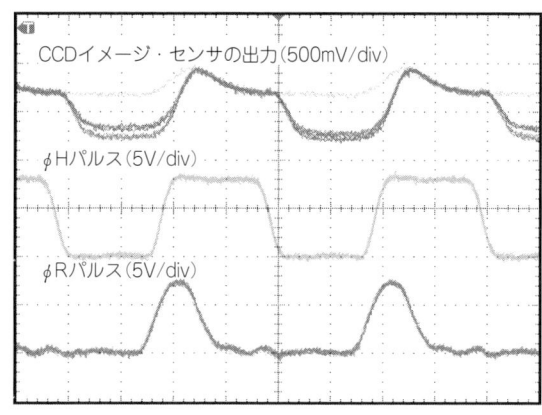

〈図6-2〉CCDイメージ・センサの出力とϕH，ϕRパルス実測波形（10ns/div）

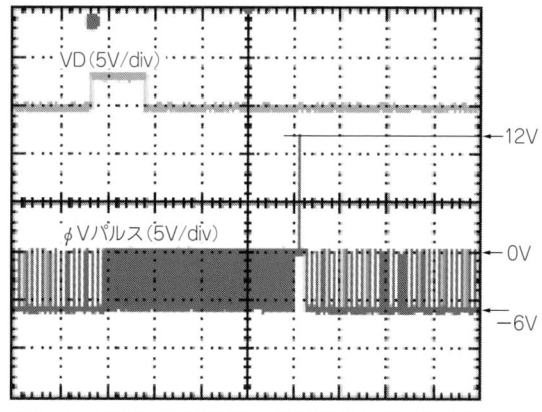

〈図6-3〉垂直CCDを駆動し電荷読み出しを行うためのϕVパルスと垂直同期信号VDの実測波形（1ms/div）

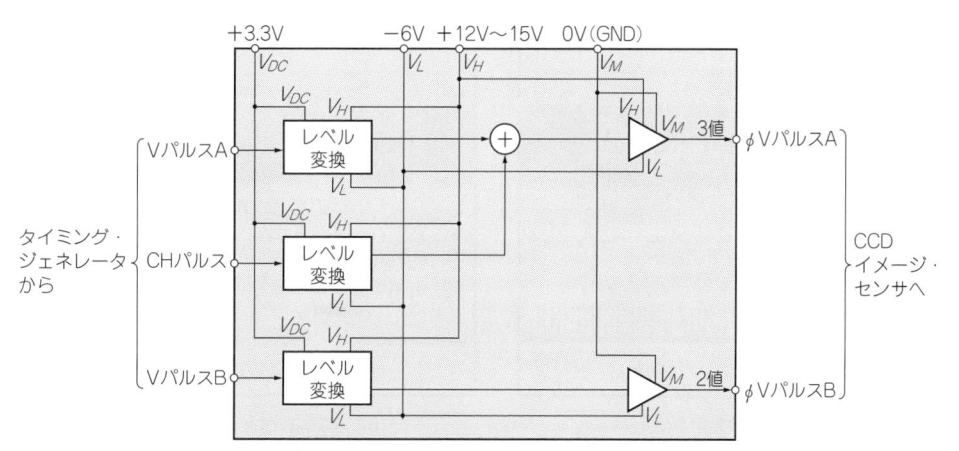

〈図6-4〉垂直ドライバの内部ブロック図

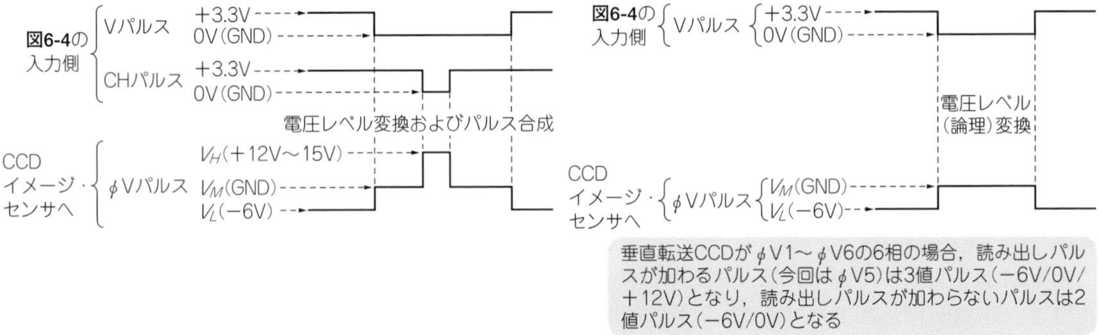

106　第6章　CCDの制御技術と駆動回路設計

図6-4の入力側 { Vパルス　+3.3V / 0V(GND)
　　　　　　　 CHパルス +3.3V / 0V(GND)

電圧レベル変換およびパルス合成

CCDイメージ・センサへ { φVパルス　V_H(+12V～15V) / V_M(GND) / V_L(-6V)

(a) 3値パルス…タイミング・ジェネレータからの入力パルスをレベル変換後，パルス合成を行う

図6-4の入力側 { Vパルス { +3.3V / 0V(GND)

電圧レベル(論理)変換

CCDイメージ・センサへ { φVパルス { V_M(GND) / V_L(-6V)

垂直転送CCDがφV1～φV6の6相の場合，読み出しパルスが加わるパルス(今回はφV5)は3値パルス(-6V/0V/+12V)となり，読み出しパルスが加わらないパルスは2値パルス(-6V/0V)となる

(b) 2値パルス…タイミング・ジェネレータからの入力パルスをレベル変換する

〈図6-5〉図6-4に示した内部ブロック図の各信号の関係

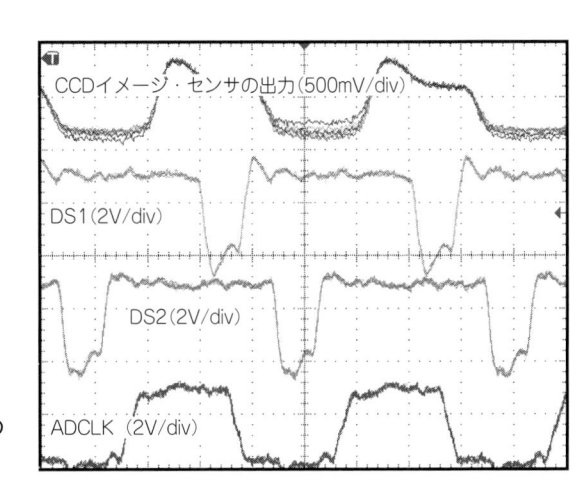

CCDイメージ・センサの出力(500mV/div)

DS1(2V/div)

DS2(2V/div)

ADCLK(2V/div)

〈図6-6〉
CDS部に入力されたCCD出力信号をサンプリングするためのDSパルスの実測波形(10ns/div)

垂直同期VD(5V/div)

CCDイメージ・センサ(500mV/div)

CPOB(5V/div)

PBLK(5V/div)

有効CCD出力期間以外は"H"となる

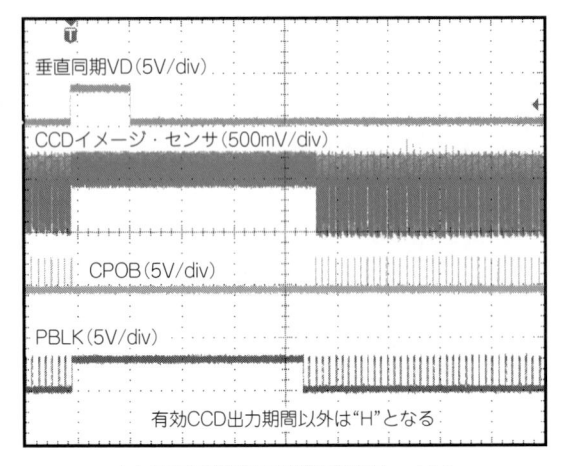

(a) 垂直同期信号を基準に観測(1ms/div)

水平同期HD(5V/div)

CCDイメージ・センサ(500mV/div)

CCD出力の黒レベル期間をクランプ

CPOB(5V/div)
PBLK(5V/div)

有効CCD出力期間以外は"H"となる

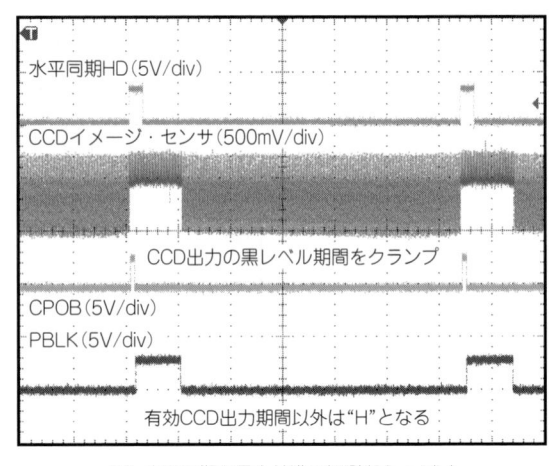

(b) 水平同期信号を基準に観測(20μs/div)

〈図6-7〉CCD出力信号とOBクランプ・パルスの実測波形

そのため，TGから出力されたVパルスおよびCHパルスは，Vドライバにて電圧レベル変換および3値化が行われ，CCDに接続されます．この際Vドライバでは，TGからの出力に対し反転出力を行います．**図6-4**にVドライバの内部ブロック図，**図6-5**にVドライバの動作を示します．

▶そのほか駆動に必要な信号

図6-6にCDS部に入力されたCCD出力信号をサンプリングするためのサンプリング信号（以降DS1，DS2）およびADC部に供給されるADCLKパルスを，**図6-7**にCCDの黒基準レベルをクランプするためのOBクランプ・パルス信号（CPOB）および有効信号期間と無効信号期間を示すプリブランキング信号（PBLK）を示します．一般的にこれらの信号はTGからAFEに直接供給されます．

6-3 駆動のタイミング

● 電荷転送方式にはFT/IT/FITの三つがある

CCDの代表的な電荷転送方式としては，**表6-1**（次頁）に示すようにフレーム・トランスファ方式（以降，FT），インターライン・トランスファ方式（以降，IT），フレーム・インターライン・トランスファ方式（以降，FIT）の3種類があります．

また，IT方式の電荷読み出し方式としては，**表6-2**に示すようにインターレース・スキャン方式（以降，IS），プログレッシブ・スキャン方式（以降，PS）の2種類の読み出し方式があります．

ここでは近年ディジタル・スチル・カメラ用として主に使われているIT方式でIS方式のCCD駆動方法について，フレーム読み出しの場合を例に説明します．

図6-8にIT方式のIS-CCDの構成を示します．このIS-CCDは，垂直CCDが6相駆動で，水平CCDが2相駆動のものです．

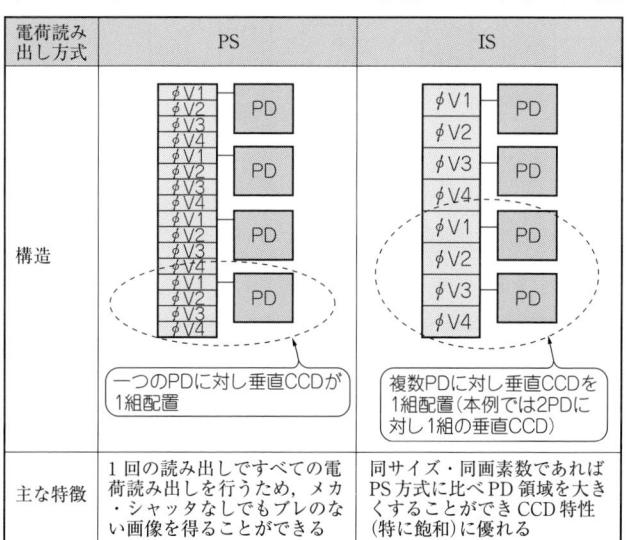

〈表6-2〉IT方式CCDイメージ・センサの電荷読み出し方式とその特徴

電荷読み出し方式	PS	IS
構造	一つのPDに対し垂直CCDが1組配置	複数PDに対し垂直CCDを1組配置（本例では2PDに対し1組の垂直CCD）
主な特徴	1回の読み出しですべての電荷読み出しを行うため，メカ・シャッタなしでもブレのない画像を得ることができる	同サイズ・同画素数であればPS方式に比べPD領域を大きくすることができCCD特性（特に飽和）に優れる

第6章 CCDの制御技術と駆動回路設計

⟨表6-1⟩ **CCDイメージ・センサの電荷転送方式とその特徴**

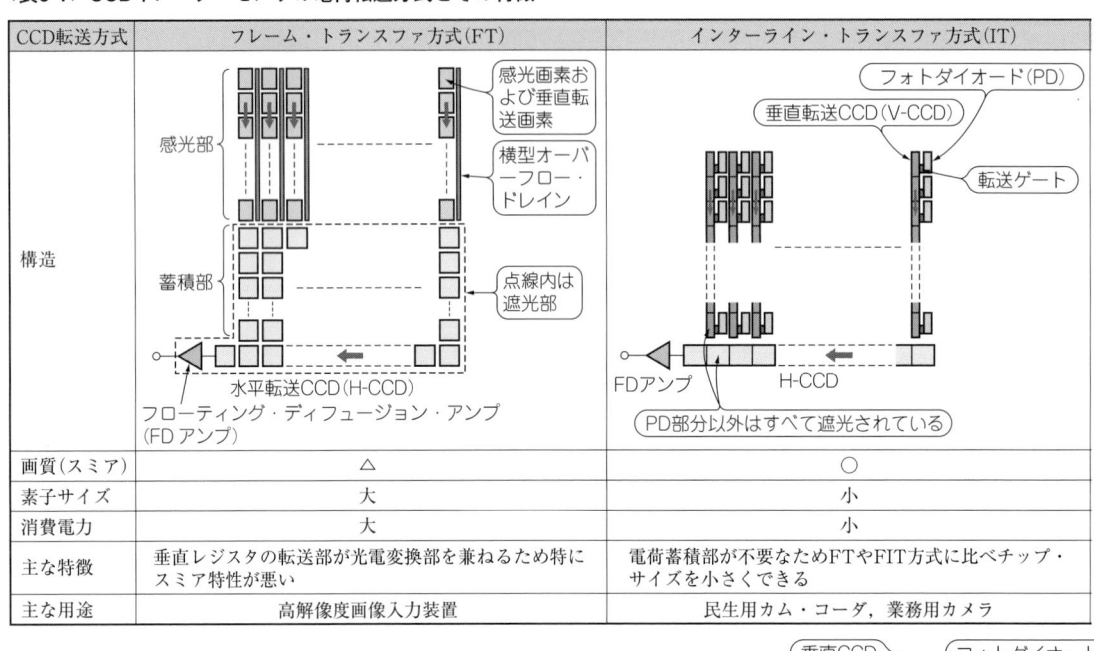

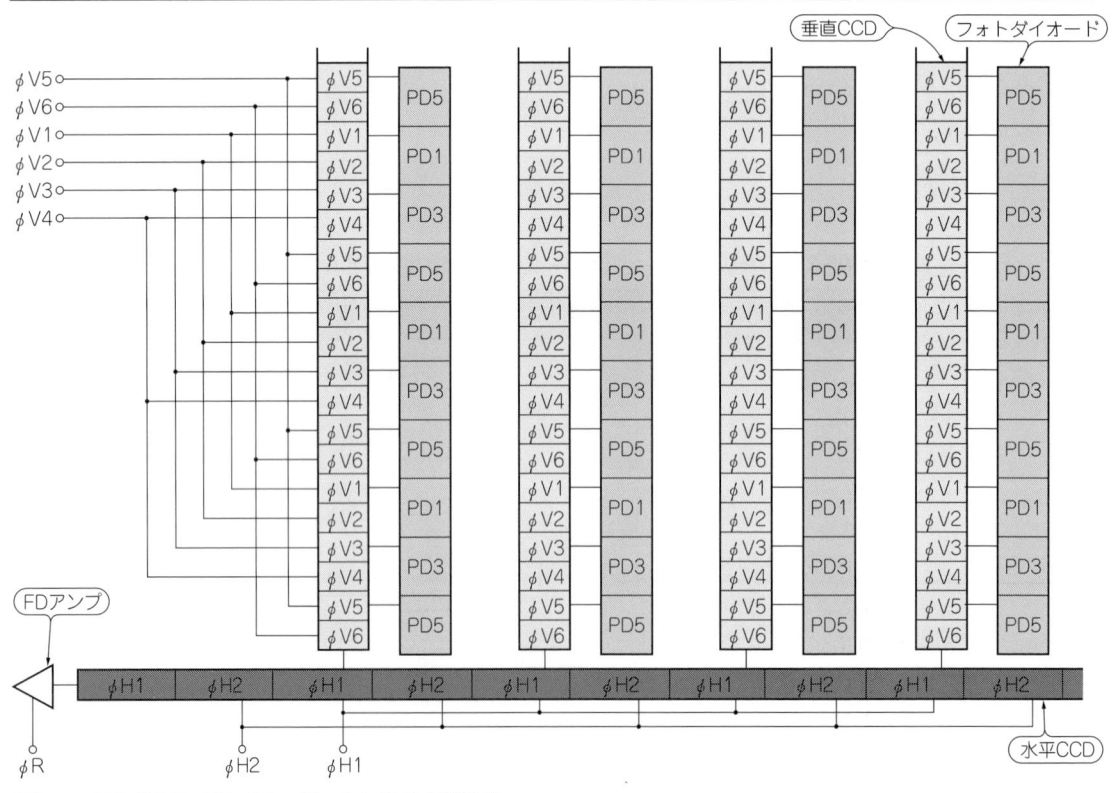

CCD転送方式	フレーム・トランスファ方式(FT)	インターライン・トランスファ方式(IT)
構造	（感光部：感光画素および垂直転送画素、横型オーバーフロー・ドレイン／蓄積部：点線内は遮光部／水平転送CCD(H-CCD)／フローティング・ディフュージョン・アンプ(FDアンプ)）	（フォトダイオード(PD)／垂直転送CCD(V-CCD)／転送ゲート／FDアンプ／H-CCD／PD部分以外はすべて遮光されている）
画質(スミア)	△	○
素子サイズ	大	小
消費電力	大	小
主な特徴	垂直レジスタの転送部が光電変換部を兼ねるため特にスミア特性が悪い	電荷蓄積部が不要なためFTやFIT方式に比べチップ・サイズを小さくできる
主な用途	高解像度画像入力装置	民生用カム・コーダ，業務用カメラ

⟨図6-8⟩ IT方式のIS-CCDイメージ・センサの内部構成

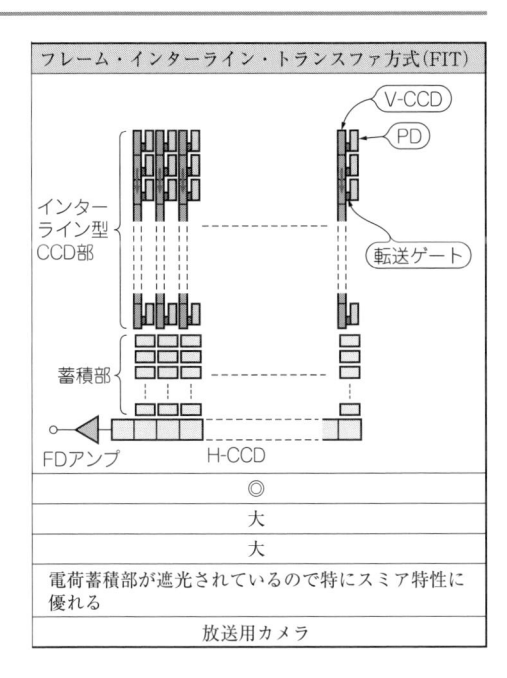

フレーム・インターライン・トランスファ方式(FIT)
(図: V-CCD, PD, 転送ゲート, インターライン型CCD部, 蓄積部, FDアンプ, H-CCD)
◎
大
大
電荷蓄積部が遮光されているので特にスミア特性に優れる
放送用カメラ

● 垂直/水平CCDの駆動タイミング

図6-9(a)にはVレート・タイミング，**図6-9**(b)には読み出し部のタイミングを示します．なお，本タイミングはフレーム読み出しにおける第1フィールドのタイミングだけを示したものであり，実際には三つのフィールド信号(**図6-10**)で1フレームの画像が構成されます．以下に駆動の動作概要を順に説明します．

①垂直CCDから水平CCDへ不要電荷を掃き出す

図6-9(a)において読み出し動作を行う前に，通常転送期間よりも高速の転送信号によって垂直CCD内の不要電荷を水平CCD方向へ掃き出すための転送を行います．この際，転送段数はCCDの垂直段数以上に設定する必要があります．

②フォトダイオード(PD)から垂直CCDへ電荷を読み出す

図6-9(b)に示すϕV5パルスに読み出しパルス($+12V \sim +15V$)を加えることにより，ϕV5ゲートに接続されたPD5から電荷の読み出しが行われ，PD5に蓄積された電荷信号が垂直CCD上に読み出されます．CCDによって異なりますが，一般に読み出しパルス幅は約$2\mu \sim 5\mu s$必要とされます．

③垂直CCDから水平CCDへ電荷転送

垂直CCDに読み出された電荷信号は，**図6-11**に示す垂直転送パルスを垂直CCDに加えることで，電荷を垂直CCDから水平CCD方向に，1水平走査期間に1回1行分，水平CCDに転送します．垂直転送中の水平CCDは，"H"または"L"状態になります．

④水平CCDからFDアンプへ電荷転送

水平CCDに転送された電荷信号は，**図6-12**に示す水平転送パルスによって水平CCDを出力アンプ側に1画素ずつ転送されます．フローティング・ディフュージョン・アンプで電荷-電圧変換が行われ，ソ

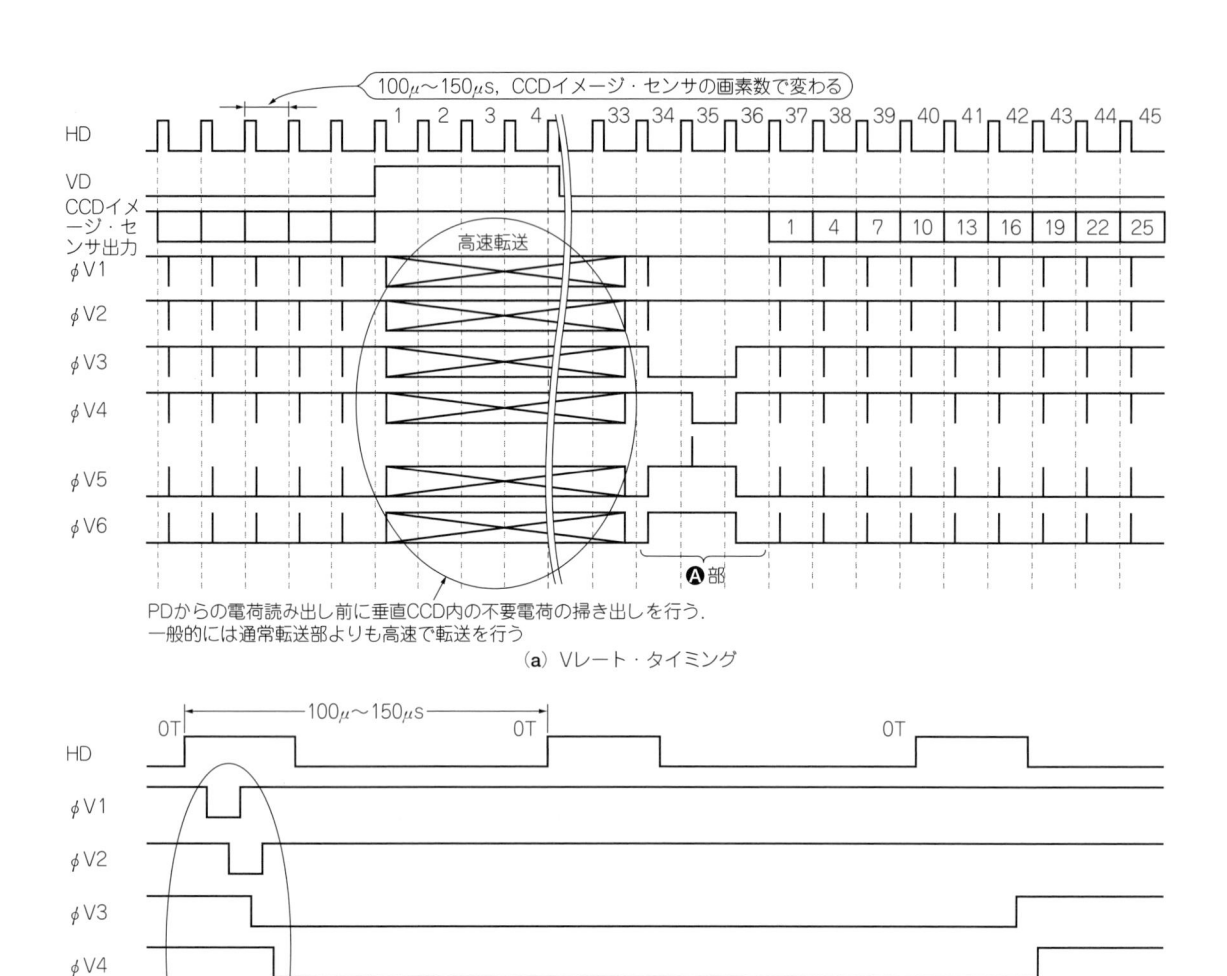

〈図6-9〉垂直転送レート・タイミング

ース・フォロワ・アンプで電流増幅が行われます．なお，FDアンプは**図6-13(d)**に示すリセット・パルス信号によって1画素ごとに，ある基準レベルにリセットされます．

順番が最後になってしまいましたが，**図6-14**にPDからの電荷読み出し動作を示します．

● タイミング・ジェネレータの内部ブロック図

図6-15に一般的なTGの内部ブロック図を示します．

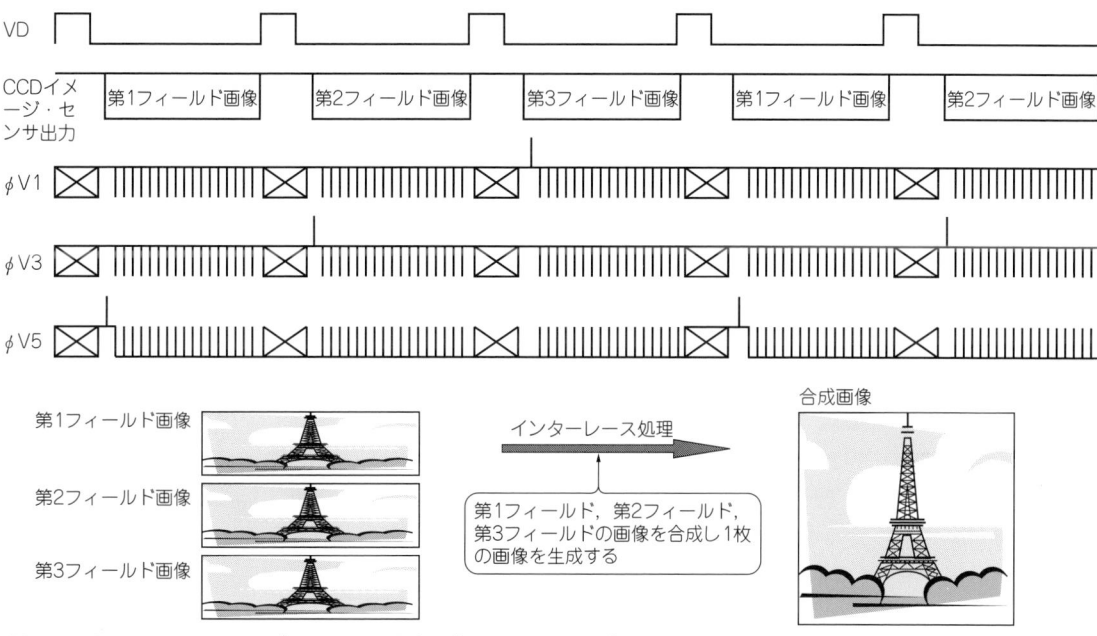

〈図6-10〉図6-8のCCDイメージ・センサの場合，第1フィールド～第3フィールドを合成し一つのフレームが完成する

- 入力されたクロックに基づきϕH，ϕR，DS1，DS2，ADCLKなどの高速系パルスを生成する高速パルス・デコーダ部
- 水平同期パルスを基準としてHカウントを行うHカウンタおよび垂直同期パルスを基準にVカウントを行うVカウンタ
- Hカウンタ，Vカウンタ出力に基づき各種パルスを生成するパルス・デコード部
- 駆動モードや高速パルス位相，幅設定，読み出しパルス制御などの各種設定や制御を行うシリアル・データ入力部

などから構成されています．

6-4 センサ素子と駆動ICの接続

図6-16に実際のCCDと駆動LSIの接続例を示します．ここではパナソニック製CCD MN39620とTG，AFE，Vドライバを内蔵するNN12063Aを使った接続例を示します．また表6-3にMN39620，表6-4にNN12063Aの概略仕様を示します．

● 高速パルスの位相は数nsレベルでの調整が必要

駆動回路としてはメーカ推奨の回路図のままで問題はありませんが，使う基板のインピーダンスや配線パターンによって，抵抗の定数やパルスの位相，駆動能力をユーザ側で調整する必要があります．特に高速パルスのパルス位相は，数nsレベルでの調整が必要であり，一般的にはTGから制御を行います．

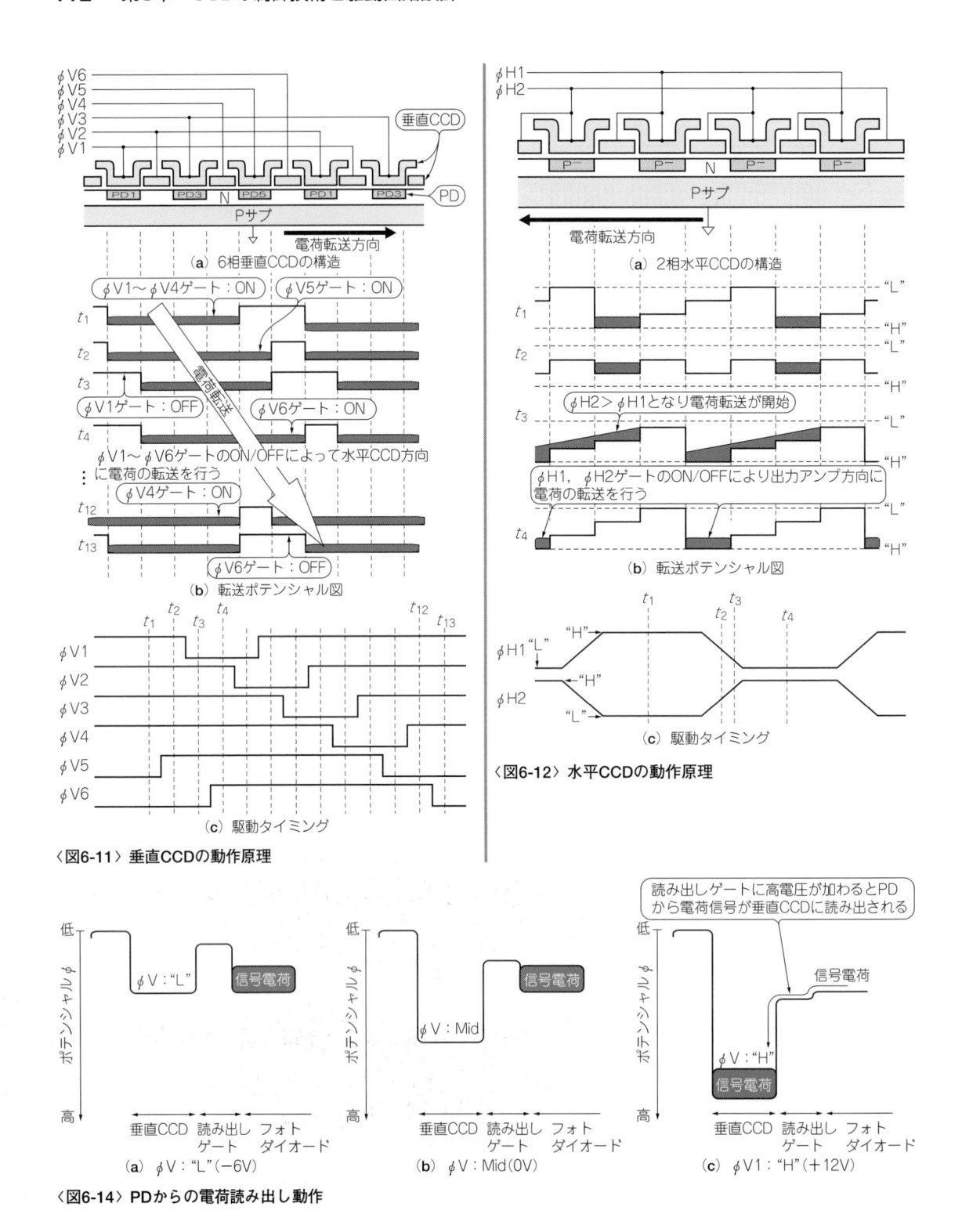

第6章　CCDの制御技術と駆動回路設計

〈図6-11〉垂直CCDの動作原理

(a) 6相垂直CCDの構造
(b) 転送ポテンシャル図
(c) 駆動タイミング

〈図6-12〉水平CCDの動作原理

(a) 2相水平CCDの構造
(b) 転送ポテンシャル図
(c) 駆動タイミング

〈図6-14〉PDからの電荷読み出し動作

(a) ϕV："L"（-6V）
(b) ϕV：Mid（0V）
(c) $\phi V1$："H"（+12V）

6-4 センサ素子と駆動ICの接続

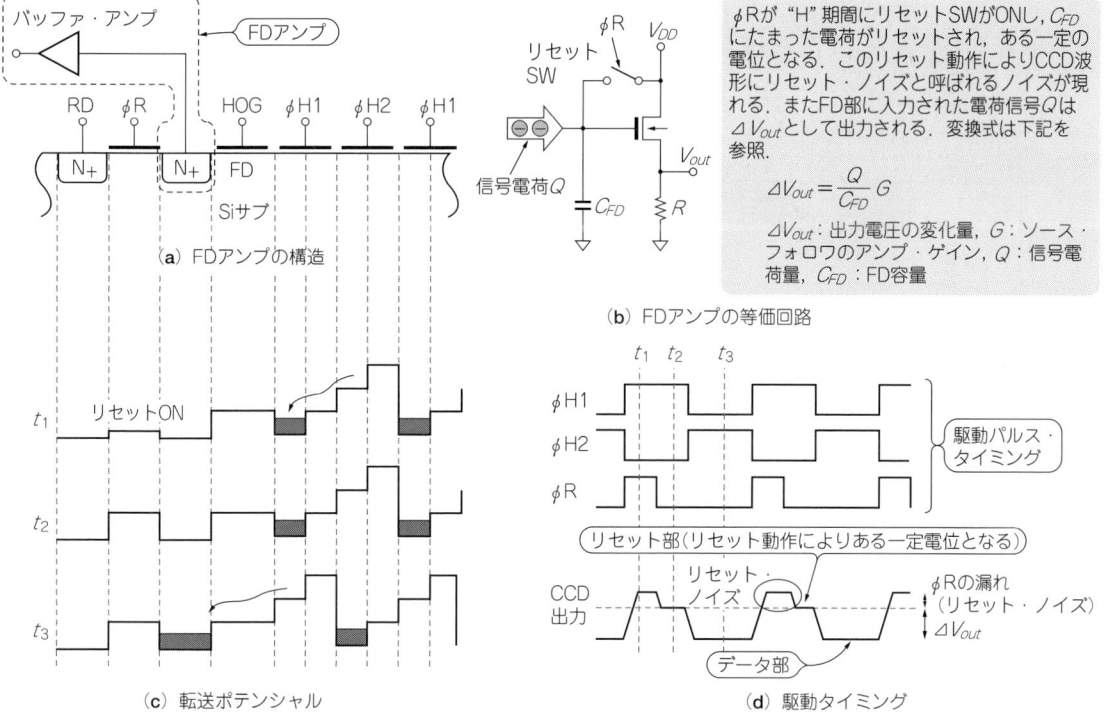

〈図6-13〉FDアンプの動作原理

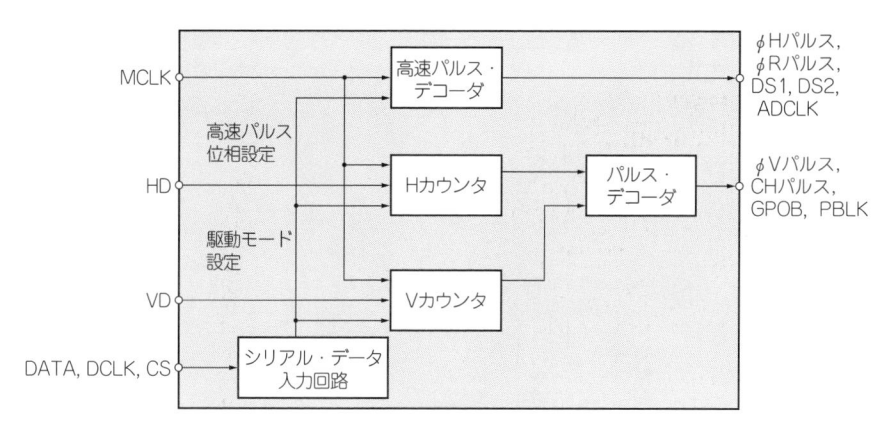

(a) FDアンプの構造
(b) FDアンプの等価回路

ϕRが"H"期間にリセットSWがONし，C_{FD}にたまった電荷がリセットされ，ある一定の電位となる．このリセット動作によりCCD波形にリセット・ノイズと呼ばれるノイズが現れる．またFD部に入力された電荷信号QはΔV_{out}として出力される．変換式は下記を参照．

$$\Delta V_{out} = \frac{Q}{C_{FD}} G$$

ΔV_{out}：出力電圧の変化量，G：ソース・フォロワのアンプ・ゲイン，Q：信号電荷量，C_{FD}：FD容量

(c) 転送ポテンシャル
(d) 駆動タイミング

〈図16-15〉タイミング・ジェネレータの内部ブロック図

　例えば図6-16では，ϕHのダンピング抵抗はϕH1，ϕH2＝4.7Ω，ϕHL＝33Ωとしていますが，ここはユーザ側での調整が必要な項目です．出力トランジスタのエミッタ抵抗値についても，消費電力とトランジスタ特性を考慮して調整します．

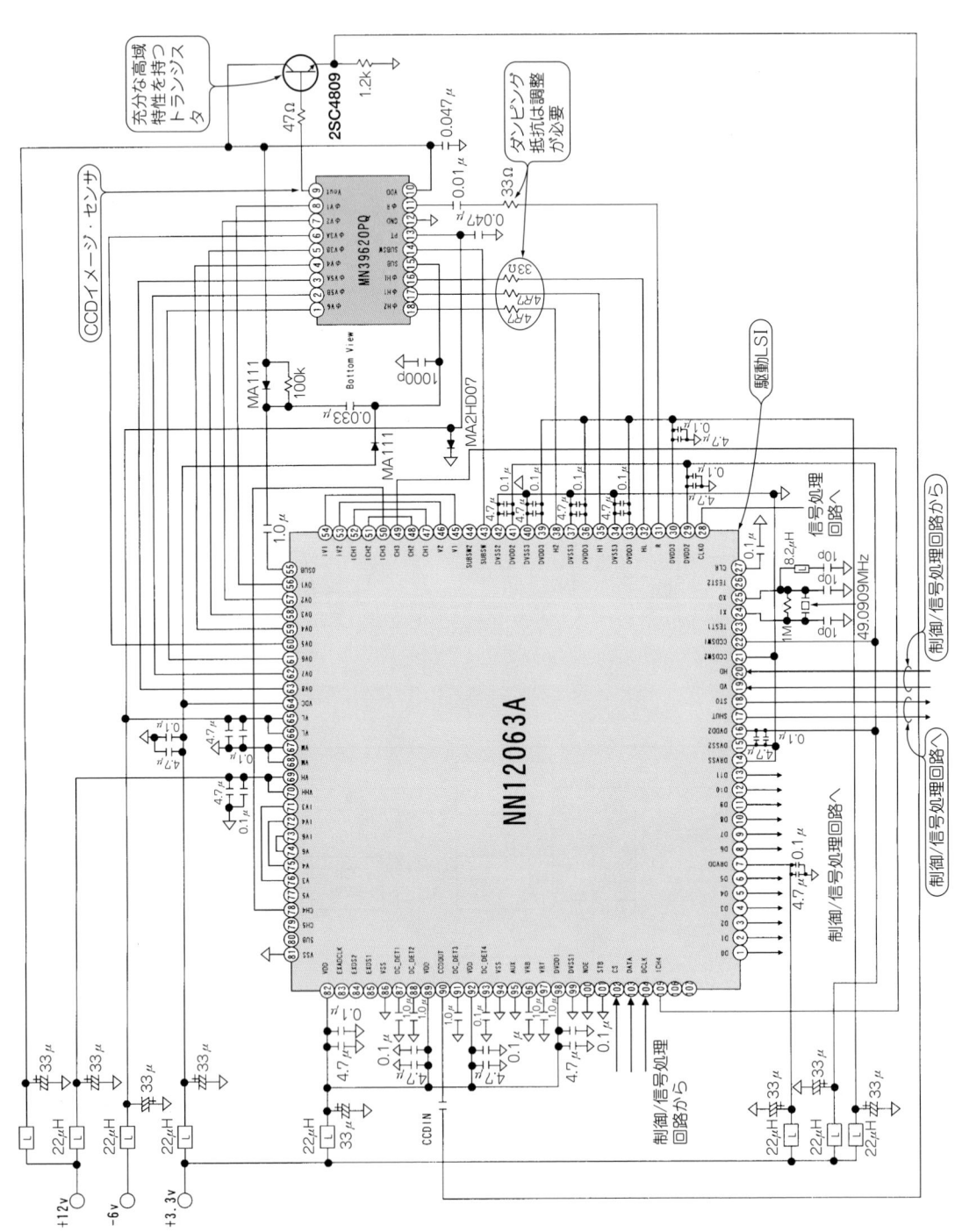

114　第6章　CCDの制御技術と駆動回路設計

〈図6-16〉CCDイメージ・センサと駆動LSIの接続図

〈表6-3〉CCDイメージ・センサMN39620（パナソニック）の仕様

項　目	数　値	単位
総画素数	2,690[H] ×1,994[V] =5,363,860	個
有効画素数（含むトランジェント）	2,620[H] ×1,984[V] =5,198,080	個
実効画素数	2,612[H] ×1,968[V] =5,140,416	個
画素寸法	2.2×2.2	μm^2
実効撮影面寸法	5.7464[H] ×4.3296[V]	mm

〈表6-4〉CCD駆動LSI NN12062A/63A（パナソニック）の仕様

項　目	NN12062A	NN12063A
ダイナミック・レンジ	1.2V	
電源電圧	CDS, GCA, AD, TG：2.7〜3.6V V_{dr}, V_L：-8.5〜-4.0V V_{DC}：2.7〜5.5V V_{HH}, V_H：11.5〜15.5V	
A-Dコンバータの分解能	10ビット	12ビット
最大変換周波数	27MHz	
対応するCCDイメージ・センサ	1/3.2型　334万画素：MN39400シリーズ 1/2.51型　536万画素：MN39620シリーズ	
パッケージ	107ピンLLGA（9mm×9mm）	

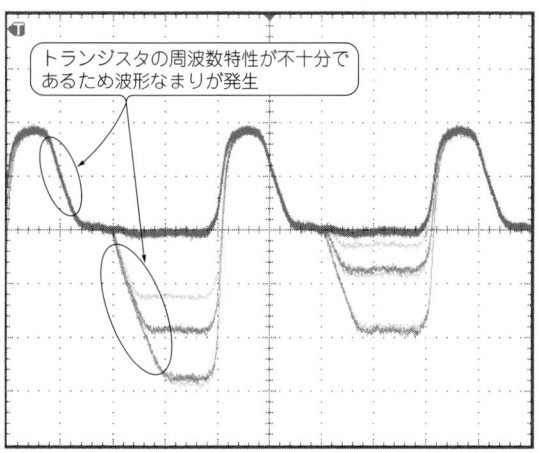

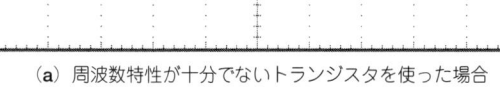

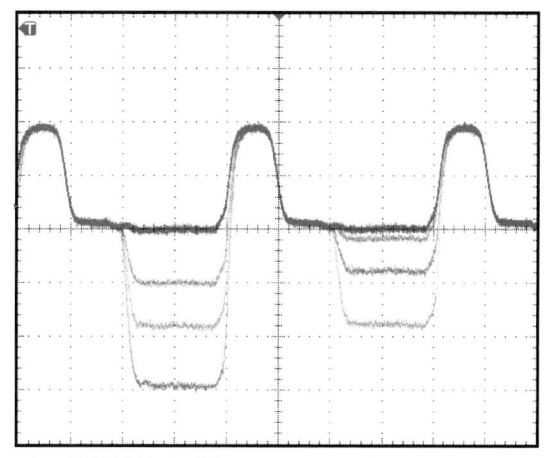

（a）周波数特性が十分でないトランジスタを使った場合

（b）周波数特性が十分とれているトランジスタを使った場合

〈図6-17〉CCD出力に接続するトランジスタには広帯域なものを使う（200mV/div，20ns/div）

● CCD出力のエミッタ・フォロワに使うトランジスタは周波数特性が十分にあるものを

　CCDからの出力は数百Ωとインピーダンスが高いため，CCD出力をいったんエミッタ・フォロワやソース・フォロワ回路に入力し，低インピーダンスに変換してからAFEに入力します．なお，CCD出力信号は数十MHzという高速で出力されるため，エミッタ・フォロワやソース・フォロワに使うトランジスタは，CCDの駆動周波数に対し十分に高い周波数特性を持ったもの（例：2SC4089，f_Tは1.9GHz）を選びます．

　参考までに周波数特性が十分でないトランジスタを使った場合のCCD出力波形を図6-17（a）に，特性に問題のないトランジスタを使った場合のCCD出力波形を図6-17（b）に示します．トランジスタの周波数特性が十分でない場合には，CCD出力波形になまりが発生し，CDSの効果が十分に得られないこともあります．

● パターン設計の肝
▶ CCD出力と駆動系高速パルスは離して配線する

　CCD出力は，エミッタ・フォロワ（ソース・フォロワ）回路までの距離をできるだけ短くし，ほかの高速系パルスである ϕH，ϕR，DS1，DS2などとはなるべく離して配線します．

▶ ϕHは短く平行して配線する

　TGとCCDをできるだけ近くに配置することで，ϕHパルスの配線を短くします．さらに各ϕHパルスは並行に配線するなどの注意が必要です．特にフレキ基板を使う場合には，グラウンド配線パターンによってはϕHパルスのなまりが大きくなることもあります．

6-5　知っておきたい豆知識

● どこのメーカも駆動の基礎は同じ

　CCDの駆動方法としては，各メーカとも同じであり，CCDの画素構造や画素数がまったく同じであれば，他メーカのCCDとTGおよびVドライバを組み合わせても動作させられます．しかし，画素構造や画素数がまったく同じであったとしても，各メーカでわずかに駆動タイミングや駆動電圧が異なります．他メーカのTGを使ってCCDを駆動した場合には，CCDの特性を十分に引き出せない可能性もあります．

　一般的にはTGに内蔵されているVドライバや水平ドライバは，各メーカごとにCCDの特性を引き出すように，ドライブ能力やパルスの立ち上がり/立ち下がり時間が設計されています．他メーカのVドライバやHドライバと組み合わせた場合には転送効率の劣化によるシェーディング（**写真6-2**）やFPN（**写真6-3**）など，さまざまな問題が発生することもあります．

〈写真6-2〉シェーディング…転送効率の劣化により画面左右で着色が発生（加工済み）

〈写真6-3〉固定パターン・ノイズ（紙面で効果が分かるように加工済み）

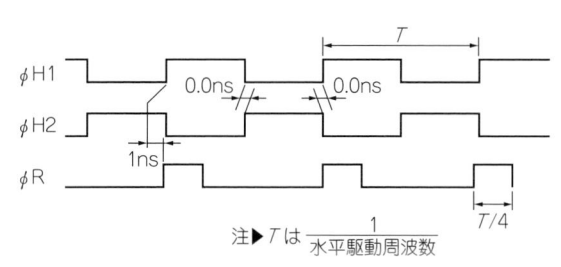

〈図6-18〉 φH1，φH2およびφRの位相関係の例

● **駆動パルスの幅や位相はユーザ側で設定する**

駆動回路に関してユーザ側で設定が必要な項目としては，水平CCDを駆動するφHパルスの駆動能力やφHパルスおよびφRパルスのパルス幅，それぞれのパルス位相などがあります．通常，ユーザ側の実装状態に合わせてTGのシリアル設定にて調整を行います．

図6-18にφH1，φH2およびφRの位相関係を示しますが，この位相関係はあくまでも参考であり，使うCCDやTG，CDSおよび実装状態によって異なります．

● **φHに直列に抵抗を入れノイズを外に出さない**

CCDを駆動するφHパルスの駆動能力が水平CCDの負荷容量に比べ大きすぎる場合には，φHパルスの立ち上がり/立ち下がりが急峻になるので，不要輻射が問題になる場合もあります．信号線に直列に抵抗を挿入するなどの対策が必要となります．

● **駆動に必要な電流**

例えば1/2.5型500万画素クラスのCCDを水平駆動周波数24.5454MHzで駆動した場合，
- ＋3.3V系：35m〜40mA（50m〜60mA）
- ＋12V系：3m〜4mA（100mA）
- −6V系：3mA（40mA）

注▶電流値は平均値（かっこ内はピーク値）

程度の電流が必要であり，TGやAFEおよびVドライバを含めたCCD周辺回路としての消費電力は約350mW程度必要です．一般的には画素数，CCDサイズが大きくなるに従い消費電流も大きくなります．また，駆動周波数が高くなるに従い増加します．

電源回路の設計に当たっては各電源の電流容量を考慮し，できるだけ出力インピーダンスを小さく設計する必要があります．なお，＋12V系電源のピーク期間は数μsと短いため，通常は考慮する必要がありません．

● **画素が増えると放熱や駆動タイミング設計が難しくなる**

基本的な駆動回路としてはハイビジョン用CCDやメガ・ピクセルCCDでも同じですが，フレーム・レートが同じであれば画素数が増えれば増えるほど駆動周波数が高くなります．そのため駆動タイミング，特に水平駆動信号についても注意して調整する必要があります．画素数の増加に伴いゲート容量が増加し，消費電力についても同じように増加するので発熱に気を付けます．

第7章

駆動回路から得た生信号をカメラ出力として利用できる信号に補正・変換する
CCDイメージ・センサ出力の信号処理

岩澤 高広
Takahiro Iwasawa

　CCDやCMOSに代表されるイメージ・センサが，ディジタル・スチル・カメラや携帯電話に搭載されるようになり，いわゆる電子の目が広く活用されるようになってきました．携帯電話にもメガ・ピクセルのモバイル・カメラが搭載され，ますます私たちの生活の中に映像情報の活用を加速することになりました．

　カメラは主にレンズ，イメージ・センサ，信号処理用DSPなどで構成されます．特にイメージ・センサは，カメラのフィルムに相当する機能を果たす，大変重要なデバイスです．

　本章では，CCDカメラ・システムを例として，各構成要素とその役割を説明します．イメージ・センサから出力される信号をいかに処理し，表示媒体であるテレビや液晶ディスプレイが必要とするYUV信号になるかを説明していきます．

7-1　カメラ・システム全体の構成

　図7-1にCCDカメラ・システムの応用例として，ディジタル・スチル・カメラ（DSC）のブロック図を示します．

　CCDイメージ・センサから出力された信号は，後述するCDS（相関二重サンプリング），AGC（オー

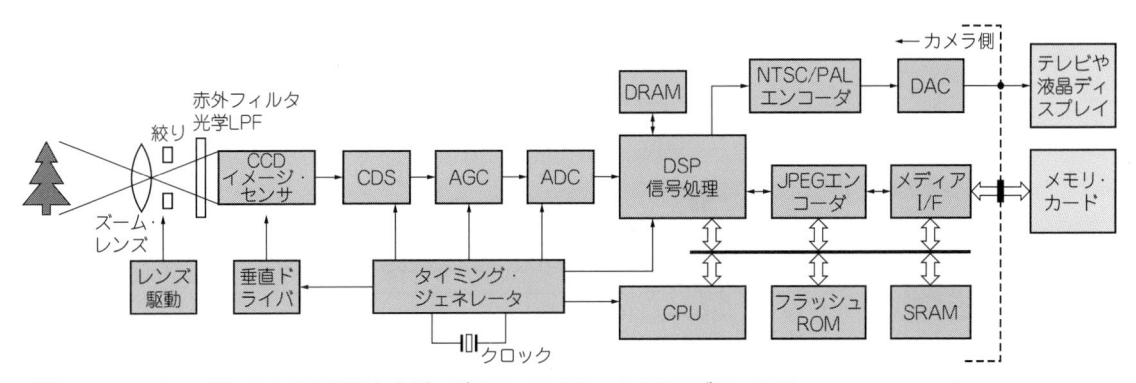

〈図7-1〉CCDイメージ・センサを搭載したディジタル・スチル・カメラのブロック図

ト・ゲイン・コントロール・アンプ回路），A-Dコンバータ（以降，ADC）で構成されるアナログ・フロントエンド（以降，AFE）でディジタル化され，信号処理プロセッサ（DSP）にてYUV信号が生成されます．ここでは，AFEとDSPに注目します．

7-2 アナログ・フロントエンドの信号処理

　図7-2にAFEの構成を示します．主な構成要素は，OBクランプ回路 **1**，CDS **2**，AGC **3**，ADC **4**です．それぞれの回路は，タイミング・ジェネレータからパルスを供給され動作します．

　AGCはゲインをプログラマブルに変更でき，カメラ制御を行っているCPUから制御されます．通常はシリアル通信を介してゲイン量が設定されます．

　AFE用のICとしては，OB（Optical Black）クランプ，CDS，AGC，ADC，シリアルI/Oを含んだものが多いです．現在はさらにタイミング・ジェネレータや垂直ドライバを取り込んだICも販売されています．

1 黒レベルの再生（OBクランプ）

　AFEへは，容量接続された信号が入力されます．CCDイメージ・センサは，約20pF程度の負荷しか駆動できないため，エミッタ・フォロワのバッファを挿入して容量を結合した後，AFEへ入力されます．そのため，直流成分はAFE側で再生しなければなりません．その際，CCDイメージ・センサのOB領域の信号を使用します．

　CCDイメージ・センサのOB領域は，フォトダイオード上をAlで遮光しています．OBクランプ回路でOB領域をクランプすることで，黒レベルを再生します．CCDイメージ・センサから出力されるOB領域を使う理由は，温度上昇などによって発生する暗電流の増加分をキャンセルできるからです．

2 雑音除去回路の動作

● アンプ雑音とリセット雑音を除去するCDS回路

　CDS回路は，CCDイメージ・センサのアンプ雑音とリセット雑音を除去するための回路です．CDSは相関二重サンプリング法に基づいたもので，Correlated Double Samplingの略です．

　図7-3にCDS回路の動作を説明する波形を示します．クランプ・パルスDS1を使ってCCD信号のフィード・スルー期間をクランプし，クランプ・パルスDS2を使ってCCDイメージ・センサ出力の信号期間

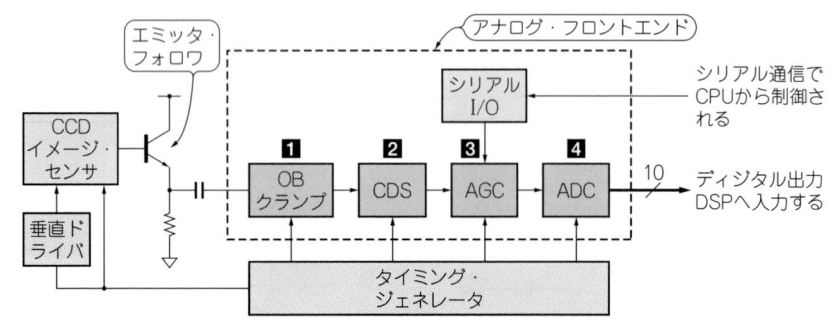

〈図7-2〉アナログ・フロントエンドの構成

をクランプします．

その後，差動アンプ(図7-4)にて，DS1でクランプされた電圧とDS2でクランプされた電圧の差分を取ります．このことで，アンプ雑音とリセット雑音を除去できるのです．差動アンプの出力は信号が反転されるため，CCDイメージ・センサ信号の極性と変わります．

▶設計のワンポイント・メモ

クランプ・パルスDS1，DS2によって，CCDイメージ・センサ出力がサンプリングされるため，クランプ・パルスの周波数よりも高周波のノイズは，低域周波数に折り返しノイズになります．さらに，クランプ・パルスDS1，DS2がタイミング・ジェネレータの電源変動などによって，ジッタやレベル変動が生じると，ノイズを発生します．CDS回路を使う際の基板パターン設計では，クランプ・パルスの等長配線などを行う必要があります．

クランプ・パルスDS1，DS2を供給するタイミング・ジェネレータは，一般的にパルス位相の微調整ができるようになっています．一定の光量の被写体を撮影したときにCDS出力信号レベルが最大振幅になるように調整します．

● イメージ・センサが出力するノイズの種類

前述のようにCDS回路は，アンプ雑音，リセット雑音を除去します．アンプ雑音は$1/f$雑音とも呼ばれるように，低周波で揺らぐノイズになり，リセット雑音は1画素ごとに発生するノイズになります．**写真7-1**にCCDイメージ・センサから出力される実際の信号を示します．

CCDイメージ・センサから出力される信号には，主に以下のようなノイズがあります．

▶アンプ雑音

トランジスタで構成したアンプに信号を通過させるときに発生します．CCDイメージ・センサの出力段に構成されている電荷検出アンプ(FDA)で発生します．$1/f$雑音とも呼ばれます．

▶リセット雑音

CCDイメージ・センサの電荷検出アンプは，1画素ごとに電荷を掃出するためのリセット動作を行います．このとき発生するノイズをリセット雑音といいます．

▶光ショット・ノイズ

光の入力があれば必ず発生するノイズです．光は粒子として考えられますから，その光の粒子数をN

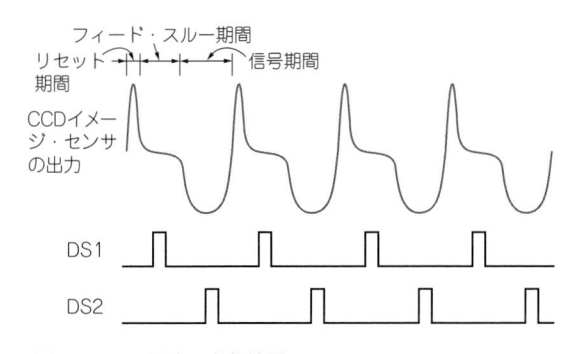

〈図7-3〉CDS回路の動作波形
CDS回路はクランプ・パルスを使いCCDイメージ・センサの出力をクランプする

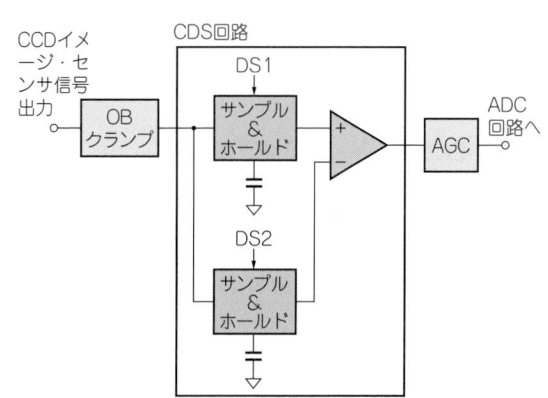

〈図7-4〉CDS回路のブロック図

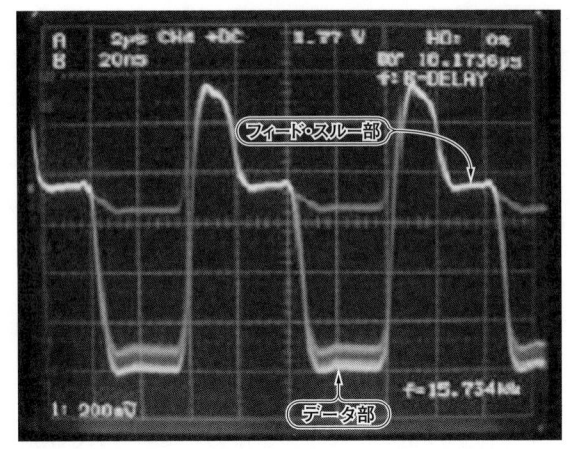

〈写真7-1〉CCDイメージ・センサから出力される実際の信号
（200mV/div，2μs/div）

個とすると，光ショット・ノイズ量は$\sqrt{N}$となります．
▶暗電流
　熱雑音とも呼ばれるとおり，熱励起によって発生します．

3 オート・ゲイン・コントロール回路の動作

● 後段ADCのダイナミック・レンジに信号振幅を合わせたり，暗い被写体のゲインを稼ぐ
　CDSで雑音が除去され，AGC回路に入力されます．AGCは，カメラ制御CPUからゲイン設定を行うことができるゲイン・コントロール・アンプのことで，二つの働きがあります．
　一つ目は，AGC回路後にあるADCの入力ダイナミック・レンジにセンサ出力を合わせることです．二つ目はレンズの絞りが開放になった状態でさらに暗い被写体を撮影した際にゲインを上げて使います．
　カメラ制御CPUでは，カメラで撮影された画像が一定の輝度値に保たれるように動作するAE（自動露光制御）アルゴリズムが組まれています．AEアルゴリズムでは，レンズの絞りとAGC，CCDの電子シャッタの組み合わせで動作することになります．

4 A-Dコンバータ回路の動作

　AFEでは，ADCが搭載されているICが一般的です．用途に応じて分解能を選択して使います．現在は，10ビットから14ビットのADCが使われています．
　ADCはAFEの構成要素の中で，アナログ信号をディジタル値へ変換する重要な機能を担っています．イメージ・センサから出力される信号のノイズ劣化が生じないように，正確に後段のDSPへ伝達する必要があるからです．ここでは，量子化雑音を理解し，DSPにおける信号処理で生ずるノイズ要因を整理することにします．

7-2 アナログ・フロントエンドの信号処理

● なぜ分解能の高いADCを使うのか

▶ ADCの過程では量子化誤差が生じる

　ADCは，連続的なアナログ信号をディジタル値に対応するあらかじめ決められた，飛び飛びの量に近似します．**図7-5**にアナログ信号をA-D変換するイメージ図を示します．アナログ信号は，もともと連続であったものをディジタル値に近似するため，必然的に誤差を生じます．この誤差のことを量子化誤差といいます．

▶ ADCの1階調当たりの電圧が小さいほど量子化誤差が小さい

　A-Dコンバータでは，量子化する際の上限電圧と下限電圧が設定され，ディジタル値の階調で等間隔に量子化されます．量子化される1階調当たりの電圧が小さいほど，量子化雑音が小さいことになります．

▶ 3ビットADCの量子化誤差を考える

　この1階調当たりの刻み幅をΔとしたときの量子化雑音を考えてみます．**図7-6**に3ビットのADCを例に取り，量子化誤差を図示します．理想的にA-D変換された場合，あるディジタル値に相当するアナログ信号との量子化誤差は，$\pm\Delta/2$に分布することになります．この量子化誤差が均一に分布すると仮定します．確率密度は$1/\Delta$になり，アナログ信号の量子化誤差電圧を$x[\mathrm{V}]$とした場合，ノイズ成分A_Nは，

$$A_N^2 = \frac{1}{\Delta}\int_{-\frac{\Delta}{2}}^{+\frac{\Delta}{2}} x^2 dx = \frac{\Delta^2}{12}$$

で表されます．この式は，量子化誤差が確率密度に対して均一であることが条件になるので，ADCに入力される信号が分解能Δよりも十分大きいことを条件にすると一致してきます．

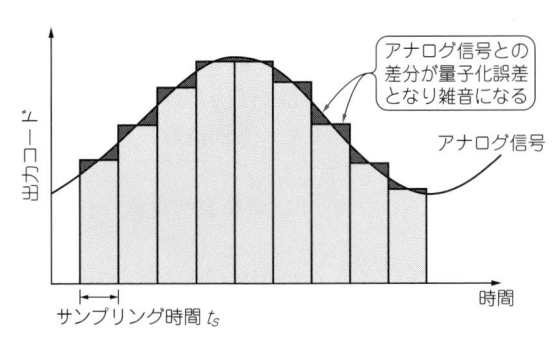

〈図7-5〉**A-D変換で生じる量子化誤差**

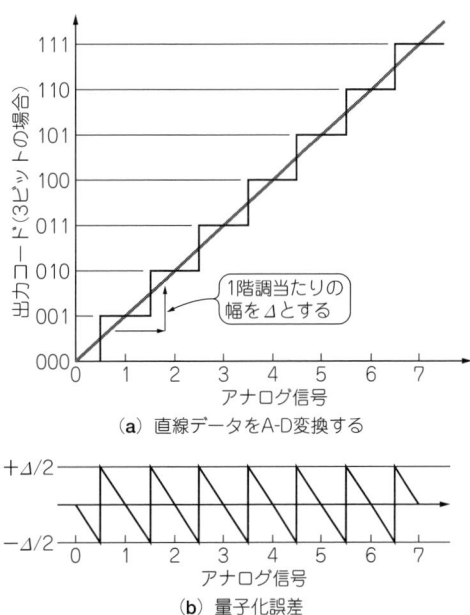

〈図7-6〉**3ビットのA-Dコンバータで生じる量子化誤差**

ここで，ADCを通過した信号のSN比を計算します．量子化雑音は上記の式から，

$$A_N = \frac{\Delta}{2\sqrt{3}}$$

となります．NビットのADCである場合，アナログ信号の入力最大振幅Sは，

$$S = 2^{A_N} \times \Delta$$

になります．入力を正弦波の実効値で示すと，

$$S_{RMS} = \frac{2^{A_N}}{2\sqrt{2}} \cdot \Delta$$

になります．そこで，SN比A_{SNR}を計算すると，

$$A_{SNR} = 20 \log \frac{S_{RMS}}{A_N} = 20 \log \left(\sqrt{\frac{3}{2}} \times 2^{A_N} \right)$$

$$= 6.02 A_N + 1.76 \text{ dB}$$

となります．

▶ ADCのSN比は分解能が1ビット増えれば6dB良くなる

以上からADCでは，1ビット当たりが6dBのSN比に相当することが分かります．例えば，10ビットのADCの場合は約62dB，12ビットのADCの場合は約74dBとなります．カメラにおいては，センサから出力される信号のSN比を十分通過させるADCのビット数が必要になります．

● サンプリング周波数が上がればアナログ帯域の量子化雑音は小さくなる

ADCのサンプリング周波数を考えます．量子化誤差は，直流成分からナイキスト周波数まで均一に分布します．仮に同じ信号帯域を持つアナログ信号を，同じ分解能Δを持つADCで，サンプリング周波数を変えて動作させた場合，量子化誤差による雑音は周波数に反比例の関係で小さくなります．

ですから，入力されるアナログ信号の周波数帯域に対して，高いサンプリング周波数でサンプリングを行い，フィルタにより帯域制限を行うと，量子化雑音電力は低下する特徴があります．

ディジタル出力に含まれる量子化雑音電力は，フィルタの帯域幅とナイキスト周波数に比例することになります．図7-7にサンプリング周波数と量子化雑音の関係を示します．

将来的に高速なADCが出てきた場合，画像信号処理おいてもオーバーサンプリング技術を使えば，さらなるSN比改善が期待できます．

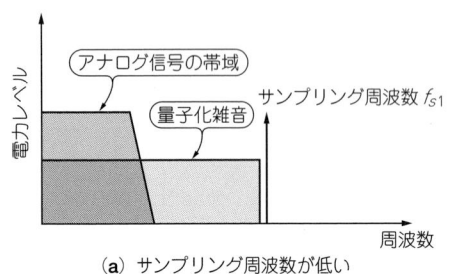

〈図7-7〉サンプリング周波数と量子化雑音の関係

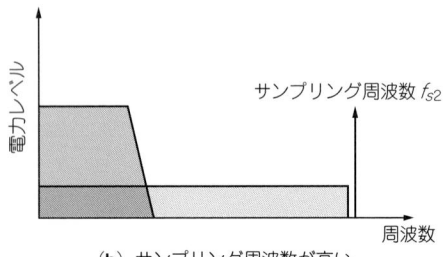

7-3　DSPにおける信号処理

　イメージ・センサから出力された信号は，AFEを通過し，ADCでディジタル・データに変換され，YUV信号を得るためDSPに入力されます．DSPでは，YUV信号を得るためにイメージ・センサから出力されるRAWデータ（生データ）に対して，さまざまな信号の加工や補正を行います．具体的には，

- 点順次信号を同時化するための色分離処理
- 表示装置での明るさをリニアに表現するためのガンマ補正
- 映像の解像感を増すための輪郭強調補正
- 色信号のベクトルを補正するための色差マトリックス処理

などがあります．この代表的な処理や補正について以下に説明します．

■ 色分離…補色/原色信号からRGBを取り出す

　CCDイメージ・センサは，フォトダイオードの上に色フィルタが配置されており，色フィルタを通過した光がフォトダイオードで光電変換され，電気信号となって出力されます．この原理はCCDに限らず，CMOSなどすべてのイメージ・センサで同じです．

● 補色フィルタと原色フィルタの特徴

　現在使用されている多くのCCDイメージ・センサは，後述する2種類の色フィルタが採用されています．また，CCDイメージ・センサの構造も，全画素読み出し方式とフレーム読み出し方式の2種類が一般的です．

　テレビ・モニタに接続するビデオ・カメラや監視カメラは，補色市松配列のフィルタを採用したフレーム読み出し方式のCCDイメージ・センサを使用し，ディジタル・スチル・カメラの場合はRGBベイヤー配列のフィルタを採用した全画素読み出し方式のCCDイメージ・センサを使っていることが多いです．

▶補色フィルタ…Y感度が高い

　補色フィルタを使用したイメージ・センサは，Y感度が高く得られ，CCDイメージ・センサ内で画素混合をした信号で出力され，信号レベルを大きくして出力でき，かつ色の再生ができる優れた特徴を持っています．

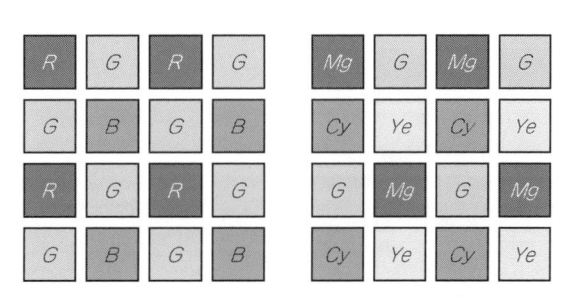

（a）原色ベイヤー配列　　　（b）補色市松配列

〈図7-8〉イメージ・センサの色フィルタ配列の例

▶ 原色フィルタ…色SN比が良い

　原色フィルタを使用したセンサは，色変調度が大きく取れるため，色SN比を気にするアプリケーションに有効です．図7-8にイメージ・センサの色フィルタ配列の例を示します．原色フィルタは，R, Gのフィルタが配置されたラインと，G, Bのフィルタが配置されたラインとが交互に出力されてきます．

● DSPによる補色フィルタの色分離処理

　DSPでまず最初に行う処理として，色分離処理があります．CCDイメージ・センサから出力される信号は，フォトダイオードの上に形成された色フィルタの色に応じた信号が点順次で出力されてきます．この信号をYUV信号やRGB信号として，同じ色重心になるように処理します．

▶ YUV信号の生成

　補色フィルタを配置したフレーム読み出し方式のCCDイメージ・センサを例として，色分離方法を示します．フレーム読み出し方式のCCDイメージ・センサでは，フィールドごとのインターレース読み出しを行うため，図7-9のように読み出すフィールドよって垂直に足し合わせる画素の順番を変えます．

　第1フィールドにおいては，$(Mg+Ye)$と$(G+Cy)$が点順次で出力されるN1ラインと，$(Mg+Cy)$と$(G+Ye)$が点順次で出力されるN2ラインが，ラインごと交互に出力されます．

　第2フィールドでは足し合わされる順序が1ラインずれて読み出され，N1'ラインは$(Mg+Cy)$と$(G+Ye)$が点順次で出力され，N2'ラインは$(Mg+Ye)$と$(G+Cy)$が点順次で出力されます．

　補色フィルタの各色成分は原色の光の加算で表せるので，$Mg=R+B$，$Cy=B+G$，$Ye=R+G$となっています．第1フィールドのN1ラインは$(Mg+Ye)$と$(G+Cy)$となっているので，

$$Mg+Ye=(R+B)+(R+G)=2R+G+B$$
$$G+Cy=G+(B+G)=2G+B$$

となります．また，N2ラインは，$(Mg+Cy)$と$(G+Ye)$となっているので，

$$Mg+Cy=(R+B)+(B+G)=R+G+2B$$
$$G+Ye=G+(R+G)=R+2G$$

となります．

　輝度信号の生成は，この隣り合う信号を足し合わせて生成します．

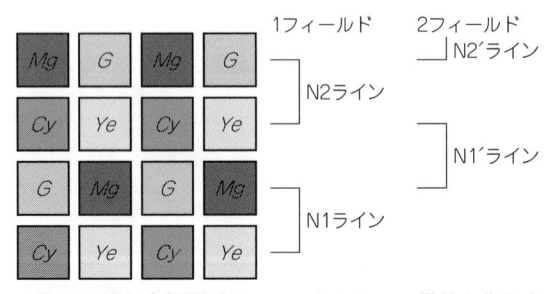

〈図7-9〉補色市松配列のフィルタから YUV信号を作り出す画素混合方法

- N1ライン：$(Mg+Ye)+(G+Cy)=2R+3G+2B \longrightarrow$ Y信号
- N2ライン：$(Mg+Cy)+(G+Ye)=2R+3G+2B \longrightarrow$ Y信号

色差信号は，隣り合う画素の減算でラインごと$(R-Y)$信号または$(B-Y)$信号を生成します．

- N1ライン：$(Mg+Ye)-(G+Cy)=2R-G \longrightarrow R-Y$信号
- N2ライン：$(Mg+Cy)-(G+Ye)=2B-G \longrightarrow B-Y$信号

となります．色差信号は，1ラインごとに異なる色差信号が生成されるため，1ライン遅延線を使って同時化します．

▶ RGB信号の生成

N1ラインとN2ラインの加減算を行う前にメモリを使って同時化することで，N1ラインの$(Mg+Ye)$と$(G+Cy)$，N2ラインの$(Mg+Cy)$と$(G+Ye)$をそれぞれ別の色として処理を行い，それぞれの信号に2次元マトリックス係数を乗算することでRGB信号を生成できます．その概念を図7-10に示します．2次元マトリックス係数を決定するには，色再現性を良くして，モアレが最小になるように係数を選択する必要があります．

● DSPによる原色フィルタの色分離処理

原色フィルタを配置した全画素読み出し方式のCCD信号を例として，色分離方法を示します．原色フィルタは，R，Gのフィルタが配置されたラインと，G，Bのフィルタが配置されたラインとが交互に出力されてきます．

全画素読み出し方式のセンサの場合は，センサ内で画素混合されず，1画素の信号がすべて出力されてきます．また，R信号に挟まれたG信号はGr信号として，B信号に挟まれたG信号はGbとして，G信号でありながら別の信号として処理されるのが一般的です．

ここでは図7-11を参考にして，4×4画素を使用した色分離について説明します．同色の信号だけを取り出し，ほかの色の部分については0を挿入して，それぞれ2次元マトリックス係数を乗算します．その際，画素重心が4×4画素のちょうど中心になるように設計します．R信号に対するマトリックス係数は，A_1，A_2，A_3，A_4となり，それぞれ$A_1=1$，$A_2=3$，$A_3=3$，$A_4=9$となります．

同じようにGr信号，Gb信号，B信号に対するマトリックス係数は，

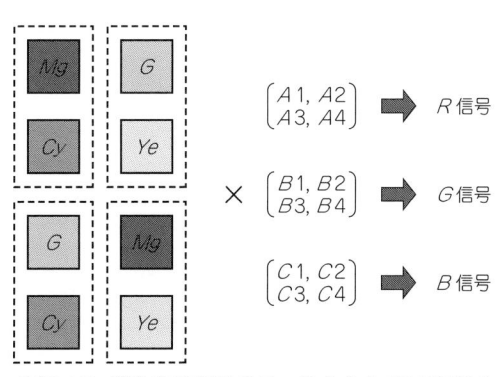

〈図7-10〉補色市松配列のフィルタからRGB信号を作り出す画素混合方法

第7章 CCDイメージ・センサ出力の信号処理

原色ベイヤー配列

$\begin{pmatrix} A_1, & 0, & A_2, & 0 \\ 0, & 0, & 0, & 0 \\ A_3, & 0, & A_4, & 0 \\ 0, & 0, & 0, & 0 \end{pmatrix}$ → R信号

$\begin{pmatrix} 0, & B_1, & 0, & B_2 \\ 0, & 0, & 0, & 0 \\ 0, & B_3, & 0, & B_4 \\ 0, & 0, & 0, & 0 \end{pmatrix}$ → Gr信号

$\begin{pmatrix} 0, & 0, & 0, & 0 \\ C_1, & 0, & C_2, & 0 \\ 0, & 0, & 0, & 0 \\ C_3, & 0, & C_4, & 0 \end{pmatrix}$ → Gb信号

$\begin{pmatrix} 0, & 0, & 0, & 0 \\ 0, & D_1, & 0, & D_2 \\ 0, & 0, & 0, & 0 \\ 0, & D_3, & 0, & D_4 \end{pmatrix}$ → B信号

〈図7-11〉原色配列のフィルタからRGB信号を作り出す画素混合方法

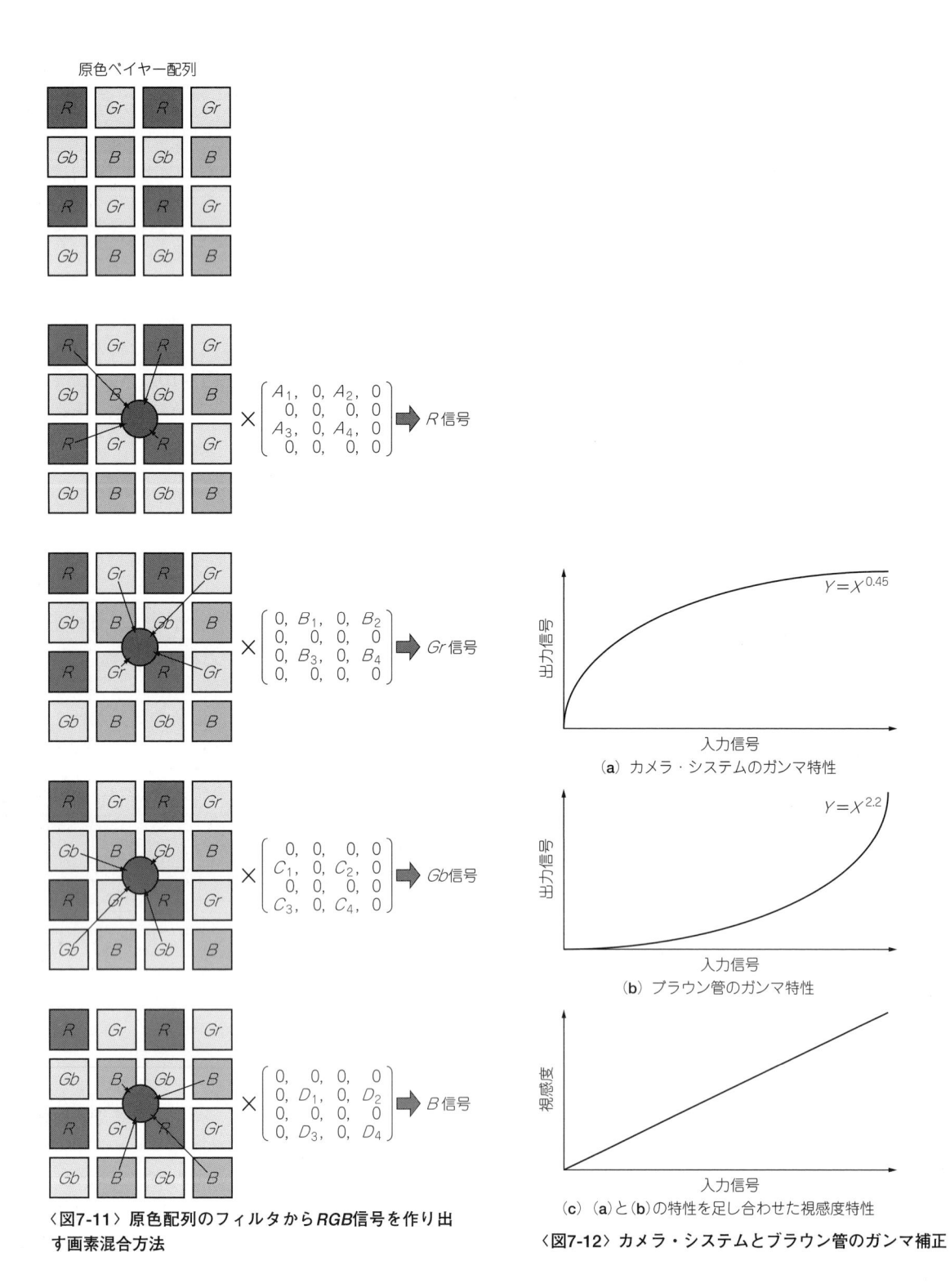

(a) カメラ・システムのガンマ特性 $Y = X^{0.45}$

(b) ブラウン管のガンマ特性 $Y = X^{2.2}$

(c) (a)と(b)の特性を足し合わせた視感度特性

〈図7-12〉カメラ・システムとブラウン管のガンマ補正

$B_1=3$, $B_2=1$, $B_3=9$, $B_4=3$
$C_1=3$, $C_2=9$, $C_3=1$, $C_4=3$
$D_1=9$, $D_2=3$, $D_3=3$, $D_4=1$

となります．

■ 従来テレビの非線形特性を補正するガンマ補正

● テレビや液晶ディスプレイの持つ表示特性の逆数をかける

　カメラ・システムから出力される信号を表示するテレビや液晶ディスプレイは，非線形特性を持っています．テレビで使われるブラウン管の場合，$γ=2.2$の特性を持っています．表示で光量に応じてリニアに表示させるため，カメラ・システムではこの逆特性になる非線形特性を掛け合わせる処理を施しています．この処理のことをガンマ補正と呼びます．ブラウン管の場合，カメラ・システム側のガンマ補正は，$γ=0.45$に設定されます．**図7-12**にカメラ・システムのガンマ特性とブラウン管のガンマ特性を示します．

　DSPにおいてはガンマ特性を任意に変更できるものも多くあり，カメラのダイナミック・レンジを設定する重要な処理になります．ただし，暗時の画質や高輝度時の画質への影響が大きくなるため，設定には注意が必要です．

　ガンマ補正は，輝度信号と色差信号に分けて行うこともできますが，一般的には色分離時にRGB信号を生成して，ホワイト・バランス後のRGB信号に同じ特性のガンマ補正を施します．

■ 輪郭強調処理

● 輝度信号に高域成分を足し合わせ解像度を高く見せる

　輝度信号の変化が大きいところに対して，輪郭強調処理を施すことで映像の解像度を高めます．一般にアパーチャ処理と言われます．輪郭強調処理は，輝度信号を処理することで行われ，水平，垂直信号に施されます．

　具体的にはHPFを通過した高域成分の信号をもとの信号に足し合わせます．**図7-13**に輪郭強調処理のブロック図を示します．HPFの伝達関数$H(z)$は，

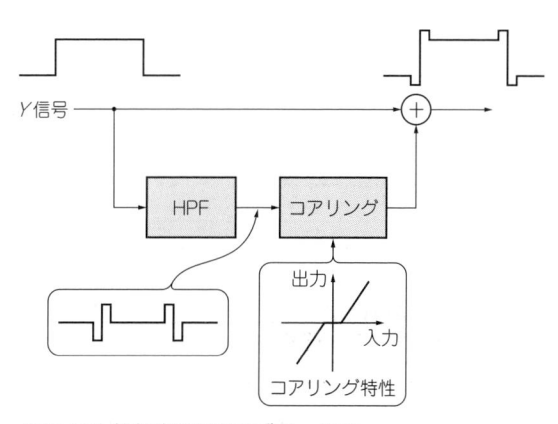

〈図7-13〉輪郭強調処理のブロック図

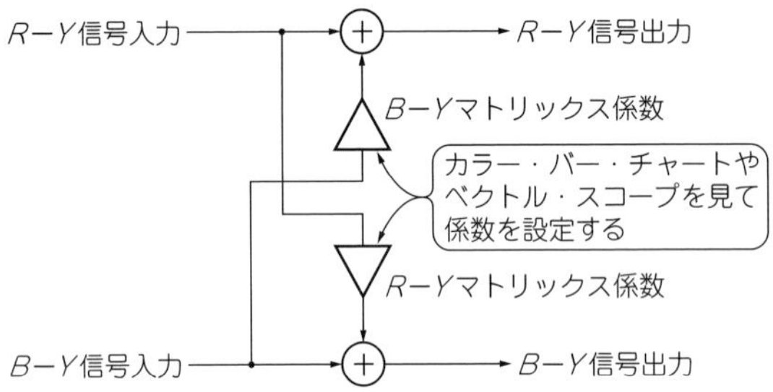

〈図7-14〉色差マトリックス処理のブロック図

$$H(z) = (1 - Z^{-1})^2$$

で表されます．

▶伝達関数も高次になってきている

　実際には高画素数化が進むにつれて，伝達関数も高次のフィルタを持つカメラ・システムが増えてきています．その際，高域，中域，低域といった周波数帯域別のフィルタを構成する必要があります．

● ノイズの増幅を避けるくふう

　輪郭強調処理はノイズの増幅を行ってしまう可能性があるため，HPF後にコアリング回路を設け，0レベル近傍のHPF出力をカットする回路を持つ場合が多いです．これにより微小な輝度信号のレベル差については，アパーチャ信号を加算しないという処理を施します．

■ 色合いを調整する色差マトリックス処理

● センサの分光特性や信号処理で崩れた色相バランスを調整する

　カメラ・システムでは，ホワイト・バランス処理，ガンマ補正処理を行った後，色差信号を生成し，最終の色信号出力を得ます．この際，センサの分光特性や信号処理によって色相が理想的な位置と異なるため，色差マトリックス処理を行い色相を調整します．

　図7-14に色差マトリックス処理のブロック図を示します．色差信号のそれぞれ異なる信号成分にマトリックス係数を乗じて加算します．カラー・バー・チャートを撮影してベクトル・スコープで各色成分が適正なベクトルになるように調整します．マトリックス係数は，プラスとマイナスの値が設定できるように設計されています．

7-4　カメラの基本機能を実現するための信号処理

　カメラの基本機能として，さまざまな撮影シーンに応じて自動的に光量や色バランスを補正する制御があります．

- 輝度を一定に保つ露光制御
- 色温度が変化しても一定の白色を保つホワイト・バランス制御
- レンズの合焦を自動的に制御するフォーカス制御

があり，各カメラ・メーカのノウハウが集約されています．カメラの基本かつ，重要なこの制御を一

般的に3A制御と呼んでいます．ここでは3A制御に関する一般的な原理を簡単に説明します．

■ 露光制御

● ビデオ信号が白飛びせず最適な大きさになるように制御する

　CCDイメージ・センサを使ったカメラ・システムで露光量を制御するには，次の三つの手段があります．

- レンズの絞り
- CCDイメージ・センサの駆動方式を利用した電子シャッタによる電荷蓄積時間
- ゲイン・コントロール・アンプのゲイン

これらをCPUが制御することで，測光された領域内の輝度信号の平均レベルが一定になるように動作します．一般的に高輝度のシーンが撮影される場合，10万ルクスの画像を撮影できることが設定の目安になります．

● 制御の手順

▶輝度信号を検出

　露光制御を行うにはまず，CCDイメージ・センサから出力された信号を，画面の分割測光を行い，選択された領域の輝度信号の平均値を求めます．領域が細かく分割されれば，より高度な露光制御が可能になります．**図7-15**に測光領域の例を示します．この輝度平均値が目標にしたレベルと一致するように動作します．

▶露光量をレンズ絞りや電子シャッタで調整

　露光量の調整は，レンズに絞り調節機能がある場合とない場合で制御が異なります．レンズに絞り調整機能がある場合，明るい状態ではメカニカルに絞りを絞って使用します．さらに明るい状態の場合は，絞りを絞りきったところから，電子シャッタを使って露光量を調整します．

　暗くなった場合は，絞りを開き開放させます．開放でもさらに露光量が必要な場合は，AFEのゲイン・コントロール・アンプのゲインを上げて使うか，フレーム・レートを低下させます．

　ゲイン・コントロール・アンプのゲインを上げて使うか，フレーム・レートを下げて使うかは，用途に応じて設定します．フレーム・レートが落ちれば，手ぶれする可能性が大きくなります．

　レンズに絞り調整機能がない場合は，メカニカルな絞りで制御していた露光を，電子シャッタによって行います．ただし，電子シャッタを露光時間の短い高速側で使用した場合，1ステップの露光量の

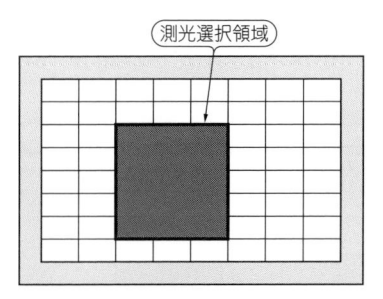

〈図7-15〉露光制御における測光領域

赤外カット・フィルタの種類と光学LPFの役目

　カメラ・システムを構成する場合，光学的な知識も必要になってきます．そこで，カメラ・システムを構成するうえで，基本的な赤外カット・フィルタと光学ロー・パス・フィルタについて説明します．これはCCDイメージ・センサ，CMOSイメージ・センサに共通のテーマで，カメラ・システムとしては必要不可欠な要素です．

■ 赤外カット・フィルタ

● 吸収型と反射型がある
　Siを使用したイメージ・センサは，人間の可視領域以外の赤外領域にも分光感度を持っているため，不要な光をあらかじめ光学的なフィルタでカットする必要があります．
　人間の可視領域は一般に400nmから700nmの波長を持つ光になるので，この領域外をカットします．このフィルタを赤外カット・フィルタ（IRフィルタ）と言います．赤外フィルタには主に吸収型フィルタと反射型フィルタがあり，特性の例を図7-Aに示します．

● 吸収型フィルタ
　吸収型フィルタは，青いすりガラスのようになっており，赤外光を吸収してSi表面に到達させない特性になっています．特性の半値は緩やかに変化するのが特徴です．ただし，すりガラス状のガラスになっているので，薄くすることが困難であり小型化には不向きである反面，赤色の再現性が良く，色再現性には適しています．主にムービー・カメラや監視カメラで使用されています．

● 反射型フィルタ
　反射型フィルタは，半値が急激に変化するカットオフ周波数を持っているのが特徴です．赤外光を反射して通過させないという特徴があります．
　特性としては，さらに長波長側で，通過帯域が出てくるといった特性があるので，使うときには注意が必要です．

(a) 吸収型フィルタ　　(b) 反射型フィルタ

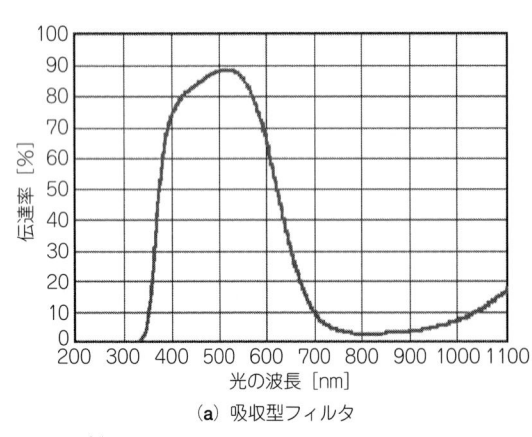

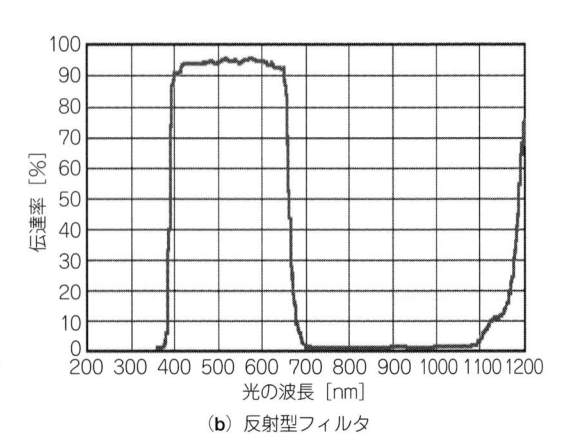

〈図7-A〉[(5)]　赤外カット・フィルタの特性例

ガラスなどに蒸着でき，赤外カット・フィルタとしては薄く形成でき，小型化に有利です．しかし，センサの分光特性との整合性を検討しなければ，赤色が浮くといった問題が出て，色再現性の劣化が発生します．また，光の入射角度によってカットオフ周波数の特性が変化するため，短い焦点距離のレンズと合わせる場合には注意が必要です．

■ 光学ロー・パス・フィルタ

● 被写体光の空間周波数がナイキスト周波数以上ではモアレが生じる

CCD/CMOSイメージ・センサとも，四角に区切られた画素によって，空間周波数がサンプリングされていると考えることができます．被写体の空間周波数が，画素ピッチの1/2以下のナイキスト周波数以下であれば問題ありませんが，それより細かい解像度を持つ被写体であった場合，空間周波数的に折り返しノイズになります．

折り返しノイズは，偽信号となってあらわれ，画像としてはモアレとして現れます．モアレの生じた画像を**写真7-A**に示します．輝度信号の偽輪郭や，偽色着色といったような現象になります．

● 被写体光がナイキスト周波数以下になるように設計する

そこで，被写体の空間周波数を，センサの画素ピッチで決まる空間周波数のナイキスト周波数以下に抑える必要があります．このフィルタを光学LPFと言います．光学LPFは水晶で作られているため，水晶フィルタとも呼ばれています．光学LPFは，水晶の切り出し角度と厚みで特性が決定され，LPF特性が画素ピッチのナイキスト周波数になるように設計されます．

通常，縦，横のナイキスト周波数に対応するため複数枚のLPFを組み合わせて使用します．しかし，光学LPFは厚さがあるため，小型化には不向きです．現在，電気的にこのLPFを実現する信号処理も開発されています．

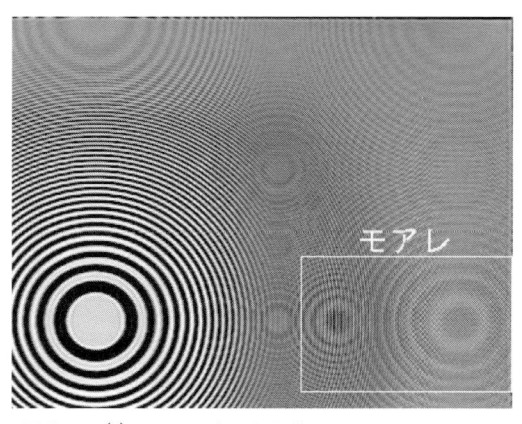

〈写真7-A〉[1] モアレの生じた画像

変化が大きいため，露光制御を滑らかにするようにゲイン・コントロール・アンプとの連動が不可欠になってきます．そのときにSN比の変化が大きくなる可能性があるので制御をくふうする必要があります．

▶ 分割測光領域を撮影場面に応じて使い分ける

　露光制御の分割測光領域は，撮影される場面に応じてさまざまな設定をしなければなりません．例えば逆光状態においては，測光領域を広く取ってしまうとアンダ露光になり，被写体が暗くなってしまいます．そのような場合は測光を狭く設定して，被写体の中心輝度平均値を測定できるように設定します．逆光状態では中心測光を行うことが多いようです．

■ ホワイト・バランス制御

● RGBの割合を均一にする

　光源の色温度によって白の被写体に対するRGB信号のバランスが異なってきます．これを補正して白を白として撮影するためのカメラ制御です．色温度は白熱電球で2800K，白めの蛍光灯で5100Kなどになっています．一般的に撮影される画像は，全画面を平均するとある一定のグレー成分になることが知られています．このことを利用して，全画面のRGB信号の平均値の比率が，

　　　$R : G : B = 1 : 1 : 1$

になるようにします．

● 制御の手順

▶ Gを基準にRとBのゲインを変える

　ホワイト・バランスの回路は，G信号を基準にR信号とB信号にゲインを乗じるようになっています．図7-16にホワイト・バランス制御時のR，Bゲインの推移を示します．光源の色温度が低い場合（赤いように見える）は，B信号に多くゲインを乗じます．また，色温度が高い場合（青いように見える）は，R信号にゲインを乗じます．

　RゲインとBゲインが交差する点をセンサのバランス色温度として，カメラ・システム上，管理対象のパラメータになります．バランス色温度は，4500K～5000K程度で設計されています．

▶ 前項の露光制御と同じように分割測光領域を設ける

　ホワイト・バランスの測光領域は，基本的に全画面ですが，露光制御と同じように分割測光を行う

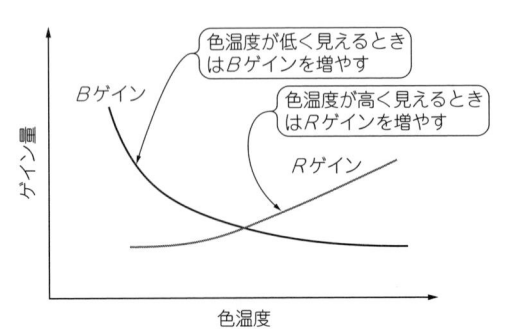

〈図7-16〉ホワイト・バランス制御時のR，Bゲインの推移

ことが一般的です．高輝度状態で，センサのRGB信号のいずれかのフォトダイオードが飽和した場合や低輝度でノイズ成分が増えたような状態では，正しく測光ができないため，そのような領域を除外して使用します．また，蛍光灯は，スペクトル状に分光が分布しているため，ホワイト・バランスが取りづらい被写体です．その際は光源を判定させて，蛍光灯用の設定を行う処理を施す場合があります．

● フォーカス制御

　フォーカス制御は，レンズの機構制御によってさまざまな方式がとられていますが，一般的には撮影された画像の情報を元に合焦点を合わせる方式と，フォーカス用の外部センサを使って距離を測量する方式に分かれます．

　ビデオ・カメラや小型ディジタル・スチル・カメラなどは，CCDイメージ・センサから読み出される信号を使った方式が多く，1眼レフ・タイプのディジタル・スチル・カメラなどは外部センサを使ったタイプが使用されています．

■ 蛍光灯フリッカ制御

　インバータ方式の高周波点灯の蛍光灯も増えてきましたが，一般的な蛍光灯はAC電源の周波数に応じて光量が変化して点灯しています．カメラ・システムにおいても光量の変化に応じて，フリッカ現象が発生します．

　CCDイメージ・センサのように面順次で読み出されるセンサは，フレーム間でのフリッカが生じ，画面全体の輝度がフレームごとに変化します．

　CMOSイメージ・センサのようにフォーカル・プレーン・シャッタを使ったセンサでは，1画面上に横じまのノイズになって見えます．

　これを防ぐために電源周波数の2倍の周波数の電子シャッタを切って撮影します．商用電源周波数が50Hzの地域であれば1/100秒，60Hzの地域であれば1/120秒の電子シャッタで撮影します．

第8章

解像感やコントラスト，
色合いや彩度などをセンサと同一チップ内で改善！

CMOSイメージ・センサ出力の信号処理

齊藤 新一郎
Shinichiro Saito

　ディジタル・スチル・カメラ（以降，デジカメ）や監視カメラに搭載されるイメージ・センサ周辺のブロック構成を示します（図8-1）．イメージ・センサを含むブロックは，その働きに応じて四つに分類できます．

　一つはレンズに代表される光学系で，次に光を電気信号に変えるイメージ・センサ，次に信号処理ブロック，そして最後に映像信号を記録または伝送するためのバックエンドのブロックです．

　一般的にカメラは，その用途に応じて求められる性能が異なります．例えば家庭用のビデオ・カメラやデジカメが，人物や風景をきれいに撮れる性能が求められるのに対して，監視カメラは暗いところでも明るく撮れるように感度やダイナミック・レンジの性能が求められます．

　求められる性能に応じてカメラ内部の4ブロックそれぞれの性能を高めることが，用途に合わせた高性能なカメラを実現することにつながります．なかでも本章で取り上げる信号処理ブロックは，カメラの画作りをつかさどる重要な役割を担っています．

　レンズが解像度や画の明るさの性能を決め，また，イメージ・センサがノイズ特性や色再現特性の性能を決めるのと同じように，画の解像感やコントラスト，色合いや彩度など，利用者の好みに合った画作りの性能を決めるのが信号処理の大きな役割です．

　業界ではイメージ・センサを提供できるメーカが限られているため，異なるカメラ・メーカが同じイメージ・センサを用いることがあります．しかし，異なる信号処理回路を用いることで，画質が大きく変わるケースがよくあります．本章ではカメラの最も重要な性能である「画質を向上させるための信号処理」について解説します．

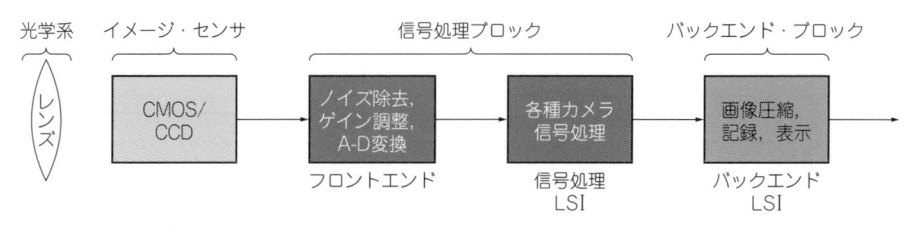

〈図8-1〉イメージ・センサ周辺の機能構成

8-1 知っておきたいセンサの開発トレンド

● ディジタル出力が主流に

　図8-2にCMOSイメージ・センサの出力方式とチップ構成の代表例を示します．主にアナログ出力方式とディジタル出力方式に分類できます．

　アナログ出力方式はディジタル信号に変換するためのフロントエンドが必要になりますが，ディジタル出力方式はフロントエンドが1チップに集積されているため，小型化，低ノイズ化で有利になります．

　低ノイズ化の理由としては，アナログ出力方式では，イメージ・センサ出力をフロントエンドに接続するための高周波信号が通る配線が必要になります．そして回路周辺で発生した電源ノイズなどがアナログの配線に重畳し，ノイズが発生しやすくなります．特にディジタル系のクロック・パルスが重畳すると，縦筋などの固定パターン・ノイズとなり，画質を低下させる要因になります．上記の理由から，今後はディジタル出力方式が主流になると考えられます．

● 列並列ADCで高速にディジタル化

　イメージ・センサの受光素子（フォトダイオード）が受けた光が，ディジタル・データに変わるまでの流れを解説します．図8-3はCMOSイメージ・センサで主流となっている列並列ADCと呼ばれる構造を示しています．

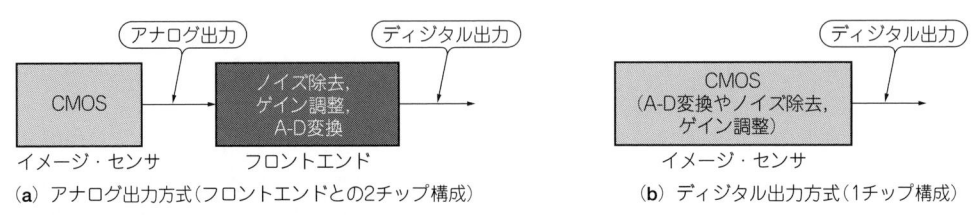

〈図8-2〉CMOSイメージ・センサの出力方式とチップ構成

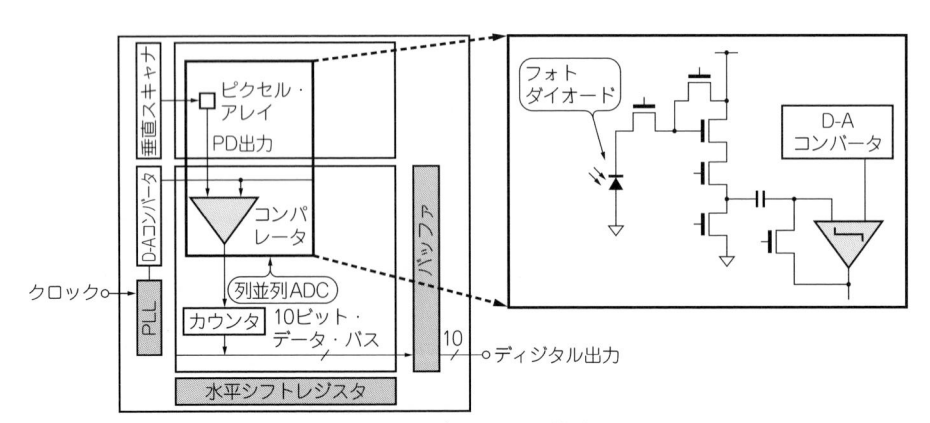

〈図8-3〉列並列ADCを搭載するCMOSイメージ・センサの構造

イメージ・センサに入射した光は，フォトダイオードで電子に変換されます．電子は読み出しトランジスタを通して列並列ADCに入力されます．列並列ADCとは，イメージ・センサの水平方向の画素と同じ数のA-D変換器を並列に並べて，1ライン分の画素信号を同時にディジタル信号に変換するA-D変換器のことです．並列に並べることで1画素当たりのA-D変換器を低い周波数で動作させられるため，高速なディジタル出力を可能にします．

● イメージ・センサと信号処理が1チップに

図8-1で示したカメラのブロックは複数のLSIで構成されています．最近では図8-4に示すようにイメージ・センサと信号処理LSIが1チップに集積されたSoC(System on Chip)と呼ばれるイメージ・センサが登場してきました．主に携帯電話やパソコン・カメラなどに用いられています．

SoCの特徴は小型化，無調整化などの使いやすさにあります．まず小型化ですが，SoCは複数のLSIが1チップで構成されるために，携帯電話など，要求されるカメラの実装サイズが限られた分野では非常に有利になります．従来カメラ・メーカは，イメージ・センサや信号処理LSIを別々に採用し，イメージ・センサの特性に合わせた画質調整を行う必要がありました．SoCの場合，供給メーカが画質調整済みLSIを提供できるので，調整コストを削減できます．今後はSoCを搭載したカメラがますます増えていくと考えられます．

8-2　センサの特性を補うための信号処理

図8-5に代表的な1チップのカメラ信号処理LSIのブロック図を示します．信号の流れに沿って各ブロックの機能を解説します．

● 欠陥補正などの前処理

信号処理全体の中では前処理に相当します．イメージ・センサの諸特性項目の中で，そのままでは画像データとして扱いにくい特性があります．

その場合，補正をかけることでその後の信号処理の画質を改善できます．代表的な補正処理の中に，欠陥補正回路，シェーディング補正回路などがあります．

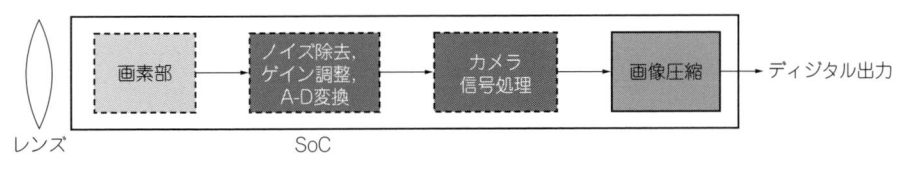

〈図8-4〉複数の信号処理を1チップに含有するSoC技術

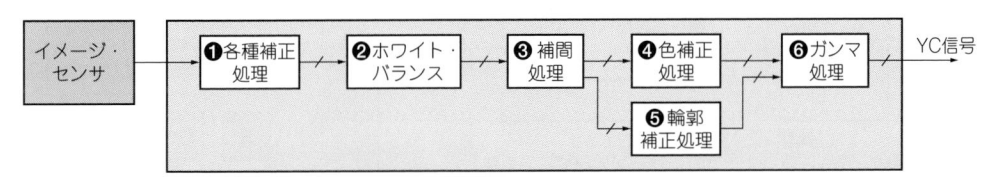

〈図8-5〉代表的な1チップのカメラ信号処理LSIのブロック図

▶欠陥補正
　イメージ・センサはアナログ素子のため，カラー・フィルタやフォトダイオードにおいて，画素特性が劣化している場合があり，そのままでは画像表示した際に黒欠陥や白欠陥となって見えるケースがあります．欠陥補正回路は発生している黒欠陥や白欠陥を補正する機能です．

▶シェーディング補正回路
　図8-6にシェーディング補正回路の機能を示します．イメージ・センサの画像の周辺部の信号出力が低下する現象（シェーディング）に対して補正を行う回路です．カメラの小型化に伴いレンズの焦点距離が短くなると，イメージ・センサの画素周辺部になるほど入射光の角度が大きくなってしまいます．それによって感度出力が低下します．
　シェーディング補正回路は，低下した信号出力に相当するゲインをイメージ・センサの出力信号に加えることで，面内を均一な出力特性に補正します．

❷ ホワイト・バランス処理
　ホワイト・バランス処理とは，イメージ・センサの分光特性を人間の視感度に合わせて補正するための回路です．イメージ・センサは一般的にRGBの三原色のカラー・フィルタを通過した入射光を光電変換して画素信号を得ます．この信号出力を処理することでカラー画像を生成します．
　イメージ・センサのカラー・フィルタは光の波長に応じた固有の分光特性を持っています．通常，映像信号の白は3原色のRGBのレベルが等しいときに人間の目には白と認識されます．従って，イメージ・センサの分光特性を人間の目に合うように補正することが必要になります．RとGとBの信号レベルが等しくなるようにゲイン補正することをホワイト・バランス処理といいます．

❸ 補間処理
　デジカメ，ビデオ・カメラで用いられるイメージ・センサの多くは，RGBベイヤー配列のカラー・フィルタで構成されています．図8-7にRGBベイヤー配列の画素構成を示します．
　補間処理は，RGBベイヤー配列の信号から，一般的な映像信号であるRGB出力（Bitmap）データを生成します．
　RGBベイヤー配列の信号は，図8-8に示すようにRAWデータと呼ばれるRGBが点順次に配列されていますが，実際モニタで表示するためには自分以外の色画素が欠落しているために，自分以外の色画

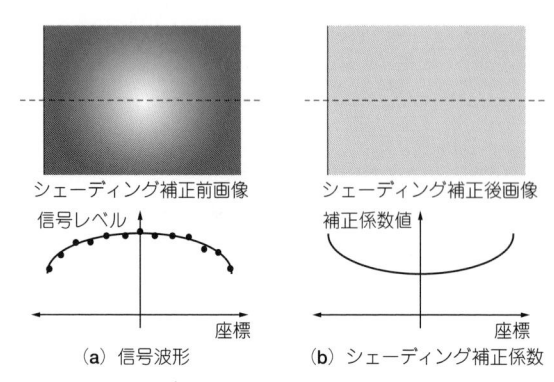

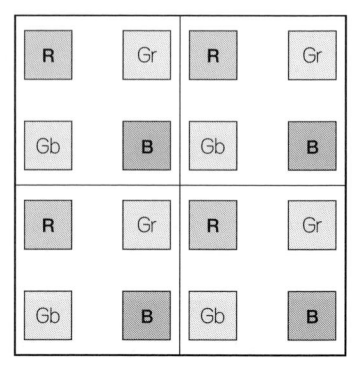

〈図8-6〉シェーディング補正回路の機能
(a) 信号波形
(b) シェーディング補正係数

〈図8-7〉RGBベイヤー配列の画素構成

素を近接画素を用いて生成する必要があります．

　補間処理は各カメラ・メーカやカメラ信号処理LSIを提供する半導体メーカのノウハウとなっているため，ここでは詳細は割愛します．興味のある読者は補間処理に関する専門書[(1)]を参照してください．

❹ 色補正処理

　色補正処理とは，イメージ・センサのカラー・フィルタが持つ分光特性を理想特性に近づける処理のことです．ホワイト・バランス処理と似ていますが，ホワイト・バランスがRGBの出力の積分結果を最適化するのに対して，色補正処理は分光特性のカーブを補正する高度な処理になります．

　図8-9は携帯電話に使用されている単板信号処理方式のCMOSイメージ・センサの分光特性の例です．RGBそれぞれの分光特性の重なり合う領域が広いと，色の分離が悪く，色再現特性が低下します．そこでイメージ・センサのRGB出力信号に電気的な補正をかけることで，分光特性の分離をよくして理想に近づけます．その手段がリニア・マトリクスと呼ばれる色補正処理になります．**図8-10**に電気的な補正手段であるリニア・マトリクスの原理式を示します．

❺ 輪郭補正処理

　輪郭補正処理とは，カメラで撮像した被写体の解像感を高めるための処理のことです．前述の補間処理だけの画像は通常，解像感が乏しくシャープさ（先鋭感）に欠けた「ねむい画」として感じられます．

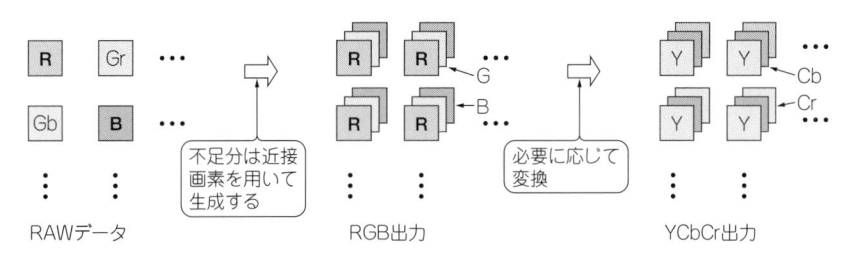

〈図8-8〉補間回路の動作
RAWデータの段階ではRGBが点順次に配列されている．実際モニタで表示するためには自分以外の色画素が欠落しているため，自分以外の色画素を近接画素を用いて生成する

R', G', B'はリニア・マトリクスの出力信号

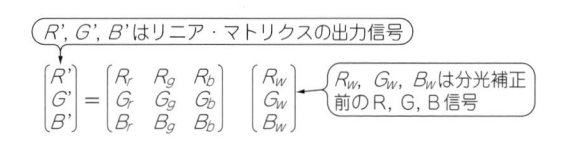

$$\begin{pmatrix} R' \\ G' \\ B' \end{pmatrix} = \begin{pmatrix} R_r & R_g & R_b \\ G_r & G_g & G_b \\ B_r & B_g & B_b \end{pmatrix} \begin{pmatrix} R_W \\ G_W \\ B_W \end{pmatrix}$$

R_W, G_W, B_Wは分光補正前のR, G, B信号

〈図8-10〉電気的な補正手段であるリニア・マトリクスの原理式

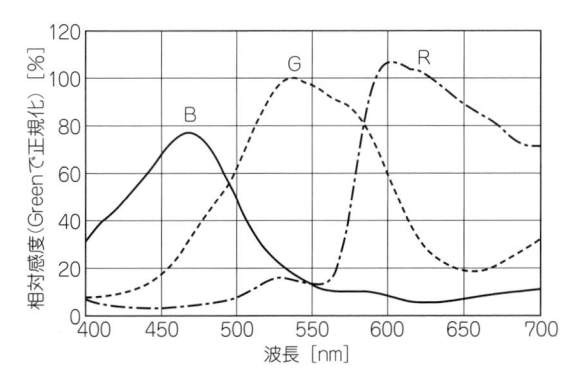

〈図8-9〉携帯電話に使用されている単板信号処理方式のCMOSイメージ・センサの分光特性の例

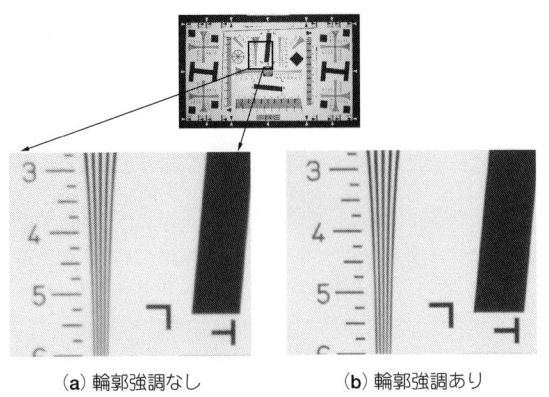

〈図8-11〉輪郭補正処理をかける前と，かけた後の画像の違い
(a) 輪郭強調なし　(b) 輪郭強調あり

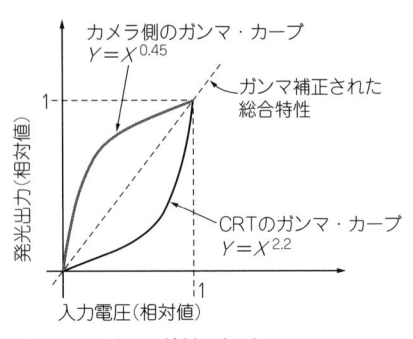

〈図8-12〉ガンマ特性の概略

このため被写体の輪郭部分を強調した信号を生成して元信号に重ねることで，シャープさを強調する処理が行われます．この処理を輪郭補正処理と呼びます．画質を左右する重要な補正処理の一つです．

図8-11に輪郭補正処理をかける前と，かけた後の画像の違いを示します．輪郭補正処理後の画像の輪郭がシャープであることが分かります．

❻ ガンマ処理

ガンマ補正処理とは，従来CRT(Cathode Ray Tube)方式のディスプレイが主流だったころ，ディスプレイの非線形な入出力特性を補正するために，カメラ側で行っていた補正処理のことです．本来，ディスプレイの非線形特性が理由なので，ディスプレイ側で補正するのが正論ですが，放送局側のカメラに補正処理として入れることで，数千万台と市場に出回るディスプレイに補正処理を入れずに済みます．ディスプレイのコストが安くて済むため，カメラ側で処理していました．

お気付きのように昨今，ディスプレイは液晶やプラズマに代わっており，前述のガンマ特性を考慮する必要はなくなりました．しかし放送方式であるNTSCやHDTV方式がCRT方式のディスプレイを前提に作られた規格のために，継承性を守るべくガンマ処理が行われています．図8-12にガンマ特性の概略を示します．

8-3　カメラの性能を向上させる信号処理

本章ではカメラの生命線である画質に関して，特にカメラ信号処理回路による改善技術について解説します．カメラ信号処理に関する専門書については参考文献(2)があります．数式を用いて定量的に解説してありますので興味のある読者は参照してください．

● 明るさ，ダイナミック・レンジを改善する信号処理
▶ダイナミック・レンジはダイヤグラムで設定

人間がデジカメのプリント画像やハイビジョン液晶ディスプレイの映像を見たときにきれいと感じるのは，たいてい，映った被写体の画像が明るく，めりはりを感じるときです．前者の明るさがカメ

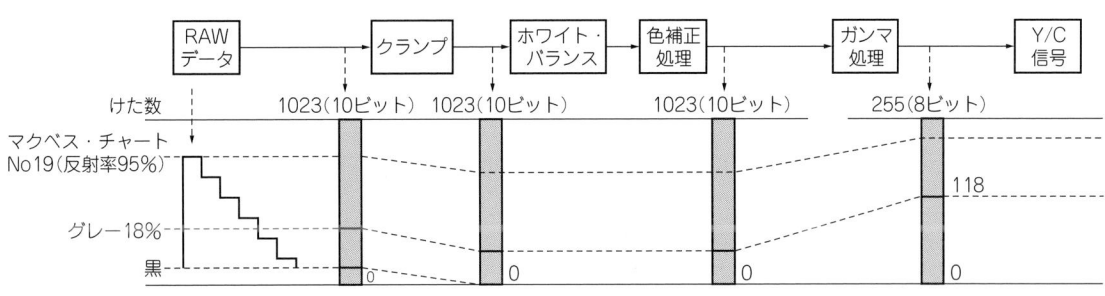

〈図8-13〉カメラ信号処理のレベル・ダイヤグラム

ラの感度に相当し，後者のめりはりがダイナミック・レンジに相当します．

図8-13にカメラ信号処理のレベル・ダイヤグラムを示します．レベル・ダイヤグラムとは，前述のカメラの明るさとダイナミック・レンジの値を設定する際に用いる信号処理回路の信号レベルの遷移図です．これは鉄道のダイヤグラムに似ており，ダイヤグラムをいかに効率良く設定するかでカメラの良し悪しが決まります．

デジカメは一般的に最適な露光条件の画像の場合，グレーの平均レベルが18％になることが経験的に分かっています．図8-13に示したレベル・ダイヤグラムの例では，入力のグレー18％がディジタル出力基準レベルの118になることが分かります．このレベル・ダイヤグラムの基準はCIPA（一般社団法人カメラ映像機器工業会）のISO感度として標準化されています．CIPAについては参考文献(3)を参照してください．

▶明るさはガンマ・カーブの傾きで調整

明るさやダイナミック・レンジを決めるもう一つの要素がガンマ・カーブです．図8-14は筆者らがイメージ・センサの画像評価のために用いているガンマ・カーブの一例です．

ガンマ・カーブは入力レベル0近辺での入出力特性の傾きが最大となります．言い換えるとガンマ・カーブの横軸と縦軸の長さを同じにして書き，原点を通る漸近線を書き加えます．この漸近線の傾きをイニシャル・ゲインと言いますが，この傾きは実は信号にゲインがかかっていることと等価になります．

ガンマ・カーブの傾きを大きくすると明るい画像を作ることが可能になりますが，ノイズも同じように増大するので適度な傾きを与えることが重要です．またガンマ・カーブのもう一つの機能として，データ圧縮があります．これは図8-14に示すように入出力特性に非線形性を持たせることで，標準領域の出力は語長を増やし，Knee領域の出力は語長を減らすことで10ビットから8ビットへのデータ圧縮を視感度に合わせて効率良く行えます．

● 解像度を改善する信号処理

解像度はカメラの総合的な周波数帯域の設計を反映した結果です．

一般的に解像度はイメージ・センサの画素数で決定されると思われがちですが，カメラの解像度は画素数だけではなく，被写体の画像情報がイメージ・センサに入力されて以降，空間周波数としてとらえることが基本です．

第8章 CMOSイメージ・センサ出力の信号処理

イメージ・センサの空間周波数とは，イメージ・センサの画素サイズをP_xとして，P_xの逆数を1に正規化して周波数として定量化したものです．図8-15に空間周波数の概念を示します．また図8-16にカメラの各ブロックにおける空間周波数の遷移を示します．各ブロックの機能を簡単に解説します．

▶レンズの周波数特性と光学フィルタ

レンズの周波数特性はMTF（Modulation Transfer Function）と呼ばれ，1mm当たり何本の白黒の繰り返しパターンーンが解像できるかを定量的に測定します．

光学ロー・パス・フィルタ（Optical Low Pass Filter，以降OLPF）は，センサをディジタル的に見ると，2次元のサンプリング素子のため，折り返しノイズを低減するためのプリフィルタとしての役目を持ちます．OLPFの設計はレンズのMTFを前提として，空間周波数に対する減衰特性を定量化することで実現できます．

近年ではデジカメや携帯電話など，イメージ・センサの画素サイズの微細化に伴い，レンズのMTF

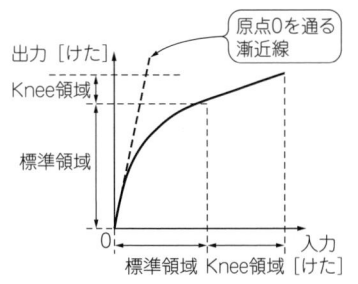

〈図8-14〉筆者らがイメージ・センサの画像評価のために用いているガンマ・カーブの一例

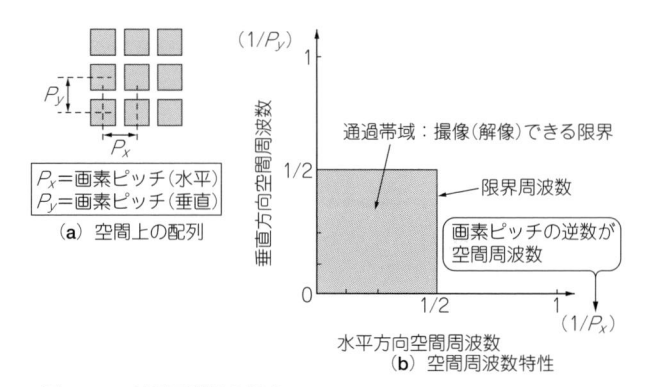

〈図8-15〉空間周波数の概念

イメージ・センサの空間周波数とは，イメージ・センサの画素サイズをP_xとして，P_xの逆数を1に正規化して周波数として定量化したもの

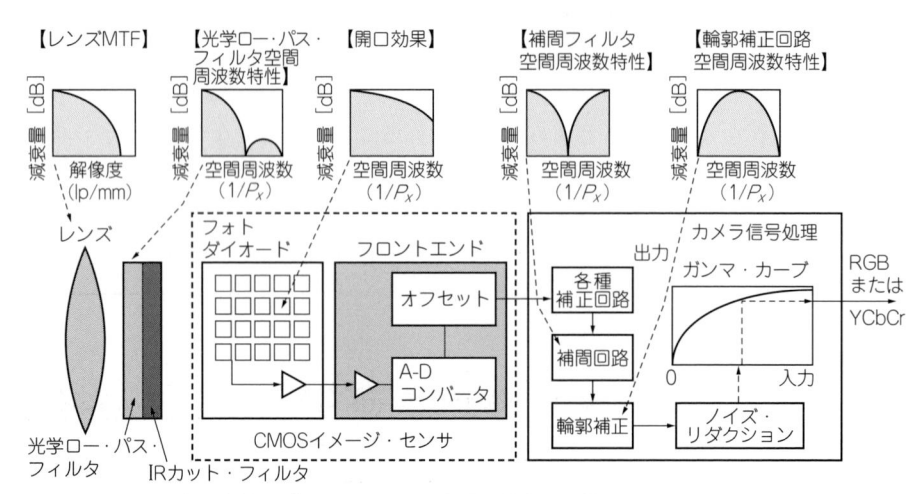

〈図8-16〉カメラ内の各機能ブロックにおける空間周波数の遷移

8-3 カメラの性能を向上させる信号処理　145

〈図8-17〉カメラの空間周波数特性は，各ブロックの周波数特性の掛け算で決まる

［レンズMTF］ × ［開口効果］ × ［補間フィルタ］ × ［輪郭強調］ ＝ ［カメラの空間周波数］

が解像限界に近づいているためにOLPFは搭載しないケースが多くなっています．その場合はOLPFの特性を考慮する必要はありません．
▶開口効果
　開口効果とは，センサの開口面積が空間周波数特性に与える影響のことを指します．一般的に開口面積の割合が大きいほど，空間周波数に対するロー・パス・フィルタの効果が大きくなります．
▶補正・補間回路
　最後にカメラ信号処理内部の補間回路です．一般的にはロー・パス・フィルタとして近似でき，また輪郭補正回路などはバンド・パス・フィルタとして近似できます．その周波数特性は，ディジタル・フィルタの周波数特性として計算できます．
　カメラの空間周波数特性は，各ブロックの周波数特性の掛け算で決まります（**図8-17**）．従って各ブロックがどれか一つでも欠けると，カメラの空間周波数は低下してしまうので，カメラの解像度を改善するにはイメージ・センサの画素数を増やす以外に，カメラを構成する各ブロックの空間周波数特性を改善することが必要です．計算の詳細について興味のある方は参考文献（4）を参照してください．

● ノイズを低減するカメラ信号処理
　イメージ・センサはカメラの入力デバイスであり，画質を左右するキー・デバイスです．そのぶんイメージ・センサで発生したノイズは，カメラの画質に対して大きな影響を与えます．従ってカメラの画質を改善するためには，イメージ・センサで発生したノイズを効率良く除去するノイズ・リダクション技術が重要になってきます．ここではイメージ・センサで代表的なノイズであるランダム・ノイズと固定パターン・ノイズについて，それを除去する技術を解説します．
▶ランダム・ノイズ
　まず，イメージ・センサのランダム・ノイズで代表的なノイズが，フォトダイオードで光電変換された電子の数に依存して大きくなる光ショット・ノイズです．光ショット・ノイズは，時間的，かつ空間的に相関のないノイズであるため，電気的なロー・パス・フィルタで除去するのが一般的です．
　図8-18に代表的なノイズ・リダクション回路を示します．単純なロー・パス・フィルタでは，被写体のエッジのような高い空間周波数まで落としてしまうので，エッジ部を検出して，エッジ部にはロー・パス・フィルタをかけないような技術が一般的です．
▶固定パターン・ノイズ
　次にイメージ・センサの固定パターン・ノイズの事例について解説します．
　固定パターン・ノイズの代表的な事例には，前述の白欠陥や黒欠陥があり，その補正回路について述べました．ここでは白欠陥や黒欠陥のノイズ以外に，カラー・フィルタのベイヤー配列で発生しやすいGrGb出力差に起因するノイズについて解説します．
　イメージ・センサのカラー・フィルタにおいて，入射光が隣接画素に漏れ込む現象を混色（**図8-19**），またはクロストークと呼びますが，この混色がGrGb出力差に起因するノイズを引き起こします．例え

〈図8-18〉
代表的なノイズ・リダクション回路
単純なロー・パス・フィルタでは，被写体のエッジのような高い空間周波数まで落としてしまうので，エッジ部を検出して，エッジ部にはロー・パス・フィルタをかけないようにする

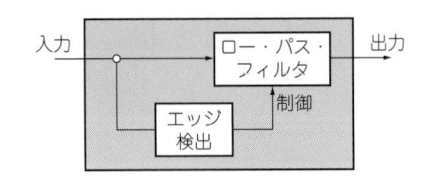

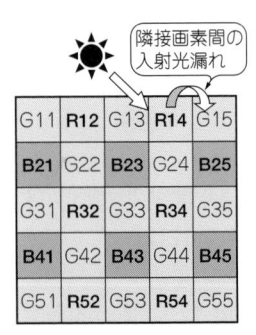

〈図8-19〉混色の発生は隣接画素間の光漏れで生ずる

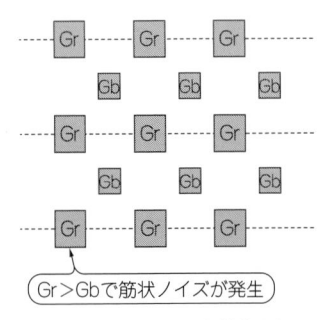

〈図8-20〉GrGb出力差起因ノイズは固定の筋状ノイズとなって見えてしまう

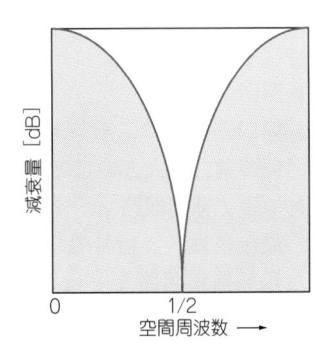

〈図8-21〉GrGb出力差ノイズ除去のためのフィルタのトラップ特性

ば赤色の空間周波数の低い（変化のない）被写体を撮像した場合，R画素の隣のGr画素が，混色の影響によってB画素の隣のGb画素よりもレベルが大きくなるケースがあります．その場合，図8-20のようにGr画素の信号レベルがGb画素よりも大きくなり，これが映像信号としては固定の筋状ノイズとなって見えてしまいます．このような筋状のノイズは，ランダム・ノイズの除去に用いられているロー・パス・フィルタで除去することは困難です．

GrGb出力差起因ノイズの特徴は，空間周波数上でナイキスト周波数にピークを持つ性質があるため，このナイキスト周波数をトラップするようなフィルタを実装することで除去が可能になります．図8-21にフィルタのトラップ特性を示します．ナイキスト周波数のトラップ技術は，各カメラ・メーカやDSPメーカのノウハウとなっています．

● 色再現を改善する技術

色再現特性を改善する技術について解説します．一般的にカメラで撮った画像がきれいと感じるのは，「色が鮮やか」，「色がくっきり」などといった言葉に代表されるように，画質にとって非常に重要な要素です．特に動画では1985年に8mmビデオ・カメラが商品化され，また静止画では1995年にデジカメが商品化されて以来，色再現特性を改善するためにさまざまな取り組みがなされてきました．

イメージ・センサの性能の中で色再現特性を左右するのが色を作り出すためのカラー・フィルタです．カラー・フィルタの性能は大きく分けて，原色/補色に代表されるいわゆる色そのものと，複数の色をどのように並べるかに代表される色配列の技術に分けられます．

図8-22にデジカメや監視カメラなどに利用されている各種カラー・フィルタの方式を示します．1980年代は，ビデオ・カメラの生命線である暗い環境（例えば結婚式のキャンドル・サービス）でも撮れるようにするため，補色タイプのカラー・フィルタが主流でした．補色フィルタは特に感度が重視

色	カラー・フィルタ配列	特徴	主な用途
原色コーディング	原色ベイヤー配列（R G / G B）	◎色再現性 △感度	・デジカメ ・携帯電話 ・ビデオ・カメラ
補色コーディング	補色市松配列（Mg G Mg G / Cy Ye Cy Ye / G Mg / Cy Ye）	◎感度 △色再現性	・監視カメラ ・ビデオ・カメラ
3板	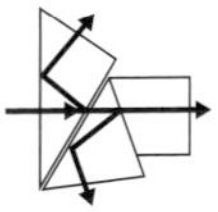 プリズム＋ダイクロック・フィルタ＋センサ3板	◎色再現性 ◎感度	・民生用高級ビデオ・カメラ ・放送局カメラ

〈図8-22〉カメラに利用される各種カラー・フィルタ方式

される監視カメラでは一貫して使われています．その後1990年代はデジカメが普及し，暗いところの性能よりも，明るいところで色がきれいに撮れるようにするための原色フィルタが主流になり，デジカメは今でも原色フィルタが主流です．

原色フィルタの信号処理方式の画質改善については，前述のリニア・マトリクス回路が主な手段になります．リニア・マトリクス回路はカメラの色相や飽和度を改善できますが，色ノイズを増大させるため，リニア・マトリクス回路の係数値を最適化する技術が各カメラ・メーカやDSPメーカのノウハウとなっています．

第9章

顔検出や動き検出などで撮影技術を自動的に向上させる

きれいな写真を撮影するための画像処理

清 恭二郎
Kyojiro Sei

　第8章までで，イメージ・センサはどのように光を取り込み，その光をどのように処理することによってディジタル画像にするかについて述べました．

　本章ではその基本機能の上に，カメラ・システムとして完成度の高い画をいかにして作成するかという点について説明していきます．

9-1　デジカメに欠かせない画像処理

● カメラの画質を決める重要な五つの要素

　一般的に良い画質に必要な要素として，以下のような5項目があります．

1．解像度（焦点）
2．明るさ（絞り）
3．色再現性
4．感度
5．コントラスト

　デジカメやビデオ・カメラの画像を決定付ける基本機能として，自動焦点（Auto Forcus，以降AF），自動絞り（Auto Exposure，以降AE），自動白バランス（Auto White Balance，以降AWB）がありますが，まさに上記の要素を決定付ける重要な機能と言えるでしょう．

　これらの機能はデジカメ初期のころから持っていた基本機能ですが，最近ではこれらをよりインテリジェントに処理する方法が提案されてきました．例えば，顔を検出することによって，その顔に最適な設定を自動的に行うことや，狙った対象物を自動的に追尾することができるようになってきました．

　感度も画質を決める重要な要素ですが，この感度は通常ISO番号によって表現します．ほんの数年前まではISO800までだったものが，最近ではISO12800対応とうたっているコンパクト・デジカメまで登場しています．絞り値で四つ分の差があることになり，大変な感度向上ですが，これはひとえにノイズ・リダクションの性能が過去に比べて飛躍的に進歩したためにほかなりません．

　さらにデジカメが銀塩カメラとよく比較される項目としてダイナミック・レンジが挙げられます．

センサが持つこの潜在的な問題点を補う信号処理も提案されつつあります．
　このように単にセンサからの信号を正確にディジタル信号にするという基本機能だけでなく，画像処理による自動化のおかげで，より失敗のない写真を撮る技術が開発されてきています．

● 焦点，絞り，白バランスの適正値の決め方
　良い画を撮るために，AF，AE，AWBを適正に合わせることは非常に重要です．古いフィルム・カメラの時代にはすべてマニュアルで設定していたため，撮影者の勘と経験が勝負の世界でした．
　デジカメでは，これらは取り込んだ画像をディジタル的に解析することによって適正値を決めています．従って誰でも比較的簡単に良い画が撮影できるようになっています．この技術は取り込んだ1枚の画像を**図9-1**に示すようにいくつかのブロックに分けて，その輝度情報や色情報の統計を利用しています．
　例えばAWBの場合，RGBの三原色のそれぞれの強さをブロックごとに測定し，それに基づいてRGBそれぞれの色のバランスを決定しています．また，AEはブロックごとに輝度の強さを測り，それを全体から判断してレンズの絞りを決定しています．
　AFはレンズを動かしてフォーカスが一番合ったところを探すことになります．これはフォーカスが変わっていくにつれてその周波数特性が変化していく（フォーカスが合うと高周波成分が増える）特性を利用して判断します．これもブロック単位で解析することにより，どの場所のフォーカスを合わせるかを調整できます．

● カメラが状況を判断できれば失敗が減る
　最近になってさらにインテリジェントに行う技術が各社から発表されています．
　これは取り込んだ画像の内容を判断し，その中身に最適化した画作りを自動的に行う技術で，現在発表されている中で代表的なものとして，以下のような技術が挙げられます．
1，顔検出，顔認識とその応用
2，動き検出・自動追尾
3，シーン検出

〈図9-1〉AF，AE，AWBは画像を複数ブロックに分けて輝度や色の統計から処理する

一般のデジカメ・ユーザが撮る写真の大半には顔が含まれている，との統計があります．その顔にまつわる技術がデジカメおよびビデオ・カメラのメーカから発表され続けています．

顔をきれいに撮ることは，つまり良い写真を撮ることにつながります．また，入力画像の動きを解析できれば，各種条件を設定する際に有力な情報源になるでしょう．

シーン検出も同じです．もし，今撮っているシーンは風景であるとか，接写しようとしているとか，あるいは逆光状態になっているとかを人が介在しなくてもカメラが勝手に判断できれば，より失敗のない写真を撮れます．

9-2 顔検出

● 適正な明るさに肌色を調整

顔が検出できるようになると，その顔に最適な条件を見つけることが容易になります．なぜなら，その顔に焦点を合わせ，適正な明るさにして肌色を調整できるからです．

例えば風景の中で人を隅に立たせて写真を撮る場合，そのままでは人に焦点が合いません．そのため，フォーカス・ロックと称して半押しした状態でカメラをスライドさせて画角を合わせ，シャッタを押すという経験をした人も多いと思います．顔を検出できれば，顔が画面のどこにあってもその顔に焦点を自動的に合わせることができます．顔検出によってAFをさらに賢くすることができた例です．

また，逆光で人物を撮るときにオートではうまくいかなくて苦労した人もいると思います．これも顔検出ができることで，顔に最適化した露出を選ぶことが自動的にできるようになります．これは顔検出によってAEを賢くさせた例でしょう．

さらに，フラッシュなどの複雑な光源下において，自然な肌色表現が困難なことはよくありますが，顔検出によって積極的に顔の肌色を調整できます．AWBへの応用となります．

● 顔の検出アルゴリズム

このように顔検出ができるようになって便利な機能が増えたデジカメですが，この顔検出機能はどのようにして顔を検出しているのでしょうか．顔検出の基本原理を紹介します．

顔検出は，画面の中から任意に切り出したブロックの中に，そのブロックの大きさに合った顔が存在するか否かで判別します．この判別には，2001年にPaul Violaらによって提案されたアルゴリズム[1]を基本とするのが一般的と見られます．

このアルゴリズムは大きく二つの処理に分かれます．一つはたくさんの顔画像と非顔画像をある基準に従って学習させ，識別用のデータベースを作ること，二つ目はそのデータベースを用いて実際に顔の識別を行うことです．

▶ Haar-like feature

さて，どのようにして実際の識別を行うのでしょうか．Violaらは，Haar-like featureと呼ばれる特徴の要素を使うことを提案しています．Haar-like featureとは，明暗の差を抽出するためのいくつかの長方形の組み合わせで成り立っています．

図9-2で3通りの例を挙げました．この長方形の組み合わせ（識別器）を，判定すべきブロックに対して大きさと位置を特定して重ね合わせ，それぞれの長方形の明暗の差を元に顔の識別をします．

図9-2(a)ではほおは目よりも明るい，(b)ではみけんは目よりも明るい，(c)ではほおは鼻より明る

いという人間の顔本来の性質を示しています．この例に挙げた3種類の特徴は有効な識別器になることが分かります．

図9-3でこれら三つの特徴からどのように顔と非顔を判断しているかを図示しました．例えば直線①において，特徴（a）を調べる識別器はその右側により顔らしいと思える集合を配置しました．また，直線②は特徴（b）を，直線③は特徴（c）を調べ，三つの識別器がともに顔らしい，と判定したものを最終的に顔と判断する，とします．

▶AdaBoost

実際の識別器は数百個からなり，これをカスケードに処理することにより顔検出を行います．どのような「特徴」を使用すべきかは，ViolaらによってAdaBoostと呼ばれる手法が提案されています．図9-2のように長方形の組み合わせやその大きさ，位置を，図9-4のような多数の顔画像群と非顔画像群から学習することによって決定しています．

（a）ほおは目よりも明るい　　（b）みけんは目よりも明るい　　（c）ほおは鼻より明るい

〈図9-2〉明暗の差を抽出するためいくつかの長方形を組み合わせるHaar-like feature

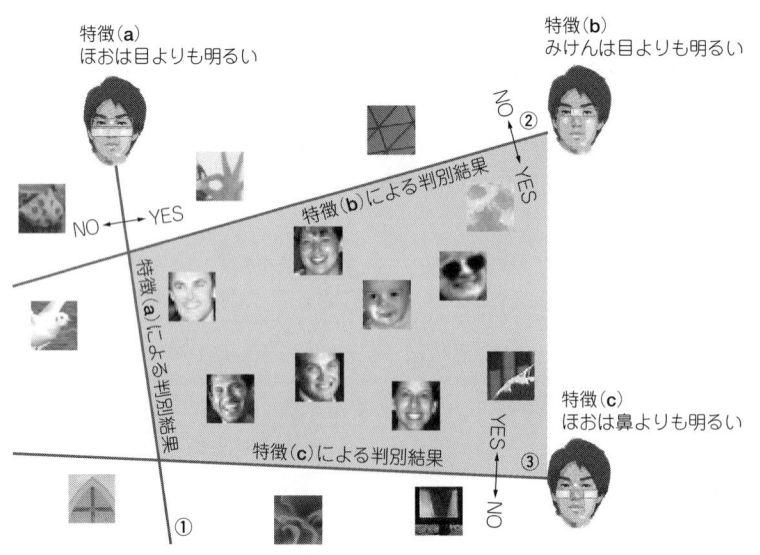

〈図9-3〉顔か顔でないかを特徴により識別した例
図9-2で示した特徴から識別した

学習によって複数の識別器で構成されたデータベースができると，それを利用して顔検出を行います．実際の画像において，顔はその数，場所，大きさも違います．そこで，画像全体から対象となる特定のサイズのブロックを上下左右1ピクセルごとに動かしながら切り出し，それぞれを識別器にかけることによって検出します．また，識別器の大きさを変えることによって，さまざまな大きさの顔にも対応できるようになります．

ところで，撮影された顔は必ずしも正面を向いているとは限りません．傾いていたり横を向いていたりすることも考えられます．このように傾きや向きがあった場合，上記で作成された顔識別器によるデータベースは使えるのでしょうか．

例えば図9-2(a)は，ほおは目よりも明るい，ということから有効とされたのですが，顔が傾いていたらこの特徴については，もはやその仮定が成立しなくなります．横向きなども同じことがいえます．この場合，その傾きや向きに合わせた学習を再度やり直す必要が出てきます．ただし，あまりたくさんのデータベースを構成すると，判別するスピードが犠牲になるため，目的に応じて最良の仕様を決めていく必要があります．

● **具体的な処理回路作成のヒント**

顔検出機能の実装は，ファームウェアですべて処理する，専用ハードウェアを起こす，あるいはその混合にするなどの手段があります．これは各社によって違っているようです．

いずれにしても図9-5で示したようにさまざまな大きさの顔に対応するための縮小器，インテグラル・イメージと呼ばれる識別演算を高速に行うための特殊な画像の生成器，そして識別器部分に分かれます(図9-6)．ハードウェアで実現する場合，識別器を並列に持つことによって目的に応じて高速化が図れます．

● **顔検出の発展型…笑顔や目のつぶりを検出**

顔検出の基本的なしくみをお話してきましたが，今やこの機能はほとんどのデジカメに入っています．そこで各社とも，この顔検出をより発展させた機能を投入してきています．

代表的な例は笑顔を検出して自動的にシャッタを押す機能でしょう．笑いの程度を測ることも一部で可能になっています．大人・子供の区別をする技術も発表されています．また，人物を撮ったときにその人が目をつぶっていた場合，それを検知して再度撮ることを促したり，さらにはフラッシュに

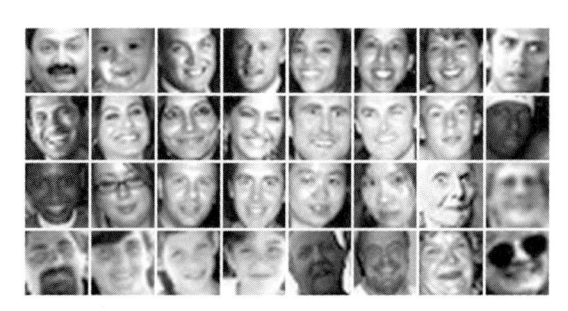

(a) 顔画像　　　　　　　　　　　　(b) 非顔画像

〈図9-4〉顔画像と顔でない画像の例

〈図9-5〉検出窓の大きさで見つかる顔と見つからない顔がある
窓の大きさを変えて検索を繰り返す

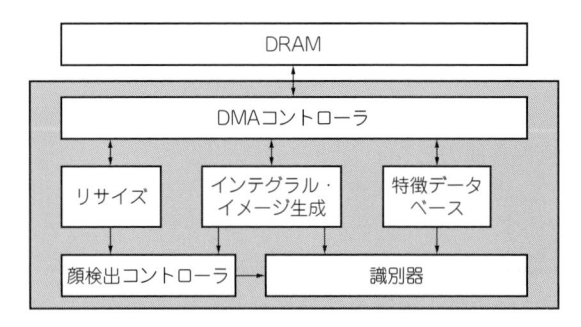

〈図9-6〉
顔検出のブロック図

よる赤眼を補正したりすることも可能になってました．
　これらの機能は，画像を取り込んで記録する前に自動的に処理してしまうプリプロセス型と，一度取り込んだ画像を解析してから処理をするポストプロセス型に分けることができます．これはその機能の必要性，実用処理スピード，さらにはその機能の精度などによって決められています．
　現在，一部のデジカメでは検出だけでなく，個人識別までできるようになりました．

9-3　動き検出

　動きに対する画像処理技術はどうなっているのでしょうか．ビデオ・カメラだけでなく，デジカメにおいても動きを検出することは非常に重要になっています．

● 全体の動きを表すGMVと部分の動きを表すLMV

　動き検出は大きく2種類に分けられます．一つはグローバル・モーション・ベクトル（GMV）と呼ばれ，画面全体の動きを表し，パンニングや手振れの検出などに使われます．
　もう一つはローカル・モーション・ベクトル（LMV）と呼ばれ，画面内の部分の動きをそれぞれ小さなブロックに分けて表し，MPEGなど動画圧縮における動き予測，あるいはオブジェクト追跡に使われます．
　GMVは加速度（G）センサを用いれば容易ですが，求められた多数のLMVから解析して，一つのGMVを求めることもできます．この場合，加速度センサが不要になるため，コストを抑えられます．

● ビデオ・カメラの手ぶれ補正に利用できる

　この動き検出技術はどのように高画質化に役立つのでしょうか．よく知られたビデオ・カメラにおける手振れ補正は，この技術を直接利用しています．

　現在のフレームと直前のフレーム間で動き検出を行い，画面全体がどこにどれだけ動いたかを求めた後に，それに応じて入力画像を切り出します．これが手振れ補正の基本ですが，パンニングとどう区別するかなど課題は多数あります．解決方法は各社のノウハウです．

● シャッタ・スピードの自動設定に利用できる

　静止画においても動き検出は，高画質化に重要な要素となりつつあります．カメラをオートに設定していた場合，絞りとシャッタ・スピードはカメラ側で自動的に設定されます．このとき被写体に動きがあるか否かは重要な要素です．例えば注目している被写体に動きが検出された場合，それを考慮してシャッタ・スピードは決められるべきです．

　従来はこのようなとき，シャッタ優先モードでそのスピードを固定させるという専門的なテクニックが必要でした．しかし最近のデジカメでは，この動き検出のおかげでフルオートでも対応できるようになり，失敗の少ない写真が撮れるようになりました．

● 物体の自動追尾に利用できる

　さらに積極的に物体の自動追尾に応用することも可能です．ビデオ・カメラやデジカメの中で自動追尾ができると，画面の中の特定の物体を常に追い続け，その物体に合わせて焦点や絞り，色調節を最適化できます．

　前述した顔の検出・認識と組み合わせると，特定の人物に最適な条件を自動的に設定して，いつまでも追い続けるなども夢ではなくなります．

● 動きの検出アルゴリズム

　動き検出はどのようにして実現しているのか，MPEGの場合を例に紹介します[2]．

　動き検出は1枚の画面を16×16画素のマクロブロック（以降，MB）に分割して，それぞれのMBが参照画像のどの位置から移動したのかを探索します．LMVとは，そのMBごとの移動を一つの動きベクトルで表現することを言います．これには膨大な演算が必要とされ，通常ハードウェアで処理されます．このとき，このLMVを求める手法は多くの種類がありますが，このアルゴリズムの違いにより，その精度は大きく影響を受けます．

　LMVは，対象画像のMBと参照画像の任意の位置の16×16画素データとの，画素ごとの差分絶対値の総和（SAD：Sum of Absolute Differences）をとり，その最小値を探索することで求まります．この際に，参照画面内全体を全探索するとよいかもしれませんが，あまりにも膨大な計算量になるため，効果的な探索アルゴリズムを検討したり探索範囲を制限したりして，演算を最適化しています．

▶3ステップ・サーチ

　図9-7に3ステップ・サーチと呼ばれるよく知られた簡素化探索アルゴリズムを示します．3ステップとは，3段階の階層に分けて探索を行う手法で，(a)ではまず対象画像のあるMBと同じ座標に存在する参照画像のMBを(0, 0)として，それを中心に±4画素ずらした九つのMBを選び，SADの結果から一番関連がありそうな一つが決められます．

(b)では，(a)で選んだ座標のMBを中心にして，今度は±2画素の範囲内の九つのMBから選び，(c)で最後に±1画素の範囲で探索してLMVを決定します．

▶サーチのアルゴリズムによる違い

探索アルゴリズムは過去，いろいろと研究されてきましたが，計算量と精度は各アルゴリズムによって大きく違います．**写真9-1**にアルゴリズムの差による精度の違いを示しました．(a)の元画像に対し，(b)は3ステップ・サーチ，(c)はダイヤモンド・サーチと言われるアルゴリズムの結果です．**写真9-1(b)，(c)**中の白い矢印上の印はMB単位のLMVを図示したものです．自転車に乗っている子供を単にパンニングして撮っただけです．(b)は検出したベクトルが不安定ですが，(c)はかなり正確に動きを捕らえています．

● 具体的な処理回路作成のヒント

図9-8は動き検出を実現するハードウェアのブロック図です．この処理はセンサから入力される画像をリアルタイムに処理しなければなりません．かつ，その演算量は各ブロックごとにSAD計算を探索

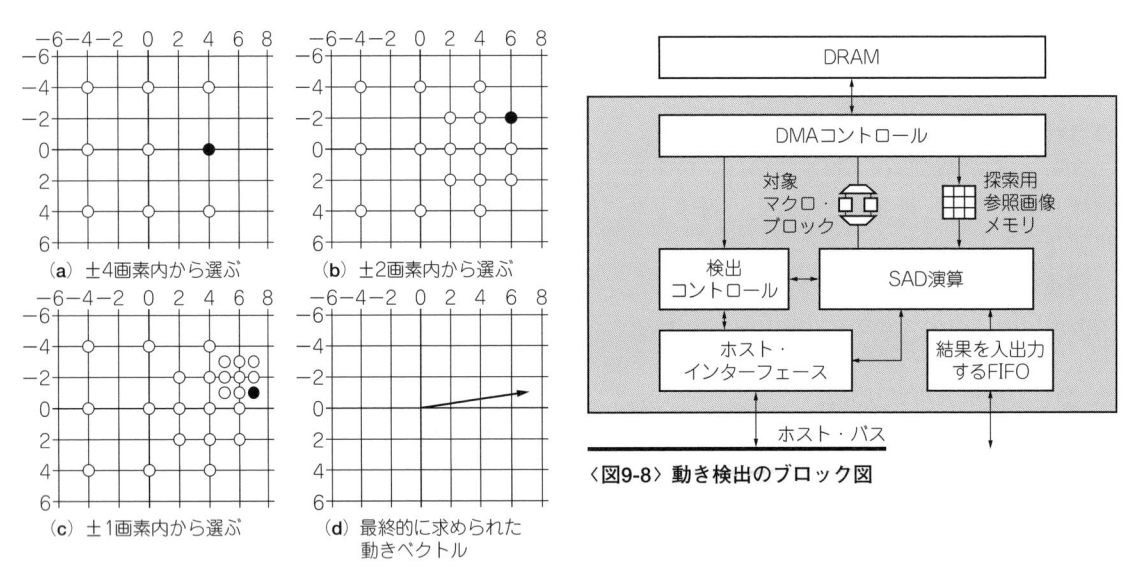

(a) ±4画素内から選ぶ
(b) ±2画素内から選ぶ
(c) ±1画素内から選ぶ
(d) 最終的に求められた動きベクトル

〈図9-7〉3ステップ・サーチのアルゴリズム

〈図9-8〉動き検出のブロック図

(a) 元画像
(b) 3ステップ・サーチ
(c) ダイヤモンド・サーチ

〈写真9-1〉サーチ結果のアルゴリズムによる違い

範囲内全体に対して行わなければならず，膨大な計算量になります．そのため多くの場合は専用ハードウェアを設計して最適化を図っています．

なお，GMVは複数のLMVから特異点を除いた残りの平均をとるなどによって求められます．

9-4　複数の画像を使ってきれいな1枚を作る

　一連の画像処理エンジンの上で，いかにして完成度の高い画を作成するか，という点について述べてきました．センサから1枚の画像をいかにして最良の状態で取り込み，取り込んだ画像をいかにして最善の方法で処理するかを見つけることは，デジカメ開発にかかわるすべての技術者にとって最大の課題です．ここで別の角度から高画質化を検討することにします．

　通常は1枚の画を得るためには1枚の画像を取り込んで処理をします．しかし，ディジタル処理の利点を生かせば，複数枚の画像を取り込んで，そこから1枚の画を生成することも可能となります．ここでは，最近特に携帯電話のカメラ機能で使われることが目立ってきたMulti-Exposure（以降，MEP）技術について述べていきます．

　MEP技術とは，連写機能を利用して1回のシャッタで瞬時に複数の画像を取り込み，その目的に応じたディジタル処理を施すことを指します．これを採用することによって期待できる画質改善の中で，代表的なものは以下の二つでしょう．

- ノイズ削減
- ダイナミック・レンジ拡大

これらについて以下に説明します．

● ノイズを低減できる

　まず，暗い場所で撮影するとき，光量不足を補うために通常はシャッタ・スピードを遅くします．遅くした場合，手持ちで撮影すれば手振れのためにぼけた画像になってしまう恐れがあります．

　ぼけを回避するにはシャッタ・スピードを速くして，光量不足はディジタル的にゲインを上げてやる必要が出てきますが，この場合はゲインとともにノイズも増えてしまいます．そこでノイズ・リダクションをしなければなりませんが，限界はありますし画質も落ちてしまいます．

▶元画像…ぼけが生じている

　写真9-2にその実例を示しました．（a）はISO感度を100に設定したためにノイズの少ない画が得られていますが，そのためにシャッタ・スピードが0.5秒になり，顕著なぼけが発生しています．

▶シャッタ速度は短縮したがノイズが多い画像

　写真9-2(b)においては，光量不足をISO感度を上げることで補っているために，シャッタ・スピードを短くでき，ぼけのない画となりました．しかしゲインが上がったためにノイズだらけの画になっています．

　何とかこの問題を解決する方法はないのでしょうか．従来だと三脚を使うこと以外には考えられませんでしたが，MEP技術を使うことによってかなり改善できることが分かっています．

▶平均化しノイズを除去した画像

　まず，手振れを発生させない程度のシャッタ・スピードで連写します．この複数の画像は同じ内容とした場合，ノイズはそれぞれの画像間で相関はないので，単純に平均化すればゲインを上げ，ノイ

第9章 きれいな写真を撮影するための画像処理

(a) ISO感度100，シャッタ速度0.5 s

(b) (a)よりISO感度を400に上げシャッタ速度を0.125sと短くした

(c) ISO感度400，シャッタ速度0.125 sの4枚を平均化したもの

〈写真9-2〉画像処理によるノイズの削減効果

ズを下げられます．これによってシャッタ時間を長くしたことと同じ効果が得られることになります．

写真9-2(c)はその処理の結果です．この場合，比較的低い感度のISO400と1/8秒のシャッタ・スピードの組み合わせで4枚連続して撮影したものを平均化した結果です．ぼけもノイズもない画像が得られたことが分かります．

● ダイナミック・レンジを拡大できる

日なたと日陰を同時に撮ったり，室内と屋外を同時に写真に収めようとした場合，そのどちらかが黒つぶれ，あるいは白つぶれを起こしてしまった経験をした人も多いと思います．同じ画面内で適正な露出が極端に異なる領域がある場合，センサが許容できるダイナミック・レンジを超えてしまい，そのような現象が起きます．

これは，どのような解析を行ったとしても，特殊なセンサを使わない限り解決は難しいでしょう．そこで，MEP技術を使ってみます．

写真9-3(a)は人物に露出を合わせているため，背景は完全に白つぶれを起こしてしまっています．一方，(b)は背景に露出が合っているため，人物は黒く沈んでしまっています．MEPでは連写を利用し

〈写真9-3〉(a) 人物に露出を合わせた　(b) 背景に露出を合わせた　(c) (a)と(b)の重ね合わせ

〈写真9-3〉重ね合わせ技術によりダイナミック・レンジを拡大した例

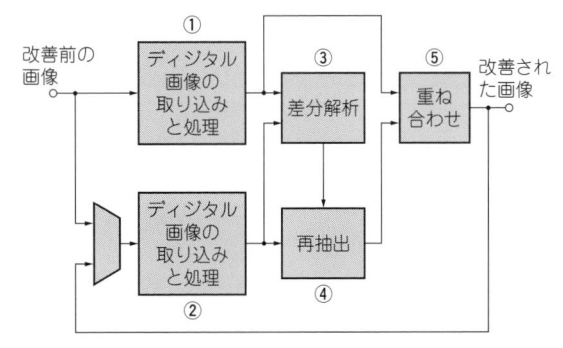

〈図9-9〉複数画像の重ね合わせ処理のブロック図

て積極的にこれら2枚の画を取り込み，これを後からディジタル的に重ね合わせることにより暗いところから明るいところまで階調を保った画像を作り出すことができます．これが**写真9-3(c)**です．

● 課題は手ぶれや被写体の動きへの対応

　このように複数枚の画像を取り込むことにより，さまざまな画質改善ができることが分かりました．しかし，実際の画像処理エンジンで実現することはそう簡単ではありません．一番重要な課題として挙げられるのは，
1，手振れなどによって複数画像の画角は必ずしも同じではない
2，時間をずらして撮っている間に，内部で動くものがある
などです．1の問題があった場合，例え目的であるノイズを削減しても，画そのものはぼけてしまいます．2の問題があると複数枚の画像を重ね合わせたときにゴーストが発生します．これらの問題を解決するためにかなり大がかりで複雑な処理が必要になります．

● 具体的な処理回路作成のヒント

　図9-9に実際の処理を表現しました．図中，①は基本画像を取り込み，必要な画像処理を行います．処理とは前章までに述べられている処理のことです．②は同じ処理を参照する画像に対して行います．③は動き検出で，①と②の結果から，2枚の画の違いを詳細に把握します．これはサブピクセル単位の精度が必要になります．

160　第9章　きれいな写真を撮影するための画像処理

(a) 重ね合わせ前

(b) 重ね合わせ後

〈写真9-4〉重ね合わせ技術で生成したパノラマ写真

〈写真9-5〉重ね合わせ技術でロング・シャッタと同じ効果を得た例

〈写真9-6〉重ね合わせ技術で物体の動きを把握できた例

　④では，③の結果からピクセルごとに，どのピクセルがどこに移動したかを示す正確なマップを生成して，それに基づき参照画面を変形させることにより，基本画像と同じ画角の画像を作り出します．⑤は基本画像と④で完成した変形参照画像を重ね合わせます．これを目的に応じた枚数分だけ繰り返し処理することで，最終的に1枚の画像を作ることができます．

● パノラマ写真などへの応用例
　MEP技術の鍵は複数の画像をきれいに張り合わせる技術と言えます．この技術が確立できると，高画質化だけでなくデジカメの使い方を広げてくれる新たな機能を実現できます．
　その一つはパノラマ機能です．**写真9-4**のように，少しずつずらした複数の画像の両端を張り合わせることによってパノラマ写真が出来上がります．
　写真9-5では複数の速いシャッタ・スピードの写真を集めることで，スピードが遅いときの独特の効果が得られています．従来は三脚がないとできない手法でしたが，この技術により手持ちでもできるようになりました．また，**写真9-6**のような処理も面白いでしょう．

第4部　画質を左右するレンズの基礎とセンサの取り付け位置

◆ 第10章

レンズとの距離や位置の関係から光学フィルタの役割まで

イメージ・センサの取り付け方法

浅野　長武
Nagatake Asano

ここではイメージ・センサと取り付けメカの，
- 距離の関係
- 位置の関係

について解説します．後半では，
- レンズの種類
- 光学フィルタの役割
- メカ設計に必要な基礎用語

を解説します．

10-1　イメージ・センサと取り付けメカとの距離

　CCDやCMOSイメージ・センサを使用したカメラは，一般的にCCTVレンズを使用します．このレンズのマウントは，Cマウントおよび，CSマウントと呼ばれている形状（**図10-1**）をしています．**写真10-1**にCSマウント・レンズを示します．

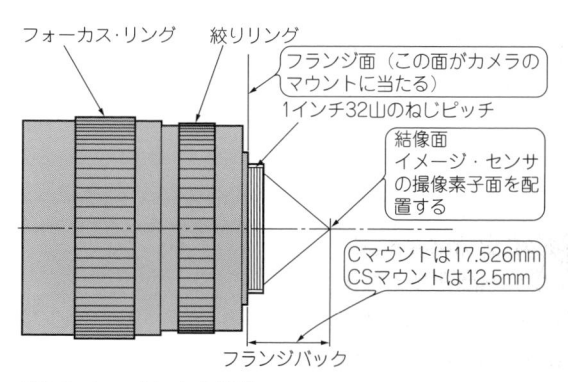

〈図10-1〉マウントの外形

〈写真10-1〉CSマウント・レンズ取り付け例（ジェイエイアイ コーポレーション）

第10章 イメージ・センサの取り付け方法

ここでマウントとは，レンズ交換の可能なカメラにおいて，交換するレンズを固定する部分のことです．

● Cマウント・レンズ

フランジ面から結像面までの寸法が17.526mm（∞距離）に設定されているため，この寸法を元にイメージ・センサの撮像面の位置を合わせないとフォーカス・リングの目盛りとピント位置が合わなくなります．

● CSマウント・レンズ

Cマウントに比べて寸法が約5mm短い12.5mmに設定されています．Cマウントで設計されたカメラには，Cマウントのレンズしか使用できませんが，CSマウントのカメラの場合，**図10-2**のようにCマウントのレンズを使用するときにスペーサを使用することにより，両方のレンズ・マウントを使用できます．

● イメージ・センサをどこに置くのか

センサの位置を決定する場合，フランジバックの寸法にセンサを配置すればよいのですが，この寸法はレンズとセンサの間に何もない場合の数値です．

通常カラー・カメラの場合，イメージ・センサとレンズの間に赤外線カット・フィルタや偽信号を減少させるためにオプティカル・ローパス・フィルタ（O-LPF）を挿入します．この部品は一般的に人工水晶と赤外線カット・フィルタを数枚貼り合わせた物です．ガラスの場合，屈折率が空気に比べ大きいため，ピント位置が長くなり，これらの部品の影響を考慮した寸法に配置する必要があります．

● 実際にはO-LPFとイメージ・センサの保護ガラスの厚み分を考慮する必要がある

ガラス・ブロックによる光路長の伸び分a[mm]は次式で求めます．

$$a = \left(1 - \frac{1}{n}\right)d \quad \cdots (10\text{-}1)$$

ただし，n：ガラスの屈折率，d：挿入するガラス・ブロックの厚み[mm]

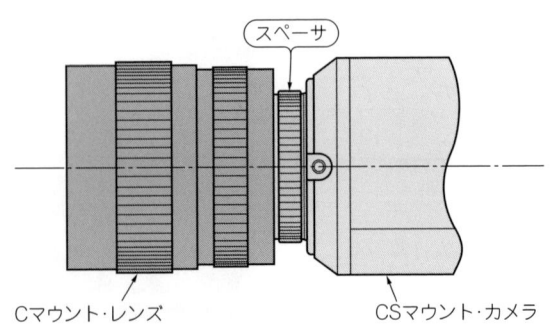

〈図10-2〉CSマウント・カメラの場合，スペーサを使用することでCマウント・レンズも取り付けられる

ここで，O-LPFの板厚とセンサ・カバー・ガラスの板厚を足し合わせた値 $d=6.07$，$n=1.5$ とすると式(10-1)は，

$$a = \left(1 - \frac{1}{1.5}\right) \times 6.07 = 2.02 \quad \cdots\cdots\cdots\cdots\cdots\cdots\cdots\cdots\cdots\cdots\cdots\cdots\cdots\cdots\cdots\cdots\cdots\cdots\cdots\cdots\cdots\cdots\cdots\cdots\cdots\cdots\cdots (10\text{-}2)$$

となり，最終的な寸法は，17.526＋2.02＝19.546mmに設定します．

また，最終的にはピント位置微調整用の機構を設計し，部品の寸法ばらつきやレンズのピント位置誤差を調整します．

10-2　イメージ・センサと取り付けメカとの位置

距離の関係以外にも設計時に考慮する項目として，
- レンズの光軸中心とセンサの有効撮像エリアの中心を合わせる
- レンズの取り付け面とイメージ・センサの煽り（非平行度）をできるだけ少なくする

が挙げられます．これらの寸法はイメージ・センサのデータシートを参考に位置を設計します．

● 実設計例

実際にカメラを設計する場合は，レンズを取り付けるマウント部，基板を取り付けるパネル，O-LPF固定用の枠などが必要になります．イメージ・センサは直接パネル部に固定ができないため，図10-3のように実装された基板をパネル部に固定します．写真10-2にマウント部を取り外したカメラを示します．O-LPFの奥にあるイメージ・センサが見えますか．

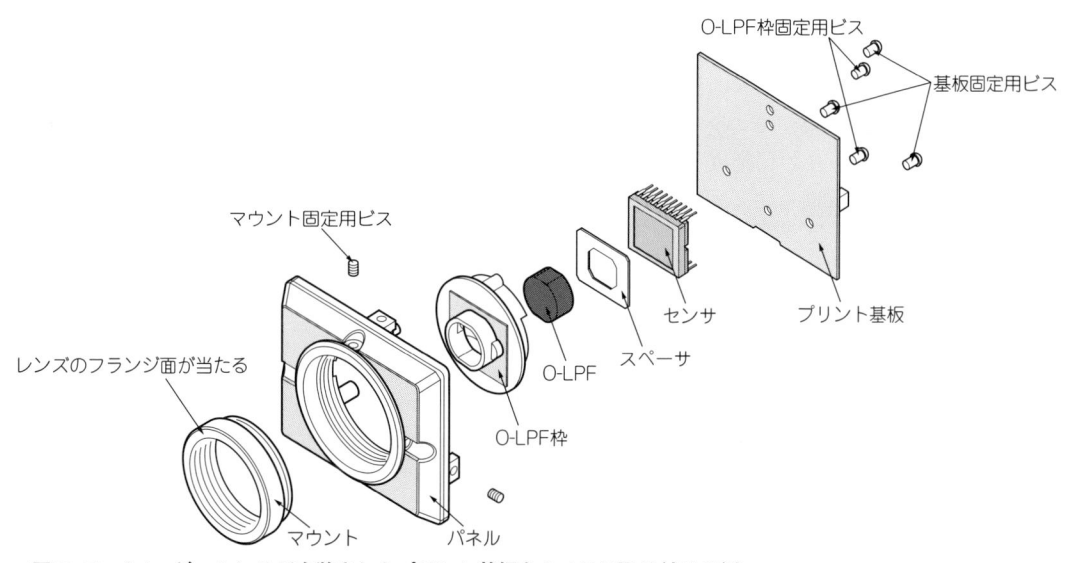

〈図10-3〉イメージ・センサが実装されたプリント基板をカメラに取り付ける例

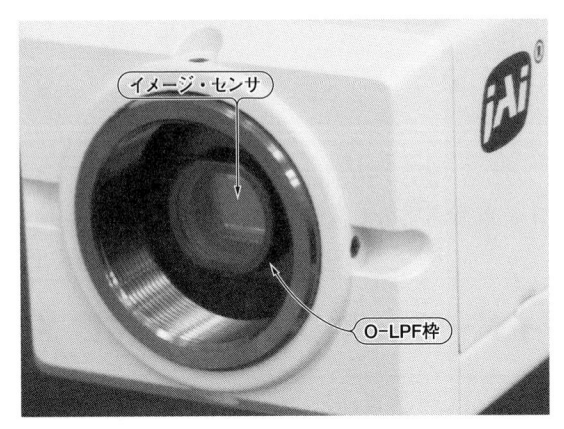

〈写真10-2〉イメージ・センサが取り付けられたカメラ（ジェイエイアイ コーポレーション）

● 設計，組み立て時の注意

設計と組み立て時の注意事項としては，
(1) レンズを取り付けるマウント部は，ピント位置の微調整ができるようにしておく
(2) O-LPFとセンサの保護ガラスの間には隙間を設定する（本文の設計では，スペーサを使用している）
(3) ゴミに注意

が挙げられます．

(1)のようにしておくことにより，部品個々のばらつきや組み立て誤差を最後に調整できるようになります．本文で紹介する機構はレンズ取り付けのマウント部が前後に移動し，固定にはビスを使用します．この方法は最も単純な方法で，ほかにもセンサ位置が移動するような機構の物もあります．

(2)は，直接イメージ・センサの保護ガラス上にO-LPFを載せてしまうと面精度の違いにより干渉縞が発生してしまい，干渉縞がモニタ上に映ることがあるからです．

(3)はイメージ・センサの保護ガラス上または，O-LPFの表面に汚れやゴミがあると，レンズの絞りを絞った場合，画面上に映ってしまうためです．

10-3　レンズの種類

イメージ・センサ・カメラに使用するCCTVレンズには，被写体の大きさ，カメラからの距離，明るさ，解像度およびイメージ・センサのサイズなどによっていろいろな種類があります．

● 単焦点レンズ

被写体の大きさ，距離，明るさが一定の場合に使用します．
▶ イメージ・センサのサイズに対して必ず同一または大きいイメージ・サイズのレンズを選ぶこと

例えば，1/2型のカメラに1/3型のレンズを使用すると画像の周辺部（四隅）でひずみや光量低下が生

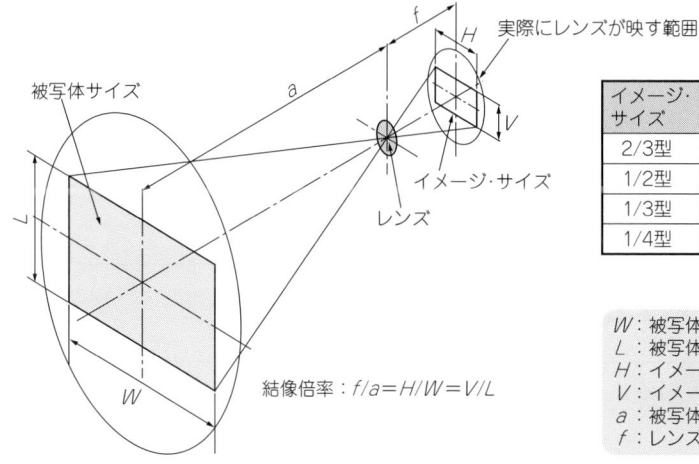

イメージ・サイズ	H	V	対角長
2/3型	8.8	6.6	11.0
1/2型	6.4	4.8	8.0
1/3型	4.8	3.6	6.0
1/4型	3.6	2.7	4.5

(単位：mm)

W：被写体の幅
L：被写体の高さ
H：イメージ・センサ幅
V：イメージ・センサ高さ
a：被写体までの距離
f：レンズの焦点距離

結像倍率：$f/a = H/W = V/L$

〈図10-4〉撮像範囲に対するレンズの焦点距離

じてしまいます．「○型のレンズ」とは，レンズのイメージ・サイズが設計的に収差補正をされている範囲のことを指すため，それ以上のサイズのイメージ・センサだと設計保証外の領域を使用してしまうためです．

▶撮像範囲に対するレンズの焦点距離を求める

　レンズの結像倍率には，図10-4のような関係があります．例として，1/2型のカメラで200mmの大きさの被写体を1m離れたところから画面の上下一杯に映したいときは，図10-4中に示す結像倍率の式から $f/1000 = 4.8/200$ となり，$f = 24$mmが導出されます．この式は目安のため最終的には，実際に確認して決定してください．

● ズーム・レンズ

　焦点距離を変化させることにより，結像の大きさが変わるレンズをズーム・レンズと言います．焦点距離が，8～48mmと書いてあるレンズの場合，48/8＝6で6倍のズーム・レンズと呼びます．被写体の大きさや距離が変化する場合に使用します．

● オート・アイリス・レンズ

　通常のレンズは，手動で絞りリングを回転させて光量を調整するため，マニュアル・アイリス・レンズと呼びます．

　これに対し，カメラからビデオ信号や電源を供給してもらい，カメラのビデオ信号振幅が一定になるように絞りを動作させるレンズをオート・アイリス・レンズと呼びます．被写体の明るさが変化するような場合に使用します．

〈表10-1〉NDフィルタの種類と透過率（ケンコー）

型　名	透過率[％]
ND50	50
ND25	25
ND13	12.5

〈表10-2〉Fナンバと像面照度の関係

Fナンバ	1.4	2	2.8	4
像面照度[lx]	400	200	100	50

10-4　光学フィルタの種類

光学フィルタは，効果によりいろいろな種類があります．

● NDフィルタ

　可視光領域（約400n〜700nm）の分光透過率を均等に減少させる働きをするフィルタです．被写体が明るすぎてレンズの絞りだけでは，光量調整が不可能な場合に使用します．また，絞りを固定で使用したい場合の光量調整を行うときに使用します．表10-1にNDフィルタの種類と透過率を示します．

● 色温度変換フィルタ

　光源の色合いは色温度で表します．色温度が低ければ赤みを帯び，高ければ青みを帯びます．
　色温度下降用はアンバ系，上昇用はブルー系のフィルタを使います．カメラは通常3000〜3200Kが基準となっているため，野外や蛍光灯の下ではアンバ系のフィルタが必要になります．

● 偏光フィルタ

　水面やガラスなどの表面から反射する有害な光を減少させるフィルタです．例えば，ガラスの奥に被写体があり，ガラス面の反射光が強くて被写体が確認しづらい場合に使用します．
　使用方法としては，レンズの前に固定し，フィルタを回転させ，反射光が除去される位置で固定して使用します．このフィルタを使用した場合，光量が減少しカラー・バランスも変化するため，再度ホワイト・バランスを取り直す必要があります．

10-5　メカ設計に必要な基礎用語

● Fナンバ

　Fナンバとはレンズの明るさを表し，Fナンバと明るさは反比例します．Fナンバは絞りリングを動かすことにより可変でき，1ステップ絞ると光量は1/2になります．1ステップは$\sqrt{2}$倍です．表10-2にFナンバと像面照度の関係を示します．

● 像面照度

　被写体側の照度E_S[lx]が分かれば像面側の照度を求めることができます．像面照度E_C[lx]は次式で

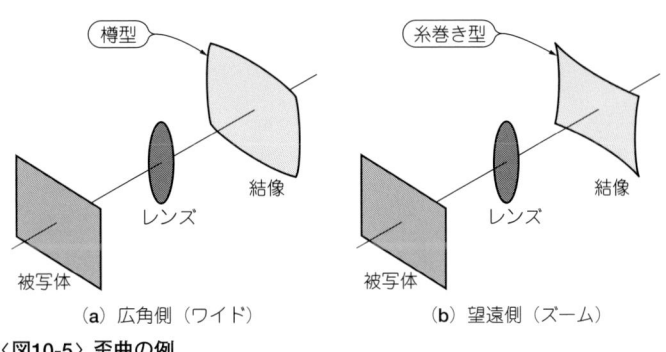

<図10-5> 歪曲の例

<図10-6> 歪曲量の求め方

レンズの歪曲量 T_D [%] は，$T_D = \dfrac{\Delta h}{h} \times 100$ で表される

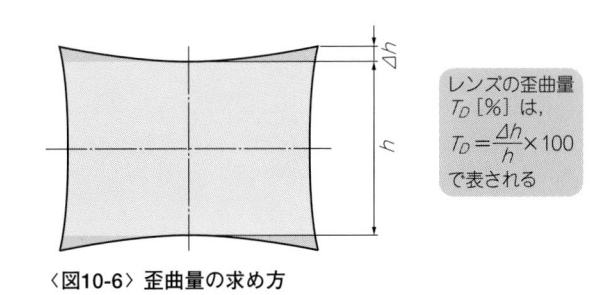

表されます．

$$E_C = \frac{TRE_S}{4F^2(m+1)^2} \quad \cdots\cdots (10\text{-}3)$$

ただし，T：レンズの透過率，R：被写体の反射率，F：Fナンバ，m：結像倍率

例として，$T=0.8$，$R=0.5$，$F=1.4$，$m=0.5$，$E_S=1000$とすればE_Cは次式となります．

$$E_C = \frac{0.8 \times 0.5 \times 1000}{4 \times 1.4^2 \times (0.5+1)^2} \fallingdotseq 22.7 \quad \cdots\cdots (10\text{-}4)$$

● 歪曲（テレビ・ディストーション）

レンズに起因して物体の形状が結像面上で同一にならずにひずんでしまう収差のことです．本来なら四角状のものが糸巻き型や樽型のように映る現象です．

ズーム・レンズでは**図10-5**に示すように一般的に広角側では樽形，望遠側では糸巻き形の歪曲となります．歪曲は絞っても変化しません．

レンズの歪曲量T_Dは**図10-6**のように%で表します．

第11章

ノイズや感度，画作りに大きく影響する

レンズの基礎と選び方

小山 武久
Takehisa Koyama

11-1　なぜレンズが必要なのか

● 被写体からの光を捨ててしまうピンホール

　被写体の像をセンサに結像させるには，少なくともピンホールが必要となります．このピンホールは，光は直進するという性質を使うものです．被写体のある1点から出た光は直進してセンサ面に到達します（**図11-1**）．被写体の各部から発せられた光はピンホールによって制限され，センサ面に向かって直進します（**図11-2**）．

　もし，このピンホール径が大きければ，被写体の1点から発せられた光は，センサ面上には点ではなく，ぼけた像として射影されます．**図11-3**ではピンホールの上側エッジ近辺を通過した光線は**イ**側に，下側エッジ近辺を通過した光は**ハ**側に射影され，全体としたぼけた像になります．それが被写体すべての点に対し射影されるので，全体像としてもぼけてしまいます．さらにピンホール穴径が大きくなると，被写体すべての点がセンサ面全体に広がり，像として認識できなくなります．

　従ってピンホールの場合，非常に小さい径でないと像として認識できません．しかし，ピンホール径を小さくすると，被写体からの光を効率良く取り込むことができません．露光量を多くするには露光時間を長くしなければなりません．

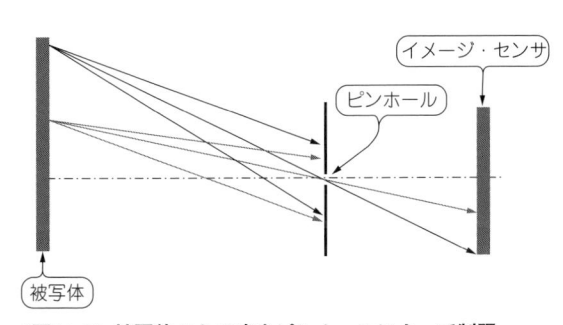

〈図11-1〉被写体からの光をピンホールによって制限

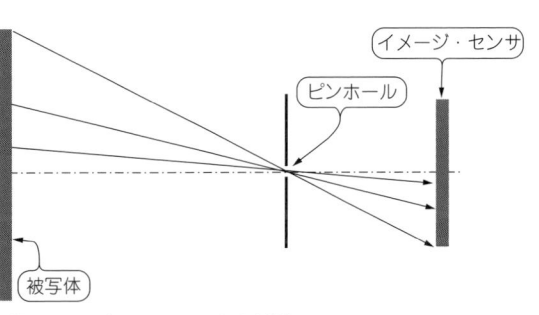

〈図11-2〉ピンホールによる射影

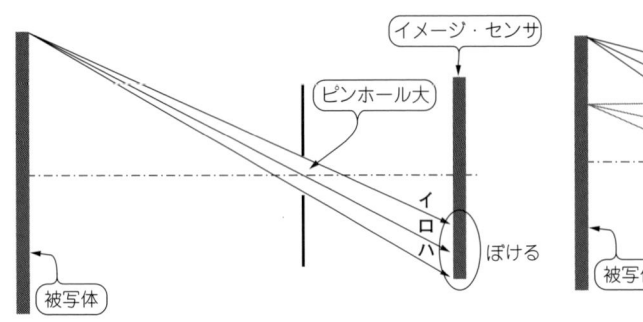

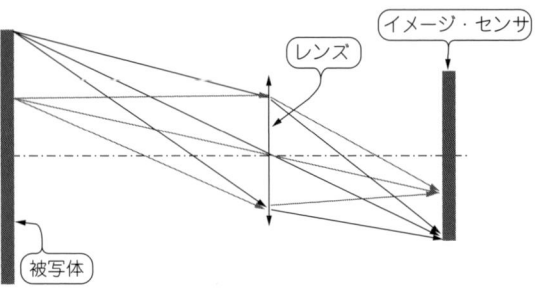

〈図11-3〉ピンホール径を大きくするとぼけが生じる　　〈図11-4〉レンズによる射影は光の取りこぼしが少ない

　さらにピンホール径を小さくすると，光の波動的性質によって回折の影響が大きくなり，高い解像感を得られなくなります．

● レンズなら光線はむだなく取り込まれる

　このピンホールがレンズに変わると，ピンホールでさえぎられていた光線はむだなくレンズによって取り込まれ，センサ面へと射影されます（図11-4）．レンズの径が大きい場合，被写体から発散された光をより大きく取り込むことができるので，露光時間が少なくて済みます．

　一方，レンズ径が小さい場合，被写体から発散された光を取り込む角度が小さくなるので露光時間は長くなります．以上のように被写体からの光を効率良く取り込むためにレンズは必要となります．

11-2　レンズの基礎知識

● 焦点

　無限遠光線を入射させたときの結像点を焦点と呼びます．通常，イメージ・センサ側の像位置を後側焦点と言います［図11-5（a）］．また像側から無限遠光線を入れた際の結像点を前側焦点と呼びます［図11-5（b）］．有限距離から光線を発したときに結像する点は，像点あるいは結像点と呼び，焦点とは区別します［図11-5（c）］．

● フォーカス

　レンズの焦点距離と撮像デバイス，物体距離は，ガウスの式によって関係付けられています（図11-6）．そのため物体距離が変化した場合，レンズから像面までの距離も変化します．従ってレンズと撮像デバイスまでの距離が固定の場合，物体距離が変化すると上記から，レンズ～像面までの距離も変化するため，ピンボケになります．

　このデフォーカスされた像面を補正するには，レンズを移動させなければなりません．ある距離に物体を置いてレンズで結像させる場合，

$$\frac{1}{a}+\frac{1}{b}=\frac{1}{f} \quad \cdots\cdots (11\text{-}1)$$

　ただし，a；物体から前側主点までの距離，b；後側主点から結像点までの距離
を使用します．

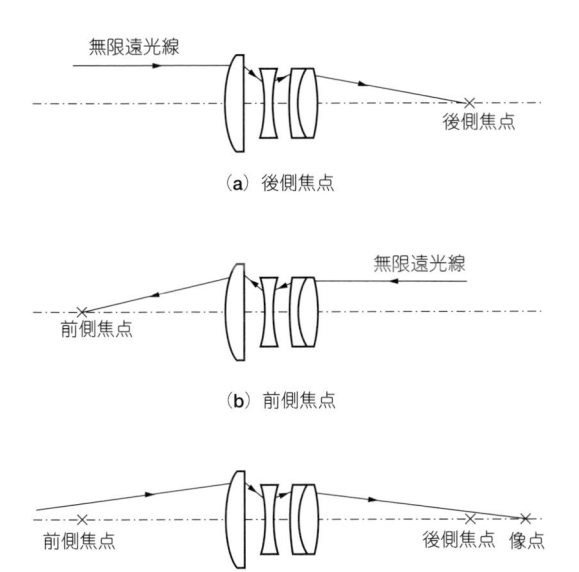

〈図11-5〉焦点と結像点

（a）後側焦点
（b）前側焦点
（c）結像点

〈図11-6〉薄肉レンズ使用時の焦点距離と撮像デバイス，物体距離の関係

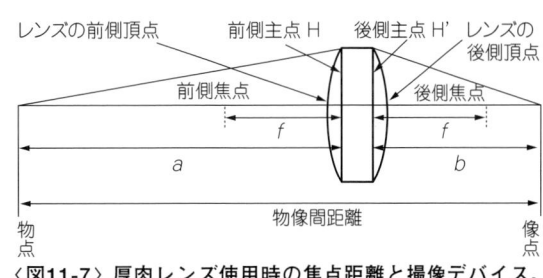

〈図11-7〉厚肉レンズ使用時の焦点距離と撮像デバイス，物体距離の関係

▶例1

例えば焦点距離100mm，物体からレンズまで1000mmの場合の繰り出し量Δは，式(11-1)から，
$1/1000 + 1/b = 1/100$

$1/b = 1/100 - 1/1000$

$b = 111.1$

なので，bから焦点距離fを減算した物体距離無限遠からの繰り出し量Δは，$\Delta = b - f$より，

$\Delta = 111.1 - 100 = 11.1$

となります．

▶例2

焦点距離100mm，物体からセンサ面まで1000mmの場合の繰り出し量Δはいくつでしょうか．この場合，物体からセンサ面となるので，$a + b = 1000$となります．従って，

$a + b = 1000$

$1/a + 1/b = 1/100$

の両式よりaを消去しbを求めると，$b = 887.3$または112.7，$a = 112.7$または887.3となります．物体が無限遠に近い方の解を選択すると$b = 112.7$になるので，物体距離無限遠からの繰り出し量Δは，$\Delta = b - f$より，

$\Delta = 112.7 - 100 = 12.7$

となります．ここでb，aについて二つの解が得られました．物像間距離が一定の場合，等倍以外は，レンズの配置は2種類存在します．要するに物像間が逆転の関係，倍率が逆数になる関係になります．

ユーザは初期状態に近い解，あるいは想定した倍率に近い解を選べばよいことになります．また，

物体からレンズまでは887.3mmになります．
▶厚肉レンズでは主点を考慮
　上記はレンズを薄肉レンズとした場合の式ですが，実際のレンズは厚肉系であり，主点間隔などを考慮しなければなりません（図11-7）．薄肉系は光学系を厚み0の一枚のレンズと仮定していますが，実際の光学系は複数のレンズで構成されています．また一枚のレンズであっても厚みがあるので，主点を考慮しなければ正確な値を計算できません．
　例えば，下記のように厚みが0mmと10mmのレンズの場合の近軸量を求めます．
▶薄肉レンズの場合（表11-1）
▶厚肉レンズの場合（表11-2）

● F値

　レンズの明るさを表す指標としてF値が使われますが，このF値は焦点距離fを物体が無限遠にあるときに通過する光束径Dで除した値で表します（図11-8）．

$$F = f/D$$

また，像の明るさは光束の面積に比例しますので，光束径が2倍になれば像の明るさは4倍になり，光束径が1/2になれば像の明るさは1/4になります．従ってF値を小さくすることにより，少ない露光時間で適正な露光を得ることができます．
　F値は上記のように光束の面積の2乗に反比例するので，光量が1/2あるいは2倍するごとに1→1.4→2→2.8→4のように，$\sqrt{2}$系列で変化していきます．この変化を1ステップあるいは1段，1EV変化するといいます．

● 絞り

　露出を調整します．また，絞りを変えることにより被写界深度を変えられます．被写界深度Δを非常に荒い近似で求めると以下になります．

$$\delta = F \times \varepsilon$$

〈表11-1〉薄肉レンズの焦点距離，バック・フォーカス

項　目	曲率半径R	軸上厚t	屈折率n
1面	100	0	1.5
2面	－100		
焦点距離	バック・フォーカス	前側主点	後側主点
100	100	0	0

〈表11-2〉厚肉レンズの焦点距離，バック・フォーカス

項　目	曲率半径R	軸上厚t	屈折率n
1面	100	10	1.5
2面	－100		
焦点距離	バック・フォーカス	前側主点	後側主点
101.69	98.31	3.39	－3.39

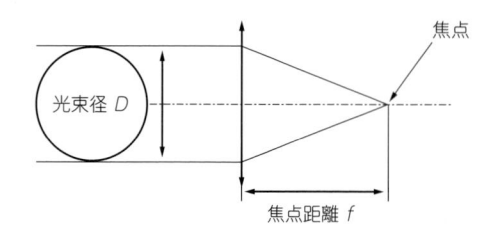

〈図11-8〉
レンズの明るさの指標であるF値はf÷Dで求まる

$$\Delta = \delta \times M^2$$

ただし，δ：焦点深度[m]，F：Fナンバ，ε：許容錯乱円径[m]，M：撮影倍率[倍]とする．

実際は前側被写界深度よりも後側被写界深度の方が深くなりますが，上式は荒い近似をしているため，後側も前側も被写界深度は同じ値になっています．システムの見通しを検討する場合は十分な精度でしょう．

● シャッタ速度

開口絞りと同様，露出を調整できますが，それ以外に以下の働きがあります．
- シャッタ速度を速めることにより被写体の動きを止める
- シャッタ速度を速めることにより手ぶれを抑制する
- 逆に長時間露光をすることにより動かない被写体を抽出する

● 開口絞り

開口絞りを調節することにより，センサ面への露光量を変化させられます．開口絞りを絞ることで，被写界深度を深くする，いわゆるパンフォーカスな映像を撮ることができます．逆に絞りを開けることによって被写界深度の狭い映像を取得できます．

● イメージ・センサの大きさと得られる照度，画素数の関係

システムを自作する場合の適正露光量は，レンズのF値だけで決めることはできません．これは使用するセンサによってその感度が異なるためです．そのため使用するセンサの仕様書で，センサ感度を確認しておく必要があります．

例えば同じ対角長のセンサでも，画素ピッチが細かくなると，そのセンサ感度は一般に低下します．これは画素ピッチが細かくなると相対的に1画素当たりのフォトダイオードの受光面積が少なくなるためと予想されます．

一方，1眼レフ・カメラ・システムを使用する場合，システムが持つ測光系を使用すれば適性露光が得られます．1眼レフ・カメラのセンサ・サイズは，フルサイズ，APSCサイズ相当，フォーサーズのように異なります．また，機種によってセンサ・ピッチなどが変わっていますが，レンズのF値だけで露光量を変更できるようにシステム全体を整合しており，ISO感度，シャッタ速度，F値により適正露光量を決めることができます．

11-3 レンズの選び方

システム設計をする際には，いろいろな制約条件があります．例えばシステムの大きさ，その環境の明るさ，被写体の大きさ，被写体の細かさなどです．これら制約条件を満足するには，それぞれの条件に合った計算式があります．その式を使用すれば，システムが必要とするレンズの概略を把握できます．

● 撮影距離

例を挙げて説明していきましょう．2011年にはその主要な役目を墨田区の東京スカイツリーに渡す

ことになる東京タワー（高さ333m）を被写体の例とします．

　フルサイズのディジタル・カメラを横位置にし，東京タワーの全景を画面高さ一杯に撮影したとします（**図11-9**）．このカメラの撮像素子の大きさは36mm×24mmですので高さ方向は24mmになります．まず，撮影倍率Mを求めましょう．

$$M = 24\text{mm}/333\text{m} = 7.2 \times 10^{-5}$$

　次に使用したいレンズの焦点距離が既知の場合の撮影距離Lを求めましょう．この場合の撮影距離Lとは，東京タワーからセンサ面，つまり物点から像点まで（物像間距離L）を指します．手持ちのレンズの焦点距離は，ここでは100mmとします．すると，

$$\frac{1}{a} + \frac{1}{b} = \frac{1}{f}, \quad 倍率 M = \frac{b}{a}$$

であるので，これらより物像間距離Lは$a + b = L$なので，

$$a = \frac{M+1}{M} f, \quad \frac{1}{b} = \frac{1}{f} - \frac{1}{a}$$

から，$a = (7.2 \times 10^{-5} + 1)/(7.2 \times 10^{-5}) \times 100\text{mm}$，$b = 100.0072\text{mm}$，$L = 1387700\text{mm}$と求められます．従って約1.4km離れたところから焦点距離100mmのレンズで東京タワーを狙えば，**図11-9**のように撮影できることになります．

● 焦点深度

　ここでbの値は，焦点距離fに非常に似た数字になっていることにお気付きかと思います．焦点距離は物体が無限遠（$a = \infty$）のときのレンズから像点までの距離です．この例ではレンズから被写体までの距離が∞から1387600mmに変化したため，レンズから像点までの距離が$b - f = 0.0072$mmぶんプラスすることになり，そのぶんレンズを繰り出さなければなりません．この量を正しく繰り出す必要があるかどうかは，ユーザの仕様で決まります．このためには，この量が焦点深度内かどうかを判定する必要があります．

　この焦点深度は，許容錯乱円径（**図11-10**），つまりボケと見なさない円の径とFナンバによって，以下のように近似できます．焦点深度をδ，許容錯乱円径をεとおくと，

$$\delta = \varepsilon \times F$$

従って，「計算されたずれ量＜焦点深度」であれば，合焦していることになります．もしセンサの画素

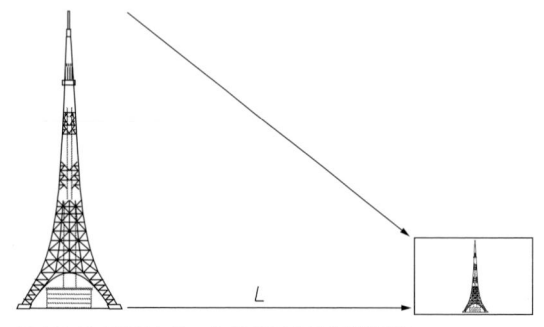

〈**図11-9**〉東京タワー全景が収まる撮影距離L

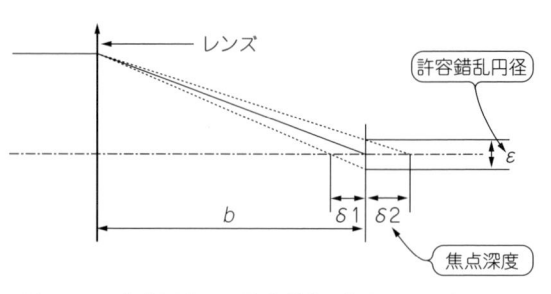

〈**図11-10**〉焦点深度は，許容錯乱円径とFナンバによって近似できる

ピッチ P が，$P=2.5\mu m$ (0.0025mm) で，レンズの F 値が1.0のレンズを使用し，許容錯乱円径 ε を画素ピッチの2倍とした場合の焦点深度は，上式から，

$$\delta = 2\times 0.0025 \times 1.0 = 0.005\text{mm}$$

となり，先に計算した0.0072mmよりも小さいため，ボケとして確認できてしまうことになります．一方，F 値が2のレンズを使うのであれば，

$$\delta = 2\times 0.0025 \times 2.0 = 0.01\text{mm}$$

となり，この値は焦点深度内になり，ぼけは確認できないことになります．

● 焦点距離

これまでは焦点距離が既知のレンズを使って，撮影倍率に合致した撮影距離を求めました．もしも撮影距離，撮影倍率が決まっていて，焦点距離を求めたい場合はどうでしょうか．例えば物像間距離を300mとしましょう．そのときに最適なレンズの焦点距離はどうなるでしょうか．撮影倍率は変わりません．物像間距離は決められていますので，

$$a+b=L, \quad 倍率 M=\frac{b}{a}, \quad \frac{1}{a}+\frac{1}{b}=\frac{1}{f}$$

を利用して焦点距離 f を求ます．

$$a+a\times M=L, \quad b=a\times M, \quad a=\frac{L}{(1+M)}$$

から $f\fallingdotseq 21.6$mm になり，これよりも短い焦点距離のレンズを使用すれば，東京タワーは画面横位置にすっぽり入ることになります．

▶ 被写体が小さいとき

以上，被写体が非常に大きく，撮影距離も長い場合の例題になりましたが，これらが小さくなっても，同じように考えることができます．例えば，名刺（90mm×60mm）を物像間距離500mm離れて，フルサイズ（36mm×24mm）の撮像素子一杯に撮影したい場合のレンズの焦点距離 f は，上式から，

$$M=1/2.5, \quad a=500/(1+1/2.5)\fallingdotseq 357.1, \quad b\fallingdotseq 142.9, \quad f\fallingdotseq 102$$

と求められます．従ってレンズから像面までの距離は142.9mm，繰り出し量は $b-f$ から40.9mmとなります．

● 画角

一般のレンズの画角，焦点距離，像高は次の式で関係付けられています．

$$y=f\times \tan\theta$$

ただし，y：像高[mm]，f：焦点距離[mm]，θ：半画角とする．

従って半画角 θ は，$\theta=\tan^{-1}(y/f)$ になります．このため焦点距離が同じレンズを，異なる対角長のセンサに装着した際の画角は異なります．

ディジタル1眼レフ（DSLR）とその交換レンズを例に説明します．DSLRのセンサ・サイズは大きく分けて三つに分類されます．

- フルサイズ相当：35mmフィルムとほぼ同じサイズ：36mm×24mm
- APS-Cサイズ相当：APSシステムのAPS-Cタイプ（23.4mm×16.7mm）に近い
- フォーサーズ：17.3mm×13mm．フルサイズの半分の対角長

〈表11-3〉各社のウェブページに掲載されているAPSCサイズのディジタル・カメラのセンサ・サイズ（単位：mm）

キヤノン	シグマ	ソニー	ニコン	ペンタックス
22.3×14.9	20.7×13.8	23.5×15.6	23.6×15.8	23.5×15.7
22.2×14.8		23.5×15.7		23.4×15.6
		23.6×15.8		

〈表11-4〉焦点距離100mmのレンズを表11-3に示したセンサに装着した際の画角（単位：°）

キヤノン	シグマ	ソニー	ニコン	ペンタックス
12.7×8.5	11.8×7.9	13.4×8.9	13.5×9.0	13.4×9.0
12.7×8.5		13.4×9.0		13.3×8.9
		13.5×9.0		

　この中で，APS-Cサイズ相当（以下APSCサイズ）は，各社によってセンサ・サイズがまちまちです．
　各社のウェブ・ページに掲載されているAPSCサイズのディジタル・カメラのセンサ・サイズ（横×縦）を**表11-3**にまとめます．
　焦点距離と画角の関係は前記により定義されるため，焦点距離が同じレンズを装着した際の画角は異なります．例えば焦点距離100mmのレンズを上記センサに装着した際の画角（2θ）は**表11-4**のようになります．もし，上記以外のセンサ・サイズや異なる焦点距離のレンズを使用するなら，$y = f \times \tan\theta$ の式を用いて画角計算を行ってください．

11-4　レンズの種類と特徴

　製品のラインアップが多く，手軽に入手できる1眼レフ用交換レンズをもとに説明します．1眼レフ（SLR）は，従来からシステムとしての拡張性が高く，さらにディジタル化されており，さまざまな場面で応用が利くと思います．以下にカテゴリ別のレンズの特徴を示します

● **標準レンズ（単焦点）**
　センサの対角長と焦点距離がおよそ等しいレンズを一般的に標準レンズと呼んでいます．例えば35mm判サイズは横36mm×縦24mmであるので，対角長は約43mmです．従って35mm判フルサイズの場合，43mmが標準レンズということになりますが，歴史的には50mm近辺が標準と言われています．諸説ある中で範囲を決めると，40mmから60mm近辺までを標準と呼んでいます．

● **望遠レンズ（単焦点）**
　35mm判サイズでいうところの70mm近辺以上の焦点距離レンジを一般に中望遠レンズ，135mm近辺以上の焦点距離を望遠レンズと呼びます．中望遠，望遠の厳密な境はなく，標準レンズよりも長い焦点距離を望遠レンズと呼んでも支障はありません．

● **広角レンズ（単焦点）**
　35mm判サイズでいうところの35mm以下の焦点距離レンジを一般に広角レンズと呼びます．1眼レフの場合，撮影前にはファインダ側に光路を導くためにクイック・リターン・ミラーがあります．そのミラーと撮影レンズとの物理的干渉を防ぐには，レンズのバック・フォーカスを長くしなければなりません．そのためレンズ構成は必然的にレトロ・フォーカス・タイプとなり，焦点距離に比較してバック・フォーカスを長く確保しています．

　　　　　　　　　　　　　　　　(a) 円形魚眼　　　　　　　　　　　　　　　　　　　(b) 対角魚眼

〈図11-11〉円形魚眼と対角魚眼による像の見え方

● マクロレンズ（単焦点）

　1眼レフ用マクロレンズは，マクロ撮影だけに特化しているわけでなく，無限遠撮影からマクロ領域までのすべての領域で高性能化されています．等倍以上の拡大撮影ができる1眼レフ用マクロ領域専用レンズもありますが，その場合は等倍以下の撮影はできないなど撮影領域に制約があります．

● 魚眼レンズ（単焦点）

　一般レンズの射影方式は，先に示したように$y = f \times \tan\theta$で定義されているため，半画角$\theta = 90°$ですと発散してしまいます．

　このために魚眼レンズでは意図的に歪曲（わいきょく）収差を発生させることにより，半画角90°（画角180°）を確保しています．また，射影方式をいろいろ定義することにより，魚眼レンズの持つ特異な表現をアートに利用するだけでなく，学術計算にも使っています．

　現在，1眼レフ用交換レンズで使用されている射影方式は，等立体角射影：$Y = 2f \cdot \sin(\theta/2)$が主ですが，産業機器向けカメラに使用する魚眼レンズでは，等距離射影：$Y = f \cdot \theta$または正射影：$Y = f \cdot \sin(\theta)$を採用しているものもあります．

　そのほかにも，立体射影：$Y = 2f \cdot \tan(\theta/2)$があり，上記方式よりも，より周辺が圧縮された形で射影されます．また，魚眼レンズは，イメージ・サークルの形状で分類することもでき，**図11-11**のように円形魚眼と対角魚眼の2種類が製品化されています．

　円形魚眼とは，矩形のセンサに外接する円形画像の画角が180°になるものです．従って，被写体側半球を完全に撮影するには円形魚眼を使用すれば可能となります．1眼レフ用の円形魚眼は唯一シグマ8mm/F3.5（フルサイズ用），4.5mm/F2.8（APSC用）があります．

　一方，対角魚眼とは画面対角方向が180°になるよう焦点距離が設定されています．

● きれいに撮影するために

　一般に単焦点レンズの方が光学性能は高いと言われています．特にマクロレンズなどは，高解像力，高コントラストであり，歪曲収差などは高度に補正されています．しかし，ズーム・レンズを使っても要求仕様を満足できます．例えば歪曲収差などは焦点距離によって変化するので，最適な焦点域で

使用することでマクロレンズ並みの歪曲収差を得られます．

　また，一般に絞り開放状態の周辺光量は，単焦点レンズ，ズーム・レンズに限らず低下します．絞りを絞り込むことにより光量低下を防ぐことができます．あるいは要求仕様よりも撮影画角が広いレンズを選択し，周辺光量低下を防ぐことも一つの方法です．

　絞りを絞ることで周辺光量低下を防ぐ方法は，センサ面における照度が低下するので，被写体側の照明を明るくする，シャッタ速度を遅くする，ゲインを上げるなどのくふうが必要になるでしょう．

　画質優先でレンズを選択する場合，マクロレンズはその用途からも光学性能が高いものが多く，特に歪曲収差などは十分に補正されています．ただし先にも述べたように，場合によってはズーム・レンズでも要求仕様を満足する使い方もできます．仕様をよく検討してレンズの選択範囲を広げることが，システムの最適化には重要です．

11-5　イメージ・センサとレンズとの距離

● 1眼レフ・カメラ

　センサ面とレンズの光軸方向の位置関係は，1眼レフ・カメラの場合，各社異なります．代表的な1眼レフ交換レンズのフランジバックを列記します．なお，カメラと接触する交換レンズ側の端面をフランジ面，そのフランジ面からセンサ面までの距離をフランジバックと呼びます．

　　キヤノンEFマウント：44mm
　　シグマSAマウント：44mm
　　ソニーαマウント：44.5mm
　　ニコンFマウント：46.5mm
　　ペンタックスKマウント：45.5mm

● 監視カメラなど

　また，CCTV（Closed Circuit TeleVision）レンズの場合，C，CSマウントがあり，おのおののフランジバックは，

　　Cマウント：17.526mm
　　CSマウント：12.5mm

となります．

　市販のカメラ・ボディを使用する場合，レンズとカメラ・ボディの光軸は調整されていますが，センサを含むカメラ・ボディを自作する場合，レンズとセンサ面の光軸を合わせなければなりません．これにはセンサ・パッケージの製造誤差，センサを基板に取り付ける際の実装精度，センサ中心とレンズ・マウント部中心の位置ズレなどが関係するため，各センサ・メーカの仕様を参考に検討しなければなりません．特に図11-12のような，

- レンズ光軸とセンサ面中心ずれ
- レンズ光軸に対するセンサ面の倒れ
- レンズ光軸に対するセンサ面の回転

などは，要求仕様をもとに許容量を確認しておく必要があります．もし製造誤差が要求仕様以上であれば，組み立て調整が必要となります．

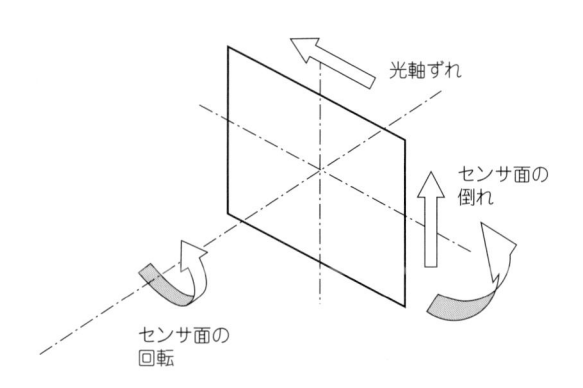

〈図11-12〉レンズ光軸とセンサ面の位置ずれ

● 誤差要因

　先に述べたセンサ・パッケージの製造誤差，センサを基板に取り付ける際の実装精度，センサ中心とレンズ・マウント部中心の位置ずれなどがあります．

　これら誤差要因の対処法として，ソフト的，ハード的な対処法があります．ただしソフト的対処については，原理的にX，Y方向のアドレス変更のため光軸方向の調整はできません．これについてはハード的調整にゆだねられます．

　ハード的調整は，センサを基板実装し，その基板自身にメカ的調整機構をもうけ，センサからの信号を見ながら調整するなどの工夫が必要です．

11-6　進化するレンズ

● 手ぶれ補正

　1眼レフ用の手ぶれ補正システムには，レンズ内手ぶれ補正，ボディ内手ぶれ補正の2種類の方式があります．レンズ内手ぶれ補正方式では，レンズ内の手ぶれ感知センサの情報をもとに，光学系の一部を動かして手ぶれを補正します．

　1眼レフ・カメラのように，光学ファインダで被写体を常時観察する場合，レンズ内手ぶれ補正方式はファインダ内でその補正の効果を観察できますので効果的です．

　手ぶれ補正システムは，露光量が不足するようなシチュエーションでの低速度シャッタによる撮影や，絞り込みにより被写界深度を深くした撮影が可能となり，撮影領域，撮影表現の拡大が可能となります．

　以下の項目は進化するレンズというよりもシステム自身の進化になります．

● フォーカス

　1眼レフ・カメラのフォーカスは，オート・フォーカス（AF）化されています．そのAFシステムはAF光学系と撮影光学系がボディ内ミラーにより，別の経路になっており，別経路側にAF測距用のセンサを用意してあります（図11-13）．そのため近年，1眼レフ・カメラに搭載の動画撮影時にはAFできな

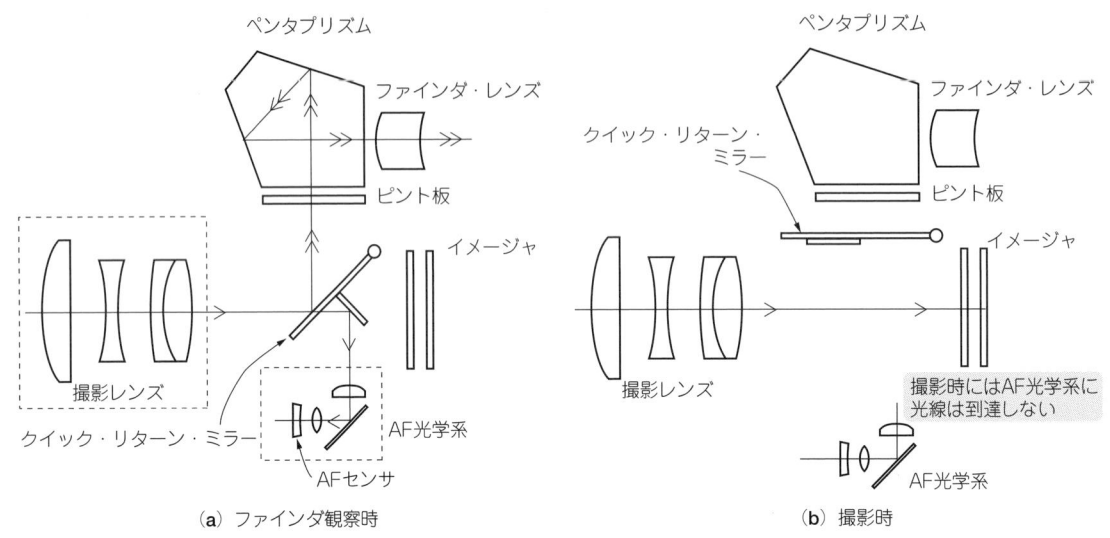

〈図11-13〉1眼レフ・カメラでは，動画撮影時はオート・フォーカスができない理由

い制約がありました．

　一方，フォーサーズ・システムの拡張規格であるマイクロフォーサーズ・システムでは，1眼レフのレフ（ミラー）がない1眼システムになっており，コンパクト・デジカメのようにセンサそのものの情報をAFに使用することにより，ムービー時でもAFが効くシステムになっています．

● 測光

　最近の1眼レフシステムでは，マルチパターン測光の機能拡充が目立っています．この測光方式は画面を複数エリアに分割し，おのおののエリアから得た情報をもとに最適な露光量を設定するものですが，この分割数が年々細分化されてきています．また，用途や撮り方によっては，中央部重点平均測光，スポット測光なども選択できるようになっているのが一般的です．

　ビデオ・システムやマイクロフォーサーズのようにセンサ自身を使って測光を行う場合は，さらにインテリジェントな機能が搭載されるでしょう．

● ほこり防止

　ディジタル1眼レフシステムの場合，レンズ交換ができることから，外部からダストが入りやすいシステムになっています．ボディ内部に入り込んだダストは，センサ前面のロー・パス・フィルタなどに付着し，撮影時に影となって映り込む場合があります．このダストを振るい落とすために，ロー・パス・フィルタやその前方に専用フィルター設け，振動させる仕組みを入れているカメラがあります．

　また，マウント部分に光学ガラスによるシールド機構を装備し，外からのダスト進入を最小限にするカメラもあります．

　ほこり防止はセンサ近辺だけではありません．レンズ自身のほこり防止として，レンズ第1面に撥水性，撥油性に優れた特殊コーティングを採用し，ほこりや水滴，油などをつきにくくしているレンズもあります．

第5部　画質の改善と評価技術

◆ 第12章

露出，ホワイト・バランス，
色合い，シャッタ速度などの制御方法

きれいな画を取り出すためのカメラ設定

エンヤ　ヒロカズ
Hirokazu Enya

　CMOSイメージ・センサ（以降，CMOSセンサ）は，内蔵する機能が豊富なため，内部に設定用のレジスタを持っています．レジスタは電源投入時，メーカで決められたデフォルト値にセットされています．この値はメーカ側が「多くのユーザが使うと思われる」値を想定して設定しているために，時には変更した方が良いこともあります．

　本章ではシキノハイテック製カメラ・モジュール「KBCR-M03VG」を使って，具体的なレジスタ設定例を紹介します．なお，カメラ・モジュールに搭載するCMOSセンサのレジスタ名およびアドレスは，品種によって異なります．ですが，ここで説明する画質設定の基礎は，皆さんが入手したCMOSセンサを利用するときの参考になるでしょう．

12-1 カメラ・モジュールおよび評価環境の概要

● カメラ・モジュール「KBCR-M03VG」

　写真12-1にKBCR-M03VGの外観を示します．CMOSセンサは普段，レンズに遮られて見えませんが，基板上に実装されています．レンズはねじ式になっており，フォーカスを調整できるとともに，異なる焦点距離のレンズに交換できるようになっています．これによって，広角から望遠まで，目的に応じたレンズを選べるようになっています．

　写真12-2にレンズの違いによる画角の違いを示します．電源やカメラ出力などのインターフェースは，基板上の20ピンFPCコネクタに集約されています．

● カメラ・モジュールの信号をモニタするハードウェア「SVI-03」

　カメラを評価する場合，評価環境をどう構築するかが問題になります．多くのカメラ出力は，NTSCなどのビデオ信号に準拠しており，一般のモニタなどに接続すれば画像を見ることができます．しかし，最近のCMOSセンサを使ったカメラの多くはディジタル・インターフェースになっており，そのままではテレビやビデオ機器に接続できません．また，マイコンなどに接続する場合も，数M～数十MHz，8ビットのディジタル信号を取り込めるハードウェアが必要です．専用のカメラ・インターフェースを持ったCPUを使うこともあります．

182　第12章　きれいな画を取り出すためのカメラ設定

（a）外観　　　　　　　　　　　　　　　（b）レンズを外したようす

〈写真12-1〉カメラ・モジュールKBCR-M03VGの外観

（a）通常レンズ　　　　　　　　　　　　（b）広角レンズ

〈写真12-2〉レンズの違いによる画角の違い

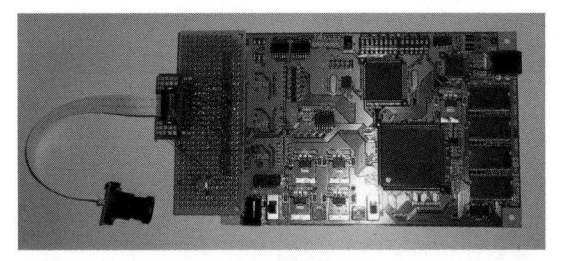

〈写真12-3〉きれいな画作りの検討に用いたハードウェア
右がディジタル画像検証システム，左がカメラ・モジュール

　こういった評価用ハードウェアを1から構築するのは結構大変なので，今回はスカイウェアのディジタル画像検証システム「イメージ・レコーダーSVI-03」を使用します．SVIシリーズの構成は，カメラ・モジュール接続用ボード（**写真12-3**）とパソコン用のソフトウェアで構成されます．接続用ボードとパソコン間の接続はUSB 2.0です．評価できる画像はCIF，VGA，QXGAのカラー画像からRAWデータまで，ディジタル画像であればすべてが対象となります．
　SVI-03の主な機能を以下に示します．
- ディジタル画像のリアルタイム表示
- 表示例：VGA（640×480）で30フレーム/s，UXGA（1600×1200）で6フレーム/s

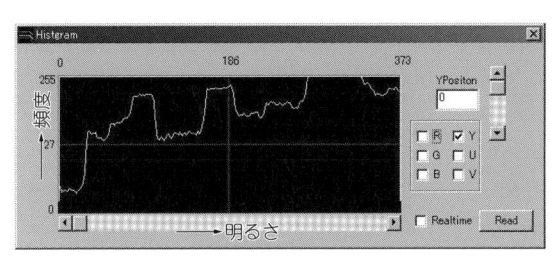

〈図12-1〉ディジタル画像検証システムで表示した画像内の1ライン分のヒストグラム

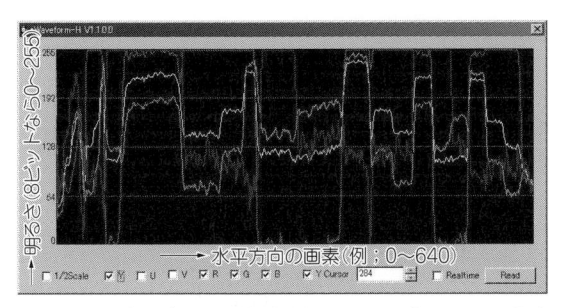

〈図12-2〉ディジタル画像検証システムで表示した画像内の1ライン分のY，R，G，B値
画像の指定した1ライン（HまたはV）を取得し，YUV，RGBの各値を表示

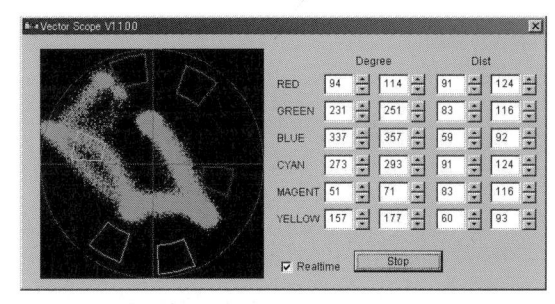

〈図12-3〉ディジタル画像検証システムに搭載するベクトル・スコープ機能

- フレーム・メモリ：128Mバイト
- データ取得モード：ダブルバッファおよびリング・バッファ・モード
- ターゲット・コントロール：I^2C，SPIなど
- I/Oピン制御：入力8ビット，出力8ビット
- 機器との接続：データ幅は8～16ビット．YUV，RGB，RAWデータ，電圧振幅は0～4V，2系統
- クロック調整：外部または内部（可変）
- レコーディング：動画と静止画
- 再生モニタ：動画と静止画
- 画像評価：ベクトル・スコープ，波形モニタ，ヒストグラムなど

　詳細はウェブ・ページ（http://www.skyware.co.jp/product/sv/svi-03.html）を参照してください．
　今回はSVI-03を使って，カメラ・モジュールの画像をパソコンに取り込み，カメラのレジスタを変更して画質改善に取り組みます．SVI-03では，パソコン側のアプリケーションとして，SVIMon，SVIView，SVIctlの三つのアプリケーションがあり，以下の機能を持っています．

```
SVIMon  ：画像の表示，記録
SVIView ：記録された画像の再生
SVIctl  ：I²C通信
```

　SVIMonとSVIViewはプラグイン機能が使用できます．基本的な測定機能は標準で添付されています

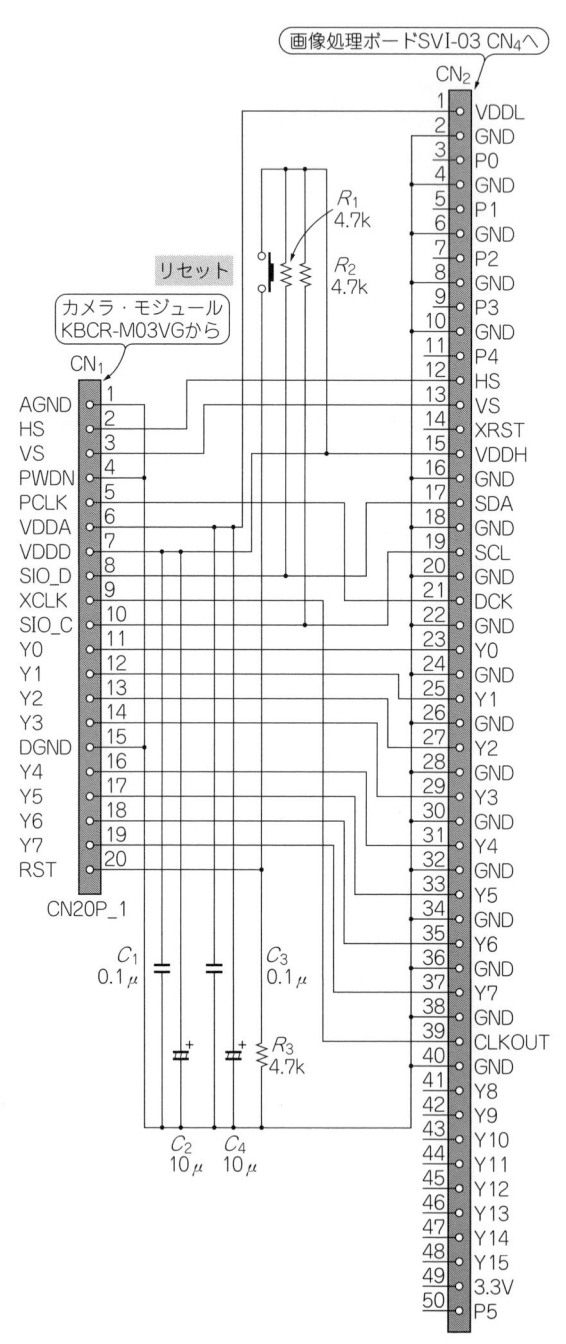

〈図12-4〉カメラ・モジュールとディジタル画像検証システムを接続する基板の回路
接続基板は手作りしたもの

し，APIは開示されているので自分で作成することもできます．使用頻度の高い機能を以下に示します．
- ヒストグラム機能（**図12-1**）
  画像内の1ライン分のヒストグラムを色ごとに表示します．
- ウェーブ・フォーム機能（**図12-2**）
  画像の指定した1ライン（HまたはV）を取得し，YUV，RGBの各値を表示します．
- ベクトル・スコープ機能（**図12-3**）
  画面上にCb，Crをベクトル化して描画します．

● KBCR-M03VGとSVI-03の接続

KBCR-M03VGとSVI-03の接続回路を**図12-4**に示します．KBCR-M03VGのI/O電圧は2.5Vですが，SVI-03側のV_{DDL}を2.5Vに設定することでレベル変換は必要とせず，そのまま接続できます．I²Cラインにはプルアップ抵抗が必要です．

リセットはSVI-03が"L"アクティブに対して，KBCR-M03VGは"H"アクティブなので，インバータが必要です．今回はSVI-03からのリセット回路は使用せず，変換基板上に簡易的なリセット回路を組んでいます．チャタリングが気になりますが，実用上は問題ないようです．

クロックはSVI-03から供給されます．SVI-03にはPLLが搭載されており，パソコンから周波数の変更が可能です．今回は発振周波数を48MHzに設定し，SV-03内部の分周器を1/2にすることにより，24MHzをKBCR-M03VGに供給しています．

12-2　カメラ・モジュールのレジスタの初期設定

● アクセス方法

多くのCMOSセンサでは，レジスタへのアクセス方法としてI²Cが使われています．KBCR-M03VGで

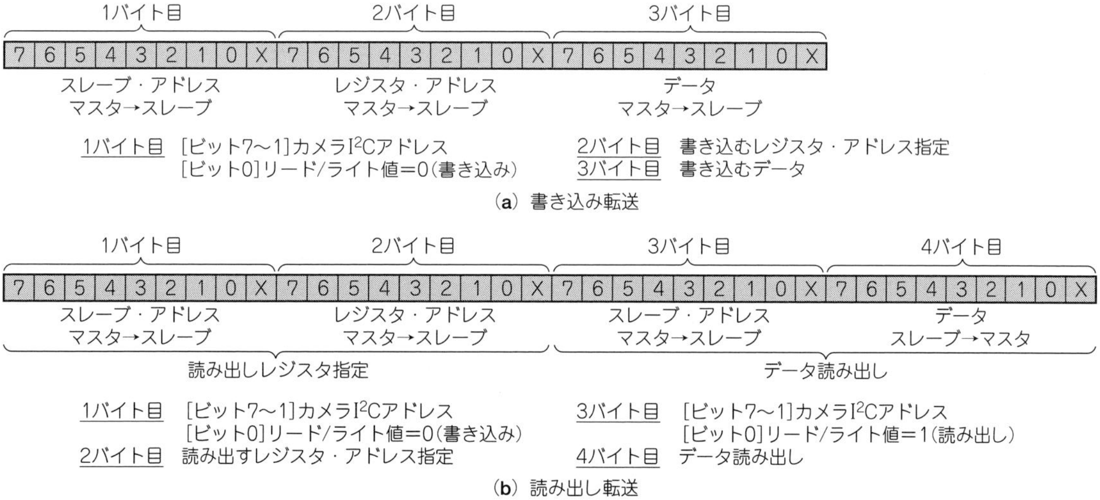

〈図12-5〉I²C通信を利用したカメラ・モジュールへのアクセス方法

〈表12-1〉カメラ・モジュールのレジスタ・マップ

KBCR-M03VGのレジスタ・マップは機能別に分かれておらず，分かりにくいので整理した．説明のないビットは予備（値は'0'）

アドレス (Hex)	レジスタ名	初期値 (Hex)	リード/ライト	ビット	詳細
12	COMA	14	RW	7	SCCB-レジスタ・リセット 0：変更しない　1：全レジスタをデフォルト値にセット
				6	画面反転（水平方向）
				4	YUV 順序 COMD[0] = 0 の時　　　　　　　　　　COMD[0] = 1 の時 0：Y U Y V Y U Y V　　　　　　　　　　0：Y V Y U Y V Y U 1：U Y V Y U Y V Y　　　　　　　　　　1：V Y U Y V Y U Y
				3	出力フォーマット 0：YUV/YCbCr　1：RGB/Raw RGB
				2	AWB-有効
13	COMB	A3	RW	4	ITU-656 フォーマット有効（SAV/EAV 付加）
				2	データ・バス Y[7:0] トライステート有効
				1	AGC-有効
				0	AEC-有効
14	COMC	04	RW	5	画像サイズ 0：VGA（640 × 480）　1：QVGA（320 × 240）
				3	HREF 極性 0：HREF ハイ・アクティブ　1：HREF ロー・アクティブ
15	COMD	00	RW	7	出力フラグ・ビット無効 0：フレーム = 254 データ・ビット（00/FF = 予約） 1：フレーム = 256 データ・ビット
				6	Y[7:0]-PCLK 取り込みエッジ 0：PCLK 立ち下がりで取り込み　1：PCLK 立ち上がりで取り込み
				0	UV 順序切り替え COMA[4] = 0 のとき　　　　　　　　　COMA[4] = 1 のとき 0：Y U Y V Y U Y V　　　　　　　　　　0：U Y V Y　U Y V Y 1：Y V Y U Y V Y U　　　　　　　　　　1：V Y U Y　V Y U Y
20	COME	C0	RW	6	AEC -ディジタル平均化イネーブル
				4	輪郭強調有効
				0	Y[7:0]データ・バス駆動能力 ×2 有効
26	COMF	A2	RW	2	出力データ・バス MSB/LSB 入れ替え許可 0：Y[0]LSB → Y[7]MSB　1：Y[0]MSB → Y[7]MSB
27	COMG	E2	RW	4	RGB 混色補正無効
				1	出力フルレンジ有効 0：出力レンジ = [0x10] ～ [0xF0]（224 階調） 1：出力レンジ = [0x01] ～ [0xFE]（254/256 階調）
28	COMH	20	RW	7	RGB 出力選択 0：RGB　1：Raw RGB
				6	デバイス選択 0：OV7640, 1：OV7141
				5	スキャン選択 0：インタレース　1：プログレッシブ
29	COMI	00	R	1-0	デバイス・バージョン（読み出しのみ）
2D	COMJ	81	RW	2	AEC -バンド・パス・フィルタ有効
70	COMK	01	RW	6	Y[7:0]データ・バス駆動能力 ×2 有効
71	COML	00	RW	6	H ブランキング期間 PCLK 停止
				5	HREF 端子に HSYNC を出力
				3-2	HSYNC 立ち上がりエッジ遅延 MSB
				1-0	HSYNC 立ち下がりエッジ遅延 MSB
74	COMM	20	RW	6 5	AGC-最大ゲイン選択 00：+ 6 dB, 01：+ 12 dB, 10：+ 6 dB, 11：+ 18 dB
75	COMN	02	RW	7	画面反転（垂直方向）
76	COMO	00	RW	5	スタンバイ・モード　有効

（a）共通設定

アドレス (Hex)	レジスタ名	初期値 (Hex)	リード/ライト	ビット	詳細
0A	PID	76	R	0-7	プロダクトID ナンバ(読み出しのみ)
0B	VER	48	R	0-7	プロダクト・バージョン・ナンバ(読み出しのみ)
11	CLKRC	00	RW	7	データ・フォーマット－HSYNC/VSYNC 極性
				6	00：HSYNC = NEG VSYNC=POS　　10：HSYNC=POS VSYNC=POS 01：HSYNC = NEG VSYNC=NEG　　11：HSYNC=POS VSYNC=POS
				5-0	内部クロック分周　　　　　　　　Range：[0]～[3F]
17	HSTART	1A	RW	0-7	水平フレーム(HREF 行)スタート
18	HSTOP	BA	RW	0-7	水平フレーム(HREF 行)ストップ
19	VSTRT	3	RW	0-7	垂直フレーム(列)スタート
1A	VSTOP	F3	RW	0-7	垂直フレーム(列)ストップ
1B	PSHFT	00	RW	0-7	ピクセル・ディレイ・セレクト HREF に対するデータの遅延タイミング 範囲：00(ディレイ無し)～FF(256 ピクセル遅延)
1C	MIDH	7F	R	0-7	製造メーカ ID－上位(読み出しのみ＝0x7F)
1D	MIDL	A2	R	0-7	製造メーカ ID－下位(読み出しのみ＝0xA2)
1F	FACT	01	RW		フォーマット・コントロール
				4	RGB565 出力許可 0：無効　　1：有効
				2	RGB555 出力許可 0：無効　　1：有効
72	HSDYR	10	RW	7-0	HSYNC 立ち上がり遅延 MSB HSYNCR[9：0] = MSB + LSB = COML[3：2]+ HSDYR[7：0] ・範囲 000～762　画素遅延
73	HSDYF	50	RW	7-0	HSYNC 立ち下がり遅延 LSB HSYNCF[9：0] = MSB + LSB = COML[1：0]+ HSDYF[7：0] ・範囲 000～762　画素遅延

(b)そのほか出力データのフォーマットなど

はSCCBインターフェースと呼ばれており，I^2Cのサブセット的な規格になっています．具体的にはビット9のACK/NACKがサポートされていないので，通信エラーの判断ができませんが，通信エラーはほとんど発生しないので実用上は問題ありません．また，書き込んだレジスタの値を読み出すことにより，正しく書けたのかどうかを確認できます．

I^2Cはオランダのフィリップス(現NXPセミコンダクターズ)の策定した規格ですが，他社製のデバイスでも数多く使われており，事実上の業界標準になっています．I^2C規格の詳細は割愛しますが，NXPセミコンダクターズのウェブ・サイトから詳細をダウンロードできます．

I^2C規格では，デバイスごとにアドレスが決められています．KBCR-M03VGの書き込みアドレスは0x42，読み出しアドレスは0x43です．I^2Cの通信フォーマットを(図12-5)に示します．

レジスタへの書き込みは，
- I^2C書き込みアドレス
- 書き込むレジスタのアドレス
- データ

となります．例えば，レジスタ・アドレス0x10にデータ0x20を書き込む場合は，

⟨表12-1⟩カメラ・モジュールのレジスタ・マップ(つづき)

KBCR-M03VGのレジスタ・マップは機能別に分かれておらず，分かりにくいので整理した．説明のないビットは予備(値は'0')

アドレス(Hex)	レジスタ名	初期値(Hex)	リード/ライト	ビット	詳細
00	GAIN	00	RW	5-0	AGC ゲイン・セッティング　範囲は 00～3F
10	AECH	41	RW	7-0	露出値
11	CLKRC	00	RW	7	HSYNC/VSYNC 極性
				6	00：HSYNC = NEG VSYNC = POS　　10：HSYNC = POS VSYNC = POS 01：HSYNC = NEG VSYNC = NEG　　11：HSYNC = POS VSYNC = POS
				5-0	内部クロック分周器　　　　　　　　　範囲：[0] to [3F]
13	COMB	A3	RW	4	ITU-656 フォーマット有効(SAV/EAV 付加)
				2	データ・バス Y[7：0] トライステート有効
				1	AGC-有効
				0	AEC-有効
20	COME	C0	RW	6	AEC-ディジタル平均化イネーブル
				4	輪郭強調有効
				0	Y[7：0] データ・バス駆動能力　×2　有効
24	AEW	10	RW	7-0	AGC/AEC-安定動作領域　上限
25	AEB	8A	RW	7-0	AGC/AEC-安定動作領域　下限
2A	FRARH	00	RW	7	フレーム・レート調整許可
				6	フレーム・レート調整上位
				5	FRA[9：0] = MSB + LSB = FRARH[6：5] + FRARL[7：0]
				4	A/D-UV チャネル「2画素遅延」許可
2B	FRARL	00	RW	7-0	フレーム・レート調整下位 FRA[9：0] = MSB + LSB = FRARH[6：5] + FRARL[7：0]
2D	COMJ	81	RW	2	AEC-バンド・パス・フィルタ有効
60	SPCB	06	RW	7	AGC-プリアンプ　1.5 倍有効
74	COMM	20	RW	6	AGC-最大ゲイン選択
				5	00：+6 dB，01：+12 dB，10：+6 dB，11：+18 dB
7E	AVGY	00	RW	7-0	AEC-ディジタル Y/G チャネル平均値 (AGC/AEC により自動更新，読み出しのみ可能)
7F	AVGR	00	RW	7-0	AEC-ディジタル R/V チャネル平均値 (AGC/AEC により自動更新，読み出しのみ可能)
80	AVGB	00	RW	7-0	AEC-ディジタル B/U チャネル平均値 (AGC/AEC により自動更新，読み出しのみ可能)

(c) AE(露出調整)

```
write：0x42  0x10  0x20
```
となります．
　データの読み出しは，
- I²C書き込みアドレス
- 読み出すレジスタのアドレス
- I²C読み出しアドレス
- データ読み出し

となります．例えばレジスタ・アドレス0x10のデータを読み出す場合は，

```
write：0x42  0x10  0x43
read ：0x20
```

アドレス(Hex)	レジスタ名	初期値(Hex)	リード/ライト	ビット	詳細
01	BLUE	80	RW	7-0	AWB-Bチャンネル・ゲイン設定　範囲は00～FF
02	RED	80	RW	7-0	AWB-Rチャンネル・ゲイン設定　範囲は00～FF
05	CWF	3E	RW	7-4	R チャネル・プリアンプ・ゲイン設定　範囲は0～F
				3-0	B チャネル・プリアンプ・ゲイン設定　範囲は0～F
12	COMA	14	RW	7	SCCB-レジスタ・リセット 0：変更しない　　　　　　　　　1：全レジスタをデフォルト値にセット
				6	画面反転(水平方向)
				4	YUV 順序 COMD[0] = 0 のとき　　　　　　　COMD[0] = 1 のとき 0：Y U Y V Y U Y V　　　　　　0：Y V Y U Y V Y U 1：U Y V Y U Y V Y　　　　　　1：V Y U Y V Y U Y
				3	出力フォーマット 0：YUV/YCbCr 1：RGB/Raw RGB
				2	AWB-有効

(d) AWB（自動ホワイト・バランス）

アドレス(Hex)	レジスタ名	初期値(Hex)	リード/ライト	ビット	詳細
03	SAT	84	RW	7-4	色飽和度設定　範囲は0～F
04	HUE	34	RW	5	色相制御イネーブル
				4-0	色相設定
20	COME	C0	RW	6	AEC-ディジタル平均化イネーブル
				4	輪郭強調有効
				0	Y[7:0]データ・バス駆動能力　×2 有効
27	COMG	E2	RW	4	RGBクロストーク補正無効
				1	出力フルレンジ有効 0：出力レンジ = 0x10 ～ 0xF0(224階調) 1：出力レンジ = 0x01 ～ 0xFE(254/256階調)
06	BRT	80	RW	7-0	明るさ設定 レンジ00～FF
6C	RMCO	11	RW	7-0	RGBクロストーク補正-Rチャネル
6D	GMCO	01	RW	7-0	RGBクロストーク補正-Gチャネル
6E	BMCO	06	RW	7-0	RGBクロストーク補正-Bチャネル

(e) PICTURE（色相，色飽和度）

となります．

● **レジスタ・マップ**

　KBCR-M03VGのレジスタ・マップを（**表12-1**）に示します．本レジスタ・マップは機能別に分かれておらず，非常に分かりにくい構成になっているので，ここでは機能別に分類したものを示します．

● **接続のための基本設定**

　すべてのレジスタに設定が必要なわけではありません．各レジスタはデフォルト値を持っており，

メーカ側である程度実使用を考慮した初期値になっています．しかし後段のSVI-03と接続するためには多少の設定変更が必要です．これは画質のチューニングを行う前に必要な設定です．ほかの評価システムに接続する場合は，接続相手の仕様に合わせて変更する必要があります．

▶SVI-03の設定

　SVIMonでオプション設定を開きます．入力フォーマットを以下の通りに設定します．
- Picture Type：UYVY
- Sync Mode：Low Active（"L"アクティブ）
- Data Input timing：Pixel Clock Low Edge（ピクセル・クロックの立ち下がり）

▶KBCR-M03VGの設定

　カメラ・モジュール側では，デフォルトはVSYNCが"L"アクティブ，HSYNCは"H"アクティブなので，"L"アクティブに変更するために以下のレジスタの設定を行います．

　　`0x11（CLKRC）0x40`

● 起動時のデフォルト・パラメータ

　画質に関連した，起動時のデフォルト・パラメータは以下の通りになっています．

▶AE（Auto Exposure）関係
- AGC（Auto Gain Control）：有効
- AEC（Auto Exposure Control）：有効
- 内部クロック分周器：1/1
- AGC最大ゲイン選択：12dB

　なお，AGC/AECが有効のため，`0x00`（GAIN）と`0x10`（AECH）は自動的に設定されます．上書きは可能ですが，カメラ側で自動的に最適になるように調整されます．

▶AWB（Auto White Balance）関係
- AWB：有効

　AEと同じようにAWBが有効のため，`0x01`（BLUE）と`0x02`（RED）は自動的に設定されます．上書きは可能ですが，カメラ側で自動的に最適になるように調整されます．

▶PICTURE関係
- 色飽和度設定：`0x08`
- 色相設定：`0x14`
- 輪郭強調：無効

12-3 画質設定の基本

　基本的な設定項目はAE，AWB，PICTURE（色相，飽和度），シャープネスとなります．

● AE（露出）［表12-1（c）］

　AEはAuto Exposureの略で，露出調整を行います．シャッタ速度（AEC）とゲイン（AGC，ISO感度とも呼ばれる）の組み合わせで制御します．

　KBCR-M03VGは，デフォルトでAGCとAECが有効であるため，自由に設定できません．そこで

AGC/AECを無効にするために，0x13(COMB)を0xA3→0xA0と設定します．ゲインは，0x00(GAIN)および0x60(SPCB)で設定できます．また，シャッタ速度は，0x10(AECH)，0x11(CLKRC)，0x2A(FRARH)，0x2B(FRARL)で設定できます．

● AWB（ホワイト・バランス）［表12-1（d）］

AWBはAuto White Balanceの略で，ホワイト・バランスの調整を行います．自動設定もできますが，マニュアルで設定した方がよい場合もあります．

AEと同じようにデフォルトではAWBが有効のため，自由に設定できません．そこでAWBを無効にするために，0x12(COMA)を0x14→0x10と設定します．設定はBLUEとREDの二つのレジスタの値を変えます．0x01(BLUE)の値を大きくすると，画面の青みが強くなります．0x02(RED)の値を大きくすると，画面の赤みが強くなります．

● PICTURE（色相，飽和度）［表12-1（e）］

色相や色の飽和度を補正します．カメラ信号処理回路内で最適な設定（理想値）に近づけていますが，意図的に設定をずらすことにより，人間の官能評価としての画質が向上する場合があります．例えば色の濃さですが，多くの人は色の濃い（カラー・ゲインの高い）画像を「画質が良い」と感じます．また，表示するディスプレイの特性に合わせた方がよい場合もあります．

変更するレジスタはSATとHUEの二つです．色の飽和度0x03(SAT)の設定をします．色相0x04(HUE)の設定をします．

● シャープネス（解像感）

画面の解像感を調整します．具体的には輪郭補正という，エッジ部分の信号を強調する補正により，画像にメリハリをつけます．設定レジスタは0x20(COME)であり，0xC0でOFF，0xD0でONになります．

12-4　評価に利用する被写体あれこれ

被写体も重要です．定量評価を行う場合はさまざまなチャートを使用します．主に使用するチャートは以下の通りです．

● マクベス（Macbeth）・チャート

メーカの開発現場や評価機関において，必ずといってよいほど使われているものです．事実上の標準チャートといってもよいでしょう．カメラ量販店でも購入できます．チャートはグレー・スケール6色＋カラー18色＝24色のパッチの並んだものです（写真12-4）．

● KODAKカラー・セパレーション・チャート

ある程度の基準が欲しい場合に使用します．もともとフィルム・カメラ用のチャートですが，ディジタル用途でも目安としては使えます．マクベス・チャートよりも安価に入手できます（写真12-5）．

● そのほかのチャート

そのほかにもさまざまなチャートがあります．学会や業界団体でさまざまなチャートが定義され使われています．詳細は割愛しますが，例として大日本印刷の製品（http://www.dnp.co.jp/semi/j/test/jeita43/index.html）などがあります．

● 一般被写体

一般被写体は実使用をシミュレートするものとして重要です．入手のたやすさや撮影時の便利さを考えると，動かない物の組み合わせがお勧めです．100円ショップや雑貨屋などで入手できます（**写真12-6**）．

● 光源

光源も重要な要素です．一般的な光源として，屋外光（太陽，曇，夕焼け），屋内光（白熱電球，蛍光灯）などがあり，色味（色温度）が異なります．

例えば夕焼けは赤いので，光原としては赤みが多いものになります（色温度が低い）．また，太陽光は色温度が高く，青みの多い光源になります．

AWBはR，G，Bのゲインを変えることにより光源の違いを補正するものですが，完ぺきではありません．光源の違いによる画像の変化も重要な確認項目です．

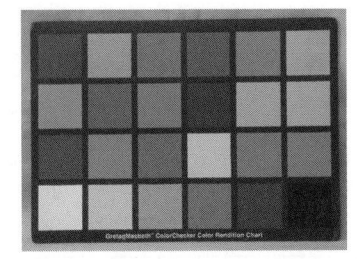

〈写真12-4〉色合いの評価に用いるマクベス・チャート

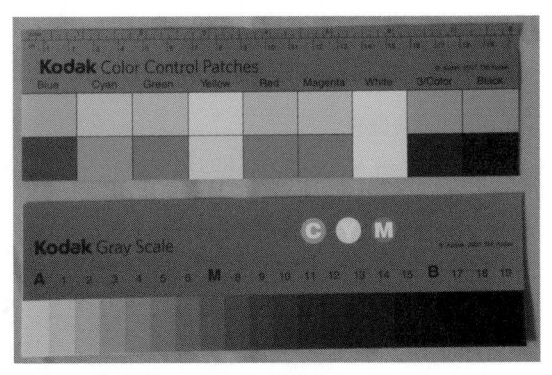

〈写真12-5〉KODAKカラー・セパレーション・チャート
色合いの評価に用いる．マクベス・チャートよりも安価

〈写真12-6〉
著者が準備した一般被写体

12-5 シーン別設定事例

KBCR-M03VGを使って，異なるシーンで撮影し，レジスタ設定を変更して画質改善を検討しました．結果を次に紹介します．

● 屋内（蛍光灯）

屋内で撮影しました［**写真12-7**(**a**)］．画像を見るとノイズが目立っています．また色もちょっと濃いようです．まずはノイズを減らすためにゲインを下げます．そのまま下げてしまうと露出不足になるので，シャッタ速度を下げます．今回は，0x11(CLKRC)を0x40→0x42とし，30フレーム/sから7.5フレーム/sにすることで露光時間を4倍にしました．また，ゲインを0x02に設定することで，ノイズの目立たない状態になります［**写真12-7**(**b**)］．

次に色飽和度を調整します．0x06(SAT)を0x84→0x44と設定することによって，落ち着いた感じの画像になりました［**写真12-7**(**c**)］．

● 屋内（逆光）

窓の外から日光が差し込んでいます．そのまま撮影すると屋外にAEが動作するため，屋内のぬいぐるみが暗くなってしまいます［**写真12-8**(**a**)］．そこで屋内重視でAE設定を変更します．今回の場合は太陽光で十分に明るい状態なので，AGCが0になっており，AECで調整します．AECは，オートの状態では0x02だったので値を増やします．0x10(AECH)0x02→0x0Cに設定することで，ぬいぐるみが見やすくなりました［**写真12-8**(**b**)］．ここで注意したいことは，値を上げすぎると露出オーバになってしまうことです．**写真12-8**(**c**)は0x12まで上げた画像ですが，明るすぎてしまいました．

● 屋外（花）

屋外で花壇の花を撮影してみました．デフォルトのままでは，色がくすんでしまっています［**写真12-9**(**a**)］．そこで色飽和度を上げます．また，画面の解像感が足りない感じなので，輪郭補正をかけます．0x06(SAT)を0x84→0xC4，0x20(COME)0xC0→0xD0に設定しました．

(**a**) 調整前　　(**b**) 調整後…30フレーム/sから7.5フレーム/sに変更　　(**c**) 再調整…(**b**)から色飽和度を調整（0x84→0x44）

〈**写真12-7**〉写真12-6を蛍光灯の下で撮影した

第12章　きれいな画を取り出すためのカメラ設定

(a) 調整前…屋外にAEが合っている 　　　(b) 露光を調整

(c) 露出オーバ

〈写真12-8〉逆光状態で撮影したぬいぐるみ

(a) 調整前 　　　(b) 調整後…色飽和度を上げて輪郭補正をかけた

〈写真12-9〉屋外で撮影した花壇の花

　結果を**写真12-9**(b)に示します．色飽和度を上げることによって花びらやレンガの色がしっかり出るようになりました．また，輪郭補正をかけることにより，花びらや葉の輪郭やレンガの模様などがくっきりと見えるようになりました．

● 屋外(夜景)

夜景は基本的に光量が少ない環境になりますので，AEのAGCゲインがあがります．その結果，ノイズの多い画像になりやすいです．特に**写真12-10(a)**では，夜景としては比較的明るい場面(駅構内)ですが，日中に比べると光量は少ないですので色ノイズが目立っています．

そこでシャッタ速度を下げます．屋内時同様，内部クロック分周器を変更し30フレーム/s → 7.5フレーム/sにすることで露光時間を4倍にしました．

具体的には0x11(CLKRC)を0x40から0x42と設定しました．色ノイズは減りましたがまだ残っています．[**写真12-10(b)**]．

そこで色飽和度を調整します．人間の目の特性として，暗いシーンでは色に対する敏感度が落ちます．ですので飽和度を0x06(SAT)を0x84から0x44と設定することによりノイズの少ない画像が得られました．また夜景ですので色成分が少なくてもあまり違和感を感じません[**写真12-10(c)**]．

(a) 調整前…露光不足

(b) 調整後…30フレーム/sを7.5フレーム/sに変更

(c) 調整後…再調整後…色飽和度を落として色ノイズを抑えた

〈**写真12-10**〉評価用に撮影した夜景

■ 写真の入手方法

この記事に掲載した写真はCQ出版社ウェブ・ページからダウンロードできます．
http://shop.cqpub.co.jp/hanbai/books/41/41251.html

第13章

短時間で客観的に評価でき，検査装置に向く

数値を利用した画像の客観評価法

金田 篤幸／山田 靖之
Atsuyuki Kaneda/Yasuyuki Yamada

　画像評価方法には，数多くの種類があります．また，カメラの種類もディジタル・スチル・カメラ（以降，デジカメ），ディジタル・ビデオ・カメラ，報道用カメラ，携帯用カメラと，用途や大きさは多岐にわたっています．

　どのカメラに限らず，カメラを検査するときに重要視されているのは，感度と解像度，そしてノイズです．それぞれのカメラの画像評価を定量的に行うためには，カメラに適した測定が必要になります．

　本章では携帯電話などに使用されている小型のCMOSイメージ・センサ（以降，CMOSセンサ）搭載カメラで，固定焦点のものを対象に，代表的な検査項目をいくつか述べます．なお，紹介する検査方法は，製造現場における出荷検査に利用することを想定しています．

13-1　評価の準備

　画像評価を行うには，テスト・チャートや照明などを準備しなければなりません．よく使用されるチャートとしては，マクベス・チャート（**図13-1**）や解像度チャート（**図13-2**）があります．

　照明については，色温度変換フィルタ，ND（Neutral Density）フィルタ，コリメータ・レンズなどを

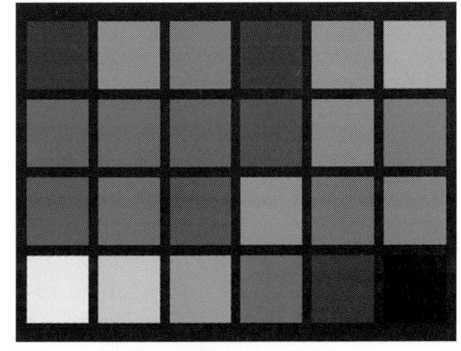

〈図13-1〉色合いの確認などに利用されるマクベス・チャート

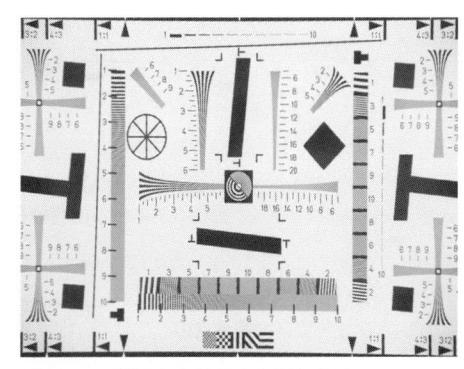

〈図13-2〉解像度を見極める解像度チャート

準備する必要があります．色温度変換フィルタには，色温度を高くするブルー系のものや，低くするアンバ系のものがあります．NDフィルタとは，光量を減らすフィルタのことです．コリメータ・レンズとは，収差補正をしたレンズのことです．

次にカメラについてですが，本検査は出荷検査に使用することを想定しています．つまりカメラとしてはレンズ付きであり，完成状態の最終チェックになるわけです．数多くある製品の中に，焦点が少し合っていない，ノイズが若干多い，何となく色合いが違うなどといった製品が含まれる可能性があります．それらを検査するためには，簡易な評価方法が必要になります．

ここで紹介する検査項目に使用する画像は，モノクロ8ビットまたはカラー24ビットを対象にしています．

13-2 フォーカス/解像度の測定と評価

本検査は固定焦点のカメラを対象にしているため，実際に取り付けられているレンズでフォーカスが合っているのかを検査する必要があります．また，レンズが固定されているため，画面上のどこか1カ所だけにフォーカスが合っているのも困ります．このようなカメラのフォーカスを検査するには，フォーカス/解像度チャート(**図13-3**)を利用します．5カ所，あるいは9カ所の検査領域すべてに「ある程度，焦点が合っている」ことが求められます．

● 測定手順
1, 図13-3のような解像度チャートを撮像します．
2, 基準となる白，黒の位置を設定します．撮像チャート中央やや下の黒領域と白領域が，基準となる白と黒の指定領域になります．白領域部分の平均値(AvW)および黒領域部分の平均値(AvB)を求めます．
3, 検査領域を設定します．検査領域は四隅および中央のしま模様の五つの領域になります．
4, 検査領域部分の平均値を求め，その値をしきい値として，検査領域部分を黒画素，白画素に分割します．

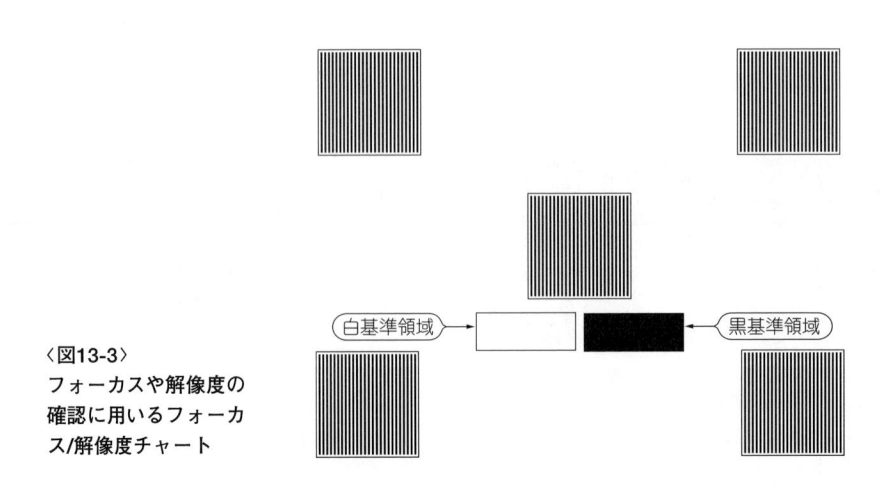

〈図13-3〉
フォーカスや解像度の確認に用いるフォーカス/解像度チャート

5．検査領域部分の黒画素部分の平均（$MAvB$）および白画素部分の平均（$MAvW$）を求めます．
6．以下の式に代入します．
　　$value = (MAvW - MAvB) / (AvW - AvB)$
7．判定します．

● フォーカスの評価方法

　$value$が1に近いほどフォーカスが合っています．検査エリアが複数あるため，どこかのエリアが1に近い値を出力していても，ほかのエリアの値が低い場合もあるので，すべてのエリアが等しい値になる必要があります．

● 解像度の評価方法

　本来，解像度の検査を行うときの基準となるのは，空間周波数とコントラスト応答の二つです．前者は単位長さ当たりの見えるしま模様の本数，後者は理想的な階調255と現在出力されている階調の割合を確認します．

▶コントラスト応答

　コントラスト応答は，しま模様の画像を入力したとき，その最小値は0，最大値は255となるはずです．実際出力されて表示するときは，レンズを通したものが出力されることになるので，理想的なレンズがない限り，例えば最小値10，最大値240になったりします．入力時のコントラスト$InputC$，出力時のコントラストを$OutputC$としたとき，コントラスト応答$CAns$は，

　　$InputC = 255 - 0 = 255$
　　$OutputC = 240 - 10 = 230$
　　$CAns = 230/255 ≒ 0.9$

のように表せます．焦点が合っていない場合は，このコントラスト応答が悪くなります．

▶空間周波数

　空間周波数とは，縦じま模様が単位サイズ間に何本が見えるかで表され，単位は「本」です．例えば図13-4のように，1mm間に4本の黒線が等間隔に並んでいる場合は4本/mm，8本並んでいる場合は8本/mmで表されます．

　図13-4（a），（b）はそれぞれ，カメラから入力された画像と考えます．このときレンズから出力される画像は，フォーカスが合っていないときは，図13-5のようにぼやけてくるはずです．このときの空間周

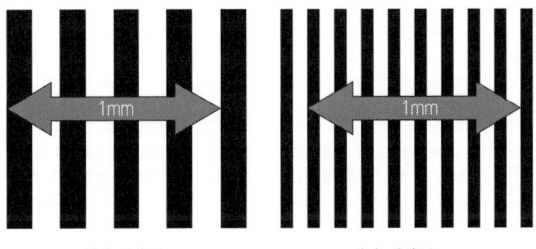

　　（a）4本/mm　　　　（b）8本/mm

〈図13-4〉1mmの間隔にどれだけ縦線を表現できるかで空間周波数を確認できる

　　（a）4本/mm　　　　（b）8本/mm

〈図13-5〉空間周波数の確認例

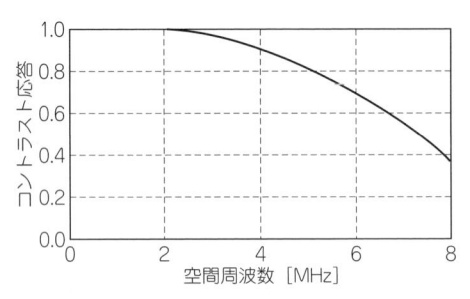

〈図13-6〉空間周波数とコントラスト応答の関係を示すMTF（Modulation Transfer Function）グラフ

波数とコントラスト応答の関係をグラフにしたのが，レンズ性能評価でよく用いられるMTF特性です．そのグラフを図13-6に示します．一般的に空間周波数が高いほどコントラスト応答は悪くなります．

● オート・フォーカス機能

　現在のカメラにはたいてい，オート・フォーカス機能が付いています．その仕組みは大きく分けてアクティブ方式とパッシブ方式に分類されます．アクティブ方式はカメラ側から赤外線などを出し，その反射を利用して被写体からの距離を算出します．そして，算出した値に応じてレンズを動かします．
　パッシブ方式はデジカメなどに多く使われており，コントラスト検出方式や位相差方式などがあります．コントラスト検出方式は，本検査のようにコントラストが最大になるようにレンズを動かします．位相差方式は1眼レフ・カメラなどに使用されることが多く，そのようなカメラの中にはAFセンサ・モジュールが搭載されており，そのモジュールで現在のピントのずれ量，ずれ方向を測ります．またハイブリッドAFのように，アクティブ方式とパッシブ方式をあわせたようなオート・フォーカス機能もあります．

13-3　色再現性の測定と評価

　色再現性検査とは，オリジナルの色（ここでは入力された画像の色）が，出力されたときに再現できているかを検査するものです．検査にはベクトル・スコープ（図13-7）を使用することがほとんどです．ベクトル・スコープとは，以下のように彩度と色相を使用したモデルによって表されます．
　ベクトル・スコープ以外のツール（色空間）を使って，色再現性の検査を行う場合もあります．CIExyモデル（図13-8），Labモデル（図13-9）の二つです．

● 測定方法

1，カラー・チャートを撮像します．カラー・チャートには，冒頭で紹介したマクベス・チャートや，カラー・バー・チャートなどがあります．ここでは図13-1に示したマクベス・チャートを使用することにします．
2，検査領域を図13-10のように設定します．設定する範囲は，一般的には青，緑，赤，黄色，マゼンダ，シアン，白の7カ所です．

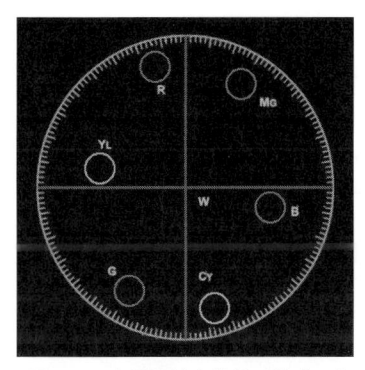

〈図13-7〉色再現性を数値で示すことのできるベクトル・スコープの画面

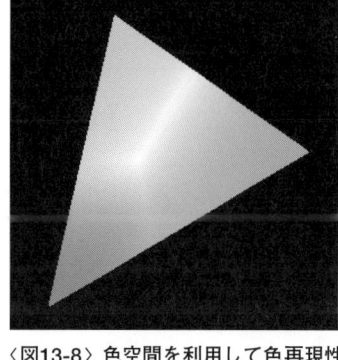

〈図13-8〉色空間を利用して色再現性を表すCIExyモデル

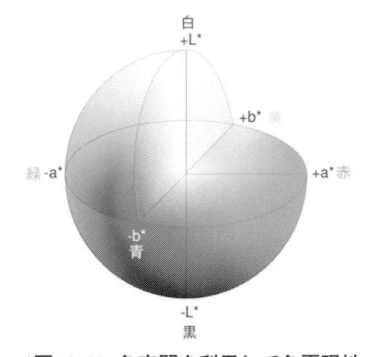

〈図13-9〉色空間を利用して色再現性を表すLabモデル

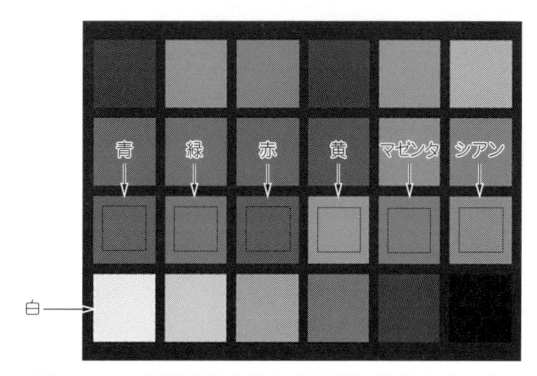

〈図13-10〉色再現性を測定する際に利用するマクベス・チャート上の色とその範囲

3，設定した範囲内の，それぞれのモデルに適した値を取得します．
4，取得した値が決められた範囲内にあるかどうかの確認をします．

● 評価方法

　ベクトル・スコープ上の角度が色相を，大きさが彩度を示します．例えば赤色の色相ずれが10°以内，彩度のずれが10％以内と定めます．
　カラー・チャートをカメラで撮像したとき，照明条件，カラー・バー・チャートの状態など，さまざまな条件が整っていれば，ベクトル・スコープ，CIExy，Labのそれぞれの数値は決められた範囲の中に入ります．
　色再現性は使用する画像入出力機器によって異なります．コンピュータの場合はRGB，HISなどの色空間，印刷・プリンタではCMYKが使用されることがほとんどです．
　このように使用するデバイス間でやり取りされる色情報を忠実に再現するためには，XYZ，Labなどといったデバイスに依存しない色空間が必要になります．
　色再現性を検査するときには，照明の色温度，均一性を一定に保つことやカラー・バー・チャート自身の色の褪色が無いかのチェックなど，十分な注意が必要になります．

上記に挙げた色空間以外にも，さまざまな色空間が存在しますが，どの色空間を使用するのが一番良いかを決めるのは，見る環境，心理的なものなど複雑な要因が絡むため，難しいものがあります．

13-4 階調性の測定と評価

階調性を簡単に説明すると，滑らかな画像が表現できるかということになります．段階的に変化する濃度ステップによって階調性能のリニアリティを評価します．階調性検査で使用するのはグレー・スケール・チャート（**図13-11**）です．

● 測定方法
1. グレー・スケール・チャートを撮像します．
2. 検査領域および基準輝度領域を**図13-12**のようにそれぞれ設定します．基準輝度領域はチャート中央の白部分，また基準輝度領域を挟んで上段は左から，下段は右からそれぞれ順番に検査領域を設定します．
3. 各領域内の平均輝度を取得します．
4. 得られた平均輝度が小→大（黒から白），または大→小（白から黒）の順に並んでおり，かつ隣接領域間の差にリニアリティ（直線性）があるか，または決められた曲線に近いものかどうかを測定します．検査領域nの平均輝度を$AveY(n)$，基準輝度領域の平均輝度を$AveSY$，階調性を$GS(n)$とすると，$GS(n)$は，

$$GS(n) = \left(\frac{AveY(n)}{AveSY} \right) \times 100$$

と表現できます．

● 評価方法
次の関係が成り立つことを確認します．

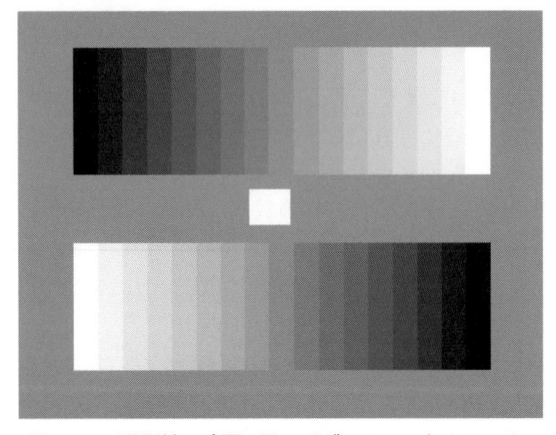

〈図13-11〉階調性の確認に用いるグレー・スケール・チャート

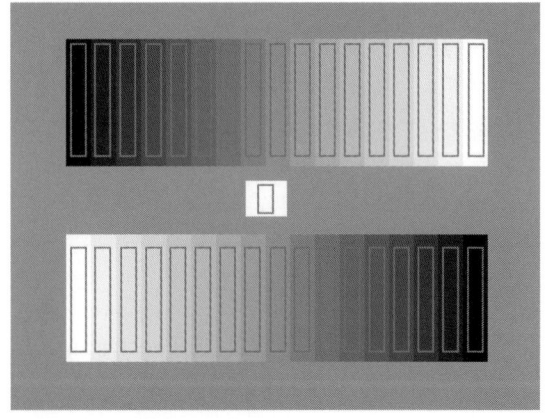

〈図13-12〉階調性確認の際，グレー・スケール・チャート上で取得するデータの範囲

$$GS(0) < GS(1) < \cdots\cdots < GS(k) < GS(k+1) < \cdots\cdots < GS(n-1) < GS(n)$$

$GS(n)$ごとに基準値が設けてあり，すべての$GS(n)$がそれぞれの基準値内に入っていれば，直線性または決められた曲線に近いものと判断します．

階調性に限らず，ディスプレイに表示される画像は，ディスプレイの表示特性の影響を受けます．少し前まではモニタといえばCRTで，それに合ったガンマ補正を行っていました．現在は液晶やプラズマなどのモニタが存在するため，それらに合ったガンマ補正が必要になります．

13-5　ノイズの測定と評価

画質が良いか悪いか，ノイズがあるかないかは，見る人の主観によります．その判断をする人間の目や感覚にはばらつきがあり，また，微妙な違いは見た目だけでは分かりにくいものです．そこで使用する評価値にSNR，$PSNR$を使用します．$PSNR$（Peak Signal-to-Noise Ratio）は画像圧縮などの分野で用います．理想画像に対して取得した画像がどの程度劣化しているかを客観的に評価します．

● 測定方法

本検査では$PSNR$の考え方に沿って，ノイズの測定には下記の式を用います．次式の値$value2$が高いほうが，元の画像に対してノイズが少ないことになります．

1．専用チャート（白チャート）を撮像します．
2．検査領域は画像全体とします．
3．以下の計算を行います．信号対雑音比$value2$[dB]は，

$$value1 = \frac{\sum_{x=0}^{N-1}\sum_{y=0}^{M-1}(\Delta R^2 + \Delta G^2 + \Delta B^2)}{3 \times M \times N}$$

$$value2 = 20\log_{10}\left(\frac{Fvalue}{value1}\right)$$

ただし，画像サイズ：$M \times N$，$Fvalue$：$FvalueR$，$FvalueG$，$FvalueB$の平均または最大値，$FvalueR$：表示された画像の赤成分平均画素値または最大画素値，$FvalueG$：表示された画像の緑成分平均画素値または最大画素値，$FvalueB$：表示された画像の青成分平均画素値または最大画素値，$Gr(x, y)$：表示された画像の座標(x, y)での画素値赤成分，$Gg(x, y)$：表示された画像の座標(x, y)での画素値緑成分，$Gb(x, y)$：表示された画像の座標(x, y)での画素値青成分，$\Delta R(x, y) = Gr(x, y) - FvalueR$，$\Delta G(x, y) = Gg(x, y) - FvalueG$，$\Delta B(x, y) = Gb(x, y) - FvalueB$とする．

● 評価方法

評価結果はdB（デシベル）で表され評価する2枚の画像間で劣化が全くない場合は無限大，劣化がひどくなるにつれ0dBに近づきます．目安として30dBを下回ると劣化が目につきやすくなると言われています．

必要に応じて輝度値を使用したり，複数枚で評価する場合もあります．本式の意味は入力画像と，出力画像に混入したノイズとの比率を求めることを意味しています．入力画像は白チャートを使って

いるため，すべての画素値は255になります．出力画像はレンズを通した画像になるため，すべての画素値が255というわけにはいきません．上式で$FvalueR$，$FvalueG$，$FvalueB$，$Fvalue$すべてに理論上の最大画素値255の値を使用した場合，本来の$PSNR$と同じ意味になります．平均値を使用した場合は，現在表示されている画像のノイズ具合を見るという意味合いになります．

13-6　ディストーションの測定と評価

ディストーションは格子が描かれているディストーション・チャート(図13-13)を使用します．ディストーション用のチャートとしては，ドット模様のもの，チェス板のようなものもあります．

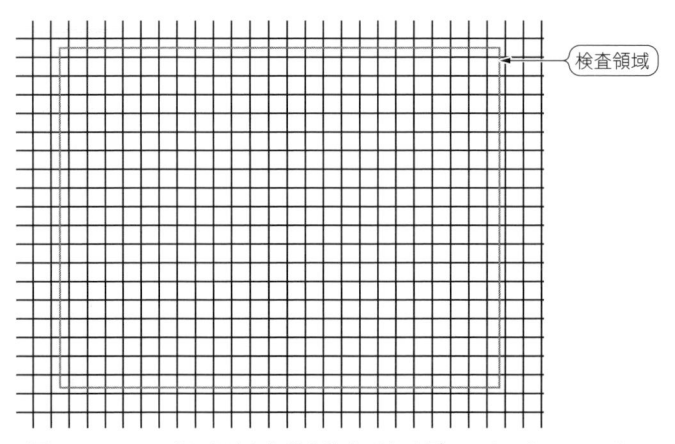

〈図13-13〉レンズのゆがみなどを検出できるディストーション・チャート

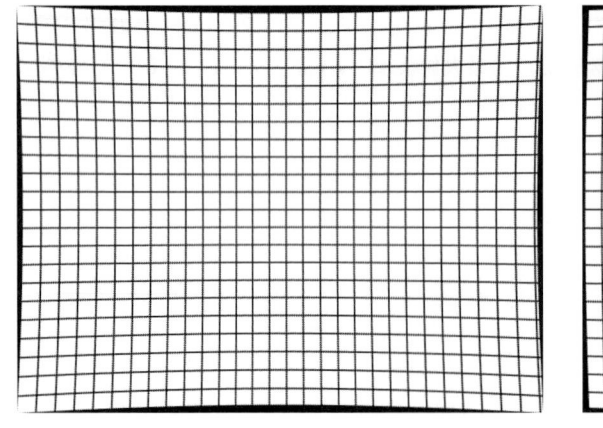

（a）糸巻き型 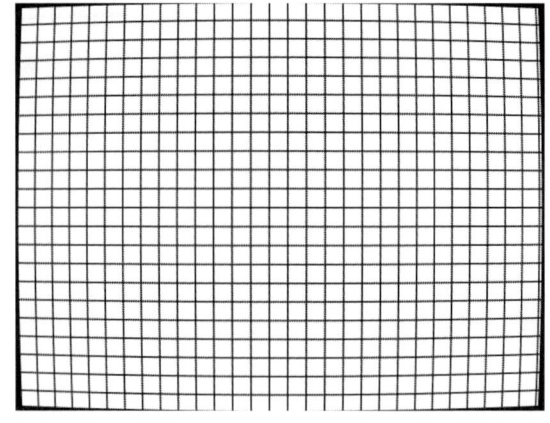　　　　　　　　　　　（b）たる型

〈図13-14〉ディストーション・チャートでゆがみを検出したときの例

理想的なレンズが存在すれば，レンズを通過した直線光は屈折することなく，常に直線光です．実際にはそのようなレンズは存在しないに等しく，大なり小なりディストーションは起こるものと考えられます．ディストーションには，たる型，糸巻き型の二つがあります（**図13-14**）．また，この二つに属さない複雑なディストーションもあります．この検査では，たる型と糸巻き型の検査を行います．

● 測定方法
1，ディストーション・チャートを撮像します．
2，検査領域を**図13-13**のように設定します．
3，検査領域内の格子点を求めます．
4，格子点の位置から画像のひずみ具合を測定します．
　レンズのひずみを受けた画像上の格子点座標をu', v'とすると，
　$u' = u + (u - u_0)(k_1 \times r^2 + k_2 \times r^4)$
　$v' = v + (v - v_0)(k_1 \times r^2 + k_2 \times r^4)$
　ただし，uとv：理想的な画像上の格子点座標（前もって調べておく必要がある），u_0とv_0：画像中心（理想的な画像とひずみを受けた画像の中心は同じと考える），k_1とk_2：レンズひずみ係数，$r^2 = (u - u_0)^2 + (v - v_0)^2$とする．

つまり，理想的な画像を上式を用いて変換すると，実際に取り込んだ画像に変換できるということになります．このときの変換係数k_1, k_2を求めることによって，そのひずみ具合が分かります．

● 評価方法
理想的なレンズにおいては，ひずみ係数であるk_1とk_2は0になります．それ以外のレンズでは，k_1とk_2が0に近いほどひずみが少ないレンズとなります．

13-7　シェーディングの測定と評価

光学系やCMOSセンサの性能による，出力画像に見られる広範囲にわたる明暗のひずみをシェーディングと言います．シェーディングには画像周辺部分の濃淡レベルの低下や，濃淡レベルが全画面的に均一でないものがあります．本検査で対象とするのは周辺部分のレベル低下です．これには水平シェーディングと垂直シェーディングがあります．

● 測定方法
1，専用チャート（白チャート）を撮像します．
2，画像上でどこのライン（縦または横）に注目するか設定します．
3，輝度値のウェーブ・モニタ（**図13-15**）上では，緩やかな放物線になるはずなので，その画像中央部分と画面両端からx%までの部分の差が決められた範囲内に収まっていることを確認します．

　白チャートなどの単一色のチャートを撮像し，とある1ライン上での画素値のようすをモニタリングすると，**図13-16**のようになっています．周辺部分の輝度値は，中心部分の輝度値に比べると若干落ち込んできます．
　光軸ずれとも関係してきますが，輝度値が最大となるのは普通，画像中心（＝センサ中心）です．光軸

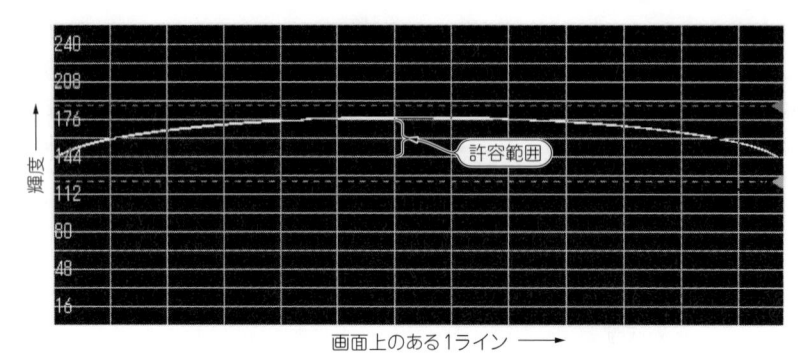

〈図13-15〉シェーディングの検査に用いるウェーブ・モニタの画面

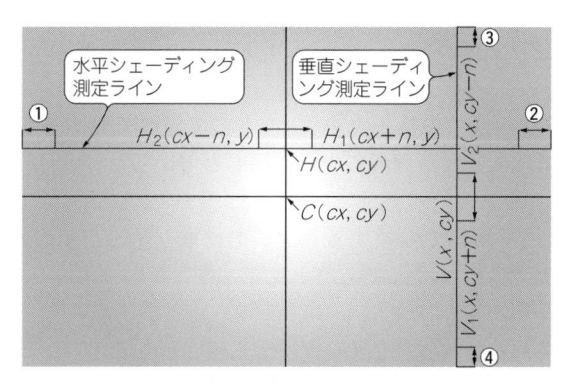

〈図13-16〉シェーディングの計算に用いる各種パラメータの関係

がずれていると最大点がずれて，結果として左右どちらかの周辺部分の落ち込みがひどくなったり，図13-15のような放物線になりません．

● 評価方法

シェーディングの検査では，図13-16に示す①，②，③，④それぞれの区間上の全座標において，次式が満たされることを確認します．

▶水平方向

$CYH \times P < LY(x)$

$CYH \times P < RY(x)$

▶垂直方向

$CYV \times P < TY(x)$

$CYV \times P < BY(x)$

ただし，画像サイズ：$M \times N$画素，$C(cx, cy)$：画像中心座標，$H(cx, y)$：水平方向検査ライン（$0 \leq y \leq N-1$），$V(x, cy)$：垂直方向検査ライン（$0 \leq x \leq M-1$），CYH：水平方向検査ライン$H(cx, y)$上の中心部分の近傍（$H_2 \sim H_1$間）の輝度平均，CYV：垂直方向検査ライン$V(x, cy)$上の中心部分の近傍（$V_2 \sim V_1$間）の輝度平均，$LY(x)$：図13-16の①区間上の座標xにおける輝度値，RY

(x)：図13-16の②区間上の座標xにおける輝度値，$TY(y)$：図13-16の③区間上の座標yにおける輝度値，$BY(y)$：図13-16の④区間上の座標yにおける輝度値，P：図13-15中に示した許容範囲［中心部分の近傍の輝度平均から下回る割合（0〜1の間の値）］とする．

なお，本検査ではフレアなどのひずみには対応していません．

13-8　オート・ホワイト・バランスの測定と評価

　ホワイト・バランスとは，簡単に言うと「白を白く見せる」ための機能です．人間の目は，太陽光の下でも蛍光灯の下でも白い被写体は白く見えます．しかしカメラでは，ホワイト・バランス機能を使用しない状態で，白チャートなど白いものを太陽光の下で撮像した場合と，蛍光灯の下で撮像した場合とでは，明らかな差異を見ることができ，光源に強く依存していることが分かります．この違いを自動的に補正するのがオート・ホワイト・バランス機能です．

● 測定方法
1，白チャートを撮像します．
2，検査領域を設定します．
3，色温度ごとにそのとき出力される画像の各色成分（RGB）のヒストグラムを取得します．
4，得られた各ヒストグラムの相関係数ρを計算します．

$$\rho = \{1/255 \times \Sigma\,(X(i) - A_X) \times (Y(i) - A_Y)\}\,/C_X \times C_Y$$

　　ただし，A_X：X方向の平均値，A_Y：Y方向の平均値，C_X：X方向の分散，C_Y：Y方向の分散，$X(i)$および$Y(i)$：iを画像の階調値（8ビット画像なら0〜255）としたとき，その階調値が画像内にいくつ存在するか，その個数とする．
5，得られた相関係数で判定を行います．

● 評価方法
　本検査は，カメラに備わっているオート・ホワイト・バランス機能が正常に働いているかどうかを検査します．色温度は色温度変換フィルタを使用することによって，その値を検査にあわせて変更します．通常，カメラ側はさまざまなシーンに応じたホワイト・バランスの設定を持っており，ホワイト・バランス機能が正常に働いている場合はR，G，Bそれぞれのヒストグラムがほぼ同じグラフを表します．

　もし，赤みが強く出るような画像であった場合は，明らかにRのヒストグラムの分布がほかのものとは違ってくるはずです．R，G，Bそれぞれのヒストグラムをとり，それらの相関係数を求めることにより，ホワイト・バランス機能が正常に働いているかを検査します．

13-9　光軸ずれ検査

　光軸とは，レンズの中心を通る線のことです．基本的にカメラはレンズの光軸が画面の中心を垂直に交差するように設計されています．光軸ずれ検査とは，カメラ（センサ）中心と光学中心に大きなずれがないかを見るための検査です．光学系の詳しいことは専門文献を参照してください．

● 測定方法
1，白チャートを撮像します．
2，水平ライン，垂直ラインそれぞれ1ラインごとの平均値をとります．
3，得られた平均値の中から最大値を求めます．
4，最大値が得られた位置を光軸中心とみなし，画像中心との差異を求めます．

● 評価方法
　光軸中心とカメラ（センサ）中心にずれが無い状態の場合は，それぞれの中心はほぼ同じ位置にきます．カメラ（センサ）の取り付け位置がずれていたり，レンズの取り付けがおかしかったりすると，中心同士にずれが生じるはずです．

13-10　しみの検出

　しみ検出は，画像処理を行うに当たって最も困難な処理の一つです．本検査ではある程度の大きさを持った塊状または帯状のしみを対象とします．
　しみに厳密な定義があるわけではないのですが，本検査では「撮像画面に現れるある領域が，ほかの領域と輝度差がある状態で，周りに比べて若干明るい部分や暗い部分がある状態」をしみとします．

● 測定方法
1，白チャートを撮像します．
2，得られた画像にフィルタ処理を施します．
3，フィルタ処理後の画像からしみ部分を検出します．
　フィルタ処理とは，「画像上任意の画素の新しい階調値を，その近傍の画素の階調値から決定する局所演算をすべての画素に対して行うことによって，画像全体のぼかしや強調などの画像処理を実行する変換処理のこと」を言います．簡単に言い換えると，「ある画像から別な画像を作り出す作業（画像変換）」を意味します．例えば平滑化，鮮鋭化，メディアンなどがあります．

● 評価方法
　まずはしみ検出に用いられるフィルタについて簡単に説明します．測定方法2のフィルタ処理には，トップハット変換またはボトムハット変換を用います．通常，しみやむらなどの数値化は難しく，また，目視で行った場合は個人の主観に依存します．上記変換を用いることによって，しみと思われる部分を際立たせることができます．本処理で出てくるしみと思われる個所を候補として，3で最終的な判定を行います．
▶トップハット変換
　トップハット変換は，黒の背景に白く写り込んでいるものを抽出するために使われます．トップハット変換の処理は以下のように行われます．
- 元画像の開放画像を計算します（オープニング）．
- 開放画像を元画像から引き算します．
　オープニング処理については，専門書などを参照してください．

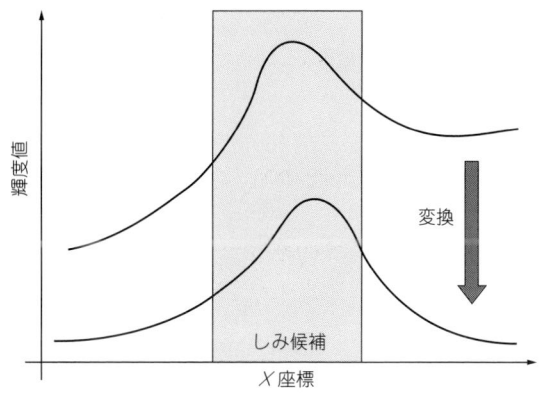

〈図13-17〉しみを検出するために輝度勾配を変化させる

▶ボトムハット変換
　ボトムハット変換は白の背景に黒く写り込んでいるものを抽出するために使われます．ボトムハット変換の処理は以下のように行われます．
- 元画像の閉鎖画像を計算（クロージング）
- 元画像を閉鎖画像から引き算

　クロージング処理については，専門書などを参照してください．
　上記二つの変換において，構造化要素を使用し，変換処理を実行します．構造化要素とは，画像変換処理を行うための変換関数のことで，元画像をこの変換関数で変換し，新たな画像を得るということになります．変換関数の作り方によって元画像上にある特徴を消失させたり，残したりできます．
　図13-17の上側ラインは，元画像のあるライン上での断面の輝度のようすを表します．盛り上がった部分にしみ候補があるとします．このときこの盛り上がりを保存したまま図13-17の下側ラインに変換します．
　測定方法の3では，2で出力される画像のしみ候補に対して，その面積や輝度こう配などの特徴量を用いて判定を行います．

＊　　　　＊

　カメラの主な検査項目について述べました．これまでに紹介した検査項目以外にも，均一性検査，アンチフリッカ機能検査，ビット落ち検査，白きず黒きず検査，画角測定検査などの検査項目があります．
　現在の小型CMOSセンサ搭載カメラは，画素数も多く，機能的にもオート・フォーカス，自動手ぶれ補正，顔認識など，かなり多機能なものになっています．しかし，カメラがどんなに多機能になったとしても，カメラとしての基本性能を評価する指標に変更があるわけではありません．そのような理由から，著者の属する会社[5]では，なるべく簡易に扱え，かつ短時間で処理できる手法として，本文で挙げた手法を装置化し，検査で使用しています．これらは唯一の方法というわけではありませんが，数多く出荷される製品の検査をするにあたり，最低限必要なものがそろっています．

第14章

アナログ・カメラ時代からの手法で技術者の机上確認に向く

モニタやオシロスコープを利用した画像の客観評価法

志村 達哉
Tatsuya Shimura

「画像評価」と，ひと言で言っても，その対象項目は数多くあります．テレビ・カメラが世に出た当初から，感度，解像度，ノイズ（SN比）は常に重要視されてきました．そしてこれは永遠の課題であるとも言えます．

画像評価を定量的に行うためには，それに適した測定が必要になります．

以下，評価をする際の撮像状態と，各評価項目について主に，JEITA［（社）電子情報技術産業協会；旧EIAJ］のCCTV機器スペック規定方法を参考に述べます．

14-1 標準撮像状態

● 照明条件

JEITAで定義した照明条件を**表14-1**に示します．透過型チャートの面照度の項は，チャートの輝度を示しており，記載されている輝度635cd/m²（または635nit）は，2000lxで照明された完全拡散面の輝度と同じになりますから，反射型チャートの使用と等価になります．

反射型チャートとは，自身に光源を持たず，印刷されたテスト・チャートに光を当てるものです．

透過型チャートは，テスト・チャートがガラスで作られており，カメラから見えない側に光源を持ちます．

〈表14-1〉[(1)] JEITAで定義した照明条件

項　目	カラー・カメラ		白黒カメラ
	単素子	2～3素子	
光源の色温度	3100K ± 100K	3100K ± 100K	3100K ± 100K
反射型チャートの面照度	2000lx ± 100lx	2000lx ± 100lx	2000lx ± 100lx
透過型チャートの面照度	635 ± 31cd/m²	635 ± 31cd/m²	635 ± 31cd/m²
照度または輝度の不均一性	5%以下	5%以下	5%以下

〈表14-2〉[1] JEITAで定義したカメラの設定条件

項　目	カラー・カメラ （単素子）	カラー・カメラ （2〜3素子）	白黒カメラ
ゲイン・アップ	○	○	○
AGC	○	○	○
ホワイト・バランス	○	○	○
アパーチャ	○	○	○
ディテール	○	○	○
電子シャッタ	○	○	○
同　期	○	○	○
ブラック・バランス	—	○	—
ガンマ	○	○	○
蓄積モード	○	○	○
ニー特性	○	○	○
シェーディング補正	○	○	○

▶○印は，スペック項目ごとに設定条件を記述すること

● カメラの設定条件

　同じくJEITAで定義したカメラの設定条件を**表14-2**に示します．ここで○印は，スペック項目ごとに設定条件を記述する項目です．

14-2　感度

　感度には，光の波長ごとの感度を対象とする分光感度と，太陽光，照明光の視感領域全体を対象とする一般の感度がありますが，ここでは後者について説明します．なお，カメラの感度は，標準感度と最高感度に分けて表現するのが一般的です．

● 標準感度

　カメラの各種特性がバランスよく発揮されるような感度設定です．つまり，規定映像レベル（$0.7V_{p-p}$）が得られる被写体照度と，そのときのレンズのF値で表します．例えば1500lx，$F:8$のように表現します．
　標準感度は，後で述べるSN比と関連があります．映像信号増幅器の増幅度を上げれば見かけの感度は上がりますが，SN比が悪くなります．特性のバランスをとることが必要です．

● 最高感度

　レンズの絞りを開放し，チャートを撮影します．チャートの明るさを徐々に落とし，カメラから出力される映像レベルが$0.35V_{p-p}$になる点を最高感度（最低被写体照度）とします．AGC（オート・ゲイン・コントロール）などのカメラの映像増幅度は最高にしておきます．

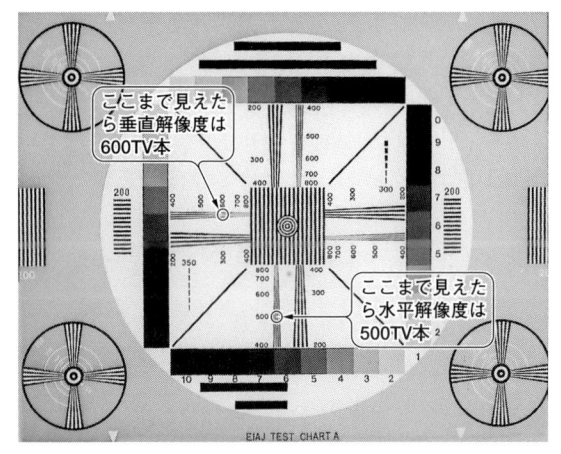

〈写真14-1〉(1) 解像度チャート

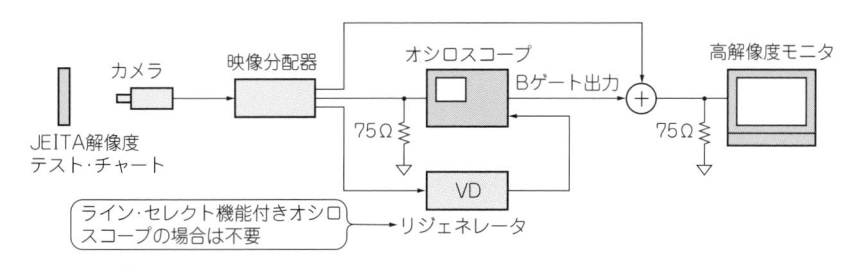

〈図14-1〉(1) 解像度の測定系統図

14-3　解像度

● 限界解像度

　被写体の細部が，どこまで判別できるかを**写真14-1**に示す解像度チャートと呼ばれるテスト・チャートを使って測定します．

　このチャートの縦の「くさび」で水平，横の「くさび」で垂直の限界の本数を数えます．どこまで割れて見えるかを数え，これを限界解像度［TV本］として表します．

　TV本という単位は，白と黒を各1本と数える方法で，これに対しレンズの解像度は白黒のペアを1本と数えます．

　限界解像度は見る人の視認によるため，カメラのアパーチャ補正の量，モニタの輝度などの特性，見る人の個人差などによって変わり，正確なデータを得難いです．

　この誤差を減少する方法として，オシロスコープのライン・セレクトを利用する方法を説明します．測定系統図を**図14-1**に示します．**図14-1**で，オシロスコープは遅延掃引を使いますが，主掃引をA，遅延掃引をBと呼び，図中の「Bゲート出力」は，B掃引の時間幅のパルスです．

● 測定手順
(1) 解像度チャートを画枠に合わせて正しく撮像します．
(2) レンズのフォーカス調整で，くさびを最大に解像させます．
(3) カラー・カメラの場合は，ホワイト・バランスをとります．
(4) オシロスコープの同期を取り，図14-2(a)のようにくさび部分をライン・セレクトできるようにします．
(5) チャートの200TV本上にライン・セレクトし，図14-2(b)のように4本のくさびの幅を測定し，これをd_1 [μs] とします．
(6) 次に300TV本上にライン・セレクトし，同じく4本のくさびの幅を測定し，これをd_2 [μs] とします．
(7) ライン・セレクトを動かし，図14-2(c)のようにくさびが4本解像できる限界点を探し，その位置でくさびの幅を測定し，これをd_x [μs] とします．
(8) 限界解像度R_{LIM} [TV本] を次式により計算します．

$$R_{LIM} = 200 + \frac{d_x - d_1}{d_2 - d_1} \times 100 \quad \cdots\cdots (14\text{-}1)$$

ここで，$d_1 = 1.5\,\mu s$，$d_2 = 1.1\,\mu s$，$d_x = 1.0\,\mu s$ とすると，

$$R_{LIM} = 200 + \frac{1.0 - 1.5}{1.1 - 1.5} \times 100 = 325 \quad \cdots\cdots (14\text{-}2)$$

限界解像度は325TV本となります．

● レスポンスによる測定

前項のくさびを撮像し，ライン・セレクトで，くさびの部分の映像振幅を各TV本で測定します．

200TV本を基準の100％とし，図14-3のように，横軸にTV本，縦軸に％をとったグラフをAR (Amplitude Response curve) または，CTF (Ccontrast Transfer Function) と呼びます．これをMTF (Modulation Transfer Function) と呼ぶ場合もありますが，本来MTFはくさび部分の波形を見たとき，矩形波でなく正弦波であるべきですから，厳密には同じではありません．

図14-3のCTFカーブを比較すると，解像度が高いところまで伸びている機器Aは，限界解像度が高いため小さい画像まで見え，400TV本付近のレスポンスが高い機器Bは画像がシャープに見えます．

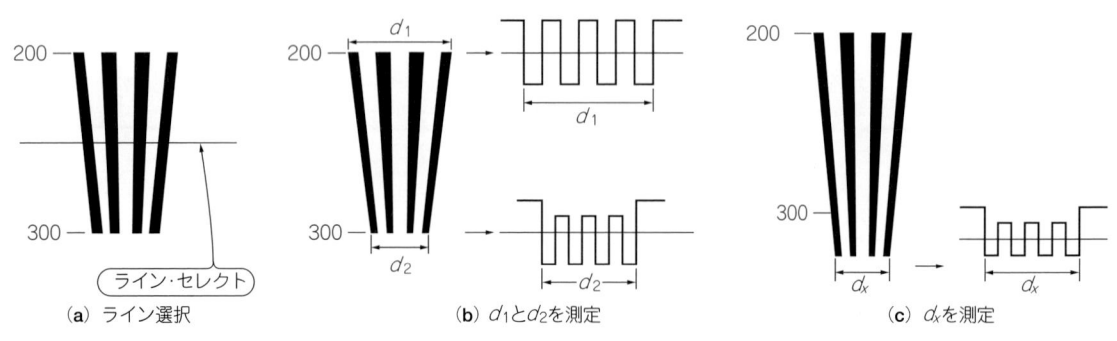

(a) ライン選択 (b) d_1とd_2を測定 (c) d_xを測定

〈図14-2〉くさび形部分を使い解像度を測定する

14-4 SN比

SN比を表すとき,
- レンズをクローズにして,暗部のノイズを測り,定格レベル($0.7V_{p-p}$)との比で求める場合
- レンズをクローズせずに光を入射して光のショット・ノイズ,CCDの画素間のレベル差なども含めたノイズ・レベルで,SN比を求める場合

の2通りがあり,共に使われています.

■ 一般の測定方法

定格映像出力(一般には$0.7V_{p-p}$)で,出力レベルS(ピーク・ツー・ピーク値)と,映像出力に含まれる雑音レベルN(実効値)の比をSN比で表します.

測定の際は出力が定格レベルになる光を入射します.その他の条件をJEITAでは以下のように規定しています.

▶ カメラの動作条件

ゲイン・アップ:0dB, AGC:OFF, ホワイト・バランス:最良にセッティング, アパーチャ:OFF, ディテール:OFF, 電子シャッタ:OFF, ガンマ:OFF

▶ 測定系統

図14-4に示します.ノイズ・メータは各テレビ方式に応じてノイズ実効値と同時にSN比を表すことができます.テスト・チャートは,全面白チャートです.

▶ 測定方法

ノイズ・メータでは,設定条件が変えられますが,JEITAでは,下記のように規定しています.

HPF:100kHz, LPF:4.2MHz, SC Trap:ON, Weight:ON, 入力レベル:Preset

このような設定でノイズ・メータにはSN比が−dBで表示されます.

■ 標準方式以外のSN比測定方法

NTSC,PAL,ハイビジョンなど標準方式のテレビ・カメラでは,それに適したノイズ・メータがあるので問題はないのですが,最近のCCDカメラでは,走査線数,毎秒像数などが標準方式とは違った

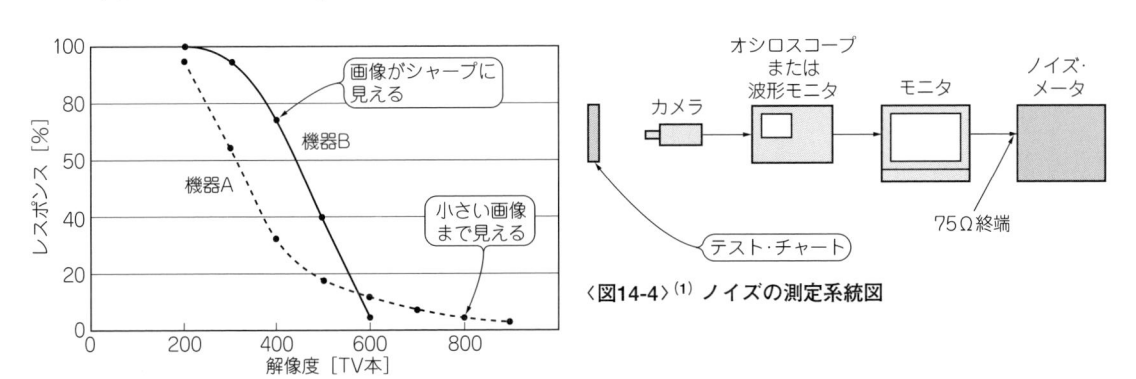

〈図14-3〉機器Aと機器BのCTFカーブ

〈図14-4〉[1] ノイズの測定系統図

ものも多く使われており，標準方式のノイズ・メータを使用できません．

この場合には，オシロスコープでノイズのピーク・ツー・ピーク値を測定し，この値と定格映像出力との比をとります．なお，ピーク・ツー・ピーク値と実効値の換算として，15dBを加算する方法があります．この場合は，暗部のノイズを測定します．

● 測定例

定格映像出力を0.7$V_{p\text{-}p}$，ノイズ電圧を10m$V_{p\text{-}p}$とするとSN比R_{SN}[dB]は次のように求められます．

$$R_{SN} = 20 \log_{10} \frac{0.7}{0.01} + 15 = 51.9 \quad \cdots\cdots\cdots\cdots\cdots\cdots\cdots\cdots\cdots\cdots\cdots\cdots\cdots\cdots\cdots\cdots (14\text{-}3)$$

SN比は51.9dBとなります．

● ディジタル信号出力のSN比測定

アナログ信号出力のカメラでは，上述の測定方法が行われますが，ディジタル出力のカメラでは別の方法を使います．ジェイエイアイ コーポレーションでは次のようにして測定しています．
①ディジタル信号をフレーム・メモリに取り込みます．
②ノイズの実効値を求めます．

ノイズの実効値N_{RMS}[ビット]は次式で求められます．

$$N_{RMS} = \sqrt{\sum_{i=1}^{n} \frac{(x_i - \bar{x})^2}{n}} \quad \cdots\cdots\cdots\cdots\cdots\cdots\cdots\cdots\cdots\cdots\cdots\cdots\cdots\cdots\cdots\cdots (14\text{-}4)$$

ただし，n：画素数，x_i：各画素の輝度(LSB)[ビット]，$\bar{x}$：全画素の平均輝度(LSB)[ビット]

③次式でSN比[dB] R_{SND}を求めます．

$$R_{SND} = 20 \log_{10} E_{Sp\text{-}p} / N_{RMS} \quad \cdots\cdots\cdots\cdots\cdots\cdots\cdots\cdots\cdots\cdots\cdots\cdots\cdots\cdots (14\text{-}5)$$

ただし$E_{Sp\text{-}p}$：信号のピーク・ツー・ピーク値(8ビットで256，10ビットで1024)

14-5 シェーディング

光学系や，CCDの性能に起因して，画面に現れる比較的広い範囲にわたる明暗の「ひずみ」をシェーディングといいます．これにも水平シェーディングと垂直シェーディングがあります．

● 測定方法

オシロスコープで水平または垂直の波形を観測し，画面中央を定格レベルにしたとき，共に画面の端から10%の位置のレベルを測定して，中央部のレベルをA[$V_{p\text{-}p}$]，10%位置のレベルをB[$V_{p\text{-}p}$]とします．シェーディングS_H[%]は次式で表します．

$$S_H = \frac{A - B}{A} \times 100 \quad \cdots\cdots\cdots\cdots\cdots\cdots\cdots\cdots\cdots\cdots\cdots\cdots\cdots\cdots\cdots\cdots\cdots\cdots (14\text{-}6)$$

マイクロレンズ付きのCCD（ほとんどのCCDがそうですが）の場合，光軸中心とCCDの中心がずれていると，シェーディングを生じることがあります．

14-6 スミア

　以前(撮像管の時代)は,映像増幅器の位相特性によるひずみで,白の後ろに水平に尾を引く現象をスミアといっていました.しかし,CCDでは明るい被写体の上下に縦に白く引く現象をスミアといっています.
　これはCCDに強い光が入射したとき,CCDの垂直転送部に光が漏れこみ,不要な電荷を発生することにより起こります.**写真14-2**はスミアの例です.
　測定方法は,縦横とも画面垂直の高さの1/10の白く強い光をCCDの中央部に入射して上下のレベルを測定しますが,CCDの改良にしたがってほとんど問題になりません.一般には$-80 \sim -100$dB程度です.

14-7 ガンマ特性

　CRTモニタで,自然なコントラストを得るため,CRTのガンマの逆補正をカメラで行うことをガンマ補正と言います.
　本来,ガンマ補正は受像側で行うのが妥当かもしれません.しかし,数の上で圧倒的に多い受像機それぞれに補正回路をもつより,送像側で処理したほうがトータルで見ると経済的ですから,TV放送の初期から送像側で補正しています.
　最近になって,受像側のディスプレイに,CRT以外の,液晶,プラズマ,発光ダイオードなどが使われるようになりましたが,この場合はCRTに合わせたガンマ補正は当然不適切であり,受像側でさらにディスプレイに合った補正を行う必要があります.
　一般にCRTのガンマは2.2といわれ,この逆数0.45の補正をしますが,これには,**写真14-3**のガンマ・チャートを使います.ガンマ・チャートには,ガンマ1と0.45の2種類があり,0.45のチャートを撮

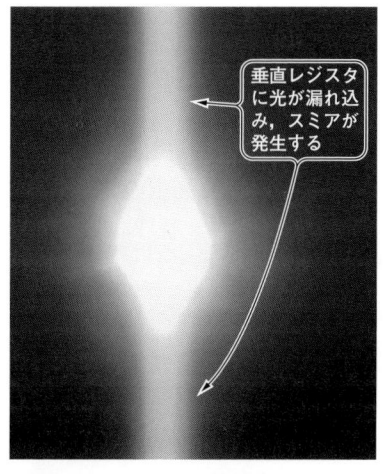

〈写真14-2〉スミアの発生例

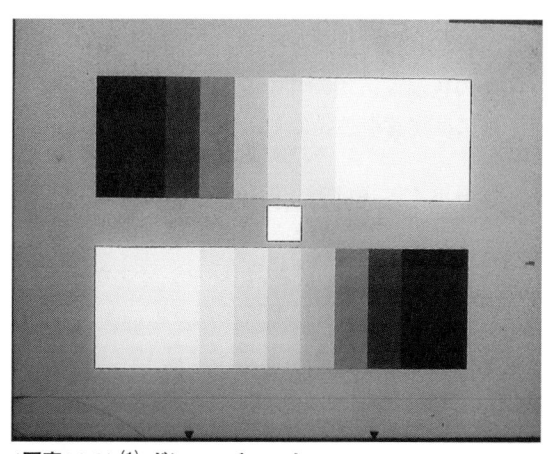

〈写真14-3〉[1] ガンマ・チャート

〈写真14-4〉真ん中に白を置いたカラー・バー・チャート　　〈写真14-5〉カラー・バー信号のベクトル表示

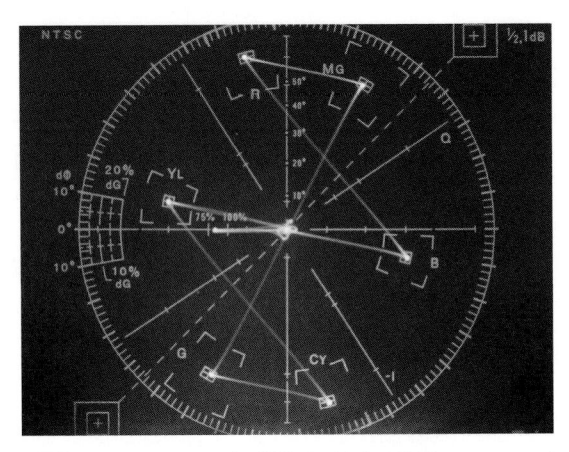

像し，波形モニタで直線状になっているか否かで判断します．特に低レベルと高レベルのつぶれに注意します．

14-8　色再現性

　ここまでは白黒，カラーに共通な特性測定について述べてきました．カラー・カメラの場合は，このほかに色再現性の測定があります．これには，カラー・バー・チャートと呼ばれるテスト・チャートと，ベクトル・スコープを使用します．

　写真14-4は，ジェイエイアイコーポレーションで使用するカラー・バー・チャートです．一般には明度順に並ぶので，白は左端に来ますが，同社は輝度の基準になる白を中心に置いてシェーディングの影響を少なくしています．

　写真14-5は信号発生器のカラー・バー信号をベクトル表示したものです．カラー・バー・チャートをカメラで撮像したとき，カメラの撮像特性が理想的でカラー・バー・チャートや照明，そのほかの条件が整っていれば，各色ベクトルはそれぞれ図の小さい四角の「田」の字形マークの内側に入ります．

　照明の色温度，均一性を安定に保つことやカラー・バー・チャート自身の褪色など，色再現性の測定条件には注意が必要です．

*

　カメラの主な評価方法について述べてきました．このほかにも，取り扱える光量の範囲を示すダイナミック・レンジ，明るい部分を圧縮してダイナミック・レンジを拡大するニー特性，3板カラー・カメラの色ずれを示すレジストレーションなど，解説したいことがたくさんあります．これらについては専門的な文献[2]を参照してください．

◆第15章

高精度なオート・フォーカスや露光にはメカとの連携が不可欠

カメラの自動調整のしくみと画像評価方法

漆谷 正義
Masayoshi Urushidanii

　CCDやCMOSイメージ・センサを使って，ビデオ・カメラやディジタル・スチル・カメラを設計する際には，オート・フォーカス(AF)，オート・ホワイト・バランス(AWB)，オート・アイリス(AE)などの自動調整機構が必要となります．

　これらの機構は，録画ボタンやシャッタを押すだけでよい「簡単操作」を実現するものですが，対象が画像であるため人間が対象を認識するほどには正確に追随できません．

　ここでは，この自動調整機構を持つ画像記録機器の画像評価方法を紹介するとともに，自動調整機構の原理についても少し踏み入って紹介します．

15-1　オート・フォーカスのしくみと画像評価

■ AFの基礎知識

● 高倍率ズーム機能を実現するレンズ群

　ビデオ・カメラは，高倍率(光学10倍程度)のズーム機能が必要とされるため，**写真15-1**(a)のように多くのレンズ群から構成されています．

　第1群レンズ❶は，前玉(フロント)レンズとも呼ばれ，非球面凸レンズです．

　第2群レンズ❷は，変倍レンズ(ズーム・レンズ)で凹レンズです．バリエータとも言います．レンズ❷はズーム・モータで前後に移動するようになっています．バリエータがイメージ・センサ側に行くにつれ，焦点距離が長くなり，Fナンバ(注)が大きくなります．

　第3群レンズ❸は，第1マスタ・レンズ群とも呼ばれ，凸レンズです．❸の前には**写真15-1**(b)のような絞りが入っています．**写真15-1**(b)の右側の箱は，絞り(アイリス)を駆動するためのモータ(針式メータと同じ原理)が入っています．

　第4群レンズ❹は，第2マスタ・レンズ群またはリレー・レンズとも呼ばれ凸レンズで，イメージ・センサ上への焦点位置を決める役割を果たし，フォーカス・モータで前後に移動するようになっています．

　❺はモアレ低減用のオプティカル・ローパス・フィルタ，❻はイメージ・センサです．なお，光学

*F*ナンバ▶F-numberの略．画像センサへ入る光量は*F*ナンバの2乗に反比例する．つまり，*F*ナンバが大きいと画像センサへの入射光量は少なくなる．

第15章 カメラの自動調整のしくみと画像評価方法

〈写真15-1〉一般的なビデオ・カメラのレンズ構成

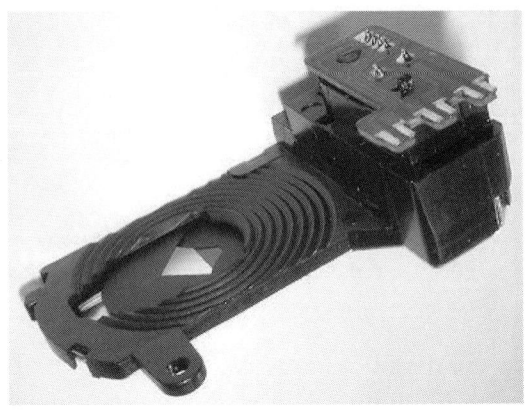

(a) ビデオ・カメラのレンズ構成

(b) (a)の❸の手前に入るアイリス機構

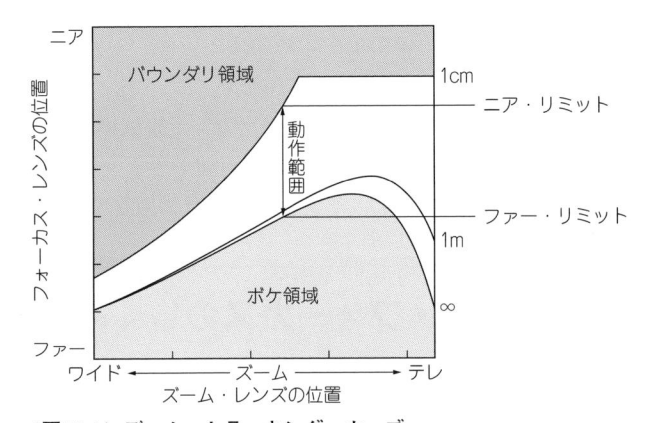

〈図15-1〉ズーム・トラッキング・カーブ

式手ぶれ補正を行う場合は，❸と❹の間に光軸に垂直な平面に動くレンズを入れます．

● AF動作の鍵…ズーム・レンズとフォーカス・レンズの位置制御

　ズーム・レンズ❷とフォーカス・レンズ❹は独立して動かすことはできず，被写体距離とズーム位置に応じてフォーカス・レンズ❹の位置制御が必要です．

　この関係は図15-1のようなズーム・トラッキング・カーブによって表されます．横軸がズーム・レンズの位置，縦軸がフォーカス・レンズの位置です．上方のバウンダリ領域(マクロ1cmの水平部分)は，レンズが機械的に動ける限界です．

　図15-1を見ただけでは分かりにくいので，図15-2に代表的な四つのケースでのレンズ位置を，画角を示す写真15-2とともに示しておきます．このように，ズーム中は，図15-1の曲線に沿ってフォーカス・レンズを動かす，つまりトラッキングを取るわけですが，これを機械的なカムなどの回転機構を使わずに，モータを使ってリニアに動かすのが普通です．また，ズーム・スピードも数秒と高速であるため，フォーカス・レンズのトラッキングもこれに高速に追随しなければなりません．

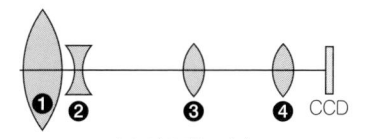

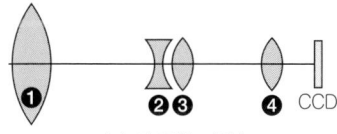

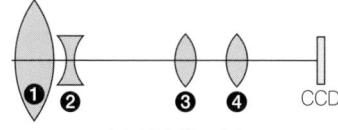

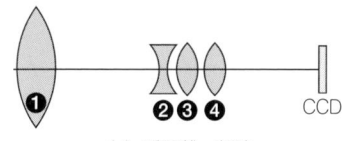

〈図15-2〉オート・フォーカスにおけるレンズ位置の代表例

(a) 遠距離・広角
(b) 遠距離・望遠
(c) 近距離・広角
(d) 近距離・望遠

〈写真15-2〉図15-2(a)～(d)での撮影例

(a) 遠距離・広角
(b) 遠距離・望遠
(c) 近距離・広角
(d) 近距離・望遠

このように，ズームとフォーカスは密接な関係があり，AFの設計と評価ではズーム機能が重要な要素となります．

● 合焦点の探し方

合焦点を探す際に映像信号を使うAF方式は，コントラスト検出方式と呼ばれます．イメージ・センサの出力信号から，Y信号を取り出し，図15-3のような画面枠の内部だけを抽出して，図15-4のような特性のHPF（ハイパス・フィルタ）に通します．このHPFの出力が最大になる点が合焦点です．フォーカス・レンズの位置を横軸に取ると，HPFの出力を検波したものは図15-5のようになります．この図から次のことが分かります．

- aは検波出力が大きく，bは小さい．つまり，bはaよりSN比が悪い．
- bは傾きが急峻で合焦点が鋭く，aはその逆．

図15-3の画面枠と，この二つのHPFを切り替えて使うことが一つのポイントです．AF動作の順序（図15-6）は次のようになります．

0：フォーカス・モータを動かす前処理を行う
1：山登り方向検出．図15-5のaを使う
2：頂点検出．HPFの出力の大きい方へ移動する
3：頂点への戻り．少し行きすぎないと頂点は認識できない

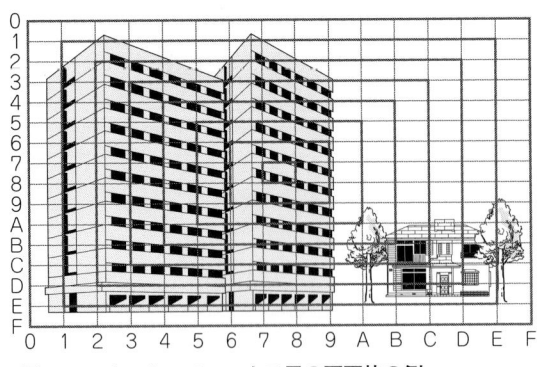

〈図15-3〉オート・フォーカス用の画面枠の例

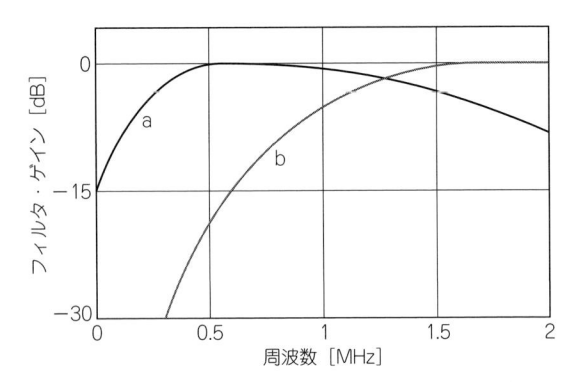

〈図15-4〉オート・フォーカス用HPFのゲイン周波数特性例

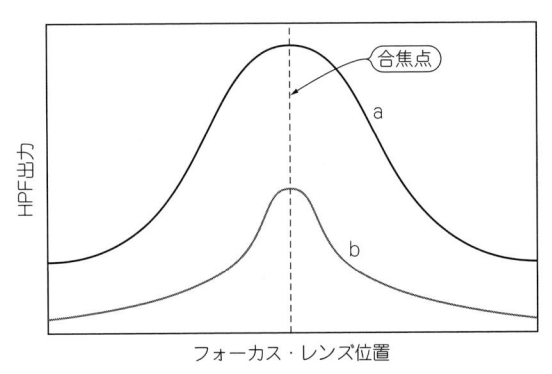

〈図15-5〉フォーカス・レンズ位置とHPF出力の関係

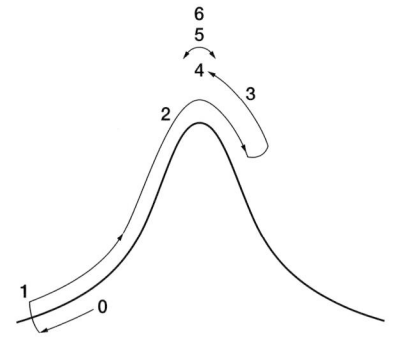

〈図15-6〉オート・フォーカス動作の順序

〈写真15-3〉回転するサークル・メリー

4：簡易的に頂点を確認．前後の値が小さいことを確認する
5：頂点確認．図15-5のbを使う
6：被写体の変化を監視する

　頂点付近では，フォーカス・モータの速度を減速して微調に備えます．頂点近傍かどうかは，HPF出力の微分値も使って判断します．

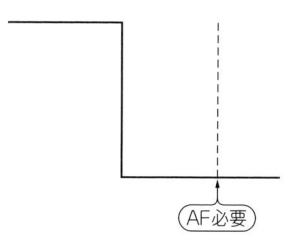

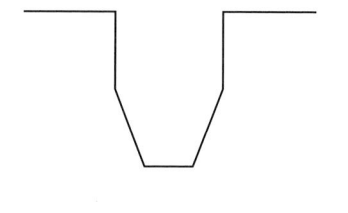

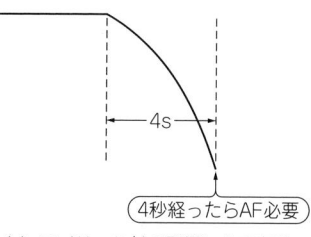

〈図15-7〉図15-4に示したHPFの出力レベルの時間的変化

(a) 被写体が変化した…AF必要

(b) 被写体の前を何かが横切った…AF不要

(c) アイリスなどの影響による変動…4秒以内ならAF不要

〈図15-8〉筆者自作のフォーカス・チャート

● 合焦対象の選び方

　回転するサークル・メリー(**写真15-3**)を撮影すると，①前方の回転物，②中にある静止物，③後方の回転物の三つの対象物が存在し，①と③は左右に動いています．カメラを三脚に固定し，ズーム倍率をいろいろな値に設定し，合焦に迷いがないか調べます．また，風景や人物を撮影中に，カメラの前を第三者が横切った場合，この人に焦点を合わせるべきではありません．このような場合の対策もAFルーチンには施されています．

　図15-7はHPFの出力レベルの時間的変化ですが，**図15-7**(a)はレベルが低下したまま戻らない場合で，被写体が変化したと考えられ，AF動作に入ります．

　(b)は例えば1秒後には元のレベルに戻った場合で，前述のサークル・メリーや人物が横切ったケースと考えられるので，AF動作には入らないようにします．

　(c)は絞りが閉じた場合で，絞り動作中，この場合4秒間はAF動作に入る必要はありません．

　また，HPFの出力レベルが一定値に達した後および合焦後は，前述の画面枠の切り替え機能を使って画面中央だけを検出することで，被写体を限定できます．

■ ビデオ・カメラのAFの画像評価

● 合焦はフォーカス・チャートで確かめる

　合焦かどうかはフォーカス・チャートを撮影して判断します．これは**図15-8**のようなもので，ハンチ

ング・チャート，ジーメンス・スター，トラッキング・チャートなどとも呼ばれます．なお，**図15-8**は自作のもので市販品は18本か36本です．

　フォーカス・チャートはビデオ・カメラに限らず，フォーカスのテスト全般に使えます．AFは合焦点を中心に振動（ハンチング）することがあり，このチャートを写すと小さな振動も見逃すことがありません．通常の図柄で合焦点が分かりにくい場合でも，このチャートでは中心部分がぼけるのでよく分かります．

　周辺四隅にも同じチャートがありますが，これは，近軸（中心）と，周辺でのフォーカスの違いを見分けるためのものです．周辺のデフォーカスは，球面収差などレンズ系が原因と考えられます．

● 無限遠での合焦はコリメータで確かめる

　無限遠の被写体はどのようにして撮るのでしょうか．**図15-8**のチャートを無限遠に置かなければなりません．このために**写真15-4**のようなコリメータを使います．図柄は**図15-9**のようなものが準備されています．左側の焦点面にチャートをセットしランプで照らすと，右方向へ平行光束が出ます．ここにビデオ・カメラのレンズを向ければ，無限遠の画像を得ることができます．

● 低照度でのAF性能はグレー・スケールで確かめる

　1ルクス以下でグレー・スケール（**写真15-5**）がAFできるかどうか調べます．グレー・スケールを選

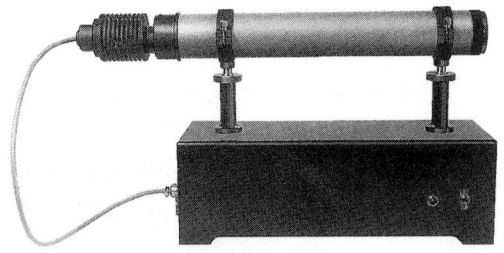

〈写真15-4〉(2) 平行光線束を得るコリメータ CL-500の外観（パール光学工業）

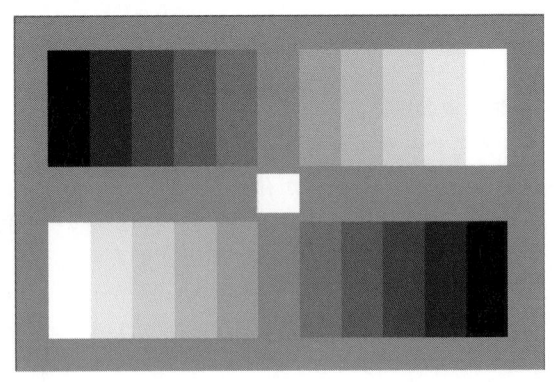

〈写真15-5〉グレー・スケール

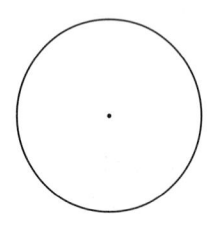

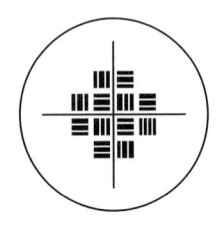

(a) ピンホール　　(b) ブロック　　(c) ジーメンス・スター

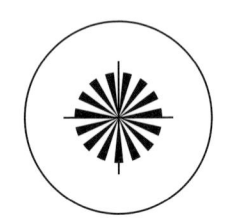

〈図15-9〉(2) コリメータのチャート例

パンニング▶カメラの位置を変えずにカメラを左右に動かしながら撮影すること．

ぶのは，前述のフォーカス・チャートが高コントラストであるのに対し，比較的低コントラストで，実際の場合に近いと考えられるからです．低コントラストの被写体では，フォーカス・レンズが両端点にいってしまい山を見つけられないこともあります．

● 合焦の安定度はパンニングとズームを組み合わせて確かめる

　ゆっくりしたパンニング(注)や急激にカメラを振った場合，大きくぼけることがないか調べます．また，ぼけたままパンニングしたとき，合焦に時間がかかることがないかもチェックします．

　一般に屋外より屋内のほうが誤動作しやすく，高輝度の蛍光灯も要注意です．ズームはワイドよりテレのほうがAFにとって不利です．これは，高域成分が減ることと，画面が暗くなりコントラストが低下するため，頂点が見つけにくくなるためです．これらの点では放送用カメラのAFでも完ぺきではなく，奥の深い技術であるといえます．

● AFが誤動作しやすい画像の例

　被写体が静止していてもAFがうまく動かないケースがあります．**写真15-6**にコントラスト検出方式のAFが誤動作しやすい画像を示します．

　(a)の高輝度点光源の場合，スポットが菱形(絞りの形)になったところで頂点と勘違いして合焦と判断することがあります．通常，高輝度部分はAFの対象外とするので，AFアルゴリズムの中にこの場合の対策が必要です．

　(b)は被写体が小さくて，HPF出力が極めて小さく，山を見つけにくい場合です．

　(c)はガラスの反射と内部の透過光が混在するため，合焦点が二つ以上存在する場合で，望まない反射光の方にピントが合っています．

　(d)は空間周波数は高いのですが，画像周波数成分が非常に低くHPFの帯域外になり合焦点を見つけにくい図柄です．

　柔らかい毛で被われたぬいぐるみも合焦しにくい被写体の一つです．焦点が毛の根元にも先にも合うので，HPF出力の山がなだらかになるからです．

■ ディジタル・スチル・カメラのAFのしくみ

● パン・フォーカスでピント調整をなくす

　ズームのないディジタル・スチル・カメラやカメラ付き携帯電話では，パン・フォーカスとマクロの切り替えタイプがよく見られます．この分野ではいかにしてピント調整を不要にするかがテーマで，

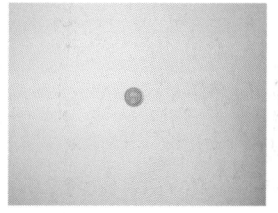

　　(a) 高輝度点光源　　　(b) 白壁に貼り付けたコイン　　　(c) ガラス越しの撮影　　　(d) 水平ストライプ

〈写真15-6〉オート・フォーカスが誤動作しやすい画像の例

〈写真15-7〉PSD測距ユニット

AFより簡単ということはなく，実際は非球面レンズや小型画像センサの開発など，こちらも画質向上競争の真っ只中にあります．

パン・フォーカスは，焦点深度δを深くする(大きくする)ことがポイントで，δは次式で表されます．

$$\delta = 2\alpha dF$$

ただし，α：許容係数，d：錯乱円の直径[μm]，F：レンズのFナンバとする．

錯乱円は画素ピッチと考えてよく，画素数の増加とは相反します．Fナンバを大きくすれば暗くなり，かつ画像センサ径も小さくしなければなりません．パン・フォーカスでは，撮像素子の小型化，高画素数化，低ノイズ化が求められるのです．

● 外部測距方式で高速焦点合わせ

これまで説明したイメージ・センサに入った光そのものを利用するTTL(Through The Lens)コントラスト方式は，本撮影までに時間がかかりすぎる難点があります．これを補うのが外部測距方式です．

写真15-7は，PSD(Position Sensitive Diode)を使った外部測距ユニットです．左側のLEDから出た赤外線は，左下のレンズを通って被写体に当たり，反射光が右下のレンズを通って右上の四角形のフォトダイオードに入ります．被写体との距離に応じてPSDに入る光の位置が異なり，これに応じて出力電圧が増減します．

PSD方式は画像センサの出力を利用するTTLコントラスト方式に比べ，高速に合焦でき，動作が確実ですが，赤外線の到達距離が3～5m程度でこれが最大の弱点です．

● ズーム付きはAFが必須

ズーム付きは被写界深度が浅いため，AFは必須です．イメージ・センサの出力を利用するAF方式は，前述のビデオ・カメラと同じTTLコントラスト方式です．ディジタル・スチル・カメラの場合は，シャッタを押す前に被写体の位置を決めることができるので，画面枠のどれかを選べる「エリア選択AF」

〈写真15-8〉GWAが成立しない画像例

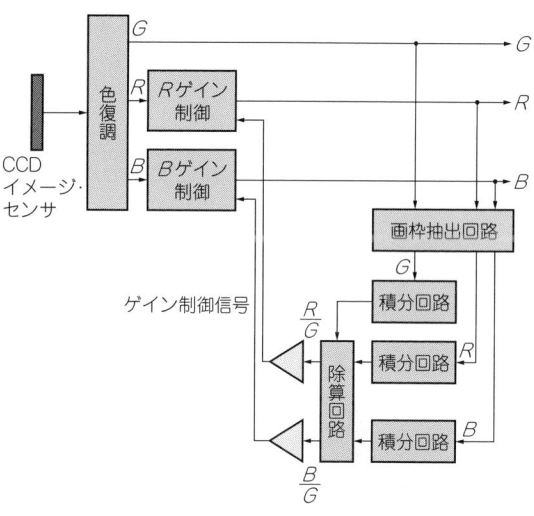

〈図15-10〉オート・ホワイト・バランスを実現する機能ブロック図

がどの機種にも付いています．また，これと併用する外部測距方式は，赤外線を使わないTTL（TCLともいう）位相差方式が主流です．これはフィルム式1眼レフ・カメラで使用されてきたものと同じです．

TTL位相差方式を併用せず，コントラスト方式だけのものもありますが，低コントラスト時の合焦の問題を解決できないため，AFが遅くなったり，合焦しないケースがあります．これに対してはAF補助光と呼ばれる，補助照明を実写直前の被写体に向け，AF測定中に投射する方法も採用されています．

15-2 オート・ホワイト・バランスのしくみと画像評価

● 光源の色を加色混合の原理から推定する

人間の眼は，太陽光の下でも白熱電灯の下でも，白い被写体は白く見えますが，カメラでは光源の色に強く依存します．これを補正するのがAWBです．

AWBの原理は，画面内のすべての画素の色を混合すると灰色になるという仮定（GWA：Gray World Assumption）に基づいています．色をより多く混ぜ合わせるほど彩度が低下することは，光の三原色の混合結果からも推測できます．混合した結果の灰色は光源の色を反映したものと考えられるので，光源の種類（色温度）を推定できるのです．

図15-10にこの原理に基づいたAWBのブロック図を示します．RBG信号を画面枠内で積分し，色温度が変化しても色温度の出力が0になるように，RとBのゲインを制御するようなフィードバック・ループとしています．なお，この仮定が成り立つのは，被写体が多くの色から成り立っている場合で，単色部分の面積が大きい場合は成り立ちません．写真15-8は青空が映る川面で画面内はほとんど青一色であり，GWAの仮定は成り立ちません．このほか，人物の顔のアップ，夜景などもGWAの仮定が成立しません．

228　第15章　カメラの自動調整のしくみと画像評価方法

● 単色部分の多いときは黒体放射の色を参考にする

前述のように青空や赤いパラソルなど，彩度の高い背景が画面の大きな面積を占めるときには，GWAの仮定がくずれるので，このままAWBを動作させると，色が薄くなってしまいます．従って，光源の色と有彩色を区別しなければなりません．これには，**図15-11**の黒体放射の色温度カーブを利用します．これは，CIE1931(x, y)色度図上に光源の色をプロットしたものです．

色レベルが黒体放射カーブの近傍にあるときは，光源の色であると判断し，AWBを動作させます．図で有彩色と書いた部分であれば，彩度の高い部分であると判断し，AWBを停止させます．この場合，それ以前に光源を見つけたときの設定を使用します．

● ディジタル・スチル・カメラのAWBはビデオ・カメラと同じ原理

フィルム・カメラでは，蛍光灯や電灯光，晴天，曇天などに応じ，光学フィルタを付けることでホワイト・バランスを取っていました．

ディジタル・スチル・カメラでは，ビデオ・カメラと同じようにCCDなどのイメージ・センサを使っているので，前述のビデオ・カメラと同じ原理でAWBを装備できます．

AWBの評価は，ビデオ・カメラのようにベクトル・スコープを使うことができないので，RGB出力から，

$$[(R-G)^2 + (B-G)^2]^{1/2}$$

を計算し，白からのずれ(WB誤差)とします．

15-3　オート・アイリスのしくみと画像評価

● イメージ・センサの出力レベルに応じて絞りを制御する

フォーカス，ズーム用のモータがディジタル的なステッピング・モータなどを使っているのに対し，アイリス・モータは，針式のメータと同じ構造(**写真15-9**)です．アイリス(絞り)の開き具合は，ホー

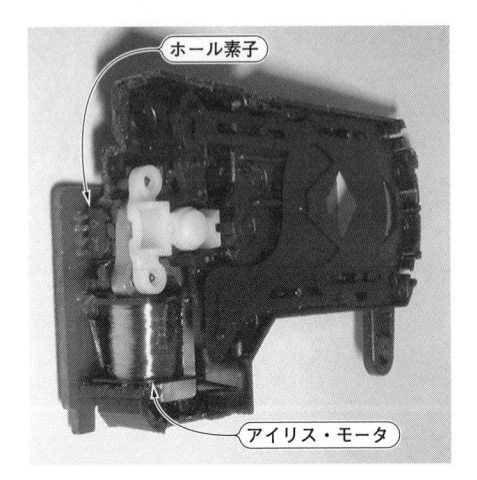

〈写真15-9〉アイリス駆動部

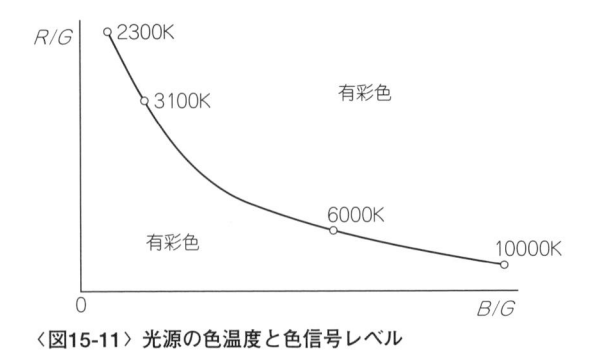

〈図15-11〉光源の色温度と色信号レベル

ル素子で検出します．

図15-12はオート・アイリス（自動露光，AE）回路の構成です．絞りを通して全体として2重のフィードバック・ループとなっています．一つはY（輝度）信号をクランプして，アイリス・モータに返し，明るいと絞りを絞るように主ループを作ります．

もう一つは，クランプしたY信号をA-D変換して，画面中央，上部などの枠内だけ取り出し，絞りの開きぐあい（F数）を参考にしながら，マイコンで処理し，D-A変換して基準電圧（調整用）とともにアイリス・モータ駆動用のOPアンプに返すものです．この二つのループによって適正な露出となったY出力は，AGCアンプによって規定のレベルにそろえられます．

▶画面枠を使って，逆光，過順光を判断する

第1のループは平均測光の役割をしますが，背景が明るすぎる場合に被写体が暗くなったり（露出不足），逆に被写体が照明されていて背景が暗いときには被写体が真っ白になってしまう（露出過多）欠点があります．第2のループは，これを補うもので，図15-13のような画面枠を使って，画面上部の輝度情報などから，逆光などを判断し，露出を適正化します．

● ディジタル・スチル・カメラのAEとその評価
▶輝度ダイナミック・レンジはフィルム方式の方が広い

フィルム方式は，露出のラチチュード（寛容度）が広いのですが，CCD/CMOSイメージ・センサはこれに比べ輝度ダイナミック・レンジが狭いので，例えばハイライトやシャドウ部が真っ白または真っ黒になってしまいます．

フィルムの階調表現は，図15-14のようなS字カーブなので，この点は有利です．この差をできるだけAEで補う必要があります．なお，AEで補正できず白飛びしてしまう場合は，ファインダにゼブラ・パターンを表示してマニュアル設定を促すことがあります．

15-4　そのほかの自動調整機構

電子シャッタやメカニカル・シャッタは，AEループに組み込まれて，イメージ・センサの出力情報

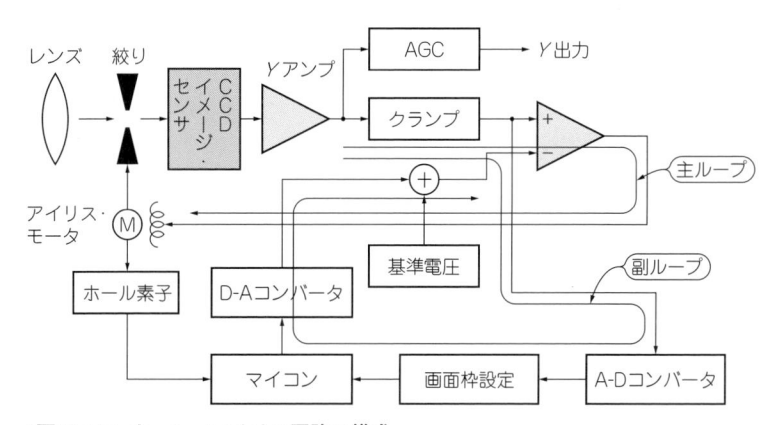

〈図15-12〉オート・アイリス回路の構成

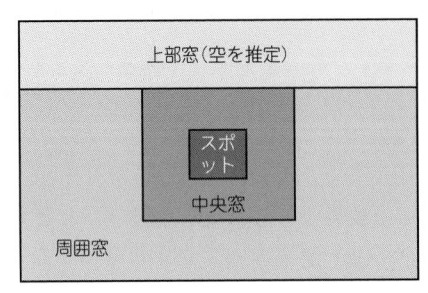

〈図15-13〉オート・アイリス，オート・ホワイト・バランス用の画面枠

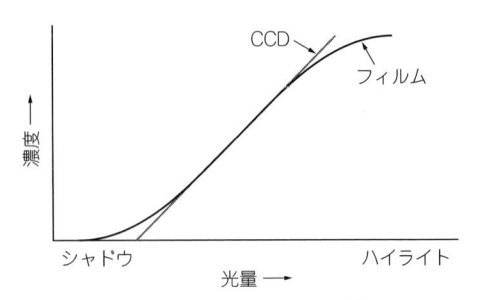

〈図15-14〉フィルムとCCDイメージ・センサの階調表現の差

から最適なシャッタ速度を選択するようにしています．

　AGCも自動調整機構と言えます．コントラストが低い場合にAGCでゲインを稼ぐこともできますが，そのぶんノイズも増加します．

　手ぶれ補正も自動調整機構の一つです．手ぶれの検出は縦，横各方向の加速度センサで行い，ぶれ量に応じて前述のレンズ，またはプリズムやイメージ・センサ自体を動かしたり，イメージ・センサの撮像エリアをシフトさせるなどの方法で補正します．

おわりに…進化するカメラの自動調整機構

　ディジタル・スチル・カメラは，フィルム・カメラにない柔軟性や拡張性を持っているため，プロ・カメラマンにも支持されるようになりました．これに伴って，カメラの自動調整技術はますます高度なものとなっています．例えば，動いている被写体にAF用フレームが追従し，合焦フレームがモニタ上に表示されるようになりました．被写体の動きを推定する技術が背景にあります．

　イメージ・センサのサイズは35mmフィルムに比べて小さく，被写界深度が深すぎて，背景をぼかす遠近画法を活かせない欠点がありましたが，今ではフィルムとほぼ同じ大きさのイメージ・センサがこれを実現しています．この場合，被写界深度が浅くなるので，AFの合焦精度はより厳しくなります．

　AFを始めとする自動調整アルゴリズムは，従来マイコンで行っていたため処理スピードに難点がありましたが，これもFPGAなどの非ノイマン型プロセッサで並列処理を行い高速に処理するようになりました．

第6部　ドライブ・レコーダに見るイメージ・センサの周辺回路の設計方法

◆ **第16章**

カメラ開発を始める前に

動画像をメモリーカードに記録する技術要素を整理する

漆谷　正義
Masayoshi Urushidani

　大容量のメモリーカードが安く入手できるようになりました．ディジタル・スチル・カメラを筆頭とするその用途は，今や拡大の一途をたどっています．
　電子技術者にとってメモリーカードの応用は，今が旬だと言えます．それは，メモリーカードが「メカ・レス」，つまり，モータや回転機構が不要だからです．従って，電子技術者の力だけで，動画像の記録機器を開発できます．
　ところで，このメモリーカードをいざ自分で操作するとなると，いくつもの壁が現れます．なかでもファイル操作は仕様が難解であり，一筋縄では行きません．これはソフトウェアの分野ですが，画像を記録する場合はさらに，ビデオ・データの並び順変換やパソコンで再生可能なフォーマットへの変換などといったハードウェア的な信号処理が必要です．
　このように動画像処理の世界は，いくつもの要素技術が求められます．ここでは，その要素技術を整理し，入門の足がかりにしたいと思います．

16-1　拡大するメモリーカードの応用分野

　メモリーカードは，不揮発性半導体メモリを小型のパッケージに収めたものです（**写真16-1**）．中味の半導体メモリは，NAND型のフラッシュ・メモリです．容量が大きいことが特徴で，64Gバイトの製品もあります（2010年2月現在）．

● メモリーカードあってこそのデジカメ

　今のところ，メモリーカードの用途の多くはディジタル・スチル・カメラ向けです（**写真16-2**）．ディジタル・スチル・カメラは日本の発明品の一つです．最初は報道用などプロフェッショナル向けの高価で扱い難いものでした．しかし，カシオ計算機の「QV-10」が突破口となって一般化し，今や老若男女誰もが扱えるベストセラー商品となりました．

● ハイビジョン記録も可能

　ハイビジョン映像を扱う機器においては，20Mbpsもの高速データ処理が必要です．今ではメモリー

〈写真16-1〉著者の手元にあったメモリーカードの外観

〈写真16-2〉ディジタル・スチル・カメラの例
撮像素子とLCDの画素数が日進月歩で増大している

〈写真16-3〉[1] 記録媒体として半導体メモリを利用したビデオ・カメラ
ソニーのHDR-CX7

　カードの書き込み/読み出し速度がこれを上回るようになり，機器の設計が楽になりました．また，容量が増加の一途をたどっており，1時間程度は楽に記録できるようになりました（**写真16-3**）．
　モータを使った記録媒体の駆動機構がないため，振動に強く，高信頼性，長寿命となっています．本体で再生するか，メモリーカード専用の読み取り装置で再生します．

● 多くの応用分野がある
　MP3プレーヤやiPodには不揮発性メモリが搭載されています．メモリーカードは，ボイス・レコーダの記録媒体としても使われます．そのほか，体脂肪計や多点センサ情報測定装置，フォト・フレームなどあらゆる分野に進出しています．

16-2　動画像をメモリーカードに記録するための技術要素

　メモリーカードの制御という点から見れば，前項の内部回路の設計に必要な技術要素は，いずれの機種においてもさほど変わりません．では，実際にこれらの装置に入力される情報を次々とメモリーカードに書き込む技術には，どのような難しさがあるのでしょうか．

● 技術要素1；イメージ・センサの制御
　イメージ・センサを制御し，ディジタル・ビデオ信号を希望の速さ，解像度，色合いなどで取り出す必要があります．また，各社のイメージ・センサの特徴を引き出し，欠点をカバーするためには，

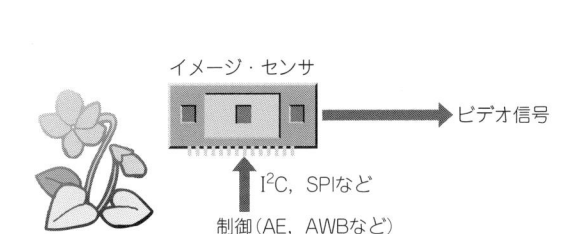

〈図16-1〉イメージ・センサを使いこなすには多数の設定を工夫する

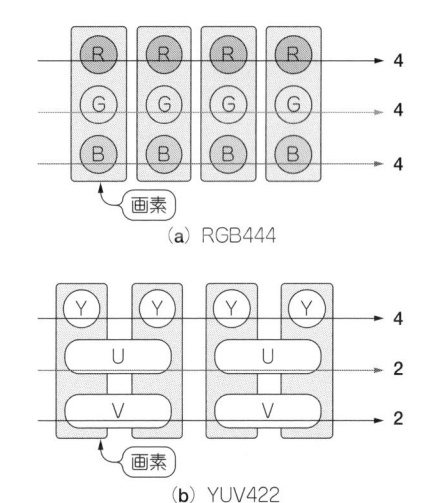

〈図16-2〉RGB444とYUV422信号の違い

このイメージ・センサのより詳細な設定が重要になります．設定次第でノイズや白飛び，フリッカの出具合などが変わってきます．被写体に応じて最適な露出を決める方法は，何種類も用意されています（図16-1）．

● 技術要素2；ビデオ信号フォーマットの理解
　ディジタル・ビデオ信号のフォーマットについて理解しておく必要があります．ここでいうフォーマットとは，データの並び順やデータ・レート，水平，垂直同期信号の出る位置（タイミング）などです．
　RGB信号とYUV信号について整理しておきます．RGBは光の三原色で，加色混合によりほかの色はすべて，この三つの色の加算で表現できます．
　YUVは，輝度Y，色差UとVで，すべての色を表現するものです．UはCb，Pb，（B－Y）と表すこともあります．同じくVは，Cr，Pr，（R－Y）とも表します．Uと（B－Y）などは，若干スケールは異なりますが，実用上は同一と考えてかまいません．また，Uを（R－Y）に対応させる場合もある（この方が多い）ので注意が必要です．
　以上の考え方は，アナログおよびディジタル・ビデオ信号に共通です．ビデオ信号のディジタル・フォーマットの一つであるITU規格については第2部で解説しましたが，復習として444，422などの表現について述べます．
　一つの画素（ピクセル）はR，G，Bあるいは，Y，U，Vで構成されます．画素とデータの対応を図16-2に示します．図16-2(a)は，四つの画素について，R，G，Bが4個対応しているのでRGB444フォーマットと呼んでいます．図16-2(b)はYが4個に対し，UとVが2個ずつなのでYUV422フォーマットと表します．

● 技術要素3；バッファ用メモリの選択

画像データを一時的に蓄えるためのバッファ用メモリについて理解する必要があります．

バッファ用メモリの容量は，何枚の画像をバッファするかによって変わってきます．MPEGでは前後数枚の画像が必要です．JPEGは1枚（1フレーム）の画像内で圧縮しますが，パイプライン処理を行う場合は数枚必要になります．また，圧縮なしの場合を含め，メモリーカードの同時書き込みページ数に対応するバッファ容量が必要です．

バッファ用メモリの種類はSRAMとDRAMに大別されます．DRAMにはSDRAM，DDR，DDR2などがあります．画像バッファ用メモリとしては，容量，速度の点でDRAMがよく使われます．

● 技術要素4；バッファ用メモリの制御

SRAMの制御は比較的簡単ですが，SDRAMの制御となると，FPGAベンダなどから提供されているIP（Intellectual Property）コアを活用することになります．例えばザイリンクスのSpartan-3E Starter Kitに搭載されているDDR SDRAMの場合は，ザイリンクスから無償で提供されているMiG（Memory Interface Generator）を使って，コントローラのリファレンス・デザインを取得します．

DDR SDRAMのクロック周波数は上限と下限が決まっており，FPGA内部のDLL（Delay Locked Loop）によりクロックをてい倍します．一般にメモリの速度が上がってくると，パターン設計，コントローラのタイミング設計ともにシビアになり，選択したデバイスとの合わせ込みに多くの時間を費やすことになります．

● 技術要素5；メモリーカードの選択

メモリーカードの種類と特徴について理解しておく必要があります．**表16-1**に概略を示します．これらの中からシステムの仕様に合ったメモリーカードを選択します．

〈表16-1〉メモリーカードの種類と特徴

名　称	ピン数	最大転送速度	最大容量	ライセンス
SDメモリーカード	9ピン	20Mbps	2Gバイト	要
SDHCカード	9ピン	20×8Mbps	32Gバイト	要
MMC	7ピン	20Mbps	4Gバイト	オープン
MMCplus	13ピン	52×8Mbps	4Gバイト	オープン
メモリースティック	10ピン	2.5×8Mbps	4Gバイト	オープン
Compact Flash(CF)カード	50ピン	133×8Mbps	8Gバイト	オープン

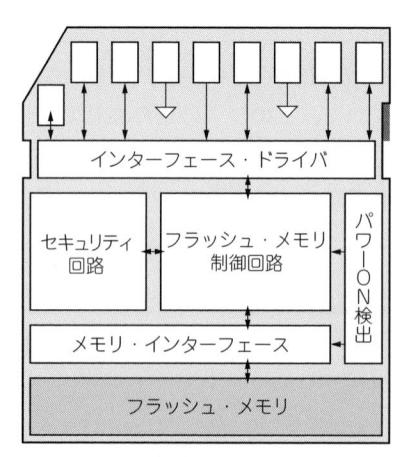

〈図16-3〉SDメモリーカードの内部構成
内部にコントローラを内蔵しているので，内蔵レジスタをアクセスするだけで制御が可能．

● 技術要素6；メモリーカードのデータ・フォーマット

ビデオ・データをメモリーカードに記録する際のフォーマットについて理解しておく必要があります．SDメモリーカードの場合は，専用コントローラを内蔵しているので，メモリ構造を意識せずにデータ転送ができます．

● 技術要素7；メモリーカードの制御

選択したメモリーカードを制御する手順について理解する必要があります．

図16-3にSDメモリーカードの内部構成を示します．インターフェースにはSPIモードとSDモードがあります．SDメモリーカードはカード内部にコントローラを内蔵しているので，内蔵レジスタをアクセスするだけで制御できます．

● 技術要素8；FPGAの選択

FPGAのゲート数は，10年前に比べると飛躍的に増大しています．かつて，著者はザイリンクスのSpartan-2（XC2S30）を使っていましたが，ちょっとしたコントローラでも3万ゲート相当では，やりくりが苦しかったことを覚えています．

現在のSpartan-3Eは10万～160万ゲートと，ちょっと信じられないくらいの規模です．第20章で紹介する動画像の記録システムの回路を全部入れても，50万ゲート品（XC3S500E）の7％，3.5万ゲート程度です．従って25万ゲート品（XC3S250E）でも十分な気がします．ところが，ゲート数と物理的なピン数は十分ですが，実マッピング時のピン数の不足によりこのFPGAは使えませんでした．このようにFPGAの選択においては，最初にピン・マッピングの可否をチェックしておく必要があります．

画像圧縮用プログラムを入れた場合のゲート数は，JPEGで5万～20万ゲートと推定されます．このほかに，SRAMが10Kビット程度必要です．図16-4にMotion JPEGのブロックを示します．

● 技術要素9；FPGA開発ボードの製作

動画像記録システムは図16-5のように，マイコンではなくFPGAを中心として考えると分かりやすくなります．これは制御信号ではなく，ビデオ信号の流れを中心にして考える方が合理的だからです．第17章以降で紹介する開発ボードも，この図に沿って設計します．

開発ボードを起こすか，既存の開発ボードを流用するか，ユニバーサル・ボードを使うのかは，予算と日程をにらんで決めます．

● 技術要素10；FPGAのコーディング

書籍のサンプル・コードやFPGAベンダなどのリファレンス・デザインを参照し，そのまま使えそう

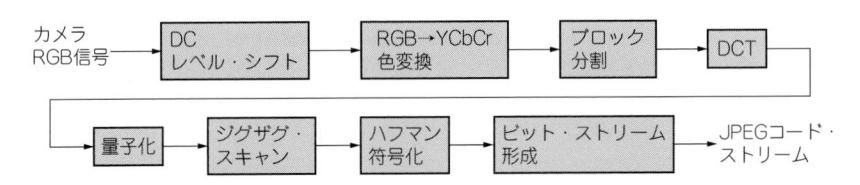

〈図16-4〉Motion JPEG信号生成の流れ

第16章 動画像をメモリーカードに記録する技術要素を整理する

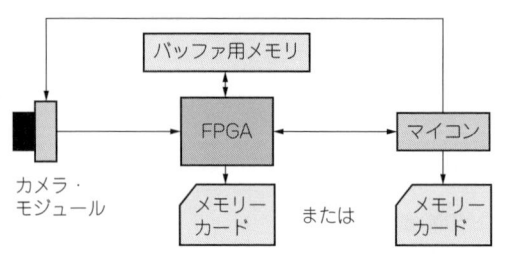

〈図16-5〉動画像を扱うシステムを理解する際はFPGAを中心に考えると理解しやすい

なものがあれば，効率良く開発を進めることができます．画像圧縮などは，研究開発は別として，1から設計することはまずあり得ません．

　ザイリンクスの開発ツールISEには，サンプル・コードとテストベンチの例が多数搭載されています．MiGなどのコード・ジェネレータを当たり，ないものはインターネットでIPコアを探せば，たいていのものはあります．しかし，カメラ・モジュールとのインターフェースやメモリ操作は自分で作らざるを得ません．

● 技術要素11；システム制御マイコンの選択
　システム全体を制御するマイコンには，何がふさわしいのでしょうか．マイクロチップ・テクノロジーのPICでもよいのか，拡張性を考えてルネサス テクノロジのH8がよいのか，最初からSHとすべきか？などと迷いますが，図16-5のシステムにおいては，これはあまり本質的なことではないことが分かります．

　FPGAに展開できるマイコンとしてMicroBlazeがあります．Cコンパイラが使えるので，マイコン部分はFPGAに取り込むのが合理的です．今回は時間の制約があり，この方法は取りませんでした．

＊　　＊　　＊

　紹介したように動画像を取り扱うためには，さまざまな技術要素の理解が欠かせません．第6部ではこれらの技術要素を深く理解するために，実際に動画像記録システムを設計しながら技術要素を解説します．

第17章

性能，開発工数，予算，入手性を考慮し仕様を決める

動画像記録システムのハードウェア構成

漆谷 正義
Masayoshi Urushidani

　写真17-1に今回製作した動画像記録システム（写真17-2）による画像を示します．後述しますが，本動画像記録システムは，ドライブ・レコーダのようなシステムを想定しました．ドライブ・レコーダは車の事故の証拠画像を撮影するための機器です．記録時間が数十秒と短いため，動画像記録の技術解説にはうってつけの題材です．

　今回のような持ち運びできる動画像記録システムを作れば，動物の生態観測や車へのいたずら対策などいろいろな用途に使えます．

　動画像の長時間記録には画像圧縮技術も必要です．今回まずは圧縮なしで，バッファ用メモリもSRAMを使って，「動くもの」を作ります．最終的にSDメモリーカードに記録し，パソコンで再生できるようにします．今や動画像技術は，一部の専門技術者だけのものではなくなりました．本書を機会に一人でも多くの技術者が，この分野に仲間入りしていただくことを期待します．

〈写真17-1〉製作した動画像記録システムによって記録した画像
AVIファイルとして収録された画像を並べた

第17章 動画像記録システムのハードウェア構成

17-1 性能を見積もる

　静止画像に対して動画像が異なる点は，データ量がけた違いに多いことと，処理速度が要求されることです．処理速度の速い部分はFPGAを使い，AVIのような複雑なフォーマットのファイル処理はマイコンで行います．

　今回の開発ターゲットはドライブ・レコーダです．ドライブ・レコーダは**図17-1**のように，カメラ・モジュールで取り込んだ画像をメモリ(RAM)の中で循環させ，事故の起こった後，しばらくして取り込みを中止します．これをSDメモリーカードなどの不揮発性メモリへ転送して，作業は終了です．

　運動会などで使われているハイビジョン画質のビデオ・カメラの多くはDVD(Digital Versatile Disc)ドライブやハード・ディスク・ドライブを搭載しており，今やDVC(磁気テープ)を追いやって主役の座を占めています．そして，SDメモリーカードのようなメカ・レスの半導体メモリ・ムービが徐々に成長しています．

　SDメモリーカードは記憶容量の点でハード・ディスクにはるかに劣ります．しかし，機構部がないということは，機器の寿命が延び，小型化が可能になり，機器の運用が楽になります．そして何よりわたしたち電子技術者が，メカトロニクス技術者の手を借りずに機器を設計できるようになります．

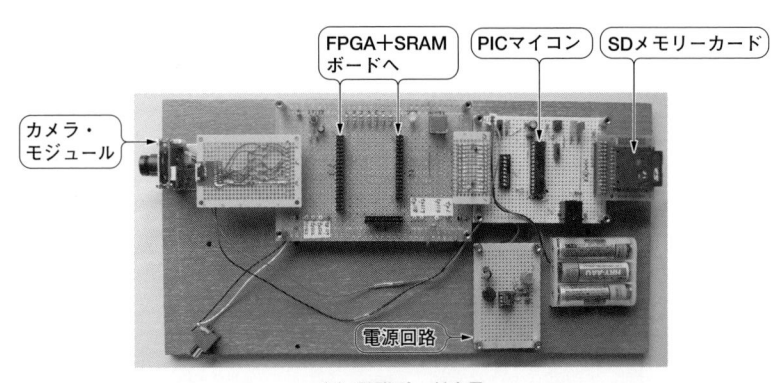

(a) 開発ボード全景

(b) FPGA＋SRAMボード

〈写真17-2〉動画像記録システムのハードウェア

17-1 性能を見積もる

　画像・映像技術は今後の電子技術者の大きな活動分野になることは必至ですが，残念なことにこの分野は一部の専門技術者に限られているのが現状です．画像記録装置の固体化（電子化）の波に乗り遅れないように，何らかのターゲットを設定して，小さな機器から自分の手で作ってみましょう．

● 画像技術の展望
　動画像の記録システムの設計をマスタすることで，次のような可能性が開けます．
- 監視カメラやディジタル・スチル・カメラを設計できる
- 画像だけでなく音声やセンサのデータなどを記録するシステムを設計できる．そのため，健康器具や運動器具への応用が期待できる．ロボットや自動車の挙動も記録できる

● 最初に考えた動画像記録システム
　ドライブ・レコーダを開発ターゲットとしたとき，最初に考えたシステムは図17-2のような構成でした．図17-2をもとに次のような見積もりを行いました．
① 1画素当たり必要なデータを2バイトとした場合，30万画素では30万×16ビット＝4.8Mビット（画像1枚当たり）．
② 1秒当たりでは4.8Mビット×30［枚/s］＝144Mビット＝18Mバイト
③ 20秒記録するとした場合，4.8Mビット×30［枚/s］×20［s］＝2880Mビット＝360Mバイトとなり，圧縮なしでも1GバイトのSDメモリーカードに十分納まることになります．

　SDメモリーカードのデータ転送速度は，現在ではクロック50MHz，20Mバイト/sと高速になっています．②の計算では，1秒当たり18Mバイトですから，リアルタイムで圧縮することなく記録できる計算です．

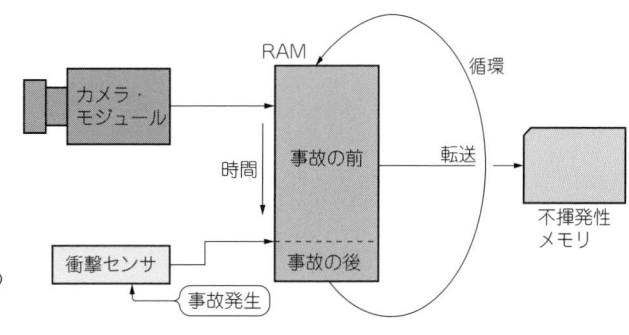

〈図17-1〉
一般的なドライブ・レコーダの動作概要
衝撃センサを搭載することで，事故の前後の画像を残せる

〈図17-2〉
著者が最初に考えた動画像記録システム
開発期間の関係でSDRAMの搭載を断念した．SDRAMを搭載できれば，記録時間や画面サイズ，フレーム数などを増やせる

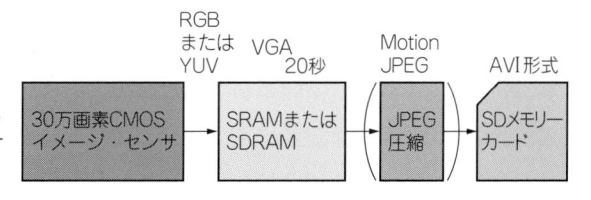

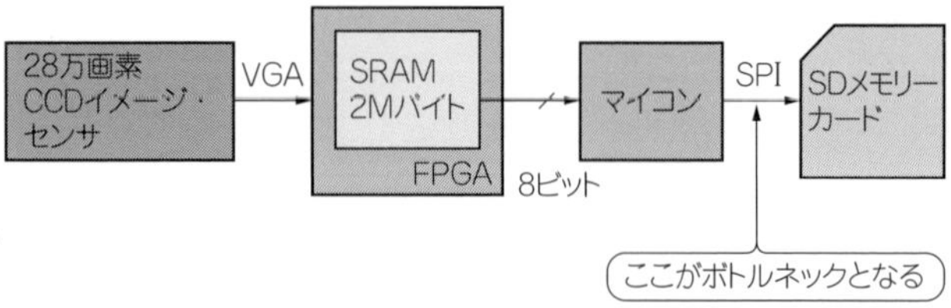

〈図17-3〉今回開発した動画像記録システムの仕様
こんな簡単な構成でもクリアすべき課題は多い

(図中: 28万画素CCDイメージ・センサ → VGA → SRAM 2Mバイト (FPGA) → マイコン 8ビット → SPI → SDメモリーカード / ここがボトルネックとなる)

● SDカードに高速アクセスできない

　SDメモリーカードを高速で制御するためには，SDモードで駆動する必要があります．SDメモリーカード機器の開発には，SDカード・アソシエーション(SD Card Association)への加入が必要であり，SDモードの仕様は個人レベルでは入手できません．一方，SPI(Serial Peripheral Interface)モードについてはMMCと互換性があることから，広く試作記事で見かけます．

　高速でかつ仕様がフリーで入手できそうなものに，MMC(最大20Mbps)，CF(CompactFlash，最大8Mbps)があります．しかし，今回は入手性の良いSDメモリーカードをSPIモードで使うことにしました．この場合の転送レートはSPIクロック周波数で決まります．PIC24FJ64では，最大500Kbps程度となります．

● 最も簡単なシステムを追求しても課題は多い

　メモリーカードに高速で書き込むにはセクタ単位のアクセスが必要です．今回はAVIフォーマットで記録するのでこの方法はあきらめて，カードの制御をマイコンで行うことにします．**図17-3**がブロック図です．**図17-3**のシステムは圧縮なしで4秒，1/10の圧縮で40秒記録できます．圧縮はFPGA側で行う必要があります．また，画像バッファ用メモリにSDRAMやDDR SDRAMを使えば，メモリ容量を64Mバイトくらいに拡張できます．この場合，圧縮なしで120秒程度の記録が可能です．

　圧縮なしでも，次のような課題があります．
① AVI形式のファイル・システムの構築(マイコン)
② SDメモリーカードの制御(SPIモード)
③ SRAMやSDRAMなどのバッファ用メモリの制御(FPGA)

　①はどちらかといえばパソコン・ソフトウェア，②はマイコン・ソフトウェア，③はFPGAやCPLDの分野です．

　動画は静止画に比べて人間の目に訴える力が大きいのが特徴です．「自分で作った装置で動画を見たい」という気持ちを原動力にすれば，この壁を乗り越えることができます．千里の道も一歩からです．

17-2　回路およびプログラム

● FPGA基板とマイコン基板を製作する

　製作するシステムの回路図を**図17-4**に示します．**図17-4(a)**はFPGA部です．**図17-4(b)**はSDメモリーカード・インターフェース回路と電源回路です．**写真17-2**は外観です．

　FPGAボードは「CQ-SP3EDW208」(イーエスピー企画)を利用しました．ザイリンクスのFPGA「XC3S500E-VQ208」と2Mバイト高速SRAMを搭載しています．**図17-4(a)**はピン割り当てを変更した

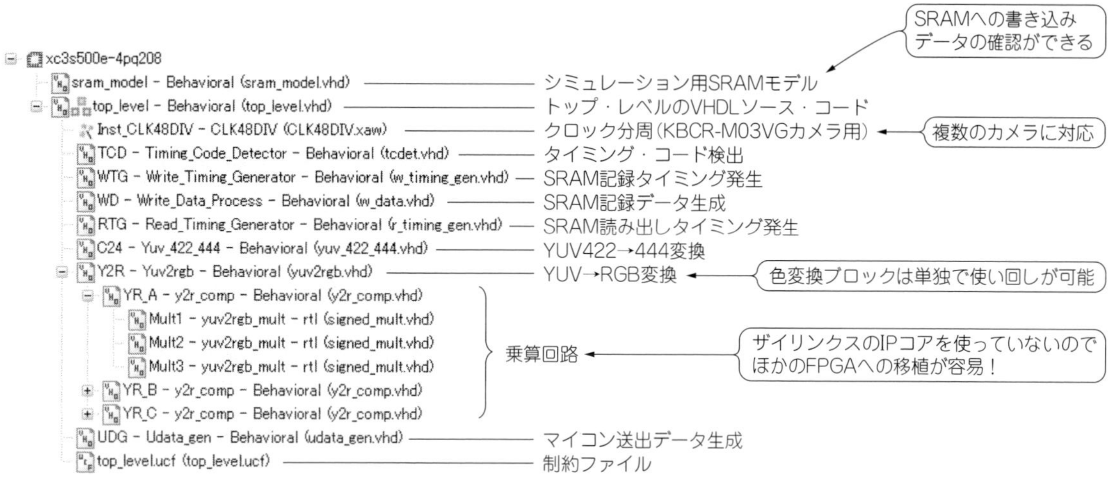

17-2 回路およびプログラム

```
xc3s500e-4pq208
  sram_model - Behavioral (sram_model.vhd) ───── シミュレーション用SRAMモデル
  top_level - Behavioral (top_level.vhd) ─────── トップ・レベルのVHDLソース・コード
    Inst_CLK48DIV - CLK48DIV (CLK48DIV.xaw) ──── クロック分周(KBCR-M03VGカメラ用)
    TCD - Timing_Code_Detector - Behavioral (tcdet.vhd) ─── タイミング・コード検出
    WTG - Write_Timing_Generator - Behavioral (w_timing_gen.vhd) ─── SRAM記録タイミング発生
    WD - Write_Data_Process - Behavioral (w_data.vhd) ──── SRAM記録データ生成
    RTG - Read_Timing_Generator - Behavioral (r_timing_gen.vhd) ─── SRAM読み出しタイミング発生
    C24 - Yuv_422_444 - Behavioral (yuv_422_444.vhd) ──── YUV422→444変換
    Y2R - Yuv2rgb - Behavioral (yuv2rgb.vhd) ──── YUV→RGB変換
      YR_A - y2r_comp - Behavioral (y2r_comp.vhd)
        Mult1 - yuv2rgb_mult - rtl (signed_mult.vhd)
        Mult2 - yuv2rgb_mult - rtl (signed_mult.vhd)    } 乗算回路
        Mult3 - yuv2rgb_mult - rtl (signed_mult.vhd)
      YR_B - y2r_comp - Behavioral (y2r_comp.vhd)
      YR_C - y2r_comp - Behavioral (y2r_comp.vhd)
    UDG - Udata_gen - Behavioral (udata_gen.vhd) ──── マイコン送出データ生成
  top_level.ucf (top_level.ucf) ───── 制約ファイル
```

注釈：
- SRAMへの書き込みデータの確認ができる
- 複数のカメラに対応
- 色変換ブロックは単独で使い回しが可能
- ザイリンクスのIPコアを使っていないのでほかのFPGAへの移植が容易!

(a) 搭載したFPGAのソース・コード

```
Sources for: Behavioral Simulation
  drive_rec
  xc3s500e-4pq208
    test_C24_vhd - behavior (test_C24.vhd) ───── YUV422→444変換回路のテストベンチ
    test_Read_Timing_Generator_vhd - behavior (test_r_timing_gen.vhd) ─── SRAM読み出しタイミング生成回路のテストベンチ
    test_UG_vhd - behavior (test_UG.vhd) ───── マイコンへの出力RGBシリアル信号生成回路のテストベンチ
    test_w_timing_gen_vhd - behavior (test_w_timing_gen.vhd) ─── SRAM書き込みタイミング生成回路のテストベンチ
    test_yuv2rgb_vhd - behavior (test_yuv2rgb.vhd) ─── YUV→RGB変換回路のテストベンチ
    top_test_vhd - behavior (top_test.vhd) ───── トップ・レベルのテストベンチ
```

注釈：すべてのブロックについて，テストベンチを用意した．設計の初期段階ではテストベンチが必須．ブロックごとに最適な信号源の記述方法を紹介する

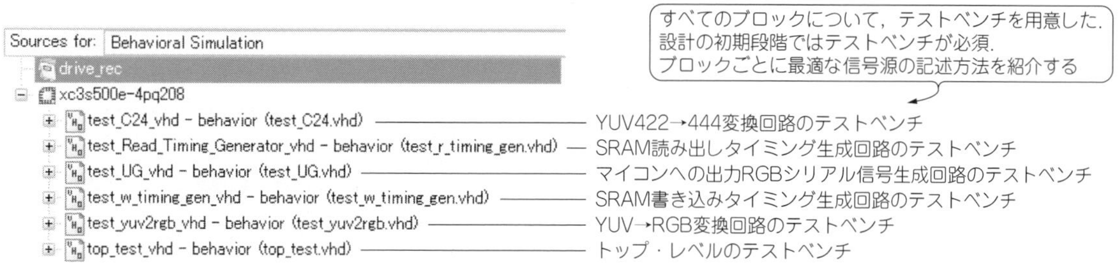

(b) テストベンチ

〈図17-5〉FPGAのソース・コード
できるだけ小さいブロックに分割して機能拡張を容易にした

ものですが，基板はそのまま使えます．

動画像はCCDカメラ・モジュール「MTV-54K0D」(秋月電子通商)で取得します．**図17-4(a)**に記載されているSDメモリーカード接続回路は使用しません．+3.3V，+12Vは**図17-4(b)**の電源回路から供給します．

図17-4(b)はSDメモリーカード・インターフェース回路と電源回路です．マイコンは16ビット・マイコンである「PIC24FJ64」(マイクロチップ・テクノロジー)を使用しました．FPGAとは8ビットのバスで接続しています．制御線は4本です．RECボタンを押すと，動画像の記録が始まります．FPGAのSRAMが一杯になると，PICマイコンを介してSDメモリーカードに動画像を記録します．

電源は二つあります．一つはFPGAとマイコンの+3.3Vを作ります．もう一つはカメラの+12V，100mAの電源です．1.2VのNiMH電池3個ですべての回路を駆動しています．これにより，そのまま戸外に持ち出してフィールド・テストを行うことができます．

● FPGAとPICマイコンのプログラム

動画像記録システムのFPGAソース・コードのファイル構成を**図17-5**に，PICマイコンのプログラ

第17章　動画像記録システムのハードウェア構成

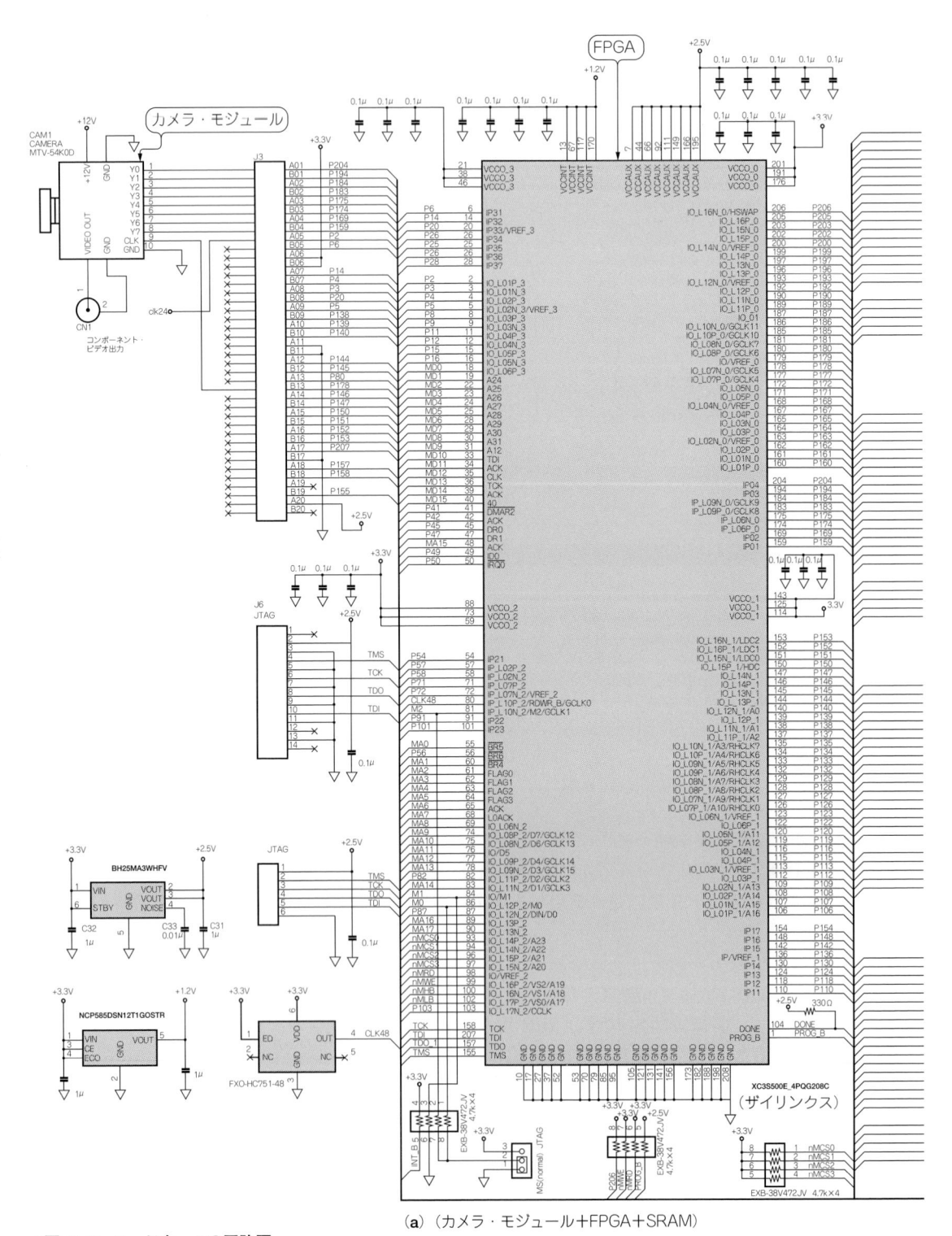

(a)（カメラ・モジュール＋FPGA＋SRAM）

〈図17-4〉ハードウェアの回路図

17-2 回路およびプログラム

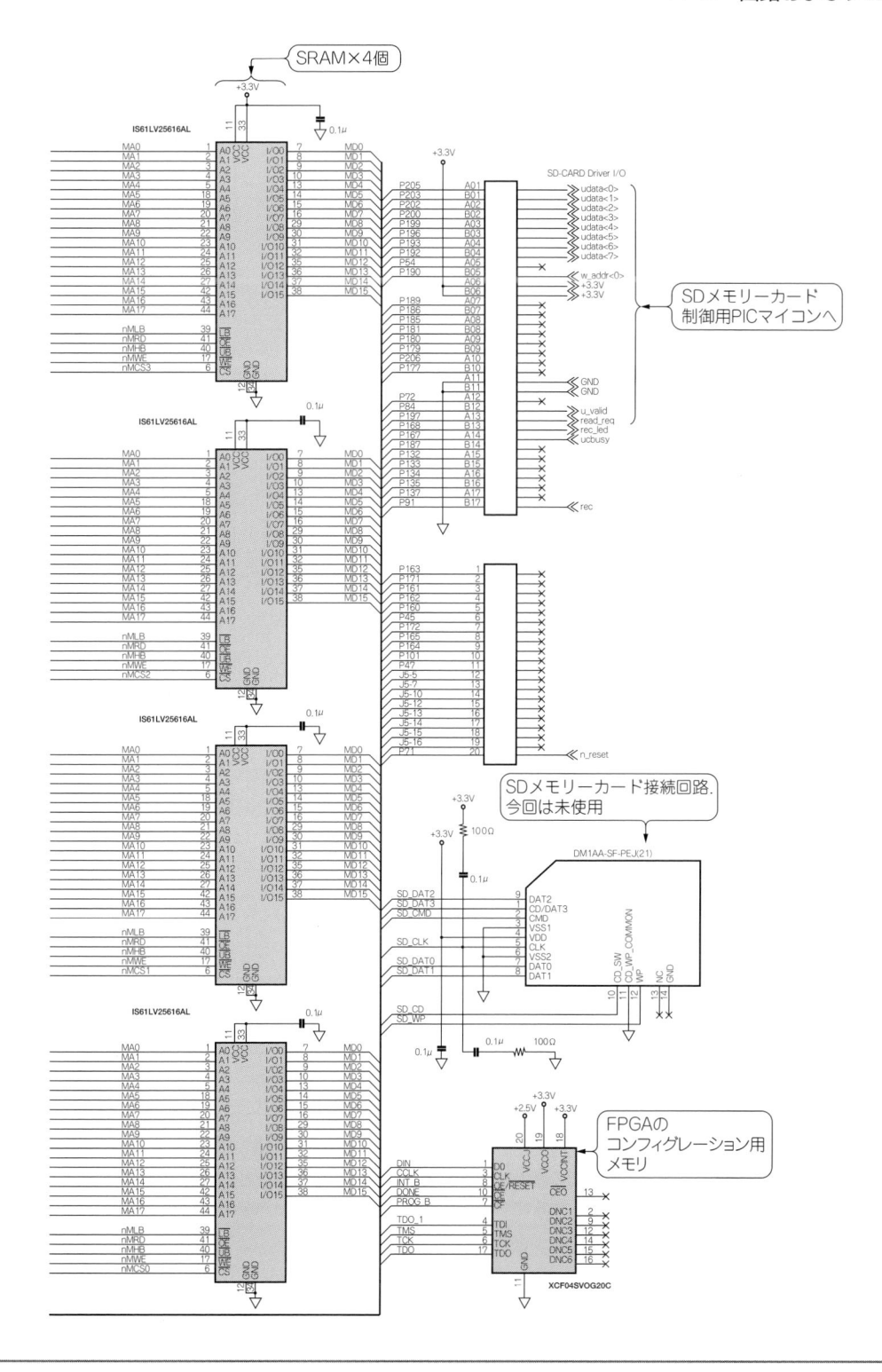

244　第17章　動画像記録システムのハードウェア構成

〈図17-4〉
ハードウェアの回路図（つづき）　（b）SDメモリーカード・インターフェースと電源回路

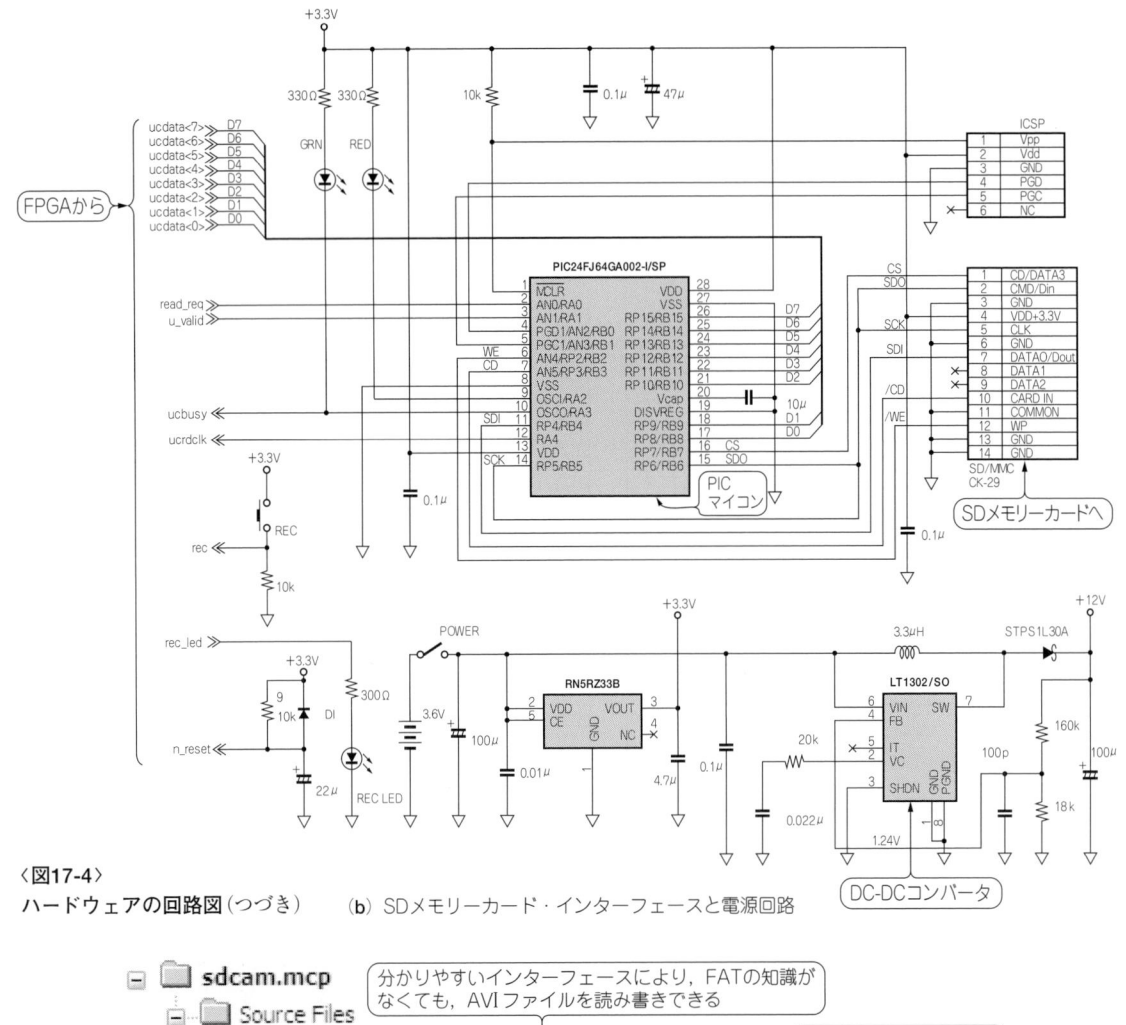

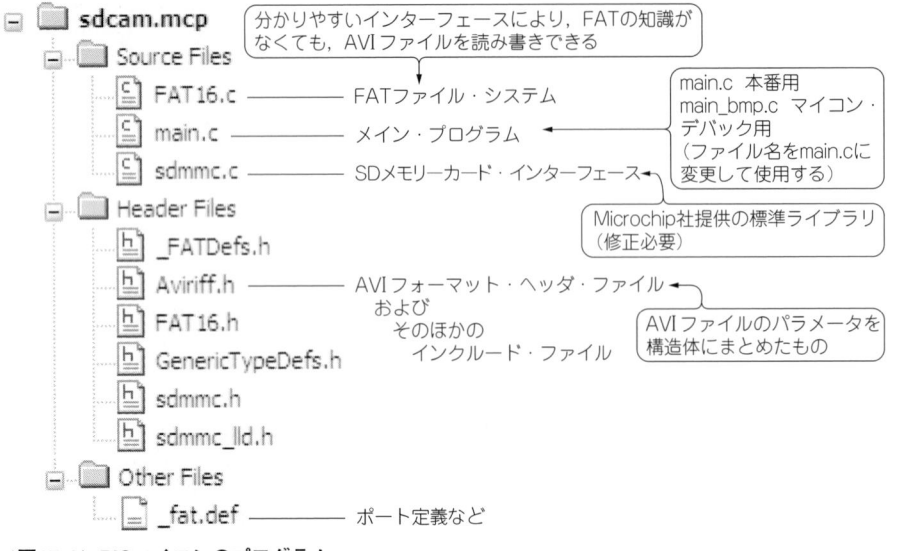

〈図17-6〉PICマイコンのプログラム
PICマイコンはSDメモリーカードへの書き込みコントローラとして利用する

```
sdcam.mcp
├─ Source Files
│   ├─ FAT16.c ──────── FATファイル・システム
│   ├─ main.c ──────── メイン・プログラム
│   └─ sdmmc.c ──────── SDメモリーカード・インターフェース
├─ Header Files
│   ├─ _FATDefs.h
│   ├─ Aviriff.h ──────── AVIフォーマット・ヘッダ・ファイル
│   ├─ FAT16.h              および
│   ├─ GenericTypeDefs.h    そのほかの
│   ├─ sdmmc.h              インクルード・ファイル
│   └─ sdmmc_lld.h
└─ Other Files
    └─ _fat.def ──────── ポート定義など
```

- 分かりやすいインターフェースにより，FATの知識がなくても，AVIファイルを読み書きできる
- main.c 本番用
- main_bmp.c マイコン・デバッグ用
  （ファイル名をmain.cに変更して使用する）
- Microchip社提供の標準ライブラリ（修正必要）
- AVIファイルのパラメータを構造体にまとめたもの

ム・ファイル構成を**図17-6**に示します．これらのプログラムは，本書のウェブ・サイト（http://shop.cqpub.co.jp/hanbai/books/41/41251.html）からダウンロードできます．

　図17-5(a)中のソース・コードの概要を説明します．

- sram_model.vhd … シミュレーション用SRAMモデルです．シミュレーション時に実際のSRAMの動作を模擬します．
- top_level.vhd … 最上層の設計ファイルです．制約ファイル，top_level.ucfによってピン配置を定義しています．クロック入力にザイリンクスのプリミティブ，BUF，IBUFを使っています．
- CLK48DIV.xaw … CMOSカメラ・モジュール「KBCR-M03VG」のクロック供給用です．CCDカメラ・モジュール「MTV-54K0D」使用時には必要ありません．カメラ・モジュールの選択については第18章で説明します．
- CLK48DIV.vhd … CMOSカメラ・モジュールのシュミレーション・モデルです．シミュレーション時に使用します．
- tcdet.vhd … タイミング・コード検出回路です．第1フィールドの垂直，水平同期信号を作成します．
- w_timing_gen.vhd … SRAMの記録タイミング作成回路です．カメラ・モジュールからの信号を間引き，リアルタイムにSRAMに書き込むためのパルスを生成します．
- w_data.vhd … カメラ・モジュール出力信号を間引き，SRAM書き込みデータを作成します．16進のフェーズ・パルスによって，カメラ・データの間引きを行います．
- r_timing_gen.vhd … SRAM読み出しタイミングを作成します．マイコンからの読み出しクロックに同期して，YUV信号から最終的にRGBシリアル・データに変換するための一連のタイミング・パルスを作ります．
- yuv_422_444.vhd … SRAMから読み出されたYUV422信号を同時化してYUV444信号とします．
- yuv2rgb.vhd … 同時化したYUV444信号をRGB信号に変換します．主要動作は，1次のマトリックス積算です．
- y2r_comp.vhd … YUV444→RGB変換の定数積算部分です．
- signed_mult.vhd … 積算ユニットです．ザイリンクスのIP（Intellectual Property）コアは使っていません．
- udata_gen.vhd … 最終出力信号であるRGBシリアル信号を生成します．RGBパラレル信号をマルチプレクサによりシリアライズしています．
- top_level.ucf … FPGAの制約ファイルです．テスト・ポイントも配置していますが，不要な場合は削除してください．

第18章

カメラ性能を大きく左右するキー・パーツ

カメラ・モジュールと記録媒体の選び方

漆谷 正義
Masayoshi Urushidani

18-1 画素数や画質，価格で選ぶカメラ・モジュール

　ここでは，動画像記録システムで使用するキー・パーツを，いくつかの品種を比較しながら選択します．

　動画像の取り込みに使用するカメラ・モジュールは，目標とする画素数，毎秒枚数，出力フォーマット，自動ホワイト・バランス，自動アイリス（開口調整）などのカメラ機能を考慮して決定するのが普通です．

1 CMOSカメラ・モジュール「KBCR-M03VG」

　KBCR-M03VGは，カラーCMOSイメージ・センサ「OV7640」(OmniVision社)を搭載しています．外観を**写真18-1**，概略仕様を**表18-1**に示します．CMOSイメージ・センサは内部に信号処理回路とタイミング回路をすべて1チップ化しているので，**写真18-1**のようにプリント基板上にはほとんど部品がありません．広角レンズが予備で付属しています．

〈写真18-1〉
CMOSカメラ・モジュール
「KBCR-M03VG」の外観
2010年2月現在はKBCR-M04VGが販売されている

第18章 カメラ・モジュールと記録媒体の選び方

● CMOSなので電源電圧および消費電力が少ない

図18-1にCMOSカメラ・モジュール信号処理回路の一般的な構成を示します．この機能のすべてがCMOSイメージ・センサの中に盛り込まれています．640×480画素の画面の大きさはVGAに相当します．

表18-1には載せていませんが，QVGA(320×240画素)で60フレーム/sという出力も可能です．消費電力は40mW(2.5V，15mA)と低いです．電源電圧が2.5Vと低いことも特徴です．

駆動には外部クロックXCLK(10M～27MHz)が必要です．カメラ・モジュールは，XCLKを基準としてPCLKを出力します．画像データY，垂直同期信号VSYNC，水平同期信号HREFは，PCLKに同期して出力されます．

● 接続には20ピンのフラット・ケーブルが必要

図18-2にCMOSイメージ・センサOV7640のピン配置を，表18-2にカメラ・モジュールのコネクタ・ピンの配置を示します．ほかの基板との接続には0.5mmピッチの20芯FPC(Flexible Printed Circuits)ケーブルを使用します．接続用のFPCケーブルと相手の基板側コネクタ(いずれも0.5mmピッチ，米国

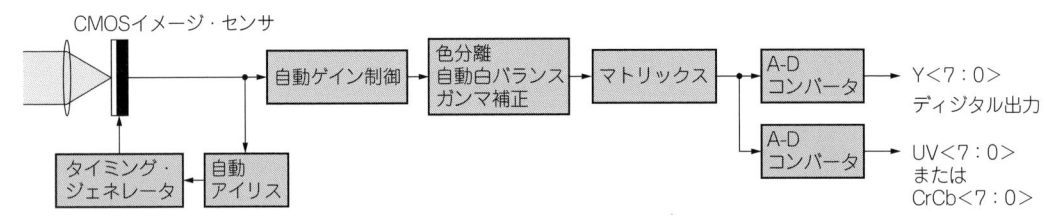

〈図18-1〉CMOSカメラ・モジュールにおける信号処理回路の一般的な構成
この機能のすべてがCMOSイメージセンサの中に盛り込まれている

〈表18-1〉今回検討したカメラ・モジュール2機種の仕様

型名	KBCR－M03VG	MTV－54K0D
撮像素子	CMOS	CCD
イメージ・エリア	1/4インチ	1/4インチ
総画素数	640×480画素	542×496画素
S/N	46dB	60dB
電源電圧	DC2.5V(15mA)	DC12V(100mA)
出力信号形式	YUV422 RGB422 RGBロウ	YUV422(ITU 656)
出力信号分解能	8ビット	8ビット
フレーム・レート	30フレーム/s	30フレーム/s
カメラ制御	SCCB(≒I²C)	ON/OFF制御
アナログ出力	なし	あり(NTSCカラー)
入手先	イーエスピー企画	秋月電子通商

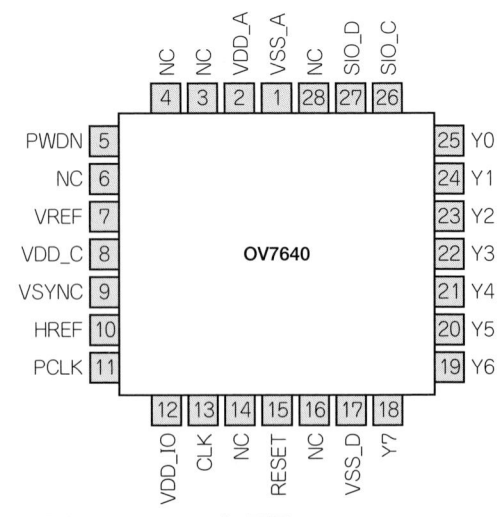

〈図18-2〉OV7640のピン配置
クロックを供給するとPCLKに同期して画像データY0～Y7が出力される

Molex社）は，RSコンポーネンツに該当品または相当品があります（2010年2月現在）．

● シリアル・バスでカメラの設定値を変更する

カメラ・モジュールの制御はSCCBバスで行います．SCCBは，I^2Cと同等の規格であり，I^2C規格で設計すれば互換性があります．デフォルトでは表18-3のようになります．

図18-3はVブランキング後半の出力信号波形です．第4章で紹介したITU 656フォーマットでは，ブランキング期間は"80h"，タイミング・コード先頭は"FFh"となっていますが，図18-3には存在しません．これはデフォルトではITU 656フォーマットが無効となっているためです．

本モジュールから画像データを抽出するためには，
① 専用ピンから出力されている垂直同期信号VSYNCと水平同期信号HREFを使う．
② シリアル通信（SCCB）でOV7640の内部レジスタの値を変更して，画像データ中にITU 656フォーマットのタイミング信号を出力させる．

のいずれかを選びます．①についてですが，図18-4のようにHREFの後ろエッジは水平ラインの画像データの先頭を示します．また，図18-5のようにVSYNCが1枚の画像データの先頭を示します．これを利用して画像データを取り込むことができます．②はSCCBバスの操作が少々面倒です．

カメラ・モジュールへの2.5V電源は16mAと低電流ではありますが，パワーON時の立ち上がりが良いことが必須です．一般に容量に余裕のある電源を使った方が不要なトラブルを回避できます．

〈表18-2〉CMOSカメラ・モジュール「KBCR-M03VG」のピン配置

ピン番号	ピン名	I/O	OV7640ピン番号	内容
1	AGND	—	1	アナログGND
2	HREF	O	10	HREF出力
3	VSYNC	O	9	垂直同期信号出力
4	PWDN	I	5	スタンバイ・モード入力
5	PCLK	O	11	PCLK出力
6	VDD_A	—	2	アナログ電源（2.5V）
7	VDD_D	—	8, 12	ディジタル電源（2.5V）
8	SIO_D	I/O	27	SCCBシリアル・データ入出力
9	XCLK	I	13	クロック入力
10	SIO_C	I	26	SCCBシリアル・クロック入力
11	Y0	O	25	YUVデータ出力（ビット0）
12	Y1	O	24	YUVデータ出力（ビット1）
13	Y2	O	23	YUVデータ出力（ビット2）
14	Y3	O	22	YUVデータ出力（ビット3）
15	DGND	—	17	ディジタルGND
16	Y4	O	21	YUVデータ出力（ビット4）
17	Y5	O	20	YUVデータ出力（ビット5）
18	Y6	O	19	YUVデータ出力（ビット6）
19	Y7	O	18	YUVデータ出力（ビット7）
20	RESET	I	15	リセット入力（レジスタ・クリア）

第18章 カメラ・モジュールと記録媒体の選び方

〈表18-3〉CMOSカメラ・モジュール「KBCR-M03VG」のデフォルト設定値

項　目	設定値
画面サイズ	VGA（640×480画素）
画像フォーマット	YUV 4：2：2
データ順	UYVY
走査方式	プログレッシブ
ITU656フォーマット	無効
PCLKのHREFゲート	なし
HREF/HSYNC	HREF
HREF極性	正論理
VSYNC極性	正論理
PCLK：Y基準エッジ	立ち下がりでY出力

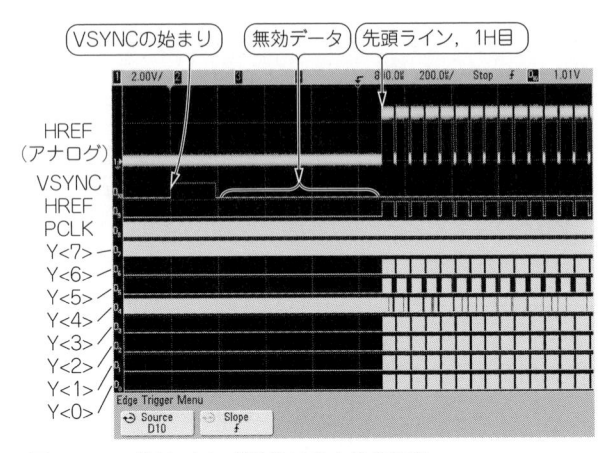

〈図18-3〉Vブランキング後半の出力信号波形

〈図18-4〉
水平1ラインにおけるクロックとデータの関係
HREFの後ろエッジは水平ラインの画像データの先頭を示す

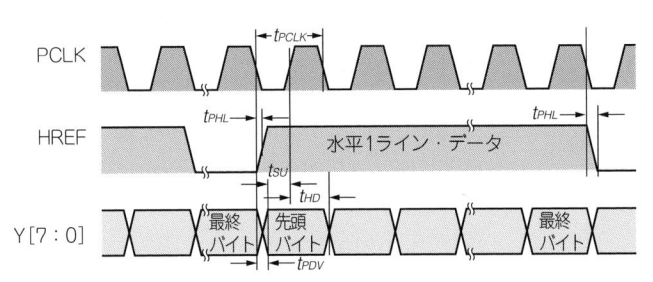

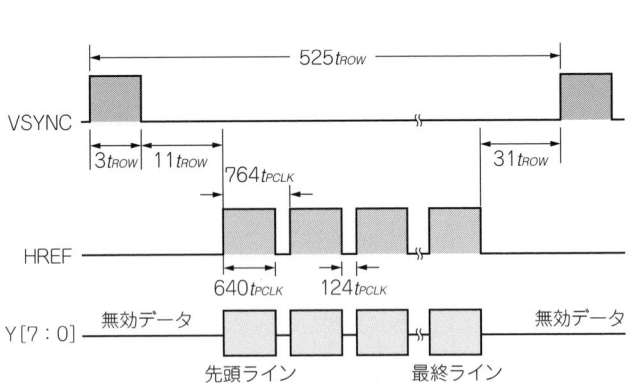

〈図18-5〉
先頭ラインと最終ライン付近のVSYNCの変化
VSYNCが1枚の画像データの先頭を示す．これを利用して画像データを取り込むことが可能

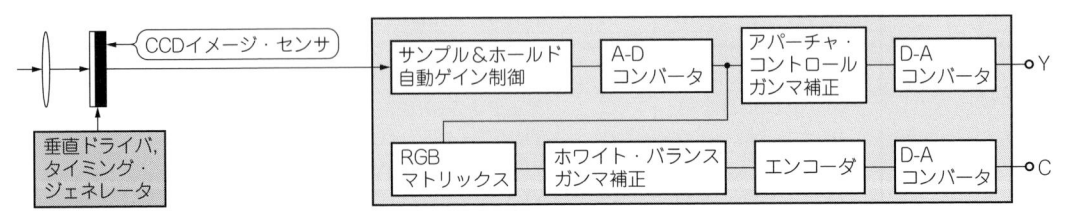

〈図18-6〉CCDカメラ・モジュールの構成
内部では信号を10ビットで扱っている

2 CCDカメラ・モジュール「MTV-54K0D」

前述のKBCR-M03VGがCMOSイメージ・センサを搭載していたのに対し，MTV-54K0Dはイメージ・センサに1/4インチのCCDを使っています．台湾Mintron社の製品です．東京・秋葉原の秋月電子通商で取り扱っています（2010年1月現在）．

図18-6に信号処理回路の構成を示します．内部では信号を10ビットで扱っているのが特徴です．これによりガンマ補正による黒部分の階調の劣化が改善されS/Nが向上します．チップ構成はDSP（タイミング発生と自動ホワイト・バランス，自動アイリス）が1チップと，相関2重サンプリング，自動利得制御，A-D変換ブロックが2チップ（HD49334，M88020）の合計3チップです．CCDイメージ・センサはソニー製です．

● アナログ・ビデオの出力があり設計，調整時に便利

表18-1の比較表を見て分かる通り，NTSCコンポジット・ビデオ信号の出力が備わっているので，ドライブ・レコーダのようなモニタを使わない機器の設計および調整時は便利です．また，S/NはCCDイメージ・センサの方が格段に良く，被写体が暗い場合は有利です．

電源電圧が高く消費電流が多いのが難点です．写真18-2に外観を，図18-7に外形寸法とコネクタ配置を示します．

表18-4にこのモジュールの仕様を示します．NTSC方式のカメラにディジタル出力を追加したものといえます．

表18-5にコネクタのピン配置を示します．JP3の1，2，3ピンはグラウンドに落とした時にON，オープンでOFFです（アクティブ"L"）．

基板側のコネクタは日本航空電子の「IL-FPR-10S-HF」が使えます．FPCケーブルはMolex社の「98266-0105」（長さ152mm，0.5mmピッチ，10極）が該当します．共にRSコンポーネンツで取り扱っています（2010年2月現在）．

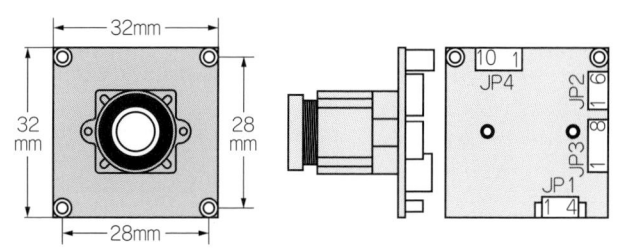

〈図18-7〉CCDカメラ・モジュール「MTV-54K0D」の外形寸法とコネクタ配置

〈写真18-2〉CCDカメラ・モジュール「MTV-54K0D」の外観

図18-8はコンポジット・ビデオ出力信号の波形です．サグ（sag：低域通過特性の不良）もなくV/S（映像/同期）信号比も正確です．図18-9は上からクロック（CLK）およびディジタル出力（Y0とY7）の波形です．ひずみが多いですが，ダンピングや終端には配慮していないので，このような波形となります．一般にロジック・アナライザで見るような，きれいな方形波になることは，まずありません．クロックの立ち下がりでデータが変化し，クロックの立ち上がりでデータをサンプルできることが分かります．

〈表18-4〉CCDカメラ・モジュール「MTV-54K0D」の仕様

モデル名	MTV-54K0DN
テレビ方式	NTSC
画素数	542(H)×496(V)
走査	525本，60フィールド/s
同期	内部同期
最低被写体照度	0.5ルクス（F1.2，5600K）
レンズ/画角	3.6mm，F2.0/69°
解像度	最小：380本
S/N	最小：52dB，標準：60dB（AGC-OFF）
ATW/AWC切り替え	ATW/AWC端子ON/OFF
白光源追尾範囲	3200～10000K（ATW時）
自動絞り	あり（AES）
電子シャッタ	1/60～1/120000
ビデオ出力	1.0Vp-pコンポジット・ビデオ（75Ω終端）
ディジタル・ビデオ出力	ITU 656フォーマット（8ビット）
ガンマ補正	0.45
バックライト補正	BLC端子ON/OFF制御
AGC	AGC端子ON/OFF制御
動作温度	-50℃～+50℃
動作湿度	85%RH以下
電源	DC+12V±1V，100mA（最小）
寸法	32mm×32mm×32mm

〈表18-5〉CCDカメラ・モジュール「MTV-54K0D」のピン配置

\<JP1\>		\<JP3\>		\<JP4\>	
ピン	信号名	ピン	信号名	ピン	信号名
1	+12V	1	ATW/AWC	1	Y0
2	GND	2	BLC	2	Y1
3	VIDEO OUT	3	AGC	3	Y2
4	GND	4	NC	4	Y3
		5	NC	5	Y4
		6	NC	6	Y5
		7	NC	7	Y6
		8	GND	8	Y7
				9	CLK
				10	GND

アナログとディジタルの各信号間の対応は，ミックスト・シグナル・オシロスコープ（MSO）で観測するとよく分かります．**図18-10**（a）は垂直同期信号の部分，**図18-10**（b）は水平ライン1本分の信号です．

ブランキング期間のディジタル・データは80hと10hの繰り返しなので，これが重なって見えています．'0' ビットは黒く抜けるので，ブランキング期間の開始点と終了点を明確に区別できます．

● 出力はITU 656フォーマットを利用

MTV-54K0D（CCDカメラ・モジュール）は，VSYNC，HSYNC，HREFといった独立した同期信号波形が出ていません．従って動画像を記録するシステムの製作には，このいずれのカメラ・モジュールも使えるように，ITU 656フォーマットで対応することにしました．

今回，カメラ・モジュールとしては，アナログ出力の付いたMTV-54K0Dを使います．KBCR-M03VG（CMOSカメラ・モジュール）を使う場合は，SCCBバスを通してITU 656フォーマットを有効に

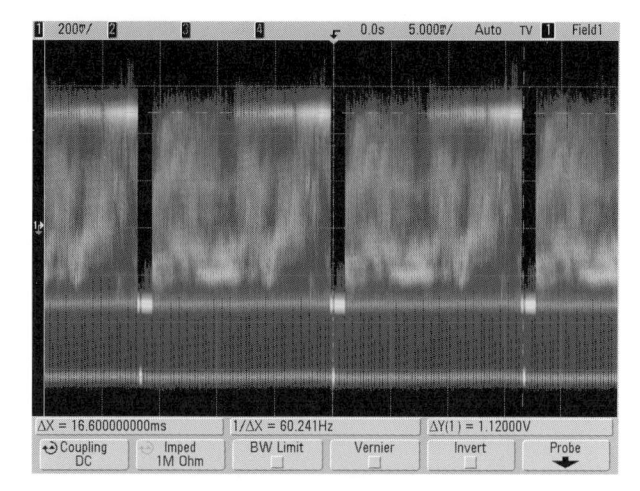

〈図18-8〉
コンポジット・ビデオ出力信号の波形
サグもなくV/S（映像/同期）信号比も正確である

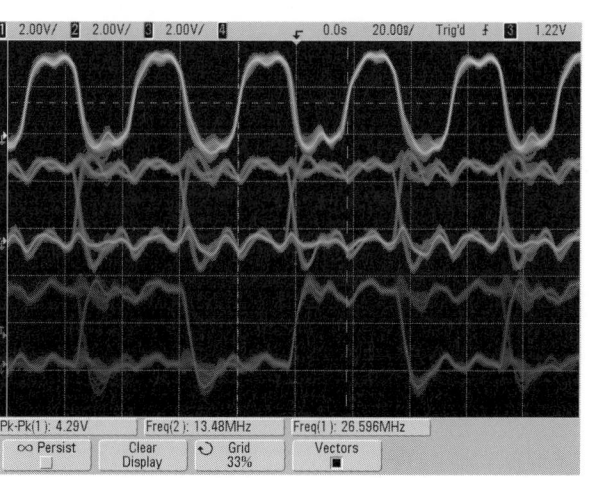

〈図18-9〉
ディジタル・ビデオ信号とクロックの関係
ダンピング抵抗や終端抵抗を使用していないため，ひずみが多い

〈図18-10〉アナログとディジタルの各信号間の対応はMSOで観測するとよく分かる

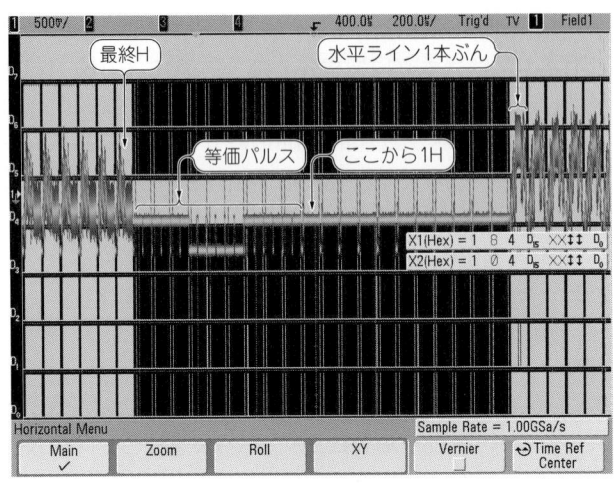

(a) 垂直同期

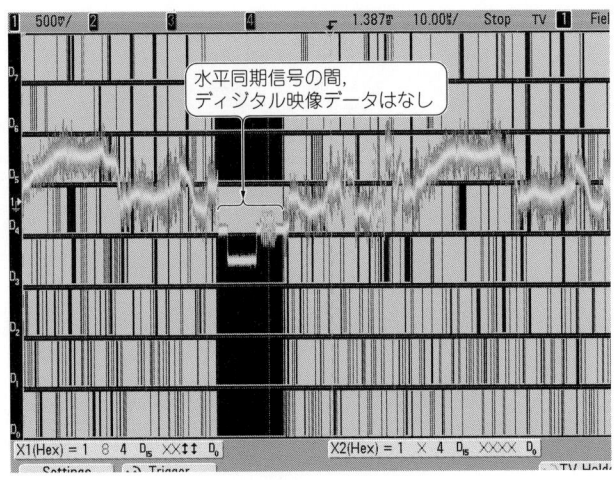

(b) 水平ライン1本分

すれば同じソース・コードが使えます．

18-2　画像の記録媒体の選択

　ドライブ・レコーダは1秒間に数十枚の画像を記録しなければならず，処理速度や記録容量の点で静止画記録とは大きな差があります．ディジタル動画像は，大画面，高精細になるほどスムーズな表示が難しくなります．では，動画像記録の際にシステムの性能を落とす要因はどこにあるのでしょうか．ここでは，記録媒体とその性能，および動画像記録との相性について調べ，動画像記録のネックになる点とその解決方法を述べます．

18-2 画像の記録媒体の選択

〈表18-6〉動画像の記録方式や記録媒体とその特徴

方式	項目	記録原理	消去原理	容量	データ転送速度	アクセス速度	モータ機構	応用機器
磁気記録	テープ	記録媒体の磁化を水平方向に反転させる	強い磁界を加えて磁化を整列させるか，重ねて記録する	◎	◎	△	必要	VTR, DV
	ディスク					◎		HDD
光記録（ディスク）		反射膜に凸凹を付けたり変質させたりして反射率を変化させる	反射膜に強い光を当てて溶かし，反射率を均一にする	○	○	○	必要	DVD BD
半導体記録（メモリ）		半導体上の小さなコンデンサの電荷の量を変化させる	高い電圧を与えて，蓄えられた電荷を取り去る	△	◎	◎	必要なし	半導体ムービ

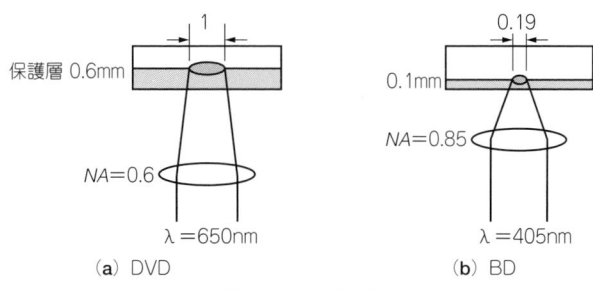

〈図18-11〉DVDとBDの光スポット径の違い

(a) DVD　保護層 0.6mm，NA=0.6，λ=650nm，スポット径 1
(b) BD　0.1mm，NA=0.85，λ=405nm，スポット径 0.19

1 記録メディアによるアクセス速度の違い

　動画像記録機器には，いろいろなメモリが使われます．メモリの種類やアクセス速度は動画像の記録にどのような影響を及ぼすのでしょうか．

　表18-6に動画像の記録方式や記録媒体とその特徴を示します．動画像をディジタル記録する場合，磁気テープはもはや過去のものになりました．代わりにハード・ディスク・ドライブを搭載したカメラが台頭しています．

● ハード・ディスク

　ハード・ディスクは**表18-6**のようにランダム・アクセスの速度が速いため，早送りや編集に要する時間を短縮できます．また，記録容量が1Tバイトを超えるようになったことやテープ機構に比べて信頼性が高いことなどが普及の要因です．

● 光ディスク

　一方，映画などのディジタル・コンテンツ（番組）の場合は，光記録の独壇場となっています．**図18-11**にDVD（Digital Versatile Disc）とBD（Blu-ray Disc）の光スポット径の違いを示します．光記録のポイントは**図18-11**のように，光スポットをいかに小さくできるかにあります．

　BDの青紫色のレーザ・ダイオードは波長が短いので，焦点像（スポット）を小さく絞れます．さらに対物レンズのNA（Numerical Aperture：開口数）を大きくしてスポット径を絞っています．また，基板

の傾きの影響を小さくするため保護層の厚みも薄くしています．これによりハイビジョン画像をDVDに記録することが可能になりました．

● 半導体メモリ

半導体による記録においては，メモリ素子の面積を小さくすることが大容量化のポイントとなります．半導体のデザイン・ルールの微細化が進んでいます．これは半導体メモリが今後の記録素子として非常に有望であることを予感させるものです．

半導体メモリの種類としては，揮発性と不揮発性の差が重要になります．SRAMやDRAMのような揮発性メモリは，イメージ・センサなどからの連続した動画像をいったん蓄える際に重宝しますが，動画像の記録素子としては使えません．

不揮発性メモリでは現在のところフラッシュ・メモリが最も記録容量が大きく，8Gバイト以上のものが作られています．

2 半導体メモリといってもバッファ用メモリと記録用メモリがある

● バッファでシステム全体の動作タイミングを整える

動画像記録の場合，画像を半永久的に保存するための記録媒体として使う以外に，画像を一時保存するためのバッファ用メモリが別途必要になります．

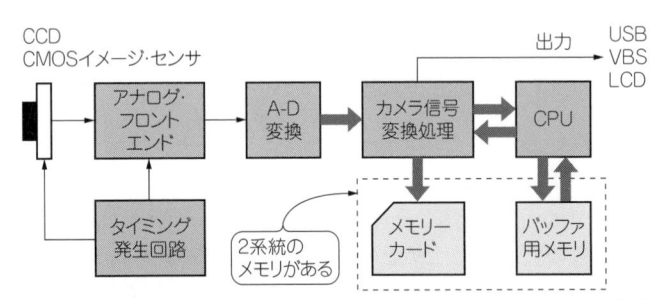

〈図18-12〉動画像に対応するディジタル・スチル・カメラの回路構成

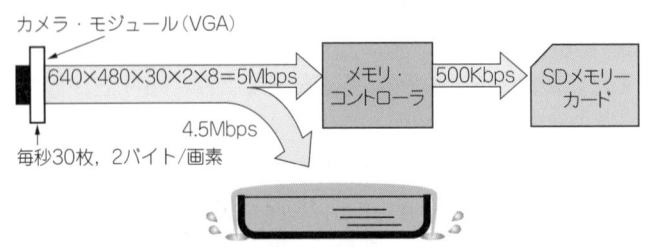

〈図18-13〉カメラ・モジュールからSDメモリーカードまでデータを転送する際に，保存スピードを落とす要因

カメラ・モジュールから5Mbpsのデータ・ストリームが出力されているとき，SDメモリーカードの転送速度が500Kbpsであれば，毎秒4.5Mビットのデータが処理できずにあふれてしまう

バッファ用メモリの必要性は，**図18-12**のような動画像に対応するディジタル・スチル・カメラの回路構成を見るとよく分かります．A-D変換した後のカメラ信号は，色変換などの信号処理を経てSDメモリーカードなどのカード媒体に記録されます．同時にLCDモニタや外部回路と接続しています．

図18-12のような回路の各部のインターフェースには，タイミングの同時性がありません．ディジタル・データは，データがブロック（ひとかたまり）に分かれており，その繰り返し周期やクロック周波数は，信号の種類ごとに異なります．従って，画像データをいったんバッファ用メモリに蓄えてから再分配する必要が出てきます．また，一般に動画像データは，そのままの時間スケール（データ・レート）では記録できません．

● 間引き作業のためのバッファ・メモリ

図18-13において，カメラ・モジュールから5Mbpsのデータ・ストリームが出力されているとき，SDメモリーカードの転送速度が500Kbpsであれば，毎秒4.5Mビットのデータが処理できずにあふれてしまいます．この場合，
　①データを圧縮して500Kbpsに揃える
　②データを間引いて500Kbpsに揃える
などの手段を講じる必要があります．①のデータの圧縮の際には，画像分割，DCT（Discrete Cosine Transform）などの操作があり，いったん画像をメモリに取り込んでおかなければ計算ができません．また，②の間引きも，間引いたデータを記録し，表示の更新レートにそろえるため，いったんバッファ用メモリに蓄えます．

● ランダム・アクセスならSRAM，連続画像ならDRAM

メモリの速度には，連続したアドレスをアクセスするときの転送速度（またはサイクル時間）と，不連続なアドレスをアクセスするときのランダム・アクセス速度があります．前者にはDRAMが，後者にはSRAMが向きます．**表18-7**はメモリの速度と容量を比較したものです．時間表記（ns）がランダム・アクセス速度，周波数表記（MHzまたはMbps）がバースト転送速度です．

DRAMはSRAMに比べて，記憶用キャパシタの微小信号を増幅する時間やプリチャージ時間が必要など，アクセス時間やサイクル時間を高速化するには限界があります．しかし，構造が単純であることから高集積化が可能であり，大容量化に適しています．また，アドレスの多重化によりピン数も少なく，実装面で有利です．

DDR SDRAMは，SDRAMの2倍の転送速度があります．DDR2ならその2倍です．後述のように，同じ転送速度であれば，バス幅が半分で済みます．

データ信号が数百MHzともなると，メモリ・コントローラ（FPGAなど）の設計，実装基板のパターン設計にはかなり高度な技術が要求されるようになります．

動画記録では，ランダム・アクセスよりもバースト転送速度の方が重要です．従ってSRAMよりはDRAMの方が動画像バッファ用メモリとして適しています．

3 なぜ半導体メモリが動画像の記録メディアとして注目されるのか

メモリ容量と記録可能時間は比例関係にあります．ハード・ディスク，DVD，半導体メモリの順に記録時間は短くなります．

〈表18-7〉バッファ用メモリの速度と容量(例)

メモリの種類	容量 [Mビット]	バス幅 [ビット]	速度
SRAM	32	16	10ns
PB SRAM	8	36	225MHz
ZSB SRAM	32	18	200MHz
DDR2 SRAM	18	36	250MHz
(SDR) SDRAM	256	8	133MHz
DDR SDRAM	512	16	512Mbps
DDR2 SDRAM	1024	16	800Mbps
XDR DRAM	512	16	40ns
Net FCRAM	288	36	20ns

〈写真18-3〉メモリーカードの一例

〈表18-8〉カード容量と記録時間の一例

モード		XP	HQ	SP	LP
レート[Mbps]		15	9	7	5
カード容量に応じた記録時間[分]	2Gバイト	15	25	35	45
	4Gバイト	30	55	65	85
	8Gバイト	60	115	140	175

● NAND型フラッシュ・メモリが大容量化

　画像や音声の記録だけでなく，プログラム格納用のROMやハード・ディスクの代用として，フラッシュ・メモリが広く利用されるようになりました．フラッシュ・メモリは，EEPROMの消去用トランジスタを取り去ったもので，1素子1セルですので，高集積化が可能です．

　フラッシュ・メモリにはNOR型とNAND型があります．ランダム・アクセスの速度はNOR型が速く，NAND型は記憶素子が直列になっているため若干遅くなります．NAND型はページ単位の書き込みが必須です．

● 圧縮技術の発達によりハイビジョン記録が可能になった

　上述のNAND型フラッシュ・メモリを切手大のカードに納めたものをメモリーカードと呼びます（**写真18-3**）．メモリーカードはハイビジョン画像の記録にも使われています．

　表18-8にカード容量と記録時間の一例を示します．記録時間は画像の圧縮率に反比例します．**表18-8**中のモードは圧縮率に対応しています．右に行くほど圧縮率が高くなります．高圧縮になると，何らかの画質劣化が発生しますが，アナログほど大きな差はありません．今や動画像記録はメモリーカードで十分対応できると言ってよいでしょう．

18-3　キー・パーツを相互に接続する

　動画像を記録するためには，FPGA，フレーム・バッファ用メモリ，SDメモリーカードが必要です．ここでは「CQ-SP3EDW208」（FPGA＋フレーム・バッファ用メモリ）にカメラ・モジュールを接続しま

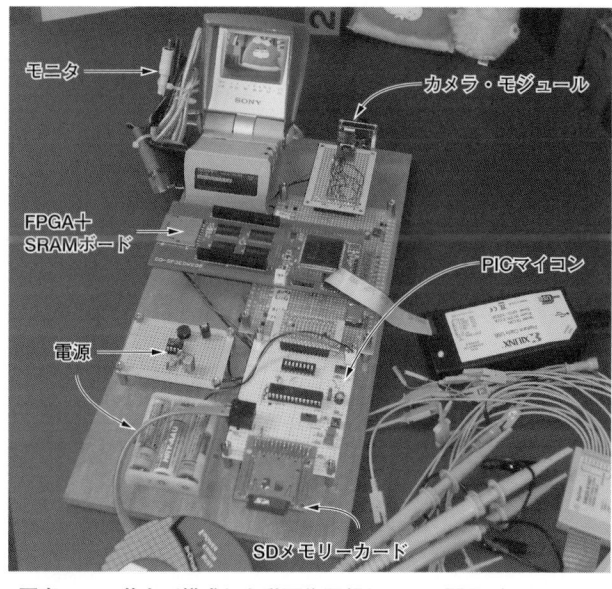

〈写真18-4〉著者が構成した動画像記録システム開発ボード

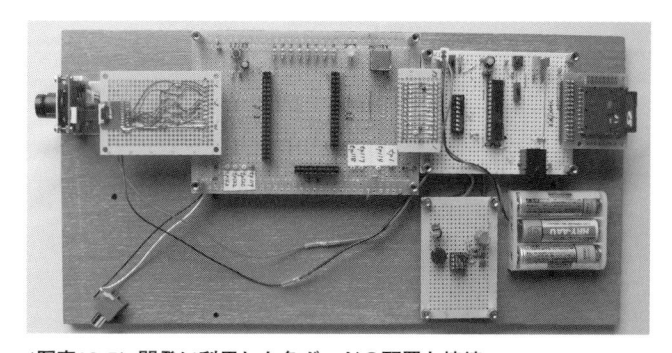

〈写真18-5〉開発に利用した各ボードの配置と接続

した．ただし，CQ-SP3EDW208に搭載されたメモリーカード・インターフェースは利用せず，外部に接続したマイコン経由でSDメモリーカードに記録します．

写真18-4に著者が構成した動画像記録システム開発ボードの全体を示します．このシステムは電池3本だけで動作するので，このボードを屋外に持ち出してフィールド・テストが可能です．

各ボードの配置を**写真18-5**に示します．ロジック・アナライザ接続用のテスト・ピンを各所に取り付けました．8個のLEDはアドレスの下位を接続してSRAMのアクセス状態を目で確認できるようにしています．デバッグ用なので，回路図では省略しています．電池の左側の基板は＋12V昇圧電源回路です．

◆ **第19章**

画像サイズ，表示レート，デバイス間インターフェースなど
画像処理システム仕様策定のポイント

漆谷 正義
Masayoshi Urushidani

19-1　画像の大きさと表示レート

　ここでは，第17章および第18章で選択したハードウェアの能力に見合った動画像記録システムの仕様を策定します．

　記録した画像をテレビに表示するかパソコンに表示するかにより，記録方法は大きく違います．テレビに表示する場合は，コンポジットやコンポーネント信号などの形式に合わせるだけでなく，画面の大きさも限られたものとなります．これに対しパソコンで表示する場合は，画面の大きさの制限はほとんどありません．また，インターフェースも多数の選択肢があります．

● **VGAの画像を間引いて1/4にする**

　今回使用するボードに搭載されているSRAMの容量は2Mバイトです．前に計算したように，VGAの画像ならば1枚しか入りません．そこで図19-1(a)に示すVGAの画像を，図19-1(b)のように1/4に縮めることにします．

〈図19-1〉
表示画像の大きさを決める
今回の動画像記録システムにおいては(a)に示すVGAの画像を，(b)のように1/4に縮める

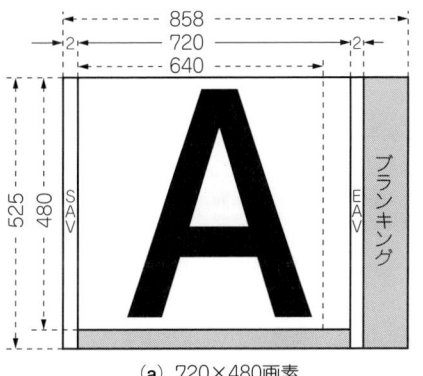

(a) 720×480画素

(b) 160×120画素

横（ライン）方向は4画素ごとに1画素だけ抜き取ります．従って640画素/4＝160画素となります．縦（垂直）方向は，480本のラインを4本ごとに抜き取ると120本になります．しかしITU 656フォーマットでは，1フレームが2フィールドで構成されているので，1フィールド240本のラインを1本おきに抜き取れば，結果として1/4に間引くことになります．

● **SRAMにはYUVフォーマットで記録する**

カメラの出力はYUVですが，AVIファイルにはRGB形式で記録するので，どこかでYUV→RGB変換をすることになります．図19-2のようにRGB形式は1ピクセルが3バイトであるのに対し，YUV形式は1ピクセルが2バイトですから，メモリに効率良く格納するには後者が有利です．

● **1枚の画像に38Kバイトが必要になる**

YUV形式で記録すれば，1ピクセルにつき2バイトでカラー画像を記録できます．すると図19-1(b)の画像では，1枚当たり160（画素）×120（画素）×2（バイト）＝38400バイトが必要ということになります．

バッファ用メモリであるSRAMの容量が2Mバイトなので，2048（Kバイト）/38400≒53（枚）の画像を収納できます．

● **フレーム・レート（毎秒の表示枚数）を15枚に設定する**

バッファ用メモリの容量が小さいので，1秒当たりの表示枚数を15枚とします．すると，53/15≒3.5秒が1カットの長さとなります．今回のシステムは図19-3のように動作します．

● **圧縮またはメモリ容量の増大で記録時間を伸ばす**

このシステムは，SDメモリーカードへのデータ転送に時間を要していることが問題です．また，SRAMの容量が小さいこともネックとなっています．さらに画像1枚当たりのデータ量を減らす，つまり画像をJPEGなどで圧縮することも改善の手がかりになります．

以下の課題をクリアすると，動画像記録システムの性能は向上するでしょう．
手を付けやすい順にならべると，
①SRAMを（DDR）SDRAMに変更する
②MMCまたはCFカードで高速転送する

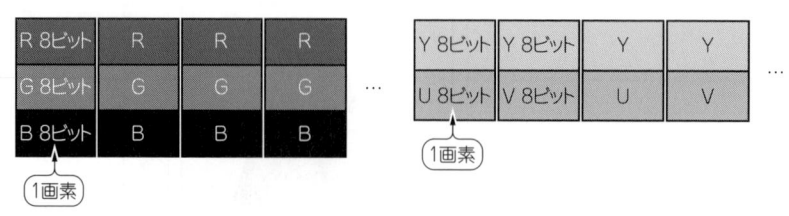

〈図19-2〉RGB形式は1画素が3バイトであるのに対し，YUV形式は1画素が2バイト
メモリに効率良く格納するには後者が有利

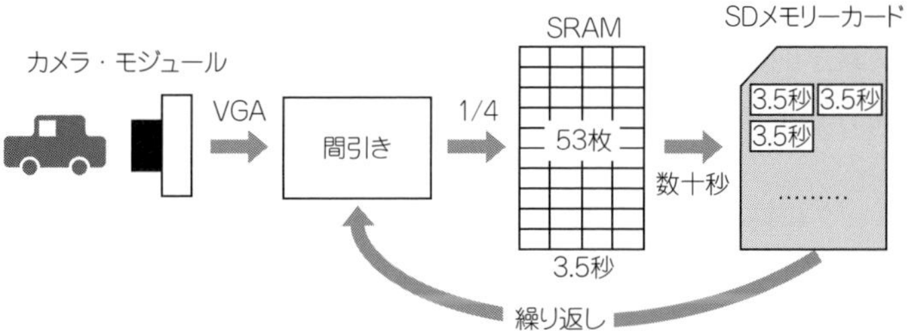

〈図19-3〉製作する動画像記録システムの動作

③Motion JPEGで画像を圧縮する

などが挙げられます．

19-2　マイコンとFPGAのインターフェース

　FPGAはカメラ・モジュールから送出されるディジタル・ビデオ・データをSRAMに格納します．一方，マイコンはSDメモリーカードにビデオ・データを記録する作業を分担します．

　ビデオ・データはパラレル・バスで転送します．データ線のほかに通信の開始，終了，バスをどのように使うかなどのネゴシエーションを行うための制御線が必要です．ここでは，FPGAとマイコンとのインターフェース仕様を策定します．

● 転送データはR，G，Bとする

　マイコンからSDメモリーカードへのビデオ信号の転送ですが，YUVで転送した方が効率的です．しかし，AVIファイルとしてSDメモリーカードに保存するためには，RGB形式で書き込む必要があります．

　YUV→RGB変換には乗算を含んでいるので，画素ごとに乗算を繰り返すことになります．マイコンでこの変換を行うのは，SDメモリーカードへの書き込み時間にオーバヘッドが入るため好ましくありません．そこで，FPGAがSRAMからマイコンにビデオ・データを渡す際にYUV→RGB変換を行います．

● データ・バス幅は8ビット

　ビデオ・データ線はマイコンのピン数の制約から8ビット（8本）とします．画像データの最小単位は8ビットであり，転送データがRGBですから，16ビットでは中途半端で処理が面倒です．

● データ・クロックはマイコンとFPGAのどちらが出すか

　データ・クロックは速度の遅いデバイス側から送出します．マイコンはSDメモリーカードの書き込み状況を見ながらクロックを送出する必要があるため，FPGAの処理速度よりも遅くなり，FPGAを待たせておく必要があります．このためデータ・クロックはマイコン側から送出することにします．

第19章 画像処理システム仕様策定のポイント

● 制御信号と通信手順

図19-4にFPGAとマイコンとの接続を示します．最初にFPGA側からマイコンに対してデータの読み出し要求read_reqを発行します．マイコンはこれを受けて，即座に読み出しクロックucrdclkを送出します（**図19-5**）．

FPGAは，このクロックに同期してSRAMから画像データを読み出します．FPGAはこれをYUV444（並列）信号→RGB信号と変換しますが，この変換に数クロック消費します．そこで有効データになったことを，u_valid信号でマイコンに知らせます．

マイコンはu_validがアクティブになったらビジー信号ucbusyを立てて，FPGAに読み取り中であることを通知します．続けてクロックを送出して，立ち下がりでFPGAからのデータを読み出します．規定数のデータを読み終わったら，マイコンはビジー信号を"L"に落とします．これを受けてFPGAは次の記録待機状態に入ります．

● 二つのLEDで現在の状態を表示する

SDメモリーカードへの転送中であることや，ファイル・オープンが正常に行われたかなどは，2個のLEDで表示しています．**表19-1**にこれを示します．

〈図19-4〉FPGAとマイコンとの接続

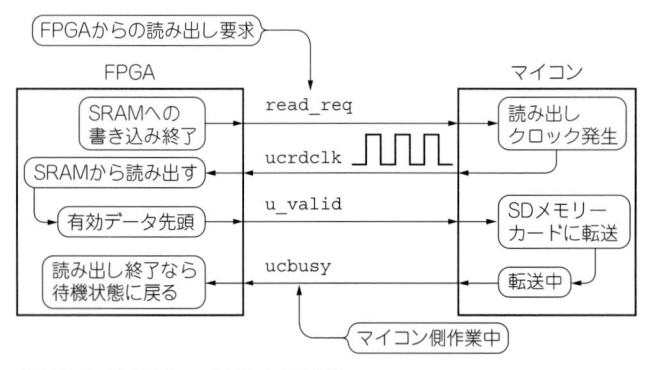

〈表19-1〉SDメモリーカードに動画像を記録するマイコンの動作状態をLEDで表示する

LED	表示モード	意 味
緑	点灯	ファイル・オープン成功
緑	消灯	ファイル書き込み終了
赤	点灯	ファイル・オープン失敗
赤	速く点滅	RECボタン待機中
赤	遅く点滅	SDメモリーカード書き込み中

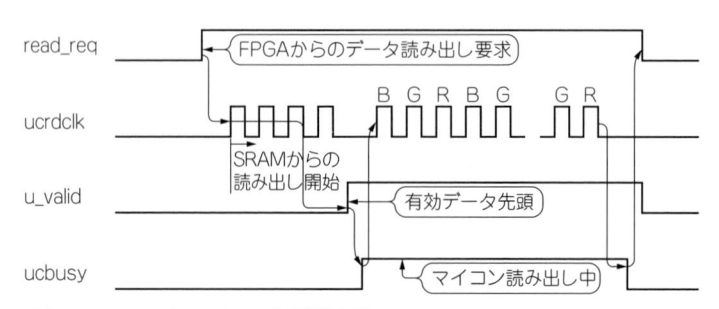

〈図19-5〉FPGAとマイコンの通信波形

最初にFPGA側からマイコンに対してデータの読み出し要求read_reqを発行．マイコンはこれを受けて即座に読み出しクロックucrdclkを送出

19-3 何がシステムの性能を落とすのか

● メモリーカードへの書き込み時間

図19-6にCFカードの書き込み速度の一例を示します．カード媒体はページ単位で書き込むので，一度にバッファに取り込むページ（セクタ）数を大きく取れば書き込み速度は向上します．しかし，完全な比例関係ではないので，単に大きくすればよいというのではなく，効率的な書き込みセクタ数が存在します．

ページごとにまとめて書き込むということは，媒体への書き込み速度は一定ではなく，書き込みデータ量は時間に対して，図19-7のように階段状に変化することになります．これはハード・ディスクでも同様です．

一般に動画像を次々と媒体に書き込む場合，図19-8のように三つの速度が存在します．
① カメラの走査速度
② 媒体の書き込み速度
③ モニタの走査速度

図19-7のような不連続な速度で媒体に書き込む場合，ページ書き込み中はカメラ・モジュールやモニタの信号を一時待たせておくことになります．このような乱れ（スキュー）はFIFO（First-in First-out）メモリによって吸収します．もちろん，ここにSRAMなどの画像メモリが入っていれば，FIFOメモリと同じようにスキューを吸収できます．

メモリーカードの書き込み速度は読み出し速度に比べて遅いことが多く，注意が必要です（1/2～1/4程度）．しかし，メモリーカードの書き込み速度はハード・ディスクの2倍以上であり，動画像の書き込み速度としては十分な特性を備えています．

● データ・バス幅の制約

データの記録転送速度が10Mビット/sのとき，データ・バス幅を8ビットとすれば80Mビット/sと同じになります．64ビットであれば64倍のスピードと等価です．このようにシステムの転送速度はバス幅に比例して速くなります．

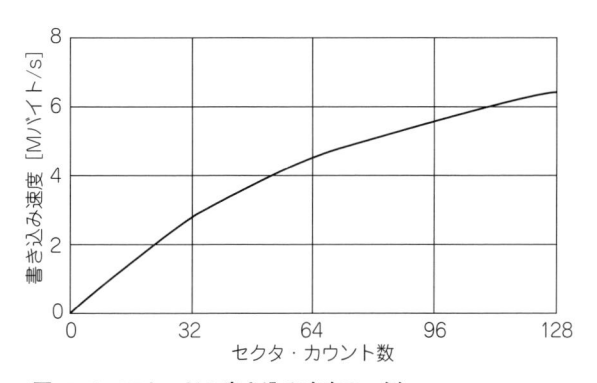

〈図19-6〉CFカードの書き込み速度の一例

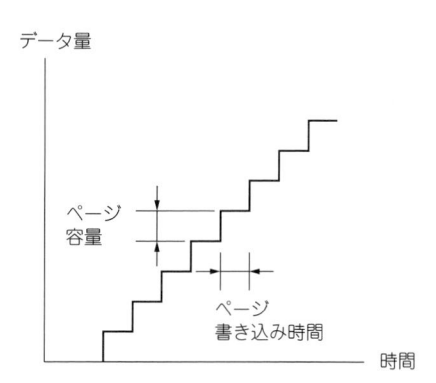

〈図19-7〉ページ書き込みの速度は一定ではない

逆に言えば，80Mビット/sの転送速度を実現するのに，データ・バス幅を8ビットとした場合，速度を1/8に落とすことができます．これは，転送速度の遅いメモリであってもバス幅を広げれば実質的に転送速度が向上するということを意味します．反面，データ信号線が増えるとプリント基板の配線面積が増大するという欠点があります．

図19-9のように回路ごとにバスを設けるのもシステム速度の向上につながります．図19-9では信号系，誤り訂正，ホスト・インターフェースのバスを分けて並列化しています．従ってDMA要求（後述）も並列化され，各チャネルがおのおのバス・マスタになることができます．これにより各ブロックがDRAMにアクセスする速度が向上します．

● OSは動画像が苦手

パソコンの高速化により，MPEGやJPEGの演算をCPU処理によってソフトウェアで実現できるようになりました．今では，ほとんどのパソコンでDVD動画の再生は難なくできます．

しかし，ビット・レートの高いハイビジョン動画が再生できるパソコンは，2GHz以上のCPU，1Gバイト程度のメモリが必要です．

ハイビジョン自体の画像レートは20Mbps程度と，パソコンのCPUの速度に比べるとそれほど速いものではありません．では，なぜある程度のCPU性能が求められるのでしょうか．原因は，動画にとってOSが重いオーバヘッド（処理時間を食う要因）となるからです．

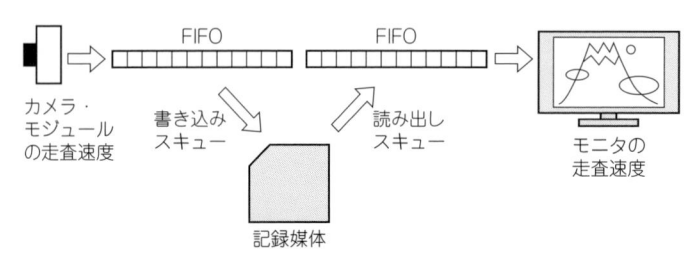

〈図19-8〉動画像を媒体に記録する際，三つの速度を気にする必要がある
カメラ・モジュールの走査速度，媒体の書き込み速度，モニタの走査速度である

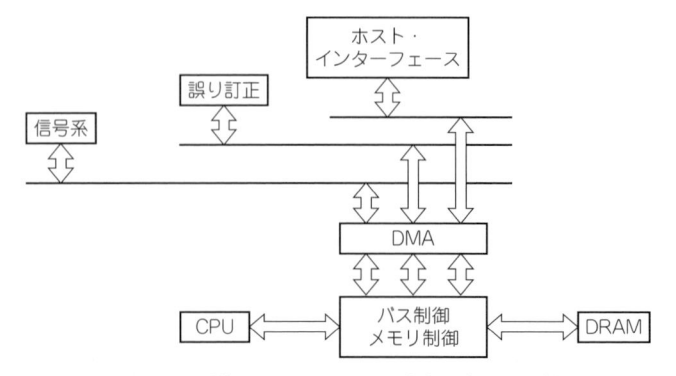

〈図19-9〉バスの並列化によってシステム速度が向上した例
DVD復調ICの例

画素数の多いカメラをUSBケーブルやIEEE 1394ケーブルでつないで，パソコンのハード・ディスクに動画像を記録する際にも，同じ理由で必要以上のシステム性能（速度）を要求することになります．

● バッファ・メモリからメモリーカードへの転送にCPUが介在したとき

動画像の圧縮や伸張の際は，CPUの出番となります．しかし，バッファ用メモリに蓄えた画像データを，SDメモリーカードなどの記録メディアに転送するような場合には，CPUの介在はシステムの性能を大きく劣化させます．この場合には一般にDMA（Direct Memory Access）が使われます（図19-10）．

DMAはFPGAなどのハードウェアでは普通に行われていますが，マイコンではCPUレジスタの介在なしのデータ操作は，言わば番外の処理となります．

DMAにはいくつかの種類があります．シングル転送は1バイト（またはワード）ごとに転送要求を発行するモードです．

ディマンド転送やブロック転送は，最大64Kバイトのデータ・ブロックをまとめて転送します．ディマンド転送は途中でアドレス・カウンタを止めることができます．

カスケード転送は，アドレスとデータ・バスの制御をDMAコントローラが周辺機器に開放します．主にDMAコントローラ同士の制御に使われ，バス・マスタ技術とも呼ばれています．

● 配線に使える基板面積の制約

バス幅を増やすことはメモリの転送速度を速くすることと等価であることは前に述べました．しかし外部バスでは，素子のピン数，つまりパッケージ面積と配線面積の制約からバス幅を増やすことには限界があります．

そこで，DRAMとメモリ・コントローラをマイコンに内蔵させて内部バス幅を増大させる方法がとられます．図19-11はDRAM内蔵マイコンの内部構成の例です．

● DSPは分岐や割り算が苦手

DSP（Digital Signal Processor）はマイコンに算術演算のハードウェアを追加したもので，マイコンの仲間だと言えます．DSPは積和演算（MAC）は得意ですが，分岐命令や割り算は不得手です．

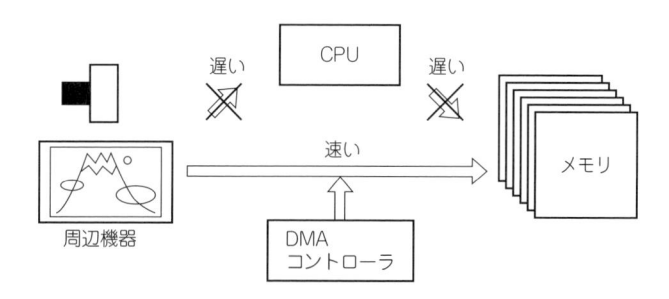

〈図19-10〉DMAを使えば周辺機器からメモリに直接アクセスできる
バッファ用メモリに蓄えた画像データをSDメモリーカードなどの記録メディアに転送するような場合，CPUの介在はシステムのパフォーマンスを大きく劣化させる

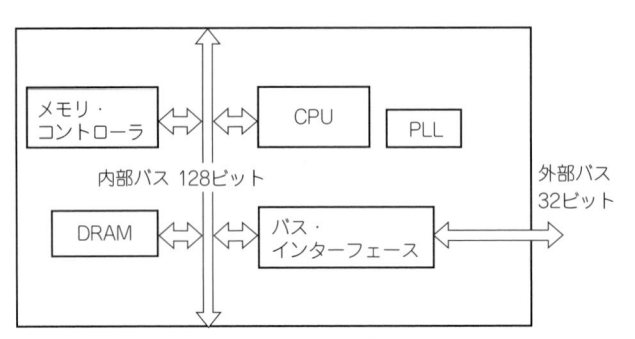

〈図19-11〉DRAM内蔵マイコンの内部構成の例
例えば内部バスを128ビットとることができる

　動画像記録におけるDSPの出番は，やはり画像圧縮です．圧縮に使うDCTは積和演算のかたまりです．圧縮ソフトウェアをC言語で開発することにより，開発効率が向上するというメリットもあります．
　DSPと言えども速度面ではFPGAやゲートアレイにはかないません．圧縮回路はできるだけハードウェアで設計した方が，速度，資源の面で良い結果が得られます．
　色変換，DCT，量子化，ハフマン符号化，可変長符号化などのIP（Intellectual Property）コアは，ザイリンクスなどから無償で提供されています．また，MPEGについても有償のIPコアが多数開発されています．

第20章

YUV→RGB変換，データの間引き，
SRAMインターフェースなど

FPGAによる画像処理回路の設計

漆谷 正義
Masayoshi Urushidani

　製作する動画像記録システムに搭載されるFPGAは，カメラ・モジュールからディジタル・ビデオ・データを取得し，それを画像バッファ用メモリ（SRAM）に取り込みます．次にSDメモリーカード制御用PICマイコンに，SRAMから読み出したデータを変換しながら渡します．ここでは，FPGAの役割について順を追って説明します．

20-1　システム制御のためのステート・マシンを組み込む

　今回製作するドライブ・レコーダに搭載するFPGAの動作状態を大別すると，
- SRAMへの書き込み
- SRAMからの読み出し
- マイコンへのデータ送出
- 待機状態

という四つのモードが存在します．このような制御をタイミング設計だけで行うと，現在モードの判断が困難になったり，誤動作を招いたりします．確実に動くステート・マシンを装備しておけば安心です．

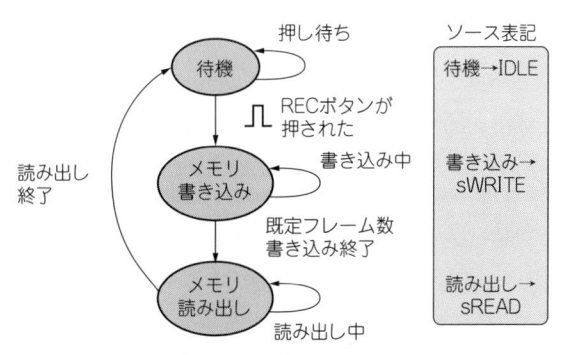

〈図20-1〉ドライブ・レコーダの基本的な状態遷移図

第20章 FPGAによる画像処理回路の設計

● 状態はステート・マシンで整理

ドライブ・レコーダには，RECボタンを押してからの一連の動作を制御する仕組みが必要です．図20-1は基本的な状態遷移図です．

FPGAは通常，待機状態（IDLE）にあり，RECボタンが押されるのを待っています．RECボタンが押されると，次々に画像をバッファ用メモリ（以降，SRAM）に取り込んでいきます．SRAMが一杯になるとSRAMからデータを読み出してマイコンへ送出します．全部読み出したら，また待機状態に戻ります．

このような制御はステート・マシンで行うのが定石です．図20-1の右のように各状態（ステート）名を定義します．

● 実際のステート・マシン

初めは図20-1のようにステート数は少ないのですが，いろいろな不具合を解決していった結果，図20-2のようなものとなりました．

追加した部分は，マイコンからの応答を待つ部分です．FPGAはSRAMを読み出して（sREAD）マイコンにデータを送出しますが，このモードは，マイコンが主導しています．マイコン側がデータを読み終わったことを確認して，待機状態（IDLE）に戻る方が安全です．このためマイコンからビジー信号（ucbusy）を受けて，この信号がアクティブ（負論理なので'0'）でなくなったらIDLEに戻ります．この信号を2回見ていますが，これはucbusy波形の立ち上がり部分のひずみによる誤動作を防止し，また予測できないグリッジにも対処するためです．

図20-3は，この様子を波形で表したものです．RECボタンを押したときには，接点の振動によるチャタリングが必ず存在します．また，マイコンのポートから配線パターンを経由して受け取った信号には，信号のエッジ部分にリンギングやオーバーシュート／アンダーシュートなどのひずみが存在します．信号の片エッジしか使わない場合（rec）は，大きな影響はありませんが，両エッジを見る場合

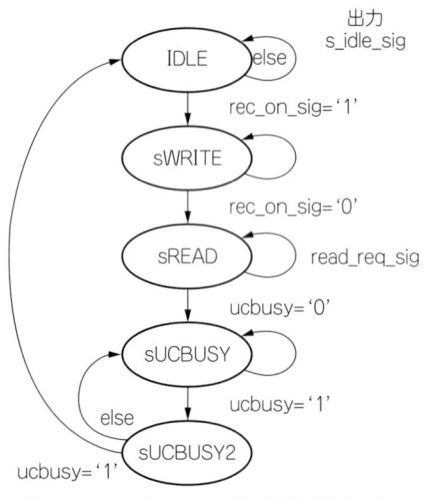

〈図20-2〉いくつかの不具合を解決して出来上がった状態遷移図

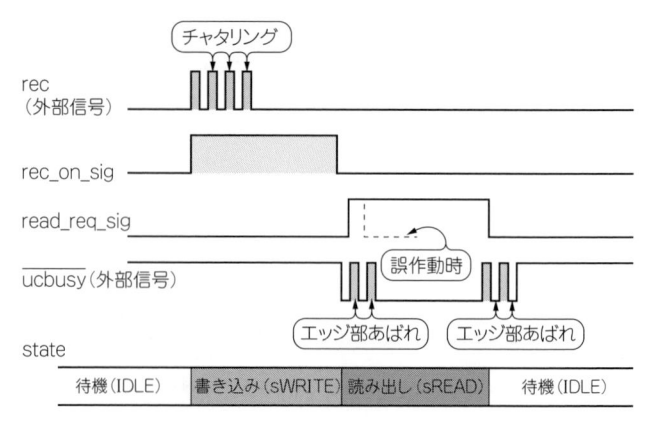

〈図20-3〉外部信号の波形不良と状態遷移
クロックを含めパターンを経由して外部から入って来る信号については，「エッジ部分は信頼できない」と決めてかかった方が安全

(ucbusy)は図20-3中の点線のような誤動作が発生します．

　クロックを含めパターンを経由して外部から入って来る信号については，「エッジ部分は信頼できない」と決めてかかった方が安全です．

20-2　カメラ・モジュールからビデオ・データを取得する

　カメラ・モジュールからの画像データは，27MHzのクロックに同期して次々とデータを出力しています．画像を記録するためにはこのデータの中から，
- 1枚の画像の先頭
- 1本のラインの先頭

を見つけ出し，画像の左上からブランキング・データを除外した1枚分の有効画素データを抜き取る必要があります．このための識別信号は同期信号と呼ばれます．ITU 656フォーマットでは，画像データの中に同期信号が埋め込まれています．この同期信号を検出することから始めます．

● フィールド1の有効画素を取り出す

　ITU 656フォーマットの同期信号は図20-4のように配置されています．左上の"00AB"は，正確には"FF0000AB"です．"00"は画像信号（有効画素）中には存在しないので，後半の2バイトだけで同期信号であることを判別できます．

　今回は図20-4の1フレームのうち，フィールド1だけを取り出すので，ラインの始まりはSAV（Start of Active Video）= "0080"で検出できます．

　垂直ブランキング期間は，フィールド1の始まりについては図20-5のようになっています．フィールド2についても同様ですが，SAVとEAV（End of Active Video）の値が異なります．

　図20-4ではフィールド1の有効画素の始まりは，ブランキングのEAV = "00B6"に続けてSAV = "0080"のように見えます．図20-5を見るとEAV = "009D"をはさんでいることが分かります．これはこのカメラ独自の設計仕様のようです．フィールド1の開始部分を，アナログ信号に合わせて垂直同期信号の開

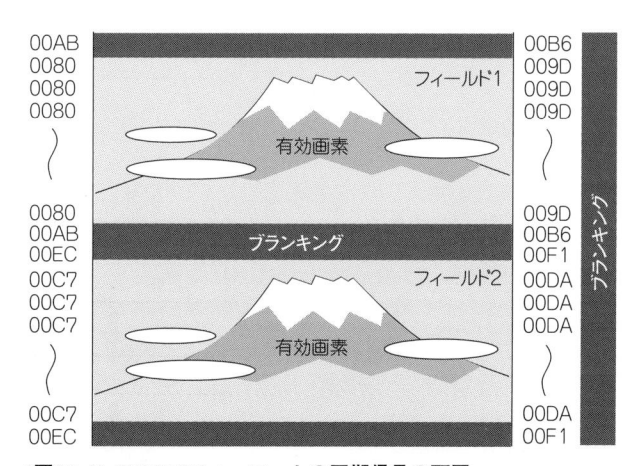

〈図20-4〉ITU 656フォーマットの同期信号の配置

始部分としているのもITU 656フォーマットとは異なります．

● シフトレジスタにデータを入れて判別する

　図20-6にタイミング・コード検出回路（tcdet.vhd）のブロックを示します．カメラ・クロックとこれに同期したカメラ画像データ出力yを入力し，垂直同期信号tcv_detと水平同期信号tch_detを発生します．なお，tcdet.vhdは本書ウェブサイト（http://shop.cqpub.co.jp/hanbai/books/41/41251.html）から入手できます．

　図20-7は判別ロジックの構成図です．16ビットのシフトレジスタに，クロック1周期につき画像データyを8ビット（＝1バイト）ずつ左方向にpushします．このレジスタshiftreg16を見れば，2バイトずつデータを調べることができます．この値が"00B6"であればその次の2バイトを見て，これが"0080"であれば垂直同期信号であると判断し，tcv_det＝'1'とします．この後は有効画素ですから，すぐに

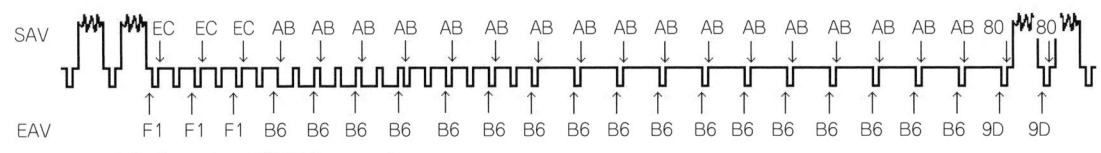

〈図20-5〉垂直ブランキング期間中のSAVとEAV
SAVとEAVは有効画素（Active Video）の開始と終了を表す

〈図20-6〉
タイミング・コード検出回路のブロック
カメラ・クロックとこれに同期したカメラ画像データ出力yを入力し，垂直同期信号tcv_detと水平同期信号tch_detを発生する

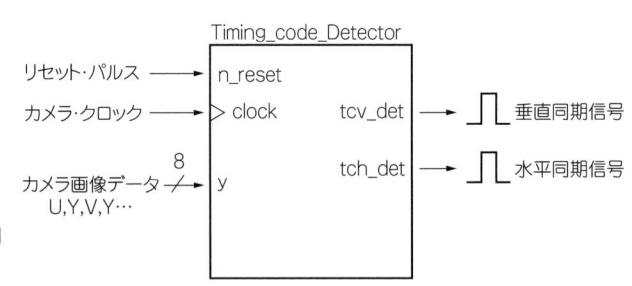

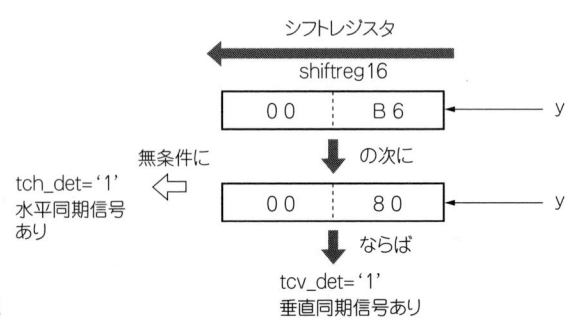

〈図20-7〉
タイミング・コード検出回路の原理

tcv_det = '0' となり，出力信号はクロック周期に等しい幅を持ったパルスとなります．

また，shiftreg16 = "0080" であれば，無条件にtch_det = '1' とします．これは水平同期信号となります．**リスト20-1**に主要部分のコードを掲げます．

図20-8に測定結果を示します．カーソル位置はVブランキングの終わり，有効画素の先頭です．各同期信号，tcv_detおよびtch_detパルスは，タイミング・データ"80"より1クロック遅れて出力されていることが分かります．このタイミングずれを補償するために，次節のデータ取り込み回路でデータyを1クロック遅延させています．

20-3 カメラ・モジュールからのデータを間引きSRAMへ書き込む

ITU 656フォーマットのディジタル映像信号は，VGA（640×480画素）の大きさの画像です．今回は30フレーム/s，60フィールドのレートから，15フレーム/sにデータを間引きます．また，画像の大きさもQVGA（160×120画素）に縮小します．この動作をFPGAで実現する方法を説明します．

● SRAMに画像データを書き込む

SRAMの制御は特に難しいものではありませんが，今回のようにカメラ・モジュールからのクロッ

〈リスト20-1〉タイミング・コード検出回路の主要部分のコード

```
tc_shiftreg:
 process (clock, n_reset) begin           ← 16ビット・シフトレジスタ
  if (n_reset = '0') then
   shiftreg16 <= (others =>'Z');
  elsif (clock'event and clock = '1') then
   shiftreg16 <= (shiftreg16(7 downto 0) & y);   ← 下位8ビット+入力y信号
  end if;
 end process tc_shiftreg;

chk_tc:
 process (clock, n_reset) begin
  if (n_reset = '0') then
   pre_head <= '0';
   tcv_det  <= '0';
                                          ← 00B6ならばフィールド1の
   tch_det  <= '0';                          ブランキング終了部分
  elsif (clock'event and clock = '0') then
   if (shiftreg16 = "0000000010110110") then  -- 00B6:Find Blanking in Field1
    pre_head <= '1';
   elsif (shiftreg16 = "0000000010000000") then  -- 0080 : Find active px

    tch_det <= '1';                       ← 0080ならば有効画素の先頭

    if (pre_head = '1') then              ← 0080が入った場合は
     pre_head <= '0';                        水平同期信号を出力する
     tcv_det  <= '1';

    end if;
    else
    tcv_det <= '0';                       ← 00B6に続いて0080が入った場合は
                                            垂直同期信号を出力する
    tch_det <= '0';
   end if;
  end if;
 end process chk_tc;
```

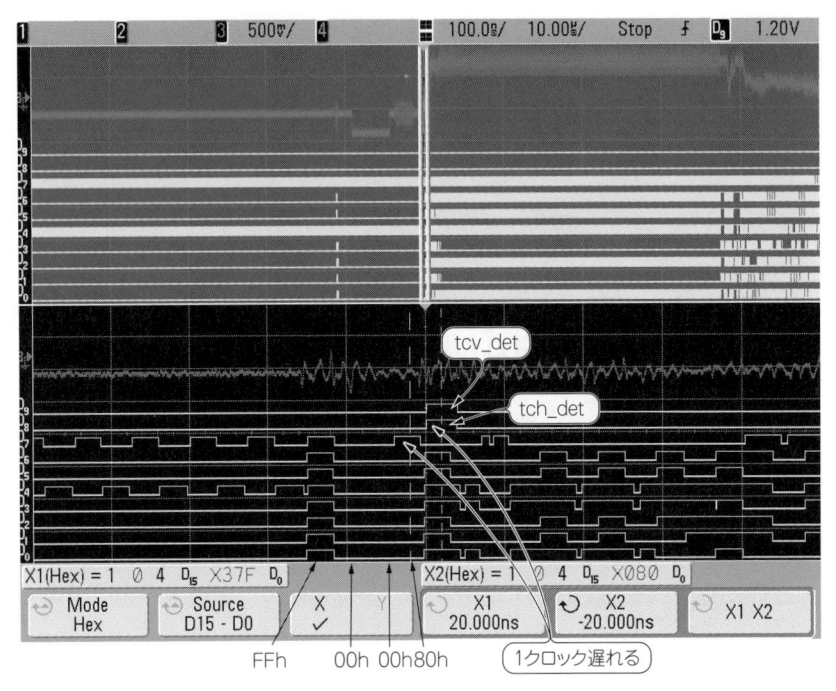

〈図20-8〉同期信号検出回路の入出力波形

〈表20-1〉システム開発に用いたボードに搭載しているSRAM「IS61LV25616」動作の真理値表

モード	入力ピン					I/Oピン	
	$\overline{WE}$	$\overline{CE}$	$\overline{OE}$	$\overline{LB}$	$\overline{UB}$	D0〜D7	D8〜D15
非選択	X	H	X	X	X	Z	Z
出力不可	H	L	H	X	X	Z	Z
	X	L	X	H	H	Z	Z
読み出し	H	L	L	L	H	Dout	Z
	H	L	L	H	L	Z	Dout
	H	L	L	L	L	Dout	Dout
書き込み	L	L	X	L	H	Din	Z
	L	L	X	H	L	Z	Din
	L	L	X	L	L	Din	Din

クが，ドライブ・レコーダ・システムの最高周波数である場合には注意が必要です．**表20-1**はシステム開発に用いたボードに搭載しているSRAM「IS61LV25616」の真理値表です．この表を参考にしながら**図20-9**を見てください．**図20-9**中の数値は，SRAMの品種が「IS61LV25616-10」の場合です．

SRAMの書き込み方法には次の3通りがあります
① アドレスが有効な範囲内で$\overline{CE}$と$\overline{WE}$を同時に"L"にする
② アドレスが有効な範囲内で$\overline{WE}$を"L"にする．書き込み中に$\overline{OE}$を"H"にする場合は，アドレス切り

20-3 カメラ・モジュールからのデータを間引きSRAMへ書き込む

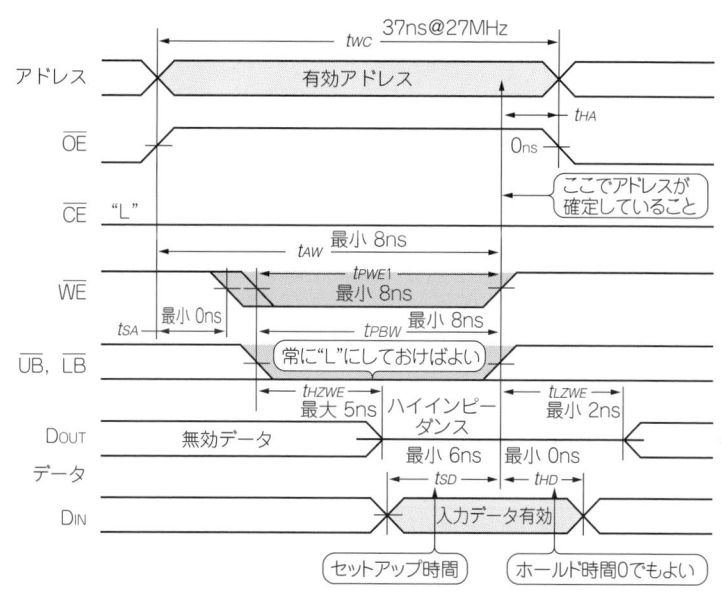

〈図20-9〉SRAM「IS61LV25616-10」の書き込みタイミング
SRAMへの書き込み動作はアドレスが確定している範囲内での制御が原則

替えと同時に行う．$\overline{CE}$は"L"でよい．

③ バック・ツー・バック書き込み．アドレスが有効な期間内に$\overline{WE}$，$\overline{UB}$，$\overline{LB}$を"L"にする．

ライト・サイクル時間t_{WC}＝10nsがアクセス速度の上限（100MHz）を決定することは，いずれも同じです．このSRAMのように，セットアップ時間t_{SA}およびホールド時間t_{HA}の最小値がともに0nsの場合は，アドレスと同時に$\overline{CE}$や$\overline{WE}$を切り替えてもよいように思えます．しかし，ホールド時間がマイナスになる，つまり次のアドレスにまたがることは許されません．このようにSRAMへの書き込み動作は，アドレスが確定している範囲内での制御が原則となります．

画素切り替えのタイミングは，アドレス切り替えと同時です．画素クロックがシステムの最高周波数である場合は，これより高速のタイミングを作ることができません．この場合はFPGAに装備されているDLL（Delay Locked Loop）によって画素クロックをてい倍します（**図20-10**）．

$\overline{WE}$信号はクロックをゲートして作ればよいように見えますが，クロックをゲートすることは誤動作の原因となります（FPGAではコンパイル時に警告が出る）．

● 画素データを間引く

今回のようにカメラのVGAデータから画素を間引く場合（w_data.vhd）は，画素データを一定時間ホールドすることで，SRAM書き込みのタイミングに神経を使う必要がなくなります．具体的には**図20-11**のようにカメラ・クロックを分周して，いくつかのフェーズを作成します．

まず，フェーズ0で最初のデータUをサンプルします．これをバッファu_bufに入れておきます．フェーズ1でデータYaをサンプルし，ya_bufに保存します．同じように，フェーズ2でV，フェーズ3でYbを取得します．次のフェーズ4でUとYaをつないで16ビット幅のデータwdataとします（この作業は，フェ

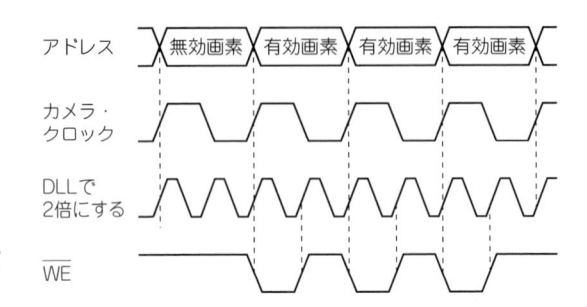

第20章　FPGAによる画像処理回路の設計

〈図20-10〉
FPGAに装備されているDLLによって画素クロックをてい倍する

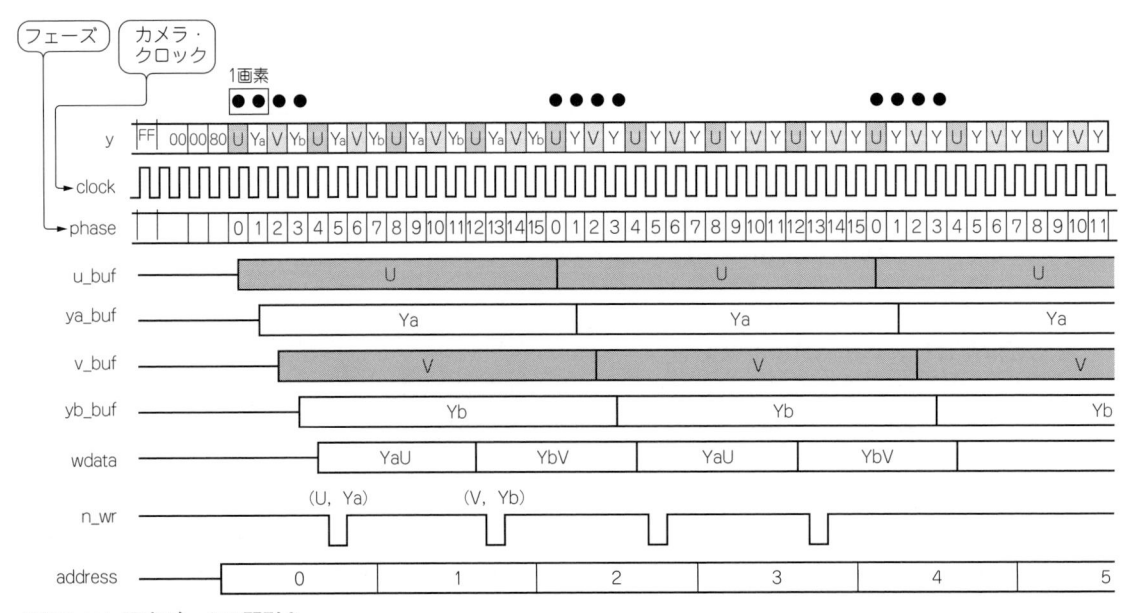

〈図20-11〉画素データの間引き
残す画素のデータを一定時間ホールドする

ーズ3で一緒に行ってもかまわない)．

　フェーズ5では$\overline{WE}$(n_wr)を"L"として，16ビット・データwdataをSRAMに書き込みます．フェーズ6はホールド時間です．フェーズ7でアドレスをアップします．

　最後にフェーズ12でVとYbをつないで16ビット幅のデータwdataを得ます．そしてフェーズ13で$\overline{WE}$(n_wr)＝"L"として，VとYbの対の16ビット・データをSRAMに書き込みます．フェーズ15でアドレスをアップして周期が一巡し，再度フェーズ0から動作が始まります．

　この一連の動作により，図20-11の●で示す画素が抜き取られます．ITU 656フォーマットに従い，2クロック分の(U，Ya)または(V，Yb)が1画素に相当します．フェーズの一巡では8画素となり，そのうち2画素を抜き取っているので1/4の間引き率となります．SRAMへのデータ格納部分のコードをリスト20-2に示します．

〈リスト20-2〉SRAMへのデータ格納部分のコードの一部

```
writebuf:
process (clock, n_reset) begin
    if (n_reset = '0') then
        u_buf <= (others =>'0');           -- リセット時バッファを全て
        ya_buf <= (others =>'0');             クリアする
        v_buf <= (others => '0');
        yb_buf <= (others => '0');
    elsif (clock'event and clock = '1') then
        if (phase = CONV_STD_LOGIC_VECTOR(0,4)) then
            u_buf <= qout;                  -- フェーズ0でUを取り込む
                                               (qoutはyを1クロック遅らせた信号)
        elsif (phase = CONV_STD_LOGIC_VECTOR(1,4)) then
            ya_buf <= qout;                 -- フェーズ1でYaを取り込む
        elsif (phase = CONV_STD_LOGIC_VECTOR(2,4)) then
            v_buf <= qout;                  -- フェーズ2でVを取り込む
        elsif (phase = CONV_STD_LOGIC_VECTOR(3,4)) then
            yb_buf <= qout;                 -- フェーズ3でYbを取り込む
        elsif (phase = CONV_STD_LOGIC_VECTOR(4,4)) then
            wdata <= ya_buf & u_buf;        --v_buf; mu0426   YaとUを結合して16ビット・
                                                              データとする
        elsif (phase = CONV_STD_LOGIC_VECTOR(12,4)) then
            wdata <= yb_buf & v_buf;        --u_buf;          YbとVを結合して16ビット・
                                                              データとする
        end if;
    end if;
end process writebuf;
```

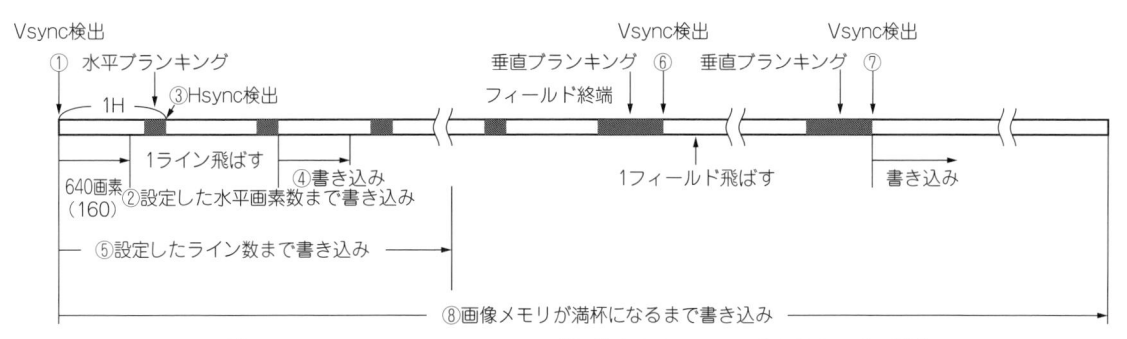

〈図20-12〉カメラ・モジュールからのITU656フォーマット動画像出力をSRAMに書き込む一連の動作

20-4　画像データをSRAMに書き込むタイミングを生成する

　間引きされた画像データは，ピクセル・カウンタ，ライン・カウンタおよびフレーム・カウンタから生成したアドレスを用いてSRAMに書き込まれます．画像データには無効画素が含まれているので，同期信号を使って必要な部分を抜き取ります．この一連の動作は書き込みタイミング発生回路（w_timing_gen.vhd）で行います．

● 画像メモリの書き込みサイクル
　図20-12にカメラ・モジュールからのITU 656フォーマット動画像出力をSRAMに書き込む一連の動作を示します．
　①RECボタンが押された後，最初のVsync（垂直同期信号）の直後からの画像データをSRAMに書き

込みます．その際に，前に述べたように4ピクセルごとの間引きを行います．

②640ピクセル以降のデータおよび水平ブランキング・データは無視します．③Hsync（水平同期信号）を検出したら，次のラインは書き込まずに見送ります．④次のHsyncで同じように640ピクセル分のデ

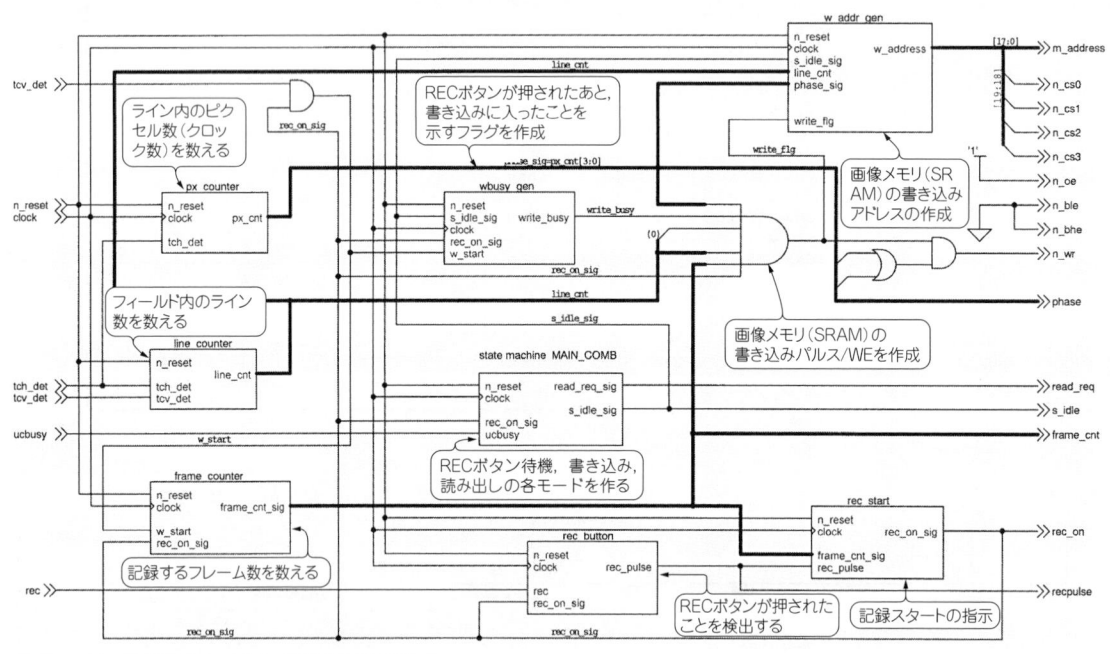

〈図20-13〉書き込みタイミング発生回路の構成

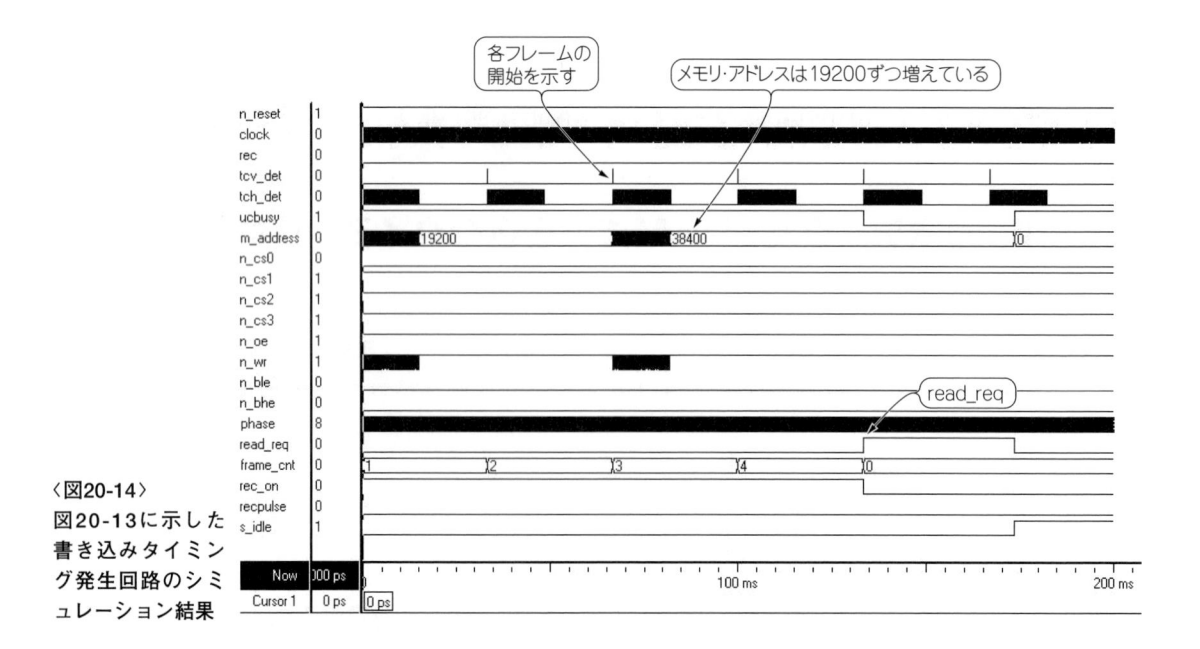

〈図20-14〉
図20-13に示した書き込みタイミング発生回路のシミュレーション結果

20-4 画像データをSRAMに書き込むタイミングを生成する

〈リスト20-3〉書き込みタイミング発生回路のコードの一部

```vhdl
        phase_sig <= px_cnt(3 downto 0);          ← 画素データを間引くためのフェーズ0～15をつくる
        w_start <= tcv_det and rec_on_sig;        ← 書き込みスタート・パルス生成
        n_ble <= '0';
        n_bhe <= '0';                             ← SRAMデータは16ビット幅とする

        m_address <= w_address(17 downto 0);      ← SRAM書き込みアドレス

        n_cs0 <= '0' when w_address(19 downto 18)="00" else '1';
        n_cs1 <= '0' when w_address(19 downto 18)="01" else '1';  ← SRAMチップ・セレクト信号生成
        n_cs2 <= '0' when w_address(19 downto 18)="10" else '1';
        n_cs3 <= '0' when w_address(19 downto 18)="11" else '1';

        n_oe <= '1'                               ← SRAMデータ出力許可
        n_wr <= '0' when ( write_flg='1'
                    and (phase_sig = CONV_STD_LOGIC_VECTOR(5,4)
                    or phase_sig = CONV_STD_LOGIC_VECTOR(13,4) ))  ← SRAMライト・イネーブル・パルス生成
                    else '1';1

        write_flg <= '1' when ( rec_on_sig='1'
                    and write_busy='1'            ← SRAM書き込み許可条件生成
                    and line_cnt < CONV_STD_LOGIC_VECTOR(241,8) --(242,8) mu0414
                    and line_cnt(0)='1'
                    and frame_cnt_sig(0)='1'         --mu0413
                    and px_cnt < CONV_STD_LOGIC_VECTOR(160*8,11) )
                    else '0';

    w_addr_gen:
        process (clock, n_reset) begin            ← 画像メモリ(SRAM)書き込みアドレスの生成
            if (n_reset = '0' or s_idle_sig = '1') then
                w_address <= (others => '0');
            elsif (clock'event and clock = '1') then
                if (write_flg='1') then           ← SRAM書き込み許可条件が成立？
                    if (phase_sig(2 downto 0) = "111" ) then
                        if ( line_cnt(0) = '1') then    ← 書き込みフェーズ
                            w_address <= w_address + 1;
                        end if;                         ← ライン1本おきに書き込む
                    end if;
                end if;
            end if;
        end process w_addr_gen;

    px_counter:
        process (clock, tch_det, n_reset) begin   ← ライン内のピクセル数(クロック数)を数える
            if (n_reset = '0') then
                px_cnt    <= (others =>'0');
            elsif (clock'event and clock = '1') then
                px_cnt    <= px_cnt + 1;
            end if;
            if (tch_det = '1') then
                px_cnt <= (others => '0');        ← 水平同期が検出されたらリセットする
            end if;
        end process px_counter;

    line_counter:
        process ( tch_det, tcv_det, n_reset) begin   ← フィールド内のライン数を数える
            if ( n_reset = '0') then
                line_cnt <= (others => '0');
            elsif ( rising_edge(tch_det) ) then   ← 水平同期信号が入るたびにカウント・アップする
                line_cnt <= line_cnt + 1;
            end if;
            if ( tcv_det = '1') then              ← 垂直同期信号が入ったらリセットする
                line_cnt <= CONV_STD_LOGIC_VECTOR(0,8);
            end if;
        end process;

    frame_counter:
```

〈リスト20-3〉書き込みタイミング発生回路のコードの一部（つづき）

```vhdl
    process (clock, n_reset) begin            ←── 記録するフレーム数を数える
        if (n_reset = '0') then
            frame_cnt_sig <= (others => '0');
            fcnt_flg <= '0';
        elsif (clock'event and clock = '1') then
            if (rec_on_sig = '0') then        ←── 記録開始時にカウンタをリセットする
                frame_cnt_sig <= (others => '0');
                fcnt_flg <= '0';
            elsif (w_start='1' and fcnt_flg='0') then
                frame_cnt_sig <= frame_cnt_sig + 1;  ←── 垂直同期信号が入るたびにカウント・アップする
                fcnt_flg <= '1';
            elsif (w_start='0') then
                fcnt_flg <= '0';
            end if;
        end if;
    end process frame_counter;
```

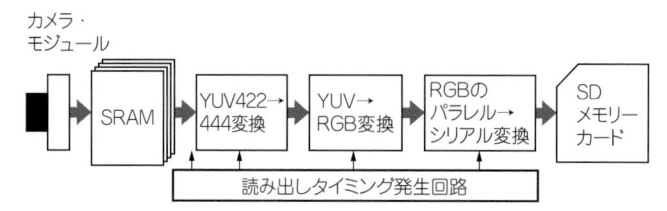

〈図20-15〉読み出しタイミング発生回路の役割
マイコンから送られてくるクロックucrdclkを基準にしてタイミングを生成する

ータを1/4に間引いてSRAMに書き込みます．⑤この動作を設定したライン数（240本）繰り返します．ただし，書き込んだデータは120本分です．

⑥次のフィールドは飛ばします．⑦次のVsyncで書き込みます．このようにSRAMへの書き込みは1フィールドおき，つまり1フレームごとに行います．⑧このようにして画像SRAMが一杯になるまで上記のサイクルを繰り返します．

図20-13に書き込みタイミング発生回路の構成を示します．

図20-14は**図20-13**の回路のシミュレーション結果です．シミュレーション時間を節約するために取り込み画像数は2枚（2フレーム）としています．垂直同期信号tcv_detが各フレームの始まりを示します．水平同期信号tch_detは1フレーム中，片方のフィールドだけ出力されています．これは偶数フィールドと奇数フィールドでタイミング・コードが異なるからです．

メモリ・アドレスが160×120＝19200ずつ増えていることに気を付けてください．SRAMに実際に書き込まれるタイミングはライト・イネーブル信号n_wrが'0'になる部分だけです．**図20-14**では2フレーム分あります．

2フレームの書き込みが終わると，マイコンに対して読み出し要求（read_req）信号が発行されます．これに応じて，マイコンからビジー信号ucbusy（負論理）が入ります．マイコンの読み出しが終わってこの信号ucbusyが非アクティブ（"H"）になると，ステート・マシンが待機状態に入り，s_idle＝"H"となります．

リスト20-3に書き込みタイミング発生回路のコードの一部を示します．

〈図20-16〉タイミング発生回路のタイムチャート

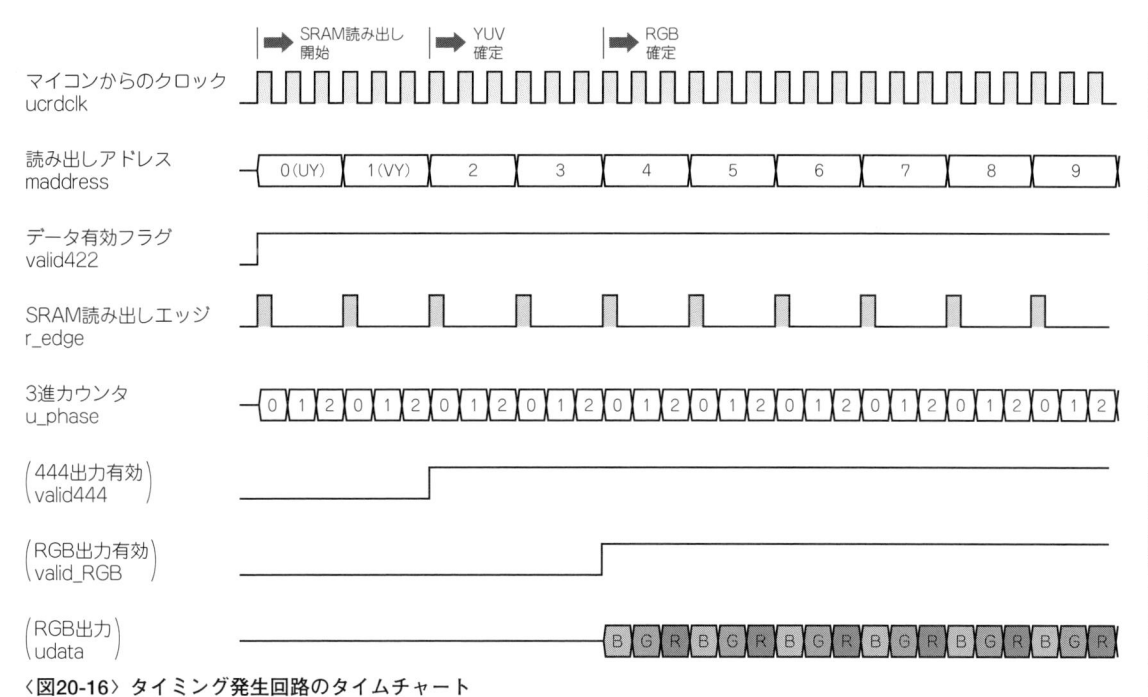

20-5　SRAMからの読み出しタイミングの生成

　SRAMに書き込んだ動画像データは，マイコンから送出されるクロックに同期してSRAMから読み出します．読み出したデータはYUV形式なので，これをRGBシリアル信号にするために3進カウンタを設けます．このカウンタの最初のエッジでSRAMからデータを読み出し，B，G，Rの信号に割り振ります．ここでは，この一連の処理をつかさどるタイミング信号発生回路（r_timing_gen.vhd）について説明します．

● 読み出しタイミング回路の動作

　SRAMに書き込まれた動画像データは，マイコンからのクロックに同期して読み出されます．この後，図20-15のようにYUV422→YUV444変換を行ってY，U，V信号を同時化します．シリアル→パラレル変換と言ってもよいでしょう．

　同時化されたYUV信号はYUV→RGB変換によってRGB信号に形を変えます．そして，これをB，G，Rの順にパラレル→シリアル変換してマイコンに送り，SDメモリーカードに書き込みます．

　この一連の動作は，マイコンから送られてくるクロックucrdclkを基準にして行います．このタイミングを生成するのが，読み出しタイミング発生回路です．図20-16にタイムチャートを示します．

　マイコンからのクロックucrdclkは，3個が1組になります．3個が1組とは，マイコンからのクロックucrdclkに同期してR，G，Bの信号を送り出すので，クロック3個で画素1個分という意味です．このた

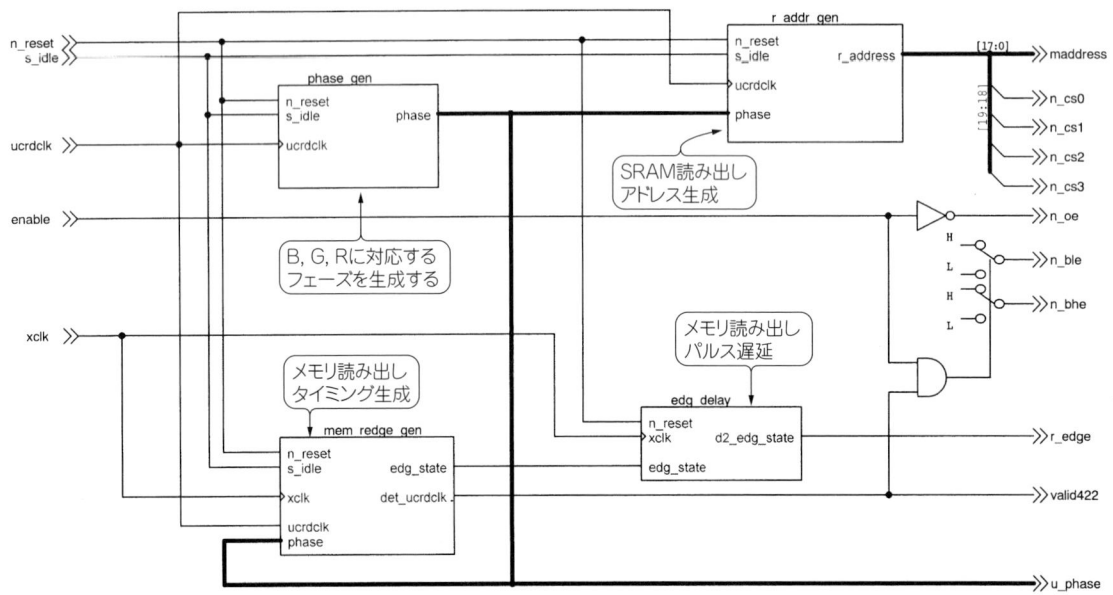

〈図20-17〉実際の読み出しタイミング回路の構成

め3進カウンタu_phaseをクロックが入った直後から動作させます．カウント値0，1，2をおのおの，フェーズ0，1，2と名付けます．

フェーズ0ではSRAMからデータを読み出します．**図20-15**のYUV422→444変換とYUV→RGB変換には数クロックの処理時間を要します．そのため，実際に各信号が確定するのは**図20-16**の上に示したようにucrdclkが入ってから数クロック後になります．**図20-16**ではアドレス4からRGBデータが確定しています．RGBデータの順序はAVIファイルの仕様に従ってB，G，Rの順で出力します．

● 読み出しタイミング回路の構成

図20-17は実際の読み出しタイミング回路の構成です．読み出しタイミング発生回路は大きく分けて次の3ブロックから成ります．
① SRAM読み出しアドレス生成回路（r_addr_gen）
② BGRフェーズ生成用3進カウンタ（phase_gen）
③ SRAM読み出しタイミング・パルス生成回路（mem_redge_gen，edg_delay）

①はマイコン・クロックucrdclk 3個ごとにアドレスをインクリメントします．②はB，G，Rを区別するためのフェーズ信号を作成します．③はアドレスが確定した後にSRAMの内容を読み出すタイミング・パルスを作成します．

リスト20-4は，SRAM読み出しタイミング生成回路のソース・コードの一部です．

20-5 SRAMからの読み出しタイミングの生成

〈リスト20-4〉SRAM読み出しタイミング生成回路のソース・コードの一部

```vhdl
maddress <= r_address(17 downto 0);                                         -- SRAM読み出しアドレス
n_ble <= '0' when (enable='1' and det_ucrdclk='1') else '1';
n_bhe <= '0' when (enable='1' and det_ucrdclk='1') else '1';                -- SRAMデータは16ビット幅
n_oe <= not enable;                                                          -- 読み出し要求があればSRAM出力を許可

n_cs0 <= '0' when (r_address(19 downto 18)="00" and enable='1' and det_ucrdclk='1') else '1';
n_cs1 <= '0' when (r_address(19 downto 18)="01" and enable='1' and det_ucrdclk='1') else '1';
n_cs2 <= '0' when (r_address(19 downto 18)="10" and enable='1' and det_ucrdclk='1') else '1';   -- SRAMチップ・セレクト信号の生成
n_cs3 <= '0' when (r_address(19 downto 18)="11" and enable='1' and det_ucrdclk='1') else '1';

valid422 <= det_ucrdclk;             -- マイコンからのクロックが入ったら422出力許可
r_edge   <= d2_edg_state;
u_phase  <= phase;                   -- SRAM読み出しパルス

-------------- procedures --------------
phase_gen:
    process (n_reset, ucrdclk, s_idle) begin          -- B, G, Rに対応するフェーズ信号を生成する
        if (n_reset = '0' or s_idle = '1') then
            phase <= (others => '1');
        elsif ( rising_edge(ucrdclk) ) then
            if ( phase ="10" ) then                   -- 3進カウンタとする
                phase <= (others => '0');
            else
                phase <= phase + 1;                   -- マイコンからのクロックが入ったらカウント・アップする
            end if;
        end if;
    end process;

r_addr_gen:
    process (ucrdclk, n_reset, s_idle ) begin         -- SRAM読み出しアドレス生成
        if  (n_reset = '0' or s_idle = '1') then
            r_address <= (others => '0');             --(others => '1'); mu0426
        elsif rising_edge(ucrdclk) then
            if (phase="10") then                      -- マイコン・クロックが入り，フェーズが2のとき，
                r_address <= r_address + 1;           --    読み出しアドレスをアップする
            end if;
        end if;
    end process;


mem_redge_gen:
    process (xclk, n_reset, s_idle) begin             -- メモリ読み出しタイミング生成
        if (n_reset = '0' or s_idle = '1') then
            raddr_up_done <= '0';
            det_ucrdclk <= '0';
            edg_state <= '0';

        elsif (xclk'event and xclk='1') then
            if(ucrdclk='1') then                      -- マイコン・クロックが入ったら
                det_ucrdclk <= '1';                   -- マイコン・クロック検出フラグを'1'とする
                if(raddr_up_done='0') then
                    raddr_up_done <= '1';
                    edg_state <= '1';                 -- マイコン・クロックごとに
                else                                  -- 読み出しタイミング・パルス出力
                    edg_state <= '0';
                end if;
            else
                if(phase = "10") then
                    raddr_up_done <='0';
                end if;
            end if;
        end if;
    end process mem_redge_gen;
```

20-6　YUV422信号をYUV444信号に変換する

　SRAMに書き込まれている信号は，カメラ出力と同じくU，Y，V，Y…の順序で出力されたYUV422信号です．この信号をRGB信号に変換するためには，Y，U，Vの各信号を同時化する必要があります．また，同時化に伴い信号遅延が発生するので，マイコンに送出する有効データの判別信号を作ります．

● YUV422→YUV444変換（yuv_422_444.vhd）の仕組み

　SRAMから読み出された信号は，16ビット単位で（Y，U），（Y，V），（Y，U），（Y，V），…の順序になっています．この信号をD_DINと名付けます．図20-18のdat0とdat1は，おのおの16ビットのレジスタです．（Y，U）をまずdat0に入れます．次のクロックで，dat0の中身をdat1に移します．同時にdat0には次の（Y，V）を入れます．

　スイッチが上に倒れている場合は，最初のYを含む（Y，U，V）の信号を同時に出力できます．また，下に倒れた場合は，次のYを含む（Y，U，V）の信号を取り出すことができます．Y，U，Vすべてのデータがそろうのは2クロック目であり，並列出力が可能なのは3クロック目になります．このため，2ビットのシフトレジスタにより，データ有効パルスvalid_inを遅延させ，valid_outとして出力します．

　図20-19に実際の回路の構成を示します．図20-20はシミュレーション結果です．

〈図20-18〉
YUV422→YUV444変換のしくみ
スイッチが上に倒れている場合は最初のYを含む（Y，U，V）の信号を同時に出力できる．下に倒れた場合は次のYを含む（Y，U，V）の信号を取り出す

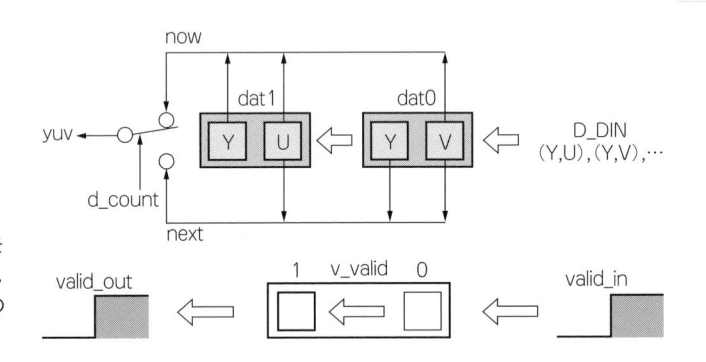

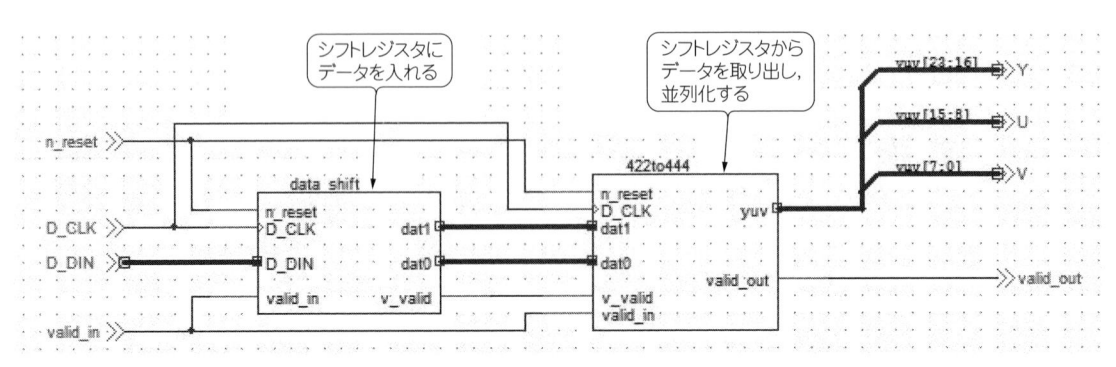

〈図20-19〉YUV422→YUV444変換回路の構成

20-7　YUV→RGB変換とRGBパラレル→シリアル変換

　カメラ・モジュールの画像をSDメモリーカードに記録する際には，RGB形式で記録します．このためにYUV信号をRGB信号に変換します．YUV信号とRGB信号は，

$$(rgb) = a \cdot (yuv) + b$$

の形の1次式で関係づけられています．従ってここでは，定数aをYUV信号に掛けた後，定数bを加えるという操作を行います．このようにしてRGB信号に変換した後は，B，G，Rの順でシリアルに信号を送出（パラレル→シリアル変換）します．

● YUV→RGBの変換式

　YUV信号は輝度信号Yおよび色差信号$U=(B-Y)$，$V=(R-Y)$からなる信号です．この中には三原色の一つである緑Gが含まれていません．Gあるいは$(G-Y)$は，加色混合の原理，$Y=0.3R+0.59G+0.01B$から計算できるからです．従ってYUV信号とRGB信号は1次式で変換できることになります．ディジタル信号の場合のYUV→RGB変換は，次の式で表されます．

$$R = 1.164(Y-16) \qquad\qquad\qquad + 1.596(V-128)$$
$$G = 1.164(Y-16) - 0.391(U-128) - 0.813(V-128)$$
$$B = 1.164(Y-16) + 2.018(U-128)$$

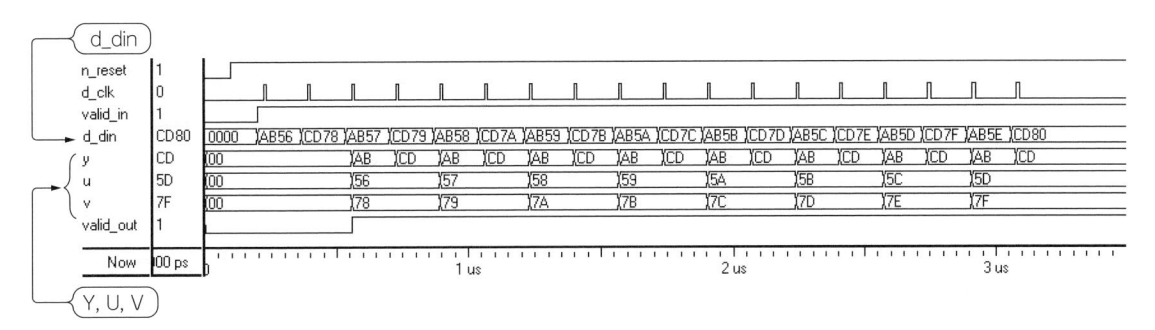

〈図20-20〉図20-19に示したYUV422→YUV444変換回路のシミュレーション結果

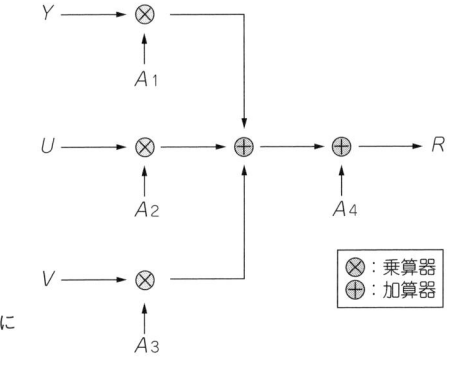

〈図20-21〉
YUV→RGB変換回路の構成
$R = A_1Y + A_2U + A_3V + A_4$を実現している．G，Bについても同様

これを書き換えると，

$R = 1.164Y + 1.596V - 222.9$
$G = 1.164Y - 0.391U - 0.813V + 135.5$
$B = 1.164Y + 2.018U - 276.9$

となります．行列で表すと，次のようになります．

$$\begin{bmatrix} R \\ G \\ B \end{bmatrix} = \begin{bmatrix} A_1 & A_2 & A_3 \\ B_1 & B_2 & B_3 \\ C_1 & C_2 & C_3 \end{bmatrix} \begin{bmatrix} Y \\ U \\ V \end{bmatrix} + \begin{bmatrix} A_4 \\ B_4 \\ C_4 \end{bmatrix}$$

これを$(rgb) = a \cdot (yuv) + b$と表した場合，FPGAでこの計算を実現するためには，係数aとbを整数にする必要があります．そこでaを4096倍，bを16倍して，計算後にビット・シフト（割り算）により元に戻すことにします．

● YUV→RGB変換回路（yuv2rgb.vhd）の構成

式，$R = A_1Y + A_2U + A_3V + A_4$は，図20-21の構成の回路で実現します．G，Bについても同様です．乗算器は，符号なし整数と符号付き整数の掛け算を実行します．乗算器を実現する方法には，次の3通りがあります．

〈リスト20-5〉乗算器のコード

```
ARCHITECTURE rtl OF yuv2rgb_mult is
SIGNAL a_int:   UNSIGNED (7 downto 0);
SIGNAL b_int:   SIGNED (15 downto 0);
SIGNAL pdt_int:         SIGNED (24 downto 0);

BEGIN
    a_int <= UNSIGNED (a);
    b_int <= SIGNED (b);
    pdt_int <= a_int * b_int;
    o <= STD_LOGIC_VECTOR(pdt_int(23 downto 0));
END rtl;
```

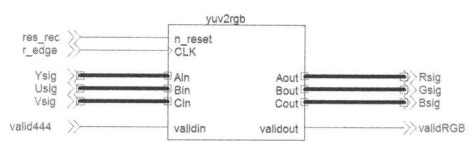

〈図20-22〉YUV→RGB変換回路のブロック図

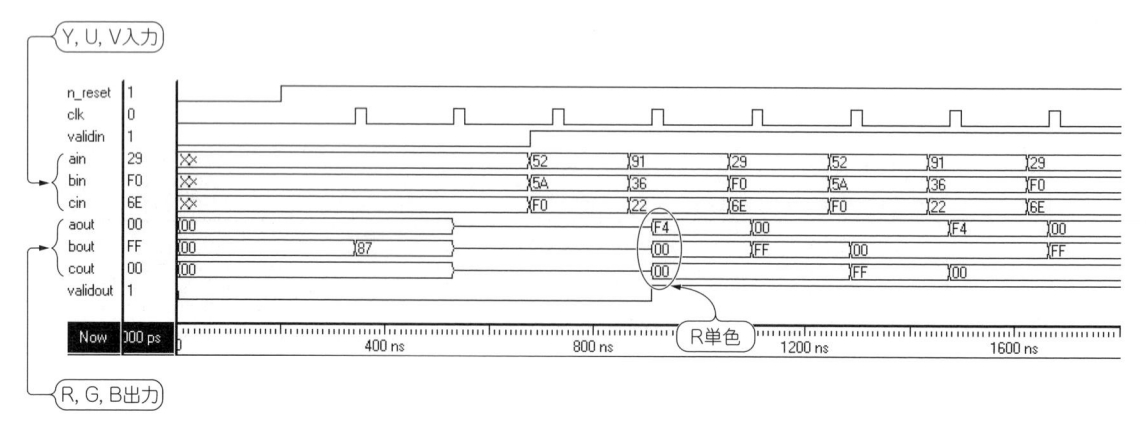

〈図20-23〉図20-22に示したYUV→RGB変換回路のシミュレーション結果

20-7 YUV→RGB変換とRGBパラレル→シリアル変換

① HDLの乗算演算子（*）を使う．
② FPGAベンダで準備しているプリミティブを使う．
③ 乗算結果のテーブルを組み込み，都度，参照する．

　①はゲートを多く消費するものの，極めて簡単であり，今回はこの方法をとりました（signed_mult.vhd）．**リスト20-5**に該当部分を示します．YUV→RGB変換回路のブロック図を**図20-22**に示します．**図20-23**はシミュレーション結果です．

　シミュレーション用の信号（Y，U，V）としては，ピクセルごとのR，G，B単色信号としています．これは次の式で計算できます．

$$Y = 0.257R + 0.504G + 0.098B + 16$$
$$U = -0.148R - 0.291G + 0.439B + 128$$
$$V = 0.439R - 0.368G - 0.071B + 128$$

例えばR単色の場合は一番上の式において$R=256$，$G=0$，$B=0$とした場合，$Y=0.257\times256+16=81.8=52h$となります．U，Vについても同じようにして，$U=5Ah$，$V=F0h$となります．**図20-23**において，$YUV=(52, 5A, F0)$の変換結果は，$RGB=(F4, 00, 00)$のようにR単色であり，正しく変換できていることが分かります．

〈リスト20-6〉　RGBパラレル→シリアル変換のコードの一部

```
udata <= R when cnt_BGR="00" else
         B when cnt_BGR="01" else
         G when cnt_BGR="10" else (others=>'0');
```

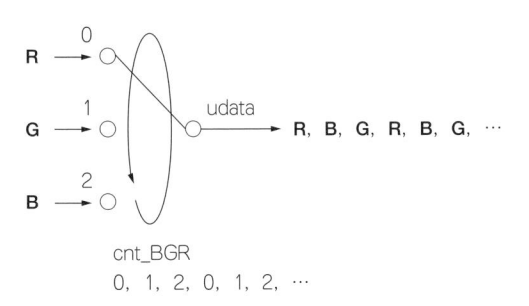

〈図20-24〉RGBパラレル→シリアル変換

〈図20-25〉RGBパラレル→シリアル変換のシミュレーション結果

● RGBパラレル→シリアル変換

　得られたRGB信号(各8ビット)は,8ビットのバスを通じてマイコンへ送り出します.このため**図20-24**のようなスイッチ(マルチプレクサ)により,シリアライズします.
　VHDLコードは**リスト20-6**のようになります.**図20-25**はシミュレーション結果です.

20-8　FPGAに搭載した回路全体の構成とシミュレーション

　これまで説明した各ブロック(コンポーネント)は,トップレベルのファイルに配置します.実際にはトップレベルから設計を始めましたが,説明の都合上,トップレベルを最後に持ってきました.トップレベルのシミュレーションは,実際に使う入力信号にできるだけ近いスティミュラス(信号源)を作る作業と,SRAMやマイコンのような周辺部品をモデル化するという二つの作業が必要です.

● トップレベルの回路構成(top_level.vhd)

　図20-26にトップレベルの回路構成を示します.これまで説明したコンポーネントをつないだものですが,yuv_422_444などの色変換回路のリセット信号作成,SRAM制御信号の切り替えなどを追加しています.左下のClockDividerは,CMOSイメージ・センサを搭載するカメラ「KBCR-M03VG」を使用した場合のクロック(24MHz)です.CCDイメージ・センサを搭載する「MTV-54K0D」の場合は,カメラ・モジュールがピクセル・クロックを生成するので,ClockDividerは使用しません.

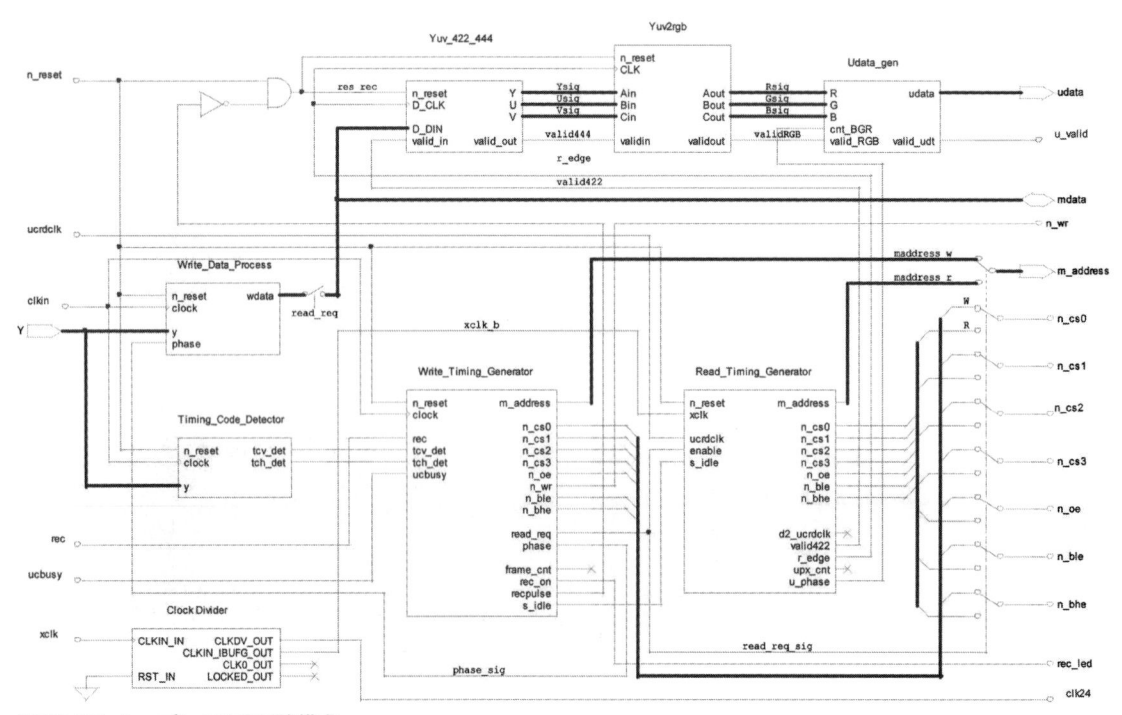

〈図20-26〉トップレベルの回路構成

図20-27にトップレベルのシミュレーション結果を示します．シミュレーション時間を短縮するために記録フレーム数は2枚に設定しました．トップレベルのシミュレーションの目的は，システムの基本動作の検証にあります．RECボタンを押してから，SDメモリーカードに書き込むまでの一連の動作が正しく行われているかを，入出力波形によって確かめます．また，外部信号に正しく応答しているかを調べます．

　図20-27において，SRAMへの書き込みパルスn_wrが出力している部分が，書き込みが行われているところです．全体で2カ所あります．m_addressは，1フレーム目が160×120＝19200，2フレーム目がその倍となっています．書き込みが終了するとread_reqが"H"となり，ucrdclkが入力され始めます．その直後にデータ有効を示すu_validが"H"となり，SRAMから読み出されて色変換されたマイコン・データudata信号が出力されます．マイコンが読み込みを終了すると$\overline{ucbusy}$が"H"（負論理）となって，次の記録に備えます．

20-9　トラブル画像の事例と原因

　シミュレーション（Behavioral）結果がOKでも，実際に正しく動作するとは限りません．次に示すような画面の不具合が発生することがあります．画像信号はオシロスコープのように，「波形を見ている」とも言えます．不具合のある画像は必ず何らかの情報を含んでいます．特徴のある画像をいくつか挙げて，不具合の原因を考えてみます．

● ピクセルずれ

　正しい画像は図20-28のようなものですが，写真20-1は縦線が斜めになっています．水平方向のピクセルが正規の値より1画素分多くなっています．SRAMのアドレスのずれなどが原因です．

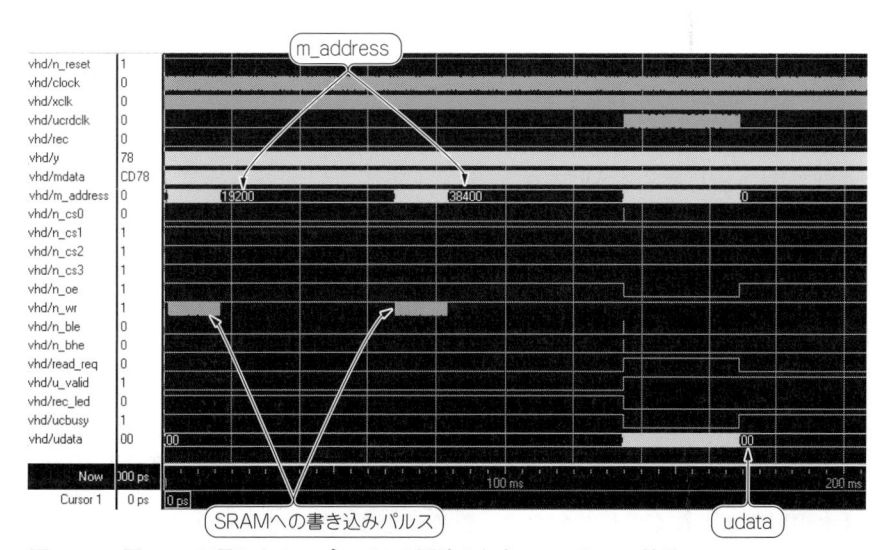

〈図20-27〉図20-26に示したトップレベルの回路のシミュレーション結果

〈図20-28〉元の画像

〈写真20-1〉ピクセルずれ

〈写真20-2〉カウンタ誤動作

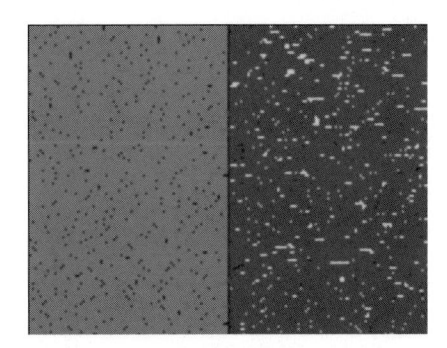

〈写真20-3〉SRAMデータ不良

● カウンタ誤動作

　ピクセルずれが規則的でなくランダムになると，**写真20-2**のような画像になります．これはカウンタにグリッジなどのノイズが入ったためです．原因はカウンタの構成方法，クロックの使い方，外部信号のチャタリング，ひずみなどが考えられます．

● SRAM書き込み/読み出しタイミング不良

　写真20-3は同期が取れているので，カウンタに問題はありません．SRAMデータの読み書きが正しくできていません．セットアップ時間/ホールド時間違反が疑われます．

● SRAMに画像が記録されていない

　SRAMからの読み出しはできていても，画像が記録されていない場合は**写真20-4**のようにスノー・ノイズとなります．

● 水平同期外れ

　写真20-5は水平同期が大きくずれています．斜めのしま模様になることが特徴です．しまの間隔が細かいほど，ずれが大きいことを表します．カウンタの誤動作が原因です．スノー・ノイズではない

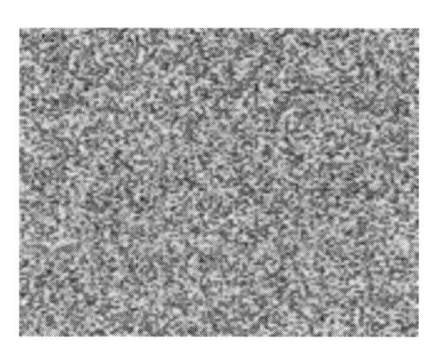

〈写真20-4〉スノー・ノイズ（SRAMにデータは記録されていない）

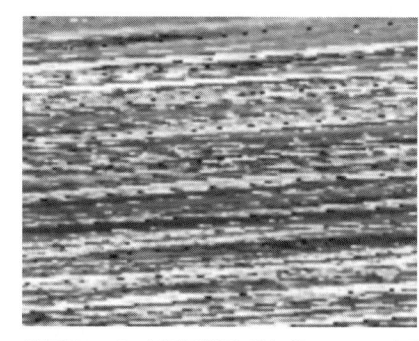

〈写真20-5〉水平同期はずれ（SRAMには正しく記録されている）

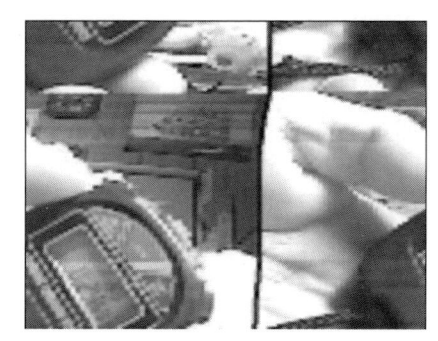

〈写真20-6〉垂直同期はずれ

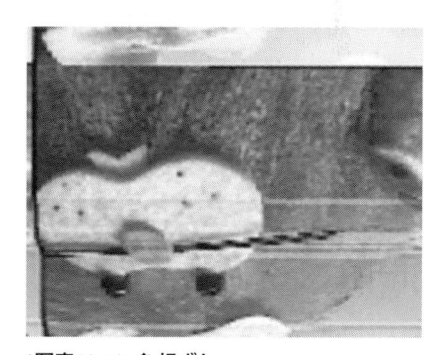

〈写真20-7〉色相ずれ

ので，SRAMの読み書きは一応できています．

● 垂直同期外れと色飛び

写真20-6は垂直同期が外れた場合です．
- カウンタのリセット値（戻り値）が正しくない
- ライン・カウンタの誤動作
- 同期信号が検出できていない

などが考えられます．色が飛んでいるのでピクセル・カウンタにも問題があります．

● 色相ずれ

写真20-7は画面の途中で色相が反転しています．水平，垂直同期も外れぎみです．ピクセル・カウンタの誤動作などが考えられます．画面が上下逆さまなのは，AVIファイルがデフォルトでは，画面左下から右上に向かって走査されるからです．これはマイコン側で対処できます．

■ プログラムの入手方法
この記事に掲載したプログラムはCQ出版社ウェブ・ページからダウンロードできます．
http://shop.cqpub.co.jp/hanbai/books/41/41251.html

参考・引用*文献

● 第1章
(1) P. B. Denyer, et al.; CMOS Image Sensors for Multimedia Applications, 1993, Proc. of IEEE Custom Integrated Circuits Conference.
(2) D. Renshaw, et al.; ASIC Image Sensors, pp.3038〜3041, 1990, Proc. of IEEE International Symposium of Circuits and Systems.
(3) S. Mendis, et al.; CMOS Active Pixel Image Sensor, No.3, pp.452〜453, 1994, IEEE Trans. ED Vol. 41.
(4) S. G. Chamberlain; Photosensitivity and Scanning of Silicon Image Detector Arrays, pp.333〜342, 1969, IEEE Journal of Solid-State Circuits Vol. SC-4 No.6.
(5) E. R. Fossum; Active Pixel Sensors: Are CCD's Dinosaurs?, pp.2〜14, 1993, in Charge-Coupled Devices and Solid-State Optical Sensors Ⅲ, Proc. SPIE 1900.
(6) 中村 力;CMDイメージセンサ, pp.262〜277, 1992, 次世代画像入力技術部会 第30回定例部会資料.
(7) CCDイメージセンサ仕様書ICX098, ソニー㈱.
(8) K. Yonemoto, et al.; A CMOS Image Sensor with a Simple FPN-Reduction Technology and a Hole Accumulated Diode, pp.102〜103, 2000, ISSCC Digest of Technical Papers.
(9) S. K. Mendis and et al.; 128×128 CMOS Active Pixel Image Sensor for Highly Integrated Imaging Systems, pp.583〜586, 1993, Proc. IEDM'93.
(10) 杉本 忠ほか;コラム間FPNのないコラム型AD変換器を搭載したCMOSイメージセンサ, pp.79〜84, 2000, 映情学技報, Vol.24, No.37.
(11) M. Furumiya, et al.; High-Sensitivity and No-Crosstalk Pixel Technology for Embedded CMOS Image Sensor, 2001, IEEE Trans. ED Vol. 48 No.10.
(12) S. Yoshimura, et al.; A 48k frame/s CMOS Image Sensor for Real-time 3-D Sensing and Motion Detection, pp.94〜95, 2001, ISSCC Digest of Tech. Papers.
(13) H. Miura, et al.; A 100 Frames/s CMOS Active Pixel Sensor for 3D-Gesture Recognition System, pp.142〜143, 1999, ISSCC Digest of Tech. Papers.
(14) U. S. Patent No. 5,965,875; Color Separation in an Active Pixel Cell Imaging Array Using a Triple-Well Structure.

● 第2章
(1) 塚本 哲男;固体撮像デバイスの基礎, 昭和56年, p.4, オーム社.
(2) Shigeyuki Ochi; Charge-Coupled Device Technology, 1996, pp.12〜31, Gordon and Breach Publishers.
(3) 映像情報メディア学会編;テレビジョンカメラの設計技術, 1999, pp.16〜25, pp.168〜191, コロナ社.
(4) ソニー半導体最新技術情報誌CX-PAL, ソニー㈱.

▶ http://www.sony.co.jp/Products/SC-HP/cx_pal/vol81/pdf/icx685cqz.pdf
▶ http://www.sony.co.jp/Products/SC-HP/cx_pal/vol80/pdf/icx667_icx677.pdf
▶ http://www.sony.co.jp/Products/SC-HP/cx_pal/vol77/pdf/icx632aka.pdf
▶ http://www.sony.co.jp/Products/SC-HP/cx_pal/vol52/pdf/icx432n.pdf

(5) ソニーのCCD概要 CCD in Focus，ソニー㈱．
▶ http://www.sony.co.jp/Products/SC-HP/imagingdevice/ccd/tec_exviewhad.html
▶ http://www.sony.co.jp/Products/SC-HP/imagingdevice/ccd/tec_superhad.html
▶ http://www.sony.co.jp/Products/SC-HP/imagingdevice/ccd/tec_trend.html
▶ http://www.sony.co.jp/Products/SC-HP/imagingdevice/ccd/minsei_stil.html
▶ http://www.sony.co.jp/Products/SC-HP/imagingdevice/ccd/minsei_digital.html
▶ http://www.sony.co.jp/Products/SC-HP/imagingdevice/ccd/kanshi_fa.html

● 第3章
(1) OV6630データシート，Mar.2000，OmniVision Technologies, Inc.
(2) Recommendation ITU-R BT.601-5，1995，ITU-R.
(3) Recommendation ITU-R BT.656-4，1998，ITU-R.
(4) Recommendation ITU-R BT.709-5，2002，ITU-R.

● 第3章Appendix
(1) 太田 登；色彩工学 第2版，2001年，東京電機大学出版局．
(2) ASTM G173,"Reference Solar Spectrum Irradiences",2006.
(3) Heidi Hofer, Joseph Carroll, Jay Neitz, Maureen Neitz, David R. Williams；"Organization of the Human Trichromatic Cone Mosaic",The Journal of Neuroscience 25, pp.9669〜9679, 2005.
(4) CIE S 014-1,"Standard Colorimetric Observer",2008.
(5) IEC 61966-2-1,"Colour measurement and management - Part 2-1：Colour management - Default RGB colour space - sRGB",1999.
(6) IEC 61966-2-4,"Colour measurement and management - Part 2-4：Colour management - Extended-gamut YCC colour space for video applications - xvYCC",2006.
(7) Recomendation ITU-R BT.709-5,"Parameter values for the HDTV standards for production and international programme exchange",2002.

● 第4章
(1) RECOMMENDATION ITU-R BT.601-5，1995，ITU-R.
(2) RECOMMENDATION ITU-R BT.656-4，1998，ITU-R.

● 第5章
(1) FPGA基板で始める画像処理回路入門，Design Wave Magazine，2007年8月号，CQ出版社．
(2) ADV212データシート，Analog Devices.

▶http://www.analog.com/static/imported-files/jp/data_sheets/ADV212_jp.pdf
（3）MAX9235データシート，Maxim Integrated Products．
　　▶http://datasheets.maxim-ic.com/jp/ds/MAX9235_jp.pdf

● 第7章
（1）＊米本 和也；CCD/CMOSイメージ・センサの基礎と応用，2003年8月，CQ出版社．
（2）鈴木 茂夫；CCDと応用技術，工学図書㈱．
（3）森 浩史；CCDカメラにおけるシステムICの種類と役割，トランジスタ技術2003年4月号，pp.265～272，CQ出版社．
（4）近赤外線カットフィルター ルミクル，呉羽化学工業㈱．

● 第8章
（1）デジタルカメラの最先端技術，第2章［1］デジタルカメラの高品質画像処理技術，2004年10月，技術情報協会．
（2）鈴木 茂夫；分かりやすいCCD/CMOSカメラ信号処理技術入門，日刊工業新聞社，2005年8月．
（3）CIPA（Camera & Imaging Products Association）のウェブ・ページ，社団法人カメラ映像機器工業会．
　　▶http://www.cipa.jp/index.html
（4）齊藤 新一郎；セミナ資料「CMOSイメージセンサと画質評価」，電子情報通信学会＆日本照明委員会．

● 第9章
（1）Paul Viola and Michael Jones, "Rapid object detection using a boosted cascade of simple features," in Computer Vision and Pattern Recognition, 2001.
（2）清 恭二郎；画像圧縮処理の中身と画質への影響，Design Wave Magazine 2006年8月号，CQ出版社．

● 第10章
（1）CCTVレンズ総合カタログ，pp.37～38，旭精密　㈱光機事業部営業部．
（2）FILTERS，p.14, 15, 22, 23，㈱ケンコー特機営業部．

● 第12章
（1）SVシリーズ製品紹介，㈱スカイウェア
　　▶http://www.skyware.co.jp/product/sv/svi-03.html
（2）I^2Cバス仕様書，NXPセミコンダクターズ，2000年1月．
　　▶http://www.nxp.com/acrobat_download/literature/9398/39340011_jp.pdf
（3）江崎 雅康；VGAディジタルCMOSカメラ・モジュールからの入力回路を作ろう，Design Wave Magazine 2007年8月号，pp.52～67，CQ出版社．

● 第13章

(1) 高木 幹雄/下田 陽久；新編 画像解析ハンドブック，東京大学出版会，2004年9月．
(2) 大田 登；色彩工学，東京電機大学出版局，2001年9月．
(3) 高橋 友刀；レンズ設計，東海大学出版会，1994年4月．
(4) 富士フィルム㈱のウェブ・ページ．
　▶http://fujifilm.co.jp/
(5) Imaging Manager，㈱マイクロビジョン．
　▶http://www.mvision.co.jp/
(6) MatLab，サイバネットシステム㈱．
　▶http://www.cybernet.co.jp/matlab/
(7) Mathematica，Wolfram Research,Inc.
　▶http://www.wolfram.co.jp/

● 第14章

(1) CCTV機器スペック規定方法　EIAJ TTR-4602，㈱日本電子機械工業会技術レポート，1994年4月制定．
(2) 映像情報メディア学会編；テレビジョンカメラの設計技術，1999年7月，コロナ社．

● 第15章

(1) 久野 徹也，杉浦 博明，美濃 部正，三宅 博之；携帯電話用カメラ・モジュールにおけるピント無調整化の開発，映像情報メディア学会誌，2004年10月号．
(2) *コリメータ，パール光学㈱．
　▶http://www.pearl-opt.com/

● 第16章

(1) *HDR-CX7商品情報，ソニー㈱．
　▶http://www.sony.jp/products/Consumer/handycam/PRODUCTS/HDR-CX7

記事の出典

本書の下記の章は,『トランジスタ技術』誌に掲載された記事を元に,加筆,再編集したものです.

● **第1章**
2003年2月号,米本 和也,特集 第1章 CMOSイメージ・センサの動作原理

● **第2章**
2003年2月号,塩野 浩一,特集 第2章 CCDイメージ・センサの動作原理

● **第2章Appendix A**
2003年2月号,塩野 浩一,特集 第2章Appendix CCDイメージ・センサの性能を表すキーワード

● **第2章Appendix B**
2003年2月号,塩野 浩一,特集 第3章 CCDイメージ・センサの歴史

● **第3章(Appendixは除く)**
2003年2月号,茂木 和洋,特集 第5章 ディジタル・ビデオ信号のあらまし

● **第4章**
2005年2月号,岩澤 高広,特集 第5章 JPEG/MPEG/NTSCエンコーダの入力信号フォーマット

● **第5章**
2009年7月号,漆谷 正義,特集 第5章 ディジタル・ビデオ・フォーマットの特徴と適材適所

● **第6章**
2005年2月号,徳本 順士,特集 第3章 CCDの制御技術と駆動回路設計

● **第7章**
2005年2月号,岩澤 高広,特集 第4章 CCDイメージ・センサ出力の信号処理技術

● **第8章**
2009年7月号,齊藤 新一郎,特集 第2章 きれいな画を作るための信号処理

● 第9章
2009年7月号，清 恭二郎，特集 第3章 カメラに使われている画像処理のしくみ

● 第10章
2003年2月号，浅野 長武，特集 第6章 CCD/CMOSイメージ・センサの取り付け方法

● 第12章
2009年7月号，エンヤ ヒロカズ，特集 第4章 きれいな画を取り出すためのカメラ設定

● 第13章
2009年7月号，金田 篤幸，山田 靖之，特集 第7章 カメラ画像の評価方法

● 第14章
2003年2月号，志村 達哉，特集 第7章 CCDカメラ・システムの評価方法

● 第15章
2005年2月号，漆谷 正義，特集 第7章 カメラの自動調整のしくみと画像評価方法

　本書の下記の章は，『Design Wave Magazine』誌に掲載された記事を元に，加筆，再編集したものです．

● 第16章
2008年7月号，漆谷 正義，特集 第1章 動画像をメモリ・カードに記録する技術要素を整理する

● 第17章
2008年7月号，漆谷 正義，特集 第2章 動画像記録システムのハードウェア構成

● 第18章
2008年7月号，漆谷 正義，特集 第3章 カメラ・モジュールやFPGAボード，記録媒体の選び方

● 第19章
2008年7月号，漆谷 正義，特集 第4章 画像処理システムの仕様策定のポイント

● 第20章
2008年7月号，漆谷 正義，特集 第5章 FPGAによる画像処理回路の設計

索 引

【数字】

1/fノイズ ……………………………………55
3ステップ・サーチ ………………………155

【アルファベット】

AdaBoost ……………………………………152
AdobeRGBからsRGBへの変換 …………76
A-Dコンバータ回路の動作 ……………122
AE（Auto Exposure） ……………149, 190
ARIB …………………………………………62
AF（Auto Forcus） ………………………149
AWB（Auto White Balance） ……149, 191
CCDイメージ・センサの歴史 ……………57
CCD駆動回路 ……………………………103
CCTVレンズ ………………………………161
CDS ……………………………28, 104, 119
CIE ……………………………………………61
CIF ……………………………………………60
CMOSイメージ・センサの分光特性 ……141
Correlated Double Sampling circuit ……28
CSマウント ………………………………161
Cマウント …………………………………161
DDS（Double Data Sampling） ……………25
FDアンプ …………………………………105
FD（Floating Diffusion） …………………25
FPN（Fixed Pattern Noise） ………………24
Fナンバ，F値 ……………………166, 172

GCA …………………………………………104
GWA（Gray World Assumption）………227
Haar-like feature …………………………151
IEC ……………………………………………61
IS-CCD ……………………………………107
IS-IT方式 …………………………………39
ITU-R …………………………………………61
ITU-R　BT.601 ……………………66, 81
ITU-R　BT.656 ……………………67, 81
ITU-R　BT.709 ……………………………67
ITU-T …………………………………………62
ITU勧告を入手できるホーム・ページ …88
MEP …………………………………………157
MTF（Modulation Transfer Function）…144
Multi-Exposure ……………………………157
NDフィルタ ………………………………166
NTSC …………………………………………61
PAL ……………………………………………61
PICTURE ……………………………………191
PS-IT方式 …………………………………40
QCIF …………………………………………60
QVGA …………………………………………61
RAW …………………………………………63
RGB …………………………………………59
*RGB*444 ……………………………………62
SAD …………………………………………155
scRGB ………………………………………78
SIF ……………………………………………60

索　引

SMPTE	62
SN 比	215
sRGB	75
sRGB から AdobeRGB への変換	77
Sum of Absolute Differences	155
TG	104
VGA	60
V ドライバ	104
xvYCC	78
xy 色度図	73
YUV	59
*YUV*420	62
*YUV*422	62

【あ・ア行】

アスペクト比	60
アナログ・フロントエンド	120
暗電流	122
暗電流 FPN	56
暗電流ショット・ノイズ	55
アンプ雑音	121
色温度変換フィルタ	166
色空間	59
色再現性	200, 218
色認識モデル	71
色分離…補色/原色信号から *RGB* を取り出す	125
色補正処理	141
インターライン・トランスファ方式	37, 107, 108
インターレース	61
インターレース・スキャン方式	107
動き検出	154

オート・アイリス	228
オート・アイリス・レンズ	165
オート・ゲイン・コントロール回路	122
オート・フォーカス	219
オート・ホワイト・バランス	207, 227
オプティカル・ブラック	65
オンチップ・カラー・フィルタ	46
オンチップ・マイクロレンズ	41

【か・カ行】

開口効果	145
開口絞り	173
解像感	12, 951, 60, 198, 213
解像度チャート	197, 213
階調性	202
顔検出	151
画角	175
合焦点	221
重ね合わせ	160
画像の重ね合わせ処理	159
画素構造	24, 41
カメラ・システム	119
カメラ・モジュール	181, 247
画面サイズ	99
カラー・トライアングル	74
カラー・フィルタ	147
カラー・マッチング	76
カラム ADC 方式	29
感度	53, 212
感度波長領域	45
感度むら	56

ガンマ ……………………………………61
ガンマ処理 ………………………………142
ガンマ・チャート ………………………217
ガンマ特性 …………………………142, 217
魚眼レンズ ………………………………177
グレー・スケール・チャート …………202
グローバル露光 ……………………………29
黒レベルの再生（OBクランプ）………120
蛍光灯フリッカ制御 ……………………135
ゲイン・コントロール・アンプ ………104
欠陥補正 …………………………………139
原色コーディング …………………………47
原色フィルタ ……………………………125
光学フィルタ ……………………………166
広角レンズ ………………………………176
光学ロー・パス・フィルタ ………133, 144
固定パターン・ノイズ ……………116, 145
コリメータ ………………………………224
混色 …………………………………………30
撮影距離 …………………………………173
雑音除去回路 ……………………………120

【さ・サ行】

シェーディング ……………116, 205, 216
シェーディング補正 ……………………139
色相，飽和度 ……………………………191
絞り ………………………………………172
しみの検出 ………………………………208
シャープネス ……………………………191
シャッタ速度 ……………………………173
焦点 ………………………………………170

焦点距離 ……………………………165, 175
焦点深度 …………………………………174
垂直ドライバ ……………………………104
垂直レジスタ ………………………………34
水平ドライバ ……………………………104
水平レジスタ ………………………………35
ズーム・レンズ ……………………165, 220
筋状ノイズ ………………………………146
スミア ………………………………54, 217
赤外カット・フィルタ …………………132
総画素数 ……………………………………65
相関二重サンプリング …………………104
像面照度 …………………………………166
測光 ………………………………………180

【た・タ行】

ダイナミック・レンジ ………………44, 159
タイミング・コード ………………………86
タイミング・ジェネレータ ……………110
単焦点レンズ ……………………………164
単色光 ………………………………………69
ディストーション ………………………204
手ぶれ補正 ……………………43, 155, 179
テレビ・ディストーション ……………167
電荷検出 ……………………………………36
電荷転送方式 ………………………………36
電子シャッタ ………………………………42
透過型チャート …………………………211

索 引

【な・ナ行】

ノイズ/シグナル逐次出力方式 ……………… 28
ノイズの測定 ……………………………… 203

【は・ハ行】

白色光 …………………………………………… 69
反射型チャート ………………………………… 211
パン・フォーカス ……………………………… 223
光軸ずれ ………………………………………… 207
光ショット・ノイズ ………………………… 55, 122
被写体 …………………………………………… 192
標準レンズ ……………………………………… 176
ピンホール ……………………………………… 169
フィールド・オーダ …………………………… 61
フォーカス ………………………… 170, 179, 198
フォーカス制御 ………………………………… 135
フォーカス・チャート ………………………… 223
フォーカス・レンズ …………………………… 220
フォトダイオード ……………………………… 41
ブランキング期間 ……………………………… 86
プリズム ………………………………………… 46
ブルーミング …………………………………… 54
フレーム・インターライン・トランスファ方式
　……………………………………… 38, 107, 109
フレーム・トランスファ方式 ……… 37, 107, 108
フローティング・ディフュージョン・アンプ … 105
プログレッシブ ………………………………… 61
プログレッシブ・スキャン方式 ……………… 107
偏光フィルタ …………………………………… 166

望遠レンズ ……………………………………… 176
飽和信号量 ……………………………………… 53
補間処理 ………………………………………… 140
ほこり防止 ……………………………………… 180
補色市松配列 …………………………………… 125
補色コーディング ……………………………… 48
補色フィルタ …………………………………… 125
ホワイト・ノイズ ……………………………… 55
ホワイト・バランス ……………… 134, 140, 191

【ま・マ行】

マクベス・チャート ……………… 191, 197, 201
マクロレンズ …………………………………… 177
目の構造 ………………………………………… 70

【や・ヤ行】

有効画素数 ……………………………………… 65

【ら・ラ行】

ライン露光 ……………………………………… 29
ランダム・ノイズ ……………………………… 145
リセット・ノイズ …………………………… 56, 121
輪郭強調処理 …………………………………… 129
輪郭補正処理 ……………………………… 141, 142
レジスタ・マップ ……………………………… 189
列並列ADC ……………………………………… 138
レベル・ダイヤグラム ………………………… 143
露光制御 ………………………………………… 131
露出 ……………………………………………… 190
歪曲 ……………………………………………… 167

著者略歴

● 第1章
米本 和也（よねもと かずや）
  1959年　東京都生まれ
  1984年　早稲田大学大学院 理工学研究科修士課程修了
  同年　ソニー㈱入社，厚木工場半導体事業本部CCD事業部
  2001年　サムソン電子，System LSI事業部CCD開発担当研究委員（常務）
  2002年　早稲田大学大学院 理工学研究科博士課程後期修了　博士（工学）
  2003年　松下電器産業㈱
  現在，フリー

● 第2章，第2章Appendix A，B
塩野 浩一（しおの こういち）
  1992年　ソニー㈱入社
  イメージ・センサおよびカメラ・モジュールの開発に従事

● 第3章
茂木 和洋（もぎ かずひろ）
  1975年　神奈川県 川崎市生まれ
  2001年　明治大学 物理学科卒
  現在，㈱アクセル 技術グループ LSIチームにて遊戯機市場向け映像圧縮CODECの開発に従事

● 第4章，第7章
岩澤 高広（いわさわ たかひろ）
  1967年　東京都生まれ
  ㈱RosnesにてCMOSイメージ・センサおよびカメラ・モジュールの設計に従事

● 第5章，第15章～第20章
漆谷 正義（うるしだに まさよし）
  1945年　神奈川県生まれ
  1971年　神戸大学大学院 理学研究科修了
  1971年　三洋電機㈱入社，レーザ応用機器やビデオ機器の設計に携わる
  2009年　西日本工業大学講師，大分県立工科短期大学講師

● 第6章
德本 順士（とくもと じゅんじ）
  1970年　兵庫県生まれ
  1992年　松下電器産業㈱入社
  現在，パナソニック㈱セミコンダクター社　イメージセンサーBU

● 第8章
齊藤 新一郎（さいとう しんいちろう）
- 1985年　鹿児島大学 工学部電子工学科卒
- 1985年　ソニー㈱入社

以来，イメージ・センサの測定評価技術の開発に従事．その後，カメラ信号処理LSIの設計開発を経てCMOSイメージ・センサの画質評価の標準化に従事．現在，同社コンスーマープロダクツ＆デバイスグループ半導体事業本部 イメージングLSI事業部応用技術部

● 第9章
清 恭二郎（せい きょうじろう）
- 1957年　兵庫県生まれ
- 1980年　早稲田大学 電気工学科卒業
- 1980年　日本の某AV機器メーカへ入社し，関連LSI開発に従事
- 2003年　ベンチャー企業に参加．以来一貫して画像関連の技術開発を推進している

● 第10章
浅野 長武（あさの ながたけ）
- 1962年　神奈川県横浜市生まれ
- 1992年　㈱ジェイエイアイ コーポレーション入社

現在，同社技術部

● 第11章
小山 武久（こやま たけひさ）
- 1959年　東京都生まれ
- 1982年　東海大学 光学工学科卒
- 1982年　㈱シグマ入社

現在，同社光学技術部

● 第12章
エンヤ ヒロカズ

● 第13章
金田 篤幸（かねだ あつゆき）

ソフトウェアおよび生物学に関する知識を有する．生物分野の画像処理への応用に対する企画・技術開発が主な業務

山田 靖之（やまだ やすゆき）

ソフトウェアおよび画像処理アルゴリズムに関する知識を有する．画像処理アルゴリズムの構築が主な業務．マイクロビジョンのウェブ・ページ http://www.mvision.co.jp/

● 第14章
志村 達哉（しむら たつや）
- 1931年生まれ

松下電器 中央研究所に約10年勤務した後，松下通信工業（現パナソニック）勤務．
定年退職後，㈱ジェイエイ アイコーポレーション顧問を約10年務める．
現在，（社）日本工業技術振興協会 次世代画像入力システム部会顧問

- ●本書記載の社名，製品名について ── 本書に記載されている社名および製品名は，一般に開発メーカーの登録商標です．なお，本文中では™，®，©の各表示を明記していません．
- ●本書掲載記事の利用についてのご注意 ── 本書掲載記事は著作権法により保護され，また工業所有権が確立されている場合があります．したがって，記事として掲載された技術情報をもとに製品化をするには，著作権者および工業所有権者の許可が必要です．また，掲載された技術情報を利用することにより発生した損害などに関して，CQ出版社および著作権者ならびに工業所有権者は責任を負いかねますのでご了承ください．
- ●本書に関するご質問について ── 文章，数式などの記述上の不明点についてのご質問は，必ず往復はがきか返信用封筒を同封した封書でお願いいたします．ご質問は著者に回送し直接回答していただきますので，多少時間がかかります．また，本書の記載範囲を越えるご質問には応じられませんので，ご了承ください．

R〈日本複写権センター委託出版物〉
本書の全部または一部を無断で複写複製（コピー）することは，著作権法上での例外を除き，禁じられています．本書からの複製を希望される場合は，日本複写権センター（TEL：03-3401-2382）にご連絡ください．

CCD/CMOSイメージ・センサ活用ハンドブック

2010年5月15日 初版発行　　　　　　　　　　　　　　　©CQ出版株式会社　2010

編　集　トランジスタ技術編集部
発行人　溝　口　早　苗
発行所　ＣＱ出版株式会社
　　　　（〒170-8461）東京都豊島区巣鴨 1-14-2
　　　　　　　　電話　出版部　03-5395-2123
　　　　　　　　　　　販売部　03-5395-2141
　　　　　　　　振替　　　　　00100-7-10665

ISBN978-4-7898-4125-2
定価はカバーに表示してあります

無断転載を禁じます
Printed in Japan

編集担当者　野村　英樹
イラスト　神崎　真理子
DTP　クニメディア株式会社
印刷・製本　三晃印刷株式会社
乱丁，落丁本はお取り替えします